제2판

디스플레이공학 개론

김억수 · 문대규 · 서종현 · 이준협
전재홍 · 최희환 · 홍성규 · 홍완식
공저

저자 소개

- 김억수 | 삼성종합기술원
- 문대규 | 순천향대학교
- 서종현 | 한국항공대학교
- 이준협 | 명지대학교
- 전재홍 | 한국항공대학교
- 최희환 | 한국항공대학교
- 홍성규 | 동국대학교
- 홍완식 | 서울시립대학교

디스플레이공학 개론 제2판

발행일 2023년 2월 28일 5쇄

저자 김억수, 문대규, 서종현, 이준협, 전재홍, 최희환, 홍성규, 홍완식

발행인 양정완 **발행처** (주)텍스트북스 **주소** 서울시 영등포구 양평로 30길 14, 세종앤까뮤스퀘어 1109호

전화 02-702-5725 **팩스** 02-702-5727 **웹사이트** www.textbooks.co.kr

등록번호 제2022-000098호

ISBN 978-89-93543-46-9 93560

정가 29,000원

디스플레이공학 개론

제2판

TEXTBOOKS
텍스트북스

머리말

디스플레이는 다양한 정보를 시각적으로 표현해주는 중요한 수단으로, 여러 분야에 걸쳐 매우 빠르게 진화하고 있다. 디스플레이 소자의 초창기 형태에서는 단순히 정보만 표시해 주는 역할로 시작하였으나, 현재는 사용자의 생활과 융합하여 새로운 생활 방식과 문화를 창출하는 역할까지 하고 있다. CRT와 같은 곡면 형태의 디스플레이 소자의 형태로 시작하여, PDP, LCD, OLED의 평판 디스플레이 형태를 거쳐, flexible, stretchable, wearable 등의 다양한 형태로 변화하고 있다.

또한 디스플레이는 물리학, 화학, 전자공학, 화학공학, 산업공학, 기계공학, 재료공학, 인간공학 등의 다양한 학문분야를 포함하는 첨단 기술 분야이다. 이러한 학문 분야가 단독으로 사용되는 경우보다는 융합적으로 적용되기 때문에 학문의 경계를 포괄하는 관점에서 접근이 필요한 분야이다.

디스플레이 산업이 국가 산업에서 차지하는 비중이 크기 때문에, 국가에서도 중요성을 인식하여 연구개발, 산업육성, 인력양성의 노력을 지속하고 있다. 특히 사용자가 접하게 되는 TV, 모니터, 휴대기기 등의 다양한 형태의 디스플레이를 포함하는 기기를 만드는 산업, 소자를 만드는 산업, 소자를 만드는데 사용되는 장비, 재료 및 부품을 만드는 산업이 유기적으로 맞물려 있기 때문에, 생태계적인 구조를 가지는 분야이다.

이 책은 평판디스플레이에 적용되고 있는 원리와 공정에 대한 이해를 돕고자 집필되었다. 다양한 디스플레이 장치를 이해하기 위해서는 종합적인 사고가 필요하기 때문에, 이를 염두에 두고 소자, 재료 및 부품, 장비, 공정의 전반에 걸쳐 기본 원리를 위한 개념과 응용을 위한 변화를 다루었고 지식과 개념이 전달할 수 있도록 노력을 기울였다. 이 책이 세분화된 다양한 전공별로 디스플레이를 이해하는데 기초 자료로 활용되어 독자의 목적에 맞는 도움이 되기를 바란다.

저자 일동

차 례

제5장 Photolithography 공정 157

제6장 PECVD 201

CHAPTER 01

LCD 이해

1.1 LCD 구조

1.2 LCD 구동 원리

1.3 LCD용 재료

1.4 LCD 모드

1.5 광시야각 기술

1.1 LCD 구조

LCD(Liquid Crystal Display)는 아래 그림 1.1에 표시한 바와 같이 크게 컬러 및 광량을 조절하는 LCD 패널, 전기적인 신호를 공급 및 제어하는 구동부와 광원을 제공하는 BLU(Back Light Unit)으로 구성되어 있다. LCD 패널은 TFT(Thin Film Transistor) array 기판과 CF(Color Filter) 기판 사이에 대략 4~5μm의 두께로 액정물질이 채워져 있다. BLU는 형광램프에서 나온 백색광이 도광판, 반사판 및 확산판에 의해 액정 패널로 빛을 인도하는 역할을 한다. 각 구성부에 대해서 좀 더 자세히 알아보면 다음과 같다.

LCD 패널은 BLU 바로 위쪽에 위치하여 빛이 입사되는 아래쪽 유리기판에는 TFT가 형성된 투명전극화소와 액정배향층이 있고, 대항하는 반대쪽 유리기판 위에는 컬러필터와 액정배향층 및 공통전극이 형성되어 있다. 두 장의 유리기판 외부에는 편광판이 부착되어 있다. 컬러필터는 적색, 녹색, 청색 세 종류를 조합하여 컬러영상을 구현하는 역할을 한다.

BLU는 램프, 반사판, 도광판, 확산판과 프리즘으로 구성되어 있다. 램프로는 CCFL(Cold Cathode Fluorescence Light)를 사용하거나, 최근에는 색순도 향상 및 두께 slim화를 위해 LED(Light Emission Diode)를 사용한다. 램프부터 나온 빛은 도광판을 통해 면광원으로 변환되며, 확산판을 거쳐 균일해지며, 프리즘을 통해 면에 수직한 패널 방향으로 나가게 된다.

구동부는 전기적인 구동신호를 생성하거나 제어해주는 PCB(Printed Circuit Board),

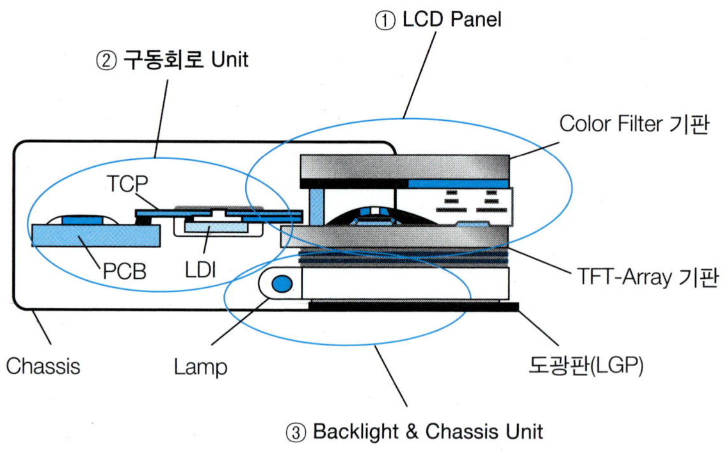

그림 1.1 LCD 구조

PCB와 LCD 패널을 연결해주는 TCP(Tape Carrier Package), 구동신호를 분배하는 LDI(LCD Driver IC)로 구성되어 있다.

1.2 LCD 구동 원리

LCD에 화상 정보를 표시하기 위해서는 그림 1.2에 나타낸 바와 같이 각각의 화소에 형성되어 있는 TFT를 이용하여 화소별로 전압을 인가해야 한다. TFT는 각 화소에 하나씩 존재하고 전기적으로 절연되어 있다. 그리고 TFT는 필요한 정보를 화소에 입력하면 data line을 통해 화소에 입력하는 스위치 역활을 하며, gate line에 문턱전압보다 높은 전압이 인가되면 turn-on 된다. Data line은 일반적으로 패널의 수직방향으로 위치하며, 구동 IC에서 출력된 data전압을 화소까지 전달한다. 라인 하나에 수직해상도에 해당하는 수의 화소가 부착되어 있다. Gate line은 패널의 수평방향으로 위치하며, gate IC에서 순차적으로 신호를 출력한다. 컬러 TFT-LCD의 경우에는 컬러를 표시하기 위하여 라인 하나에 수평해상도의 3배에 해당하는 수의 화소가 존재한다. 화소에 인가된 전압은 액정의 배열상태 변화를 유발하여 BLU에서 입사된 백색광의 광량을 조절한다. 그 후 컬러필터층에서 백색광의 선택흡수를 통해 각각의 red, blue, green의 컬러가 재현된다.

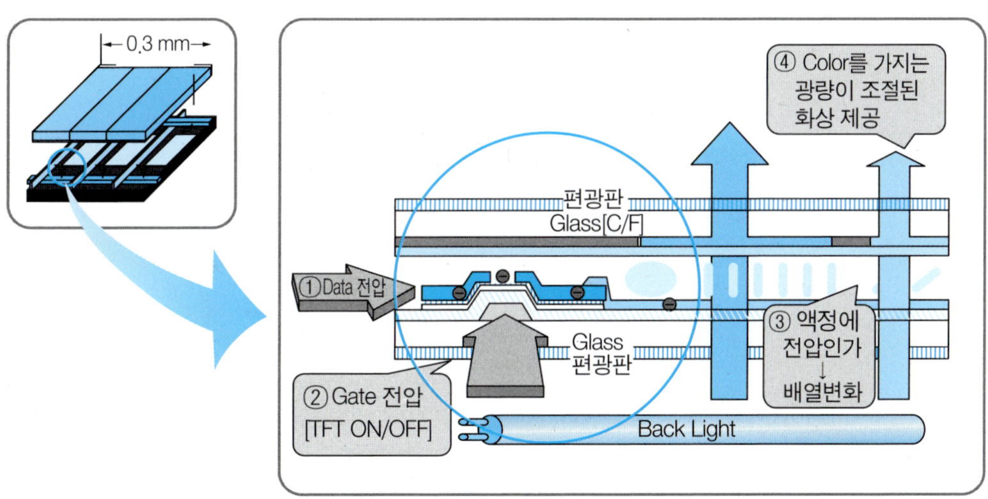

그림 1.2 LCD 구동 원리

1.3 LCD용 재료

1.3.1 액정

1.3.1.1 액정의 정의 및 분류

액정은 액체(liquid)와 결정(crystal)의 중간상태에 있는 물질로서 두 상의 성질을 모두 가지고 있다. 즉, 고체결정과 유사한 분자응집구조와 액체와 같은 유동성을 가진다. 일반적으로 액체의 분자들은 배향 방향이 정해지지 않아 정렬성이 없으나, 액정은 수 nm의 길이를 가지는 막대 모양의 분자들이 고체결정과 유사하게 한 방향으로 정렬된 구조를 가진다. 이로 인해 액정은 액체와 같은 흐름성을 가지면서, 고체결정이 가지는 분자들의 배향성으로 인해 굴절률 이방성, 유전율 이방성과 같은 물리적 이방성을 지닌다.

일반적으로 LCD에 사용되는 액정은 온도의 변화에 따라 액정상을 발현하는 온도전이형(thermotropic) 액정이며, 분자의 배열방식에 따라서 세 종류로 나뉜다. 그림 1.3에 나타낸 바와 같이 분자의 방향만이 가지런한 것은 네마틱(nematic)이라 하며, 방향이 일정한 분자가 층을 이루는 경우는 스멕틱(smectic)이라고 한다. 마지막으로 가지런한 축을 이루지만 축의 방향이 변하는 콜레스테릭(cholesteric)이 있다.

일반적으로 상용화되고 있는 LCD에는 점성이 낮아 저전압 및 고속응답에 용이한 네마틱 액정이 사용된다. 네마틱 액정상은 분자들의 위치규칙성은 없으나, 배열질서성만 존재한다. 즉, 그림 1.4의 오른쪽에 나타낸 바와 같이 미시적으로는 수백 나노 영역에서 평

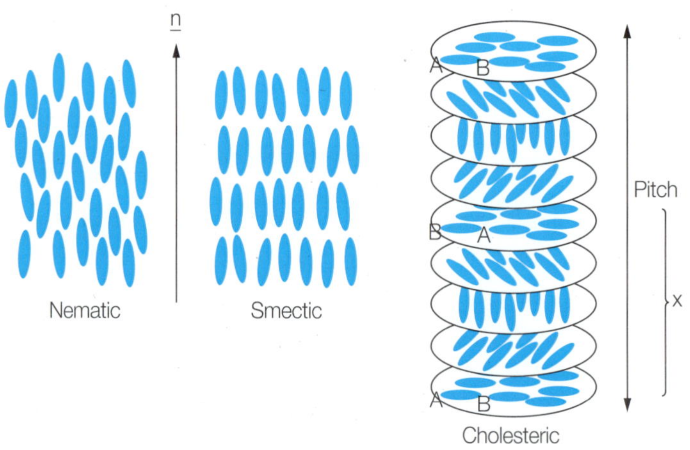

그림 1.3 온도전이형 액정의 분류

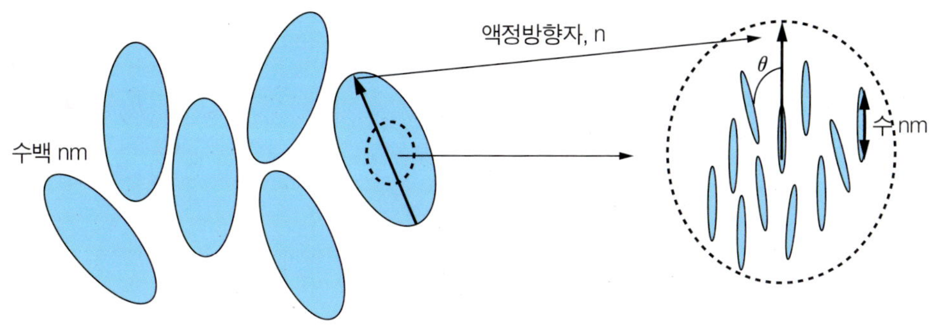

그림 1.4 액정분자와 액정방향자

규적으로 액정분자들이 한 방향으로 향하는 액정방향자(director), n을 가진다. 그러나 거시적으로 그림 1.4의 왼쪽에 나타낸 바와 같이 빛의 파장에 준하는 수백 나노 영역의 액정방향자가 여러 방향으로 향하고 있는 다결정의 특징을 가진다. 따라서 액정상을 가질 때는 그림 1.5에 나타낸 바와 같이, 모든 파장의 빛을 고르게 산란시켜 하얀색을 띠게 되며, 고온이 되어 등방상, 즉 액체상이 되는 경우에는 액정방향자가 소멸되어 수~수십 나노의 액정분자들이 랜덤하게 되어 빛의 산란이 사라지면서 투명한 액체로 바뀌게 된다.

네마틱 액정상에서는 분자의 장축방향과 이에 수직한 단축방향의 물리적 성질이 달라, 전기적으로나 광학적으로 이방성을 가지고 있다. 전기적인 이방성에는 유전율 이방성이 있으며, 분자 장축과 단축의 유도 쌍극자분극 차이에 기인한다. 분자 장축에 평행한 성분의 유전상수를 $\varepsilon_{\parallel}$이라고 하고 수직한 성분의 유전상수를 $\varepsilon_{\perp}$이라고 하면 유전율 이방성은 $\Delta\varepsilon = \varepsilon_{\parallel} - \varepsilon_{\perp}$로 정의된다. 이 값이 양수이면 p(positive)형 액정이고, 음수이면 n(negative)형 액정이다. p형 액정의 경우에는 그림 1.6의 왼쪽에 나타낸 바와 같이 전기장이 액정분자 장축에 대해서 수직으로 인가되었을 경우 액정분자의 장축이 전기장에 평

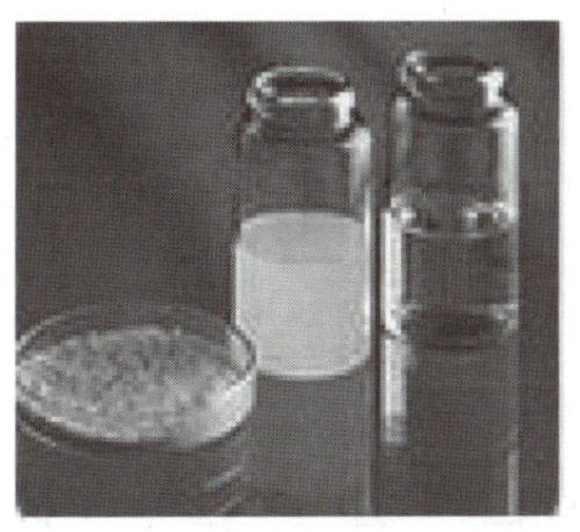

그림 1.5 네마틱 액정의 형상

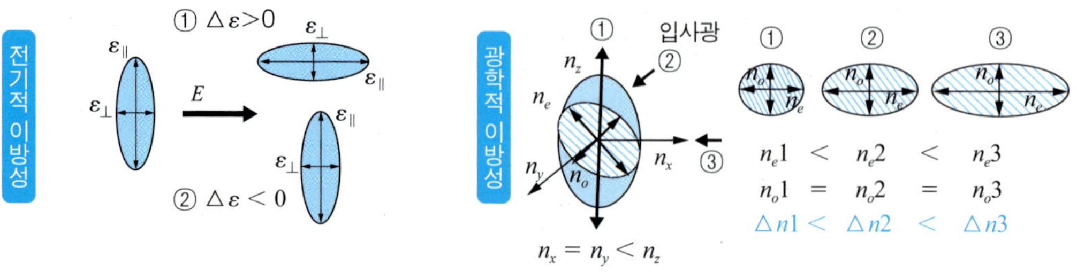

그림 1.6 액정의 유전율 이방성과 굴절률 이방성

행하게 배향하는 결과를 초래하며, n형 액정의 경우에는 액정분자의 장축이 전기장에 수직으로 배향되는 결과를 초래한다.

한편 굴절률 이방성은 분자의 장축과 단축의 전자분극 차이에 기인하며, $\Delta n = n_e - n_o$로 정의된다. n_e는 입사광의 방향에 따라 변화하는 이상굴절률(extraordinary refractive index)이며, n_o는 입사광의 방향과 무관하게 일정한 값을 가지는 정상굴절률(ordinary refractive index)로 정의된다. 액정의 굴절률 이방성은 그림 1.6의 오른쪽에 나타낸 바와 같이 입사광의 위치에 따라 변하게 되며, 굴절률 타원체를 통해 표현 가능하다. 예를 들면 액정분자 장축에 대해서 입사광이 수평인 경우는 그림 오른쪽의 ①과 같이 굴절률 타원체가 구가 되어 굴절률 이방성이 "0"이 되며, ③과 같이 액정분자 장축에 대해서 입사광이 수직인 경우는 굴절률 타원체가 가장 큰 타원이 되어 가장 굴절률 이방성이 커지게 된다. 그리고 ②의 경우와 같이 액정분자 장축에 대해 45° 방향으로 빛에 입사되는 경우에는 중간 정도의 굴절률 이방성을 가지게 된다.

1.3.1.2 액정의 계면배향

액정분자들은 그 물질 단독으로는 일정한 방향으로 배열이 정해지지 않는다. 따라서 액정상이 방향질서를 가지기 위해서는 물리화학적 또는 기하학적 이방성을 가지는 고체기판 표면과의 접촉에 의해 발생하는 계면 상호작용을 통해서 정밀하게 제어되어야 한다. 이를 액정의 계면배향이라고 한다. 액정의 계면배향은 크게 액정 방향자가 기판표면에 평행인 경우인 수평배향과 액정방향자가 기판표면에 수직한 경우의 수직배향으로 나누어지며, 수평배향과 수직배향 사이의 경사를 갖는 경사배향이 있다.

액정분자와 기판과의 상대적인 위치관계는 그림 1.7에 나타낸 바와 같이 기판표면

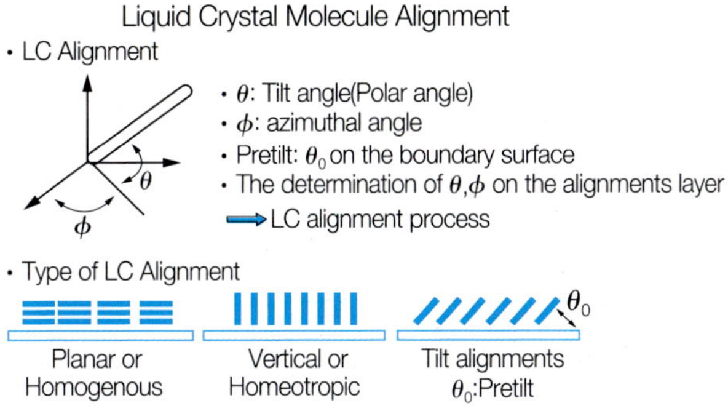

그림 1.7 액정의 배향

으로부터 솟아있는 각을 극각(polar angle) θ라 하고, 기판면 내에서의 회전각을 방위각(azimuthal angle) φ라고 한다. 특히 pretilt각은 기판과의 tilt angle로 정의되며, θ_0의 크기에 따라서 수평, 경사, 수직 배향으로 액정배향상태를 표현한다.

액정의 계면배향 메커니즘은 액정과 고체표면 사이의 물리화학적인 상호작용과 표면의 기하학적인 상호작용의 두 가지로 분류되고 있다. 물리화학적인 상호작용의 경우에는 액정분자가 이종물질인 고체기판과 계면을 이룸으로 인해서 서로 간의 표면장력의 값에 의해 액정의 배향상태가 거시적으로 결정된다고 알려져 있다. 또한 기하학적 상호작용의 경우에는 액정분자가 기하학적 구조를 가지는 고체기판과 접촉함으로 인해서 탄성 변형에너지가 변화하게 되는데, 이 에너지를 최소화하는 방향으로 액정방향자가 배열된다고 알려져 있다.

1) 물리화학적 상호작용에 위한 액정배향

액정과 접하는 고체표면의 표면장력 γ_s와 액정물질의 표면장력 γ_{LC}와의 대소 관계로부터 액정의 배향상태가 예측 가능하다. 고체기판의 표면장력이 액정의 표면장력보다 작은 경우($\gamma_s < \gamma_{LC}$)에는 수직배향이 생성되는 경우가 일반적이며, 고체기판과 액정의 표면장력이 유사한 경우($\gamma_s \approx \gamma_{LC}$)에는 경사배향이, 고체기판이 액정보다 표면장력이 클 경우($\gamma_s > \gamma_{LC}$)에는 수평배향이 발생되는 경향이 강하다. 일반적으로 수평배향과 경사배향의 경우에는 물리학적 상호작용만으로는 기판표면으로부터 수직방향인 극각방향의 배열상태만 결정 가능하여, 면내 방위각의 우선배향 방위가 결정되지 않는 planar 배향이 얻어진다. 따라서 방위각 방향에 있어서 균일한 액정배향을 얻기 위해서는 기판에 기하학적 이방성을 부여하는 러빙처리와 같은 추가적인 배향처리가 필요하게 된다. 단, 수직배향의 경우에는 수직방위가 한 개밖에 없으므로 러빙처리와 같은 추가적인 별도의 표면처리가 필요 없다.

2) 기하학적인 상호작용에 의한 액정배향

기판표면에 형성된 기하학 구조가 탄성적인 메커니즘으로 액정을 배향시킬 수 있다는 이론이 Berreman에 의하여 최초로 제시되었다. 기판표면의 굴곡을 간단하게 sine 곡선으로 묘사하면, $z = A\sin(qx)$의 모양으로 근사 가능하다. 여기서 A는 표면굴곡의 크기이며, $q = 2\pi/p$로 p는 표면굴곡의 주기이다. 이러한 굴곡 위에서 네마틱 액정의 탄성에너지 변형은 아래 식 (1-1)에 근거해 탄성에너지 증가를 가져오며, 이 에너지 증가가 1차원 기하학적 표면굴곡이 네마틱 액정상을 격자벡터에 수직하게 배향시키는 에너지를 주게 된다 (K는 네마틱 액정의 탄성계수이고, F는 네마틱 액정의 자유에너지이다).

$$\Delta F = \frac{1}{4}KA^2q^3 \tag{1-1}$$

상기 식 (1-1)에 근거해 아래 그림 1.8과 같이 액정방향자가 groove 표면에 수직하게 정렬된 경우 (b)가 평행하게 정렬된 경우 (a)보다 자유에너지가 작게 되어 groove 표면에 수직으로 배향하게 된다. 이러한 원리를 이용한 방법이 러빙처리이다. 러빙처리는 고체기판을 천으로 문질러줌으로 인해서 기판에 마이크로 groove를 형성하는 방법이다. 러빙처리한 기판 위에 액정이 접촉하게 되면 액정분자가 변형에너지를 최소화하기 위해 수평골에 그림 1.8 (b)와 같이 일정한 방향으로 배향하게 된다.

1.3.1.3 액정의 계면 고정에너지

액정의 계면배향을 현상학적으로 다루기 위하여 계면 고정에너지의 개념이 도입되었다. 액정방향자가 배향막 평면 내에서 주어진 방향에서 벗어나는 정도를 다루기 위해 방위각(azimuth angle) 표면 고정에너지가 사용되며, 액정방향자가 배향막 표면에서 수직방향으로 벗어나는 경우 극각(polar angle) 표면 고정에너지를 사용한다.

표면 고정에너지는 주어진 배향방향에서 액정방향자가 벗어날 경우 자유에너지가 증가하는 다음 형태로 주어진다.

그림 1.8 액정의 기하학적 배향 원리

$$f_{surf} = \frac{1}{2} W_{\phi} \sin^2(\phi - \phi_t) + \frac{1}{2} W_{\theta} \sin^2(\theta - \theta_t) \quad (1\text{-}2)$$

여기서 W_{ϕ}와 W_{θ}는 각각 방위각 표면 고정에너지 및 극각 표면 고정에너지 상수이며, ϕ_t와 θ_t는 표면에서의 액정분자의 방위각과 극각 방향을 의미한다. 이때 외부의 힘에 의해 고체표면에서의 분자 액정방향이 변하지 않을 경우를 강한 고정(strong anchoring)이라고 정의하며, 벌크상태의 액정변형이 표면에 있는 액정분자의 배열방향에 영향을 미치는 경우를 약한 고정(weak anchoring)이라고 부른다. 강한 고정의 한 예로 LCD에서 배향막으로 사용되는 폴리이미드를 러빙한 경우를 들 수 있다.

1.3.1.4 액정의 탄성 변형에너지

전기장의 인가 유무에 따라 액정분자의 배열은 연속체 이론을 통해 기술될 수 있다. 실제로 액정은 외부 변형력에 의해 거시적으로 액정에 유도되는 탄성 변형에너지가 최소화되도록 재배열하여 평형상태에 이르게 된다. 이상적으로 균일하게 배향된 네마틱 액정은 분자들이 평균적인 일정한 방향 n으로 배향된다. 이는 외부의 변형력이 없을 때의 액정 내에서의 방향자의 형태이다. 그러나 액정은 접촉하고 있는 표면에 의해서나 혹은 전기장과 같은 외력에 의해 균일하게 배향된 구조에서 변형을 일으키게 된다. 이러한 변형은 그림 1.9에 나타낸 바와 같이 (b) 퍼짐(spray), (c) 비틀림(twist), (d) 휨(bend)의 세 가지 기본적인 형태로 기술될 수 있다. 이러한 액정분자의 변화가 생기는 거리(~수 um)는 분자의 크기(~수 nm)에 비해 매우 크다. 따라서 액정층의 기본적인 변형은 분자단위에서의 미시적인 구조를 무시하고 연속체이론을 적용할 수 있으며, 각각에 대한 탄성 변형에너지 밀도는 다음과 같이 주어진다.

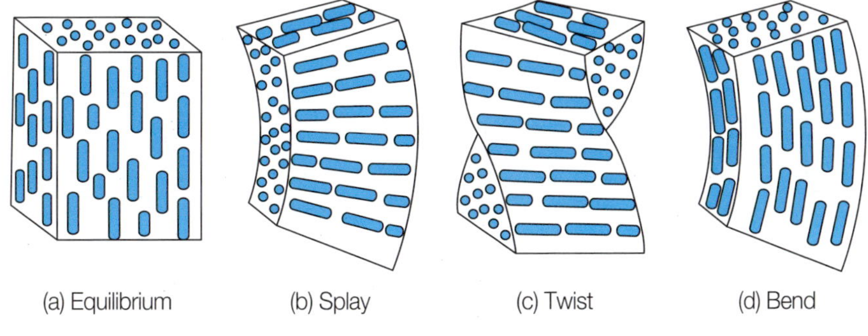

그림 1.9 액정의 탄성 변형

$$f_{splay} = \frac{1}{2}K_{11}(\nabla \cdot n)^2 \tag{1-3}$$

$$f_{twist} = \frac{1}{2}K_{22}(n \cdot \nabla \times n)^2 \tag{1-4}$$

$$f_{bend} = \frac{1}{2}K_{33}(n \times \nabla \times n)^2 \tag{1-5}$$

변형이 복잡한 경우에는 한 가지 이상의 변형이 관련되므로, 액정의 탄성 변형에 의한 총괄에너지는 다음과 같이 표현된다.

$$f_{elas} = \frac{1}{2}K_{11}(\nabla \cdot n)^2 + \frac{1}{2}K_{22}(n \cdot \nabla \times n)^2 + \frac{1}{2}K_{33}(n \times \nabla \times n)^2 \tag{1-6}$$

위의 세 가지 탄성계수는 전기장 혹은 자기장에 의한 freederics transition을 활용하거나 광산란 등의 실험을 통하여 결정할 수 있다. 일반적으로 서로 다른 세 계수를 사용하여 탄성 변형에너지를 계산하는 일는 매우 복잡하여 세 탄성계수가 같다고 가정하는 동일계수 근사법($K_{11} = K_{22} = K_{33}$)이 널리 사용되며, 이때 탄성 변형에너지 밀도는 다음 식 (1-7)과 같이 간단히 쓸 수 있다.

$$f_{elas} = \frac{1}{2}K\left[(\nabla \cdot \vec{n})^2 + (\nabla \times \vec{n})^2\right] \tag{1-7}$$

1.3.1.5 액정의 전기장 거동

액정은 유전율이방성에 의하여 구성분자의 방향자에 평행한 유전상수 $\varepsilon_{\parallel}$과 수직한 유전상수 $\varepsilon_{\perp}$의 값이 서로 다르다. 일반적으로 외부 전기장이 기판에 수직하게 인가될 경우, 전기장 E=E_z이므로 유전 자유에너지 밀도는 다음 식 (1-8)과 같이 간단히 정리할 수 있다.

$$f_{elec} = -\frac{1}{2}\varepsilon_0 \Delta\varepsilon \cos^2\theta E_z^2 - \frac{1}{2}\varepsilon_0 \varepsilon_{\perp} E_z^2 \tag{1-8}$$

상기 식에서 두 번째 항은 액정의 배열상태와 관련이 없는 상수값이므로 무시할 수 있으며, 전기장에너지의 크기는 첫 번째 항에 의해서 결정된다. $\Delta\varepsilon > 0$인 경우에는 $\cos\theta$가 최대가 될 때 (즉 n과 E가 평행할 때) 에너지가 최소값을 가지며, $\Delta\varepsilon < 0$인 경우에는 (n과 E가 수직일 때) $\cos\theta$가 최소가 될 때 에너지가 최소값을 갖는다. 즉 유전체에 전기장이 인가되면 유도 쌍극자 모멘트가 생성되는데 액정의 경우 유전 이방성에 의해 분자의 장축방향으로의 유도 쌍극자 모멘트의 크기와 장축에 수직인 단축방향의 유도 쌍극자 모멘트의 크기가 다르게 된다. 전기장이 인가된 경우 각각의 유도 쌍극자 모멘트는 전기장의 방향으로 배열하려고 하는데 장축방향으로의 유도 쌍극자 모멘트가 큰 경우(즉, $\Delta\varepsilon > 0$인 경우)에는 분자의 장축방향이 전기장의 방향으로 놓이게 되고, 장축에 수직한 단축방향으로의 유도 쌍극자 모멘트가 큰 경우 ($\Delta\varepsilon < 0$인 경우)에는 분자의 장축 방향이 전기장의 수직한 방향으로 놓이게 된다.

1.3.2 배향막

배향막은 액정분자와 접하여 액정분자를 균일하게 배향시키는 역할을 하며 투명전극 위에 코팅된 고체기판 위의 박막을 지칭한다. 배향막은 액정분자를 소정의 방향으로 배향하는 것을 목적으로 하여, 유리 등의 기판과 액정의 계면에 마련하는 막이다. 일반적으로 폴리이미드(polyimide)를 이용하며, 폴리이미드가 극성용매에도 잘 녹지 않는 특성을 가지고 있어 전구체인 폴리아미드산(poly amic acid)을 극성용매 NMP(N-Methyl-2-Pyrrolidone)나 γ-Butyrolactone에 용해시킨 용액을 기판 위에 박막의 형태로 코팅하여 소정의 온도(~200℃)에서 열처리를 실시하여 폴리이미드막을 얻는다. 폴리아미드산을 베이스로 한 폴리이미드 배향막의 경우는 역학적 강도가 뛰어나서 러빙처리와 같은 역학적인 자극에 대한 내성이 강하나, 전압유지율이 조금 낮다는 단점이 있다. 이러한 단점을 보완하기 위하여 폴리아미드산의 방향족 화합물을 고리형 화합물로 바꾸어 줌으로써 극성용매에 잘 녹는 가용성 폴리이미드 배향막이 개발되어 사용되는 경우도 있다. 이와 같은 가용성 폴리이미드는 열처리 온도가 낮고(>150℃), 전압 유지율이 높아지는 특징이 있다. 그러나 폴리아미드산 베이스 폴리이미드에 비해 러빙에 대한 내성이 약한 단점이 있다. 따라서 최근에는 폴리아미드산 베이스 폴리이미드와 가용성 폴리이미드의 각각의 장점을 극대화하고 단점을 보완하기 위하여 서로를 혼합하거나 공중합해서 사용하는 경우가 많다. 배향막의 두께가 두껍게 되면 전기적인 저항이 증대되므로 1um 이내의 박막으로 형성하며, 막 두께의 균일성이 요구된다.

배향막의 배향원리는 주로 계면을 이루는 액정과의 표면장력 차이에 의해 수평배향, 경사배향, 수직배향이 결정된다. 그림 1.10은 배향막으로 사용하는 폴리아미드산과 열처리 후의 폴리이미드의 화학구조 및 각 관능기별 특징을 나타낸다. 일반적으로 수직배향용 폴리이미드의 경우는 높은 pretilt각이 요구되므로 폴리이미드의 구조에 long alkyl chain이나 cyclic alkyl chain을 도입하는 게 일반적이다. 수직배향의 경우에는 액정 director의 방향이 수직인 한 방향이므로 별도로 러빙처리가 필요 없다. 이러한 배향은 액정 모드의 전기장 인가 전의 초기 배향상태를 결정짓는 것으로, 초기 배향상태가 수평배향인 경우 IPS 모드에, 경사배향인 경우 TN 모드에, 수직인 경우는 VA 모드에 적용된다.

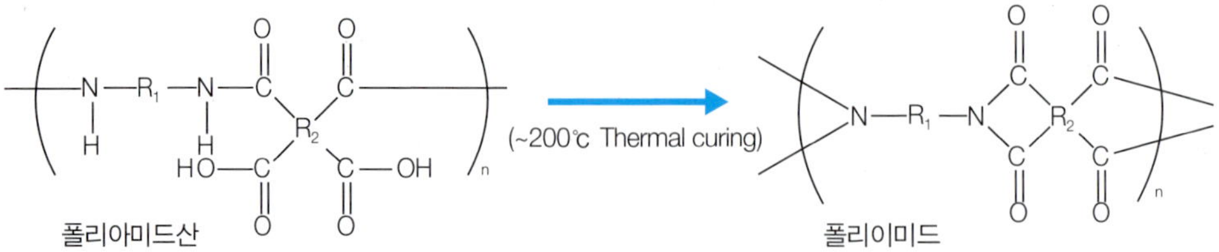

폴리아미드산 → (~200℃ Thermal curing) → 폴리이미드

R_1의 구조	R_2의 구조	특징
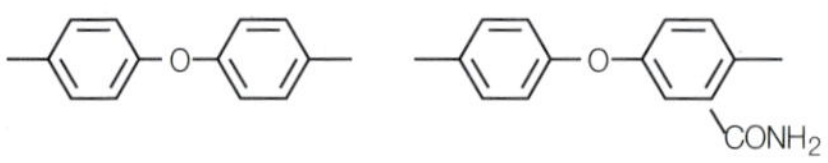 $CONH_2$	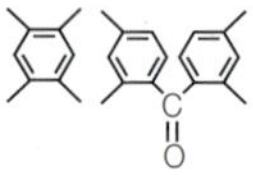	Thermal, Chemical Stability
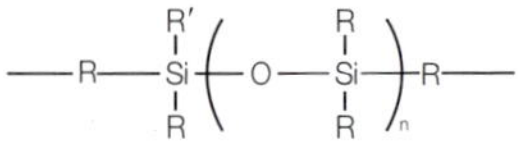 R′, R, Si, O, Si, R, R, R, n	위와 같음	기판과의 밀착성
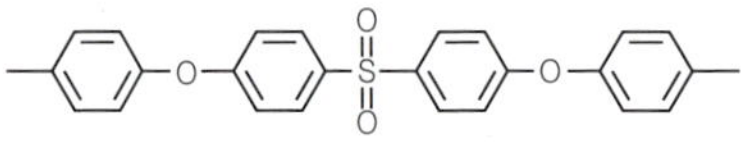 O, O, S, O, O	–	투명성
–	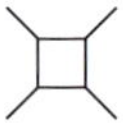	투명성 내약품성
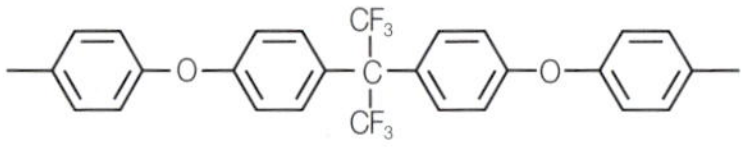 CF_3, C, CF_3, O, O	–	High Pretilt
–	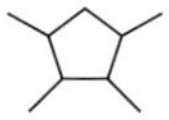	저온 경화성

그림 1.10 폴리이미드 화학구조 및 관능기별 특성

1.3.3 Seal제

Seal제는 TFT array 기판과 color filter 기판을 접합시켜 액정을 봉지하는 역할을 한다. 기존 진공액정 주입방식의 경우에서의 seal제로는 열경화성 방식의 epoxy계열 수지와 아민계경화제가 주로 사용되었다. 최근 일반적으로 사용되는 적하주입용 seal제로는 UV경화 및 열경화 혼합방식의 에폭시 아크릴레이트계 수지가 사용되고 있다. UV경화용 수지로는 아크릴레이트계 올리고머와 반응성 희석제인 아크릴레이트 모노머를 적절하게 배합하여 적당한 점도로 낮추어 사용한다. 모노머의 UV경화는 라디칼 경화 방식이 선호되고 있다. 이러한 UV라디칼 중합은 UV양이온 중합에 비하여 접착력은 열세이나, 액정 오염이 적다는 관점에서 라디칼 중합방법을 사용하고 있다. UV라디칼 중합의 접착력 열세는 열경화를 추가함으로서 해결하고 있다. 그리고 열경화제는 고형 에폭시 수지가 유리전이온도가 높고, 고온 · 고습 하에 있어서 액정 표시 패널의 신뢰성을 높여주기 때문에 사용된다. 광개시제는 benzophenone 계열이 주로 사용되며, 광개시제는 광조사에 따라 완

표 1.1 LCD 적하주입용 seal제의 주요 성분 및 역할

주요 성분	역할
아크릴레이트계 Oligomer	UV경화, 액정 오염성 개선
아크릴레이트 Monomer	UV경화, 점도 감소, 유연 접착
광개시제	광 라디칼 형성
열경화성수지(에폭시)	열경화(접착력 향상)
충전제	접착력(수축률 개선)
기타 첨가제	

전히 소비되는 것이 아니고 미반응의 광개시제가 남아 미량의 불순물을 발생할 수 있다. 따라서 광분해 생성물이 잔존하지 않아야 하고 또한 미반응의 광개시제가 존재하더라도 액정의 전압유지율의 저하 및 잔류 DC 발생 등의 문제를 일으키지 않아야 한다.

그외에 seal제의 경화에 따른 수축률을 개선하여 접착력을 향상시키기 위하여 30% 내외의 충전제를 혼합한다. 충전제로는 무기 충전제와 유기 충전제 모두 사용 가능하며, 무기 충전제는 산화알루미늄(Al_2O_3), 규산 알루미늄, 이산화규소, 티탄산 칼륨, 활석, 석면 가루, 석영분, 유리 섬유, 운모 등이 사용된다. 유기 충전제로서는 폴리메타크릴산메틸, 폴리스티렌 충전제를 에폭시 수지나 silane coupling제 등으로 그래프트(Graft)화 변성시킨 것 등이 적용 가능하다. 치수 안정성 확보를 위해서는 입자 사이즈가 10μm 이하인 것들이 요구된다.

1.4 LCD 모드

LCD는 그림 1.11에 나타낸 바와 같이 액정분자의 배향상태에 따라 TN(Twisted Nematic) 모드, VA(Vertical Alignment) 모드, IPS(In-Plane Switching) 모드로 나누어진다.

1.4.1 TN 모드

TN 모드는 상하 유리기판 사이의 액정에 전기장을 인가할 수 있도록 투명전극이 형성되

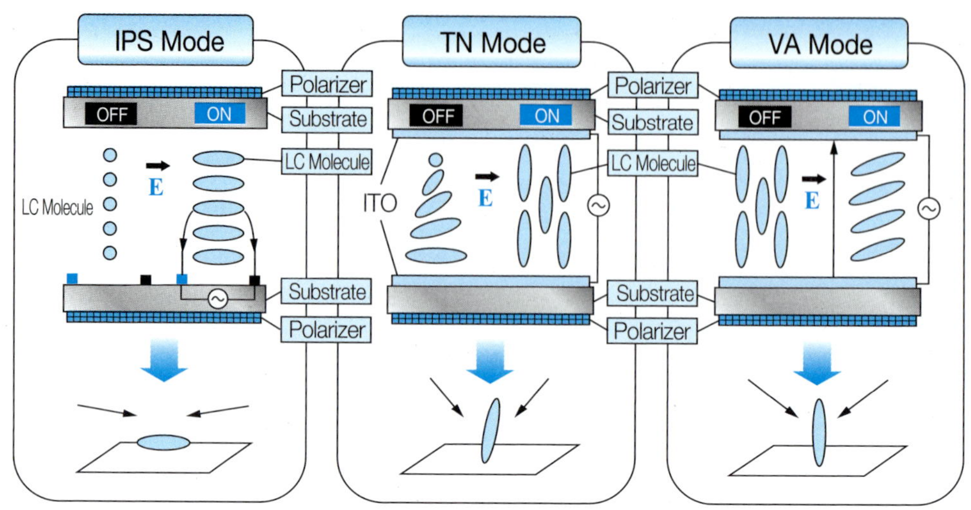

그림 1.11 LCD 모드의 종류와 동작 특성

어 있다. 그리고 투명전극 위에는 액정방향자의 배열방향이 결정될 수 있도록 배향막을 도포하여 상판과 하판에서의 배향방향이 서로 수직이 될 수 있도록 러빙처리를 한다. 그러면 전기장이 인가되지 않은 상태에서 액정방향자는 아래쪽 기판에서 대향하는 위쪽 기판으로 연속적으로 90° 비틀리게 된다. 상하기판의 외측면에는 두 장의 편광판의 투과축이 액정의 배향방향과 나란하게 광축을 가지도록 부착되어 있다.

TN 모드에는 normally white type과 normally black type의 두 가지 종류가 있다. Normally white type의 경우는 그림 1.12에 나타낸 바와 같이 상하 유리기판 외측에 편광판의 투과축이 서로 직교하게 되어 있으며, 전압이 인가되지 않은 상태에서는 위쪽 편광판을 통과한 선편광이 90° 꼬여있는 액정방향자를 따라 연속적으로 회전하게 되어 아

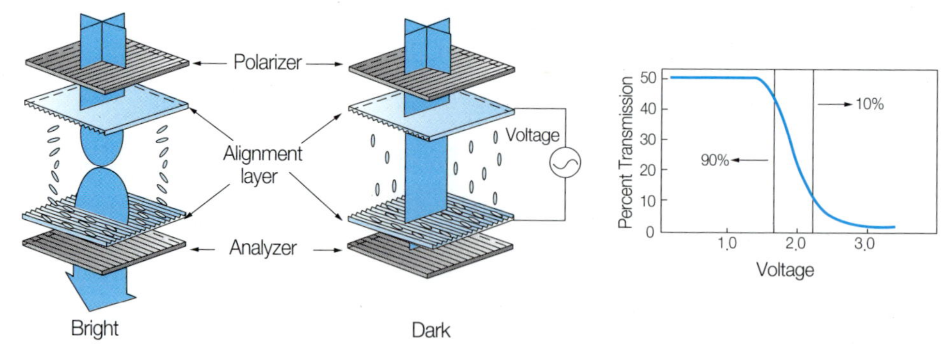

그림 1.12 Normally White Type TN 모드의 작동 원리

래쪽 편광판을 투과하게 되어 white화면이 구현되게 된다. 그리고 전기장이 인가되면 액정이 수직방향으로 정렬되어 빛이 투과되지 않는 black상태가 된다. 반면 normally black mode의 경우는 상하 유리기판 외측에 부착된 편광판의 투과축이 서로 평행하게 되어있어, 전기장이 인가되지 않은 상태에서 black화면이 구현되고, 전기장 인가 시 white화면이 구현된다.

TN mode에 있어서 광투과도는 단색광의 경우 Gooch와 Tarry식에 의해 normally black type에서 다음과 같은 식 (1-9)로 얻어진다.

$$T = \frac{1}{2}\frac{\sin^2\left(\frac{\pi}{2}\sqrt{1+u^2}\right)}{1+u^2} \tag{1-9}$$

여기서 T는 편광되지 않은 단색광에 대한 투과도이며, u는 다음의 식 (1-10)과 같이 주어지는 입사광의 파장(λ)에 대한 복굴절(=굴절률 이방성)(Δn)에 의존하는 변수이다.

$$u = 2d\left(\frac{\Delta n}{\lambda}\right) \tag{1-10}$$

Normally black type TN 모드의 최적 cell gap, d는 가장 어두운 상태를 나타내는 black 조건을 만족하기 위하여, 상기 식 (1-10)에서 first minimum 조건을 만족하는 $u = \sqrt{3}$ 으로 결정되어 $d = \frac{\sqrt{3}}{2}\left(\frac{\lambda}{\Delta n}\right)$이 된다. 한편 normally white type TN 모드에서는 상기 cell gap이 가장 밝은 투과도 나타내는 first maximum 조건이 되어 최적 액정층의 두께로서 결정된다.

유전율 이방성이 양인 액정에 전기장이 인가된 경우 액정분자들은 전기장 방향으로 재정렬하게 된다. 그러나 배향막 표면에 붙어있는 분자들은 기판표면과의 강한 상호작용으로 인하여 초기 배향방향으로 고정되어 있다. 전기장이 인가된 경우 cell 내의 액정방향자 분포는 소정의 에너지 경계조건 하에서 전기에너지와 탄성 변형에너지를 모두 고려하면 정확하게 계산될 수 있다. 기판표면의 pretilt 각이 0°인 경우 90° twist된 TN LCD의 문턱전압, V_{th}는 다음의 식 (1-11)과 같이 주어진다.

$$V_{th} = V_c\left[1 + \left(\frac{K_{33} - 2K_{22}}{4K_{11}}\right)\right] \tag{1-11}$$

여기서 V_c는 비틀림각이 존재하지 않는 수평배향(= Homogeneous 배향)의 문턱전압(threshold voltage)을 의미하며 아래의 식 (1-12)와 같이 표현된다.

$$V_c = \pi\sqrt{\frac{K_{11}}{\Delta\varepsilon}} \tag{1-12}$$

위의 두 식에서 K_{11}, K_{22}, K_{33}는 각각의 액정의 spray, twist, bend 탄성계수를 의미하며, $\Delta\varepsilon$은 유전율이방성을 나타낸다.

1.4.2 VA 모드

VA 모드는 아래 그림 1.13에 나타낸 바와 같이 수직 배향된 유전율 이방성이 음인 액정이 사용되고 전압이 인가되지 않은 경우 투과축(또는 흡수축)에 서로 수직하게 배치된 두 장의 편광판 사이에서 패널을 통과하는 빛은 차단된다. 액정이 움직이기 시작하는 문턱값보다 높은 전압이 인가되면 액정분자가 기울어진 상태가 되어 복굴절 효과가 생기며 이로 인해 입사 빛의 편광 방향이 회전되어 빛이 패널을 통과한다.

특히 VA 모드의 경우에는 전기장이 인가되지 않은 상태에서 black 화면이 표시됨으로 TN 모드나 IPS 모드 대비 낮은 black 휘도를 보여 화면 대비비가 좋은 특징이 있다. VA 모드의 경우 투과도는 다음 식 (1-13)과 같이 나타 낼 수 있다.

$$T = T_0 \sin^2(\pi \Delta n(E) d/\lambda) \tag{1-13}$$

위 식에서 $\Delta n(E)$는 전기장의 세기에 의존하는 액정의 복굴절을 나타내고, d는 액정층의 두께이며, λ는 입사광의 파장이다. 따라서 전기장이 인가되지 않았을 때, 즉 액정이 양쪽 기판에 대해 수직으로 배향되어 있을 때 $\Delta n(E) = 0$이 되어 빛을 투과시키지 않는 black 상태가 된다. 반면 액정에 전기장이 충분히 인가되어 액정이 수평상태로 배향되게 되면, $\Delta n(E)$는 증가되어 빛의 투과도가 증가한다. 한편 최대 투과율을 가질 수 있는 액정층의 두께, 즉 최적 cell gap을 결정하기 위해서는 상기 식 (1-13)에서 T가 최대가 되도록 액정층 두께, d를 구하면 식 (1-14), (1-15)와 같이 나타난다.

$$T_{\max} = T_0 \sin^2(\pi \Delta n\ d/\lambda) = T_0 \sin^2(\pi/2) \tag{1-14}$$

$$\pi \Delta n\, d/\lambda = \pi/2,\ d = \lambda/2\Delta n \tag{1-15}$$

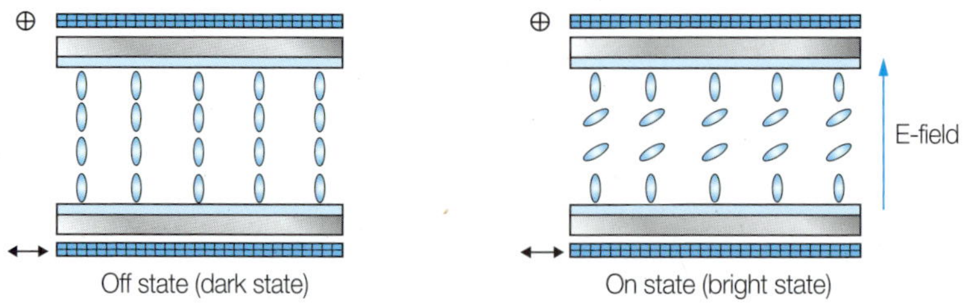

그림 1.13 VA 모드의 구동 원리

1.4.3 IPS 모드

IPS 모드는 TFT array 기판 한 면에 데이터 전극과 공통전극을 모두 배치시켜 양의 유전율 이방성을 가지는 네마틱 액정이 수평방향으로 움직이게 하여 화상을 구현하는 모드이다. 따라서 액정의 방향자가 그림 1.14에 나타낸 바와 같이 수직거동이 없고 수평으로만 거동하기 때문에 원리적으로 측면 시야각이 넓다.

IPS 모드의 투과도는 다음 식 (1-16)으로 나타낼 수 있다.

$$T = T_0 \sin^2 2\phi \sin^2(\pi \Delta n\, d/\lambda) \tag{1-16}$$

상기 식에서 ϕ는 기판면 내에서의 액정방향자의 방위각을 나타내고 Δn은 액정의 복굴절, d는 액정층의 두께, λ는 입사광의 파장을 의미한다. 상기식에서 $\pi\Delta nd/\lambda$는 전기장에 무관한 값이며, IPS 모드의 최적 cell gap을 정하는 기준이 된다. IPS 모드는 전기장의 세기에 따라 방위각 ϕ가 변함으로 인해서 투과도가 변한다. 예를 들면 대항하는 두 장의 편광판의 투과축이 서로 0°, 90°로 배치된 경우 전기장이 인가되기 전 상태에 액정이 0°로 배향된 상태에서는 T가 최소값을 가져 black 상태가 구현되며, 전기장을 인가해 액정이 45°로 회전하게 되면 최대 투과도를 가지는 상태가 된다.

IPS 모드는 한쪽 면에 화소전극과 공통전극을 함께 설치함으로 인해 빛의 투과율이 낮으며, 응답속도가 느리다는 단점이 있었다. 최근에는 이런 단점을 보완한 FFS(Fringe Field Switching) 모드(또는 IPS-Pro)가 제안되어 이러한 문제를 많이 개선하였다. FFS 모드는 그림 1.15에 나타낸 바와 같이 IPS 모드에서는 TFT array 기판상의 동일 평면에 pixel 전극과 공통(common)전극이 배치되는 구조를 가지지만, FFS 모드는 pixel 전극과 common 전극이 절연막을 사이에 두고 다른 면에 존재함으로 인해서 수평전기장과 수직

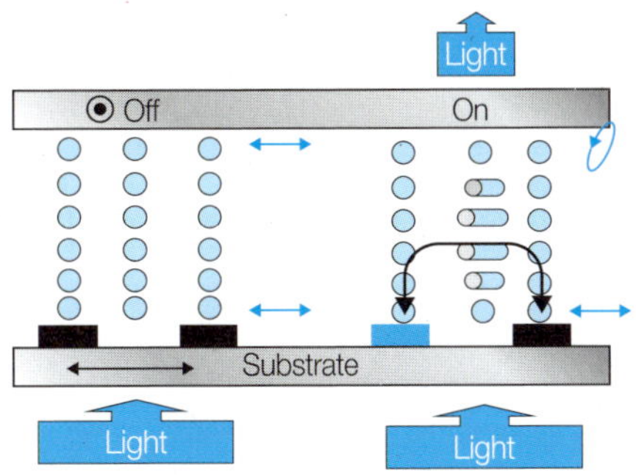

그림 1.14 IPS 모드 원리

IPS-Pro (FFS) Structure by Hitachi

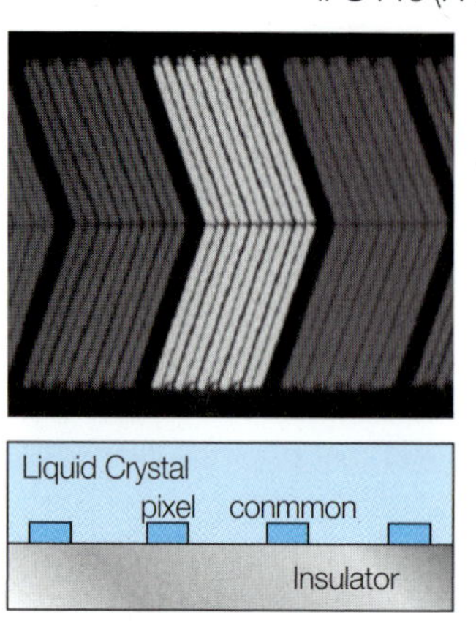

(a) Conventional Structure

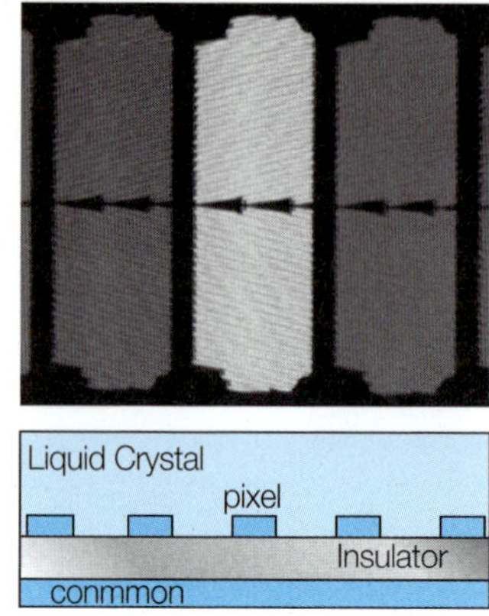

(b) IPS-Pro Structure

그림 1.15 IPS 모드와 FFS 모드 비교

전기장이 동시에 액정에 인가된다. 이로 인해서 수평전기장에 반응하지 않는 pixel 전극 주변의 액정이 수직전기장에 의해 배향하게 되어 IPS 모드 대비 상대적으로 높은 투과율과 두 전극들 간의 거리가 가까워짐으로 인해서 응답특성이 개선된다.

1.5 광시야각 기술

LCD의 시야각을 확대하는 광시야각 기술로는 화소전극을 분할하여 white 및 중간계조의 측면 시야각을 개선하는 multi-domain 기술과 광시야각 보상필름을 적용하여 black 화면의 측면 시야각을 개선하는 기술이 있다.

1.5.1 Multi-domain 기술

Multi-domain 기술은 그림 1.16에 나타낸 바와 같이 화소를 여러 개로 분할하여 측면 시야각을 개선하는 기술이다. 아래 그림에서 화소분할이 되지 않은 single domain의 경우에는 액정분자가 전기장에 의해 한 방향으로만 거동함으로 인해서 관찰자가 보는 주시야각에 따라 액정분자의 배향상태가 다르게 되어, 결과적으로 다른 밝기의 화상이 관측된다. 이에 비해 화소전극을 2개의 수평방향으로 나눈 two-domain의 경우에는 좌우측 시야

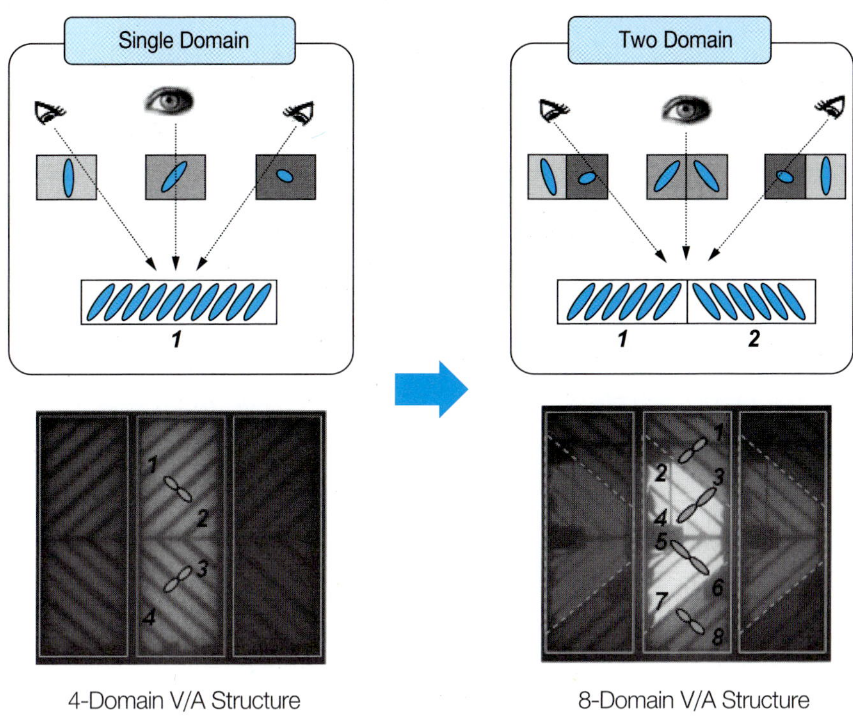

그림 1.16 Single Domain과 Multi Domain

각에 따라 각각 2개의 화소에서 액정분자가 다른 배향상태가 관측되나, 최종적으로 관측되는 화상의 밝기는 2개의 화소의 평균이 되어 시야각에 따라 관찰자가 균일한 밝기의 화상을 관측하게 된다. 추가적으로 화소를 상하좌우 4개로 나눈 4-domain 또는 8개로 나눈 8-domain 기술을 적용하면 더욱더 시야각이 개선된다.

1.5.1.1 VA 모드 광시야각 기술

VA 모드는 화소분할 방식에 따라 그림 1.17에 나타낸 바와 같이 MVA(Multi-domain VA)와 PVA(Patterned VA)로 나누어진다. MVA 모드는 돌기를 이용해 화소분할을 하는 방식이며, PVA 모드는 패턴된 ITO 전극을 이용하여 화소를 분할하는 방식이다. MVA 모드와 PVA 모드는 일반적으로 1개의 화소를 4개로 나누는 분할형태를 띄고 있으나, 특히 PVA 모드의 경우에는 최근에는 화소를 8개로 분할한 S-PVA 모드가 제안되어 사용되고 있다.

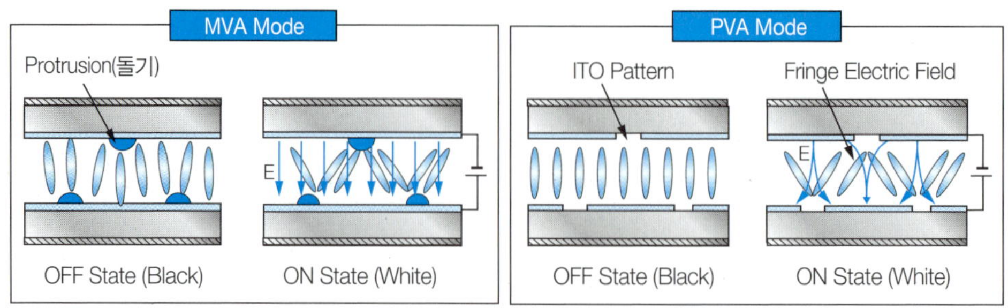

그림 1.17 MVA모드와 PVA 모드 비교

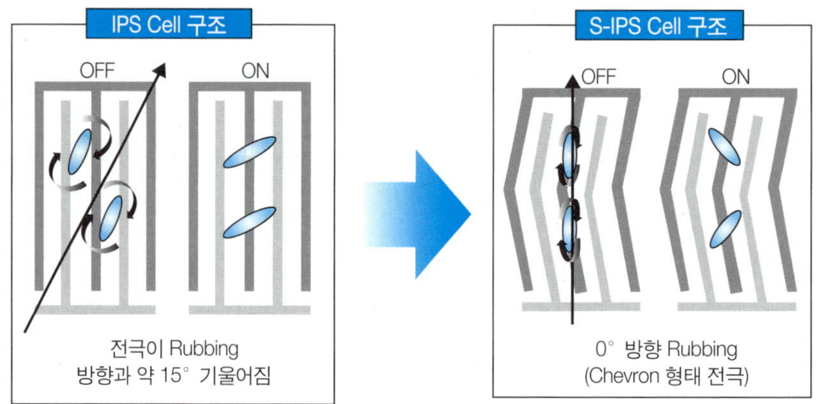

그림 1.18 IPS와 S-IPS 비교

1.5.1.2 IPS 모드 광시야각 기술

IPS 모드는 그림 1.18에 나타낸 바와 같이 화소전극의 모양이 stripe 형태인 IPS 모드와 화소전극이 chevron 형태를 가지는 S-IPS 모드로 분류된다. S-IPS 모드의 경우에는 화소전극과 공통전극을 chevron 형태로 만들어줌으로 인해서, 초기에 액정이 0°에서 전기장의 인가에 따라 두 방향으로 배향되는 2-domain 구조를 가지게 되어 기존 IPS 모드 대비 측면 시야각 및 color shift가 개선된다.

1.5.2 광시야각 보상필름

광시야각 보상필름은 LCD 패널의 상판과 하판에 위치하는 편광필름에 내재되는 필름으로 편광소자 보호 및 광학특성을 제어하는 필름이다. 광시야각 보상필름은 광학적 등방성을 가지는 TAC(Tri-Acetyl Cellulose) 필름 위에 배향막을 코팅하고, 그 위에 액정을 코팅한 뒤,

두께 방향으로 다르게 배열시켜 고정하는 방법으로 위상차를 부여하는 방식과, 광학성 등방성을 가지는 TAC 필름에 광학적 이방성이 높은 물질을 결합 또는 첨가한 뒤, 일축 또는 이축 방향으로 연신하여 면내와 두께 방향으로 위상차를 부여하는 두 가지 방식이 있다. 여기서 면내 위상차, $R_e = (n_x - n_y) \times d$이고 두께 방향 위상차, $R_{th} = \{n_z - (n_x + n_y)/2\} \times d$이다. 단, d는 필름의 두께를 의미한다. 특히 보상필름의 두께 방향의 위상차 R_{th}는 panel 내 액정층이 가지는 위상차값과 부호는 서로 반대이고, 절대값은 유사해야 한다.

기존의 광시야각 보상필름은 TAC을 베이스 필름으로 하나 최근에는 투명한 올레핀계 환형 고분자(COP, Cyclic Olefin Polymer) 필름을 이용하여 일축 또는 이축 방향으로 연신을 하여 면내와 두께 방향으로 위상차를 부여하여 LCD 화상을 볼 때 각도에 따라서 변하는 위상차를 보상해주어 측면 콘트라스트 및 칼라의 변화를 개선한다.

일반적으로 LCD의 black 상태는 IPS 모드를 제외하면 대향하는 두 장의 편광판의 투과축이 수직으로 부착된 두 기판 사이에 액정이 수직으로 배향된 상태이다. 이렇게 되면, 그림 1.19에 표시한 바와 같이 액정의 굴절률 타원체가 정면에서는 구가 되어 복굴절이 사라지게 되나, 좌측 혹은 우측으로 시야각을 주게 되면 액정의 굴절률 타원체가 구에서 타원으로 바뀌게 되어 복굴절이 발생하여 빛샘이 발생하게 된다. 이로 인해 LCD 패널을 정면에서 보면 black 상태이나 좌우측 혹은 상하측 시야각을 주면 측면 위상차 발생에 따른 빛샘이 커져 화상의 대비비가 감소하게 된다. 보상필름은 그림 1.19에 나타낸 바와 같이 이러한 LCD의 측면 대비비 변화를 완화시키기 위하여 액정과 반대의 시야각에 따른 위상차 변화를 보이는 광시야각 보상필름을 액정 앞에 두어 액정과 보상필름의 시야각에 따른 위상차 변화가 서로 상쇄되도록 하여 균일한 black 상태를 부여하는 기능을 한다.

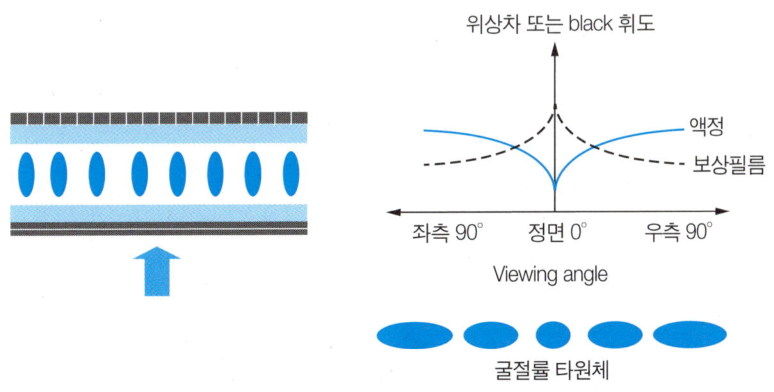

그림 1.19 LCD 시야각

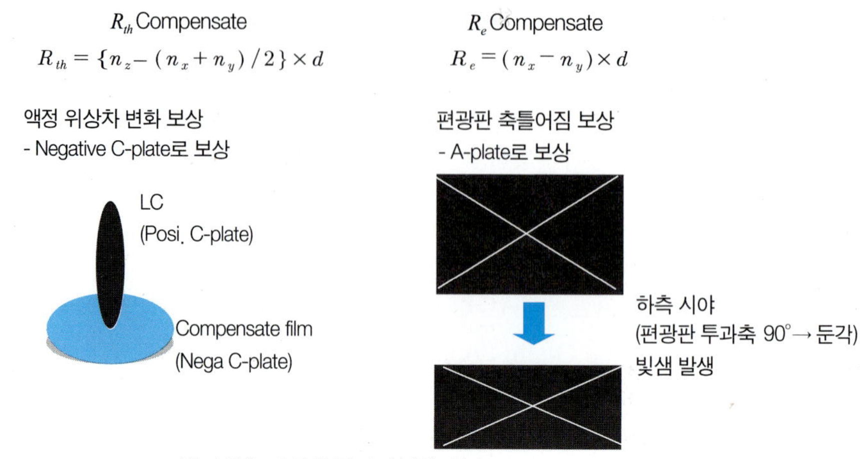

그림 1.20 LCD 보상필름 원리

액정의 시야각에 따른 위상차 변화는 그림 1.20에 나타낸 바와 같이 주로 액정 두께방향의 위상차 변화와 관계되므로 negative C-plate를 보상필름으로 사용하여 보상해준다. 그러나 액정의 두께방향 위상차 보상만으로는 측면 시야각의 보상이 충분히 이루어지지 않기 때문에 추가적으로 시야각에 따른 면내 위상차 변화를 보상하기 위해 A-plate를 사용한다. 이러한 A-plate는 액정의 면내 위상차 변화 뿐 아니라, 편광판의 시야각에 따른 빛샘을 개선하는 기능도 가지고 있다. 한편, 광학적으로 negative C plate와 A plate의 기능을 합한 것은 biaxial plate와 동일한 기능을 하므로 두 장의 biaxial film으로도 보상 가능하다.

광시야각 보상필름은 아래와 같이 필름의 굴절률 분포에 따라 다음과 같이 분류할 수 있다.

① O plate: 굴절률 분포가 경사구조를 가지는 필름
② A plate: 직교 좌표상의 세 방향 굴절률이 $n_x > n_y = n_z$의 분포를 가지는 필름
③ Negative C plate: 직교 좌표상의 세 방향 굴절률이 $n_x = n_y > n_z$의 분포를 가지는 필름
④ Positive C plate: 직교 좌표상의 세 방향 굴절률이 $n_x = n_y < n_z$의 분포를 가지는 필름
⑤ Biaxial plate: 직교 좌표상의 세 방향 굴절률이 $n_x > n_y > n_z$의 분포를 가지는 필름

1.5.2.1 TN 모드용 광시야각 보상필름

TN 모드는 액정분자가 상판과 하판의 액정이 서로 90° 꼬여 있는 구조를 가져서, 액정분

자의 굴절률이 연속적으로 변화하는 경사 구조를 가지고 있다. 따라서 이에 대한 측면 위상차 보상을 위해 원반형 혹은 봉형 액정을 경사 배향시키는 O-Plate를 사용하여 각도에 따른 위상차 변화를 상쇄시켜 주어야 한다.

1) WV 필름

WV(Wide View Film) 필름은 TAC 필름을 베이스로 해서 원반형 액정을 코팅해, 도막상의 원반형 액정화합물을 배향, 고정시키는 것에 의해 그림 1.21과 같이 TN-LCD의 경사배향을 한 액정에 대해서 측면의 각도에 따르는 위상차 변화를 보상해 주는 필름이다.

주요 특징으로는 WV-A → WV-SA → WV-EA로 가면서 보상필름의 위상차를 높이고, TAC 필름 위에 배향되어 있는 원반형 액정의 경사각을 증대시킴으로서 상하, 좌우 시야각을 확대시켰다. 특히, WV-A에서 WV-SA로의 전환은 TN LCD 패널에서의 최적 위상차를 360nm에서 400nm로 증대시킴에 따라 LCD 패널의 시야각 확대 기능뿐 아니라, 위상차 증대에 따른 휘도 향상까지 얻을 수 있었다. 그리고 WV-SA에서 WV-EA로의

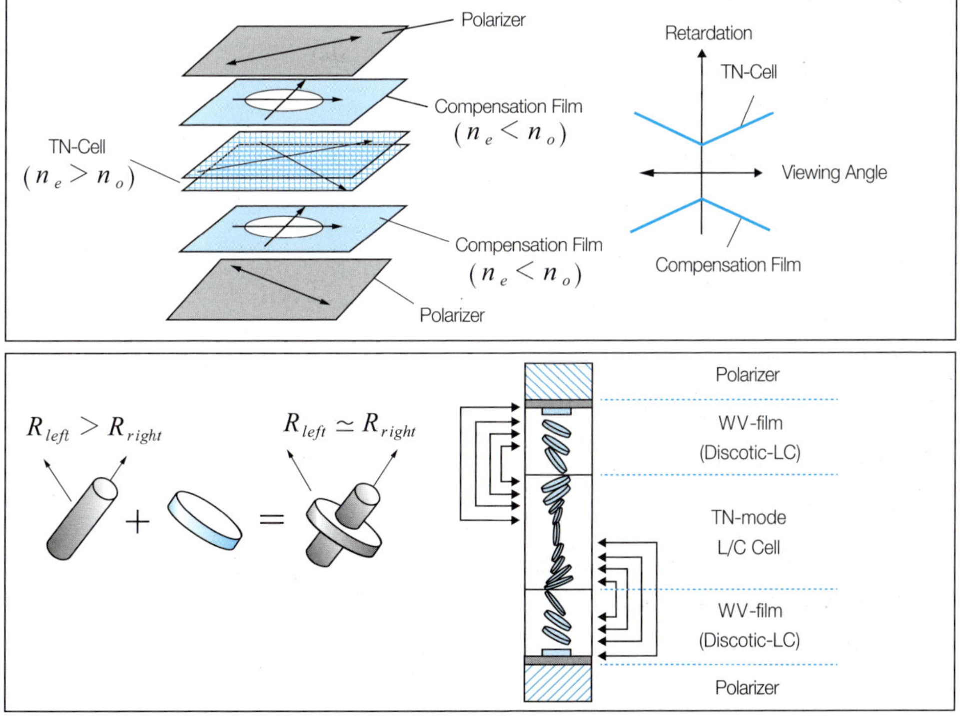

그림 1.21 TN 모드의 WV 필름의 구조 및 원리

표 1.2 TN-WV 필름의 종류 및 특징

종류	WV-A	WV-SA	WV-EA
시야각 (상하/좌우)	90/120	120/140	160/160
최적 위상차	360nm	400nm	400nm
Discotic 액정 경사각	저	중	고

전환은 TN 모드의 시야각을 광시야각 모드인 VA 모드와 IPS 모드에 근접한 상하, 좌우 160°의 시야각을 확보를 가능케 하였다.

1.5.2.2 IPS 모드용 광시야각 보상필름

IPS 모드는 원리적으로 시야각이 넓다`. 따라서 기본적으로 광학 보상필름이 필요하지 않아, 다른 모드에 비해 광학 보상 필름의 개발이 소극적이었다. 그러나 최근 고품격의 LCD-TV에 대한 요구에 부응하기 위하여, IPS 모드 LCD 패널의 대각 45° 방향에서의 빛샘과 컬러 변화를 감소시키기 위하여 보상필름의 채용이 증가 추세에 있다.

IPS 모드는 액정이 수평방향으로 누워있는 구조를 가지기 때문에, VA 모드와 정반대인 positive C-plate로 보상하면 된다. 최근에는 그림1.22에 나타낸 바와 같이 Z-TAC을 이용하여 IPS용 LCD-TV의 측면 빛샘 및 칼라시프트를 보상하고 있다.

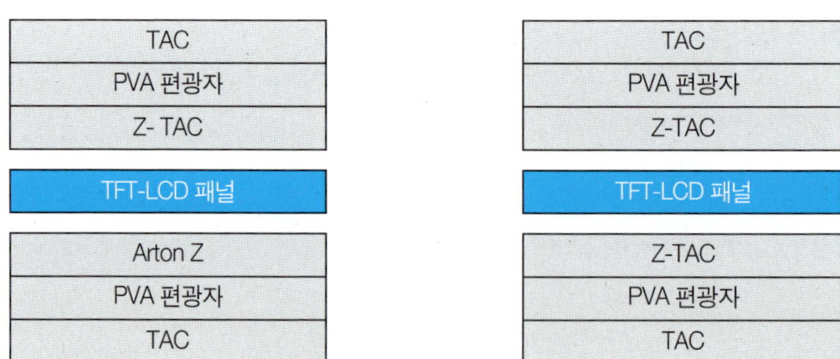

그림 1.22 IPS 보상필름 구조

1.5.2.3 VA 모드용 광시야각 보상필름

VA 모드는 시야각에 따르는 수직상태의 액정분자 위상차 변화가 크기 때문에 이를 보상해주기 위하여 A-plate와 negative-C plate 혹은 biaxial plate가 필요하다. 여기서는 biaxial plate 구조의 film만 소개한다.

1) N-TAC 필름

N-TAC은 광학적 등방성을 가지는 TAC재료에 Acyl(RCO-) 화합물을 결합시켜 2축 연신한 biaxial 필름으로 VA 모드의 시야각 보상기능을 한다.

주요 특징은 기존의 편광판 보호용 TAC 필름과 보상필름이 일체화된 구조를 가지고 있으며, 기존 셀룰로오스계 재료를 사용함으로서 PVA 편광자와의 일체성이 용이한 장점을 가진다.

2) B-TAC

B-TAC은 광학적 등방성을 가지는 TAC재료에 위상차 향상제를 첨가한 후 2축 연신한 biaxial 필름으로 VA 모드의 시야각 보상기능을 한다. 주요 특징으로 N-TAC과 동일하게 TAC 필름과 보상필름이 일체화된 구조를 가진다.

3) X-plate

X-plate는 광학적 등방성을 가지는 TAC 재료를 2축 연신한 후 폴리이미드를 코팅한 구조를 가지고 있으며, VA 모드의 시야각 보상기능을 한다. 주요 특징은 N-TAC이나, B-TAC과 동일하게 TAC과 보상필름 일체형 구조를 가지지만, LCD 패널에 부착되는 상/하 편광판 중 1매에 보상필름이 내재된 구조를 가지기 때문에 코스트 측면에서 유리한 구조를 가지지만 측면 컬러시프트가 크다는 특성적인 단점이 있다.

4) COP계열(TAC대체) 노르보넨계 필름

기존 TAC의 대체 재료인 COP 계열 노르보넨계 보상필름은 Arton 필름, Zeonor 필름, Essina 필름 등이 있으며, 이를 2축 연신하여 만드는 필름이다.

한편, 보상 필름을 이용해서 VA 모드 LCD 패널의 측면 빛샘 및 칼라시프트를 최소화하기 위해서는 그림 1.24에 나타낸 바와 같이 LCD 패널의 액정의 두께방향 위상차와 보상필름의 두께방향 위상차의 파장분산성(입사광 파장에 따르는 굴절률 변화)이 유사해야 하며, 반면에 LCD 패널의 액정의 면내 위상차와 보상필름의 면내 위상차의 파장분산성이 서로 반대가 되어야 한다.

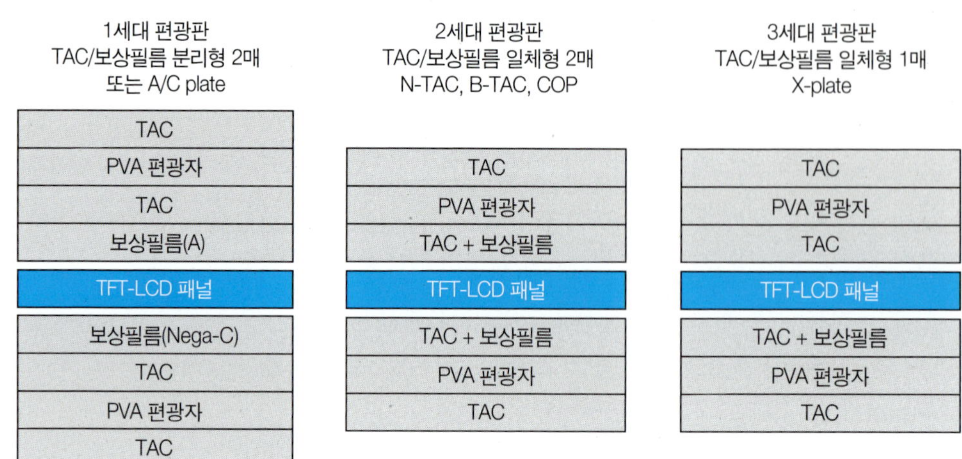

그림 1.23 VA 모드 LCD용 보상필름 구조 변화 추이

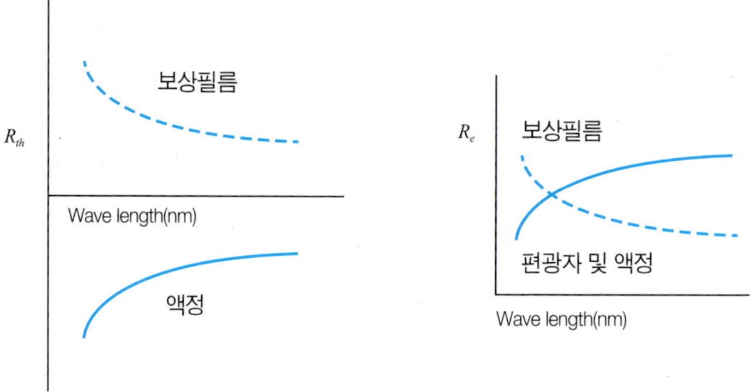

그림 1.24 보상필름의 R_{th}와 R_e의 이상적인 파장분산성

연습문제

1. Normally white type TN 모드에서 굴절률 이방성, Δn이 0.1이고 입사광의 파장이 550nm일 때 first maximum 조건을 만족하는 최적 cell gap을 구하라.
2. TN 모드에서 하측 계조반전이 발생하는 이유에 대해서 논하라.
3. VA 모드에서 굴절률 이방성, Δn이 0.1이고 입사광의 파장이 550nm일 때 최적 cell gap을 구하라.
4. IPS 모드에서 두 장의 편광자의 투과축이 0°, 90°를 가질 때 최대 투과율이 되는 액정 방향자의 방위각을 구하라.
5. PVA 모드에 있어서 전극 Pattern 간격(전극이 없는 폭)에 따른 액정의 응답특성과 투과율 특성에 대해서 논하라.
6. LCD의 측면 color shift가 발생하는 이유에 대해 설명하라.

CHAPTER 02

OLED 이해

2.1 OLED의 개요

2.2 OLED의 동작 원리

2.3 PMOLED 및 AMOLED

2.1 OLED의 개요

2.1.1 OLED의 기본 구조 및 특징

OLED(Organic Light Emitting Diode)는 유기 재료에 전압을 인가하면 빛이 방출되는 소자이다. OLED는 그림 2.1에서처럼 양극과 음극 사이에 유기박막이 적층되어 있는 구조로 되어 있으며, 전압을 인가하면 양극에서는 정공(hole)이, 음극에서는 전자(electron)가 각각 유기물 내로 주입되고, 주입된 전자와 정공이 유기박막 내에서 재결합(recombination)하여 빛이 생성된다.

OLED는 유기박막에서 빛이 생성되어 방출되기 때문에 소자 자체가 발광체가 되는 자발광(self-emissive) 소자로서, 전기적인 신호가 빛으로 변환되는 시간이 짧고 발생된 빛은 방향성이 없고 균일하게 퍼져 나간다. OLED를 이용하면 백라이트가 필요 없고, 시야각이 우수하며, 동영상 구현에 적합한 이상적인 형태의 디스플레이 제작이 가능하다. 또한 OLED는 전체 두께가 얇아 LCD나 PDP보다 얇은 디스플레이의 제작이 가능한 장점이 있다.

OLED의 발광 물질은 유기물로 구성되어 있으며, 유기물의 분자량에 따라 저분자(small molecule) 및 고분자(polymer) OLED로 구분된다. 분자량이 작은 유기물로 OLED가 구성될 경우 이를 저분자 OLED라 하며, 분자량이 큰 유기물인 고분자로 OLED가 구성될 경우 고분자 OLED라 한다. 고분자 OLED는 PLED(Polymer Light Emitting Diode)라고도 한다.

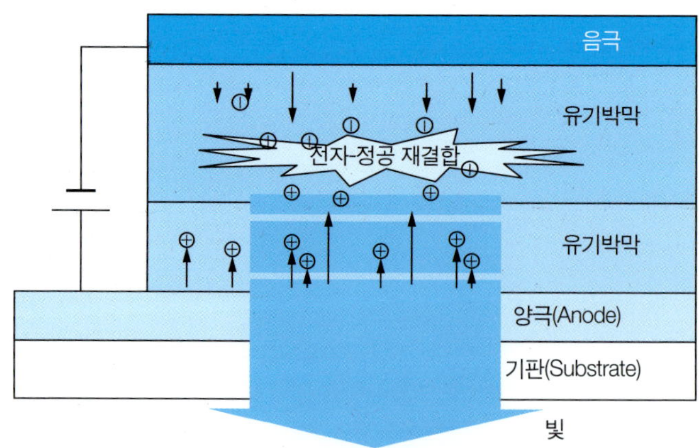

그림 2.1 OLED의 기본 구조

OLED는 발광 방식에 따라 형광 OLED와 인광 OLED로 구분된다. OLED에 전압을 인가하면 전자와 정공이 발광 물질에서 재결합하여 여기자(exciton)라고 하는 에너지 상태가 형성되어 빛이 발생되는데, 여기자는 단일항(singlet)과 삼중항(triplet)의 두 가지 상태로 형성될 수 있다. 단일항 여기자에 의해 빛이 발생할 경우를 형광 OLED라고 하며, 삼중항 여기자에 의해 빛이 발생할 경우 이를 인광 OLED라고 한다.

OLED는 구동 방식에 따라 수동구동 OLED(PMOLED, Passive Matrix OLED)와 능동구동 OLED(AMOLED, Active Matrix OLED)로 구분된다. PMOLED는 버스선이 교차되는 부분이 OLED 화소가 되는 방식을 말하며, AMOLED는 버스선이 교차되는 부분에 TFT(Thin Film Transistor)가 놓여 있어 TFT에 의해 OLED 소자의 구동이 조절되는 방식을 말한다.

OLED는 빛이 방출되는 방향에 따라 배면발광(bottom emission), 전면발광(top emission) 및 양면발광(double side emission) 방식으로 구분된다. 배면발광 OLED는 투명한 기판 쪽으로 빛이 나오게 되는 경우를 말하며, 전면발광 OLED는 기판의 반대 방향 쪽으로 빛이 나오게 되는 경우를 말한다. 양면발광 OLED는 기판의 양쪽 방향으로 빛이 나오게 되는 경우를 말한다.

OLED에 대한 본격적인 연구는 1987년부터라고 할 수 있어, OLED에 대한 연구 역사는 오래되지 않았지만, OLED는 광시야각, 고속응답, 박형 등의 우수한 특성과 더불어 대면적 백색 발광 형태로 제작이 될 수 있어 디스플레이 뿐만 아니라, 차세대 조명으로 각광받고 있다. 또한 OLED에 사용되는 유기물은 빛을 받으면 박막을 통하여 전류가 흐를 수 있어 차세대 태양전지, 광센서, 트랜지스터 등으로 응용이 가능하며, 특히 플렉시블(flexible) 디스플레이에도 적용이 가능하여 많은 연구가 진행되고 있다.

그림 2.1에 나타낸 것처럼 OLED 소자는 기판 위에 양극과 음극이 있으며, 그 사이에 약 100nm 두께의 유기박막이 놓여있는 구조로 되어있다. 양극은 투명하며 전기를 통하는 물질인 ITO(Indium-Tin-Oxide)가 주로 사용되며, 두께는 100~150nm이다. 음극으로는 두께 100~200nm 정도의 금속박막이 주로 사용된다. 유기박막은 정공에 대한 전달 특성이 우수한 박막과 전자에 대한 전달 특성이 우수한 박막으로 이루어져 있으며, 유기 박막 내에서 빛이 생성된다.

OLED 소자에서 빛의 방출은 ① 전하의 주입, ② 전하의 이동, ③ 재결합, ④ 빛의 생성, ⑤ 소자 외부로 빛의 방출 과정을 통하여 이루어진다.

그림 2.2에 외부전압 인가에 의한 OLED 소자의 발광 과정을 타내었다. OLED 소자의 양극에 양(+)의 전압을 인가하고 음극을 접지시키면, 양극에서는 정공이, 음극에서는

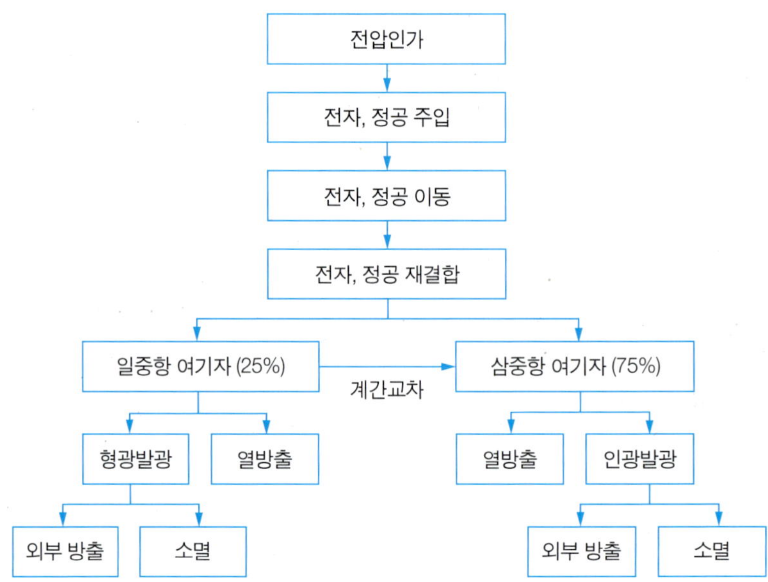

그림 2.2 OLED 소자에서의 발광 과정

전자가 유기박막 내로 주입된다. 주입된 정공은 음극 쪽으로 이동하며, 전자는 양극 쪽으로 이동한다. 이 과정에서 전자와 정공의 재결합이 일어나게 되어 전자-정공 쌍(pair)인 분자여기자(molecular exciton) 혹은 분자여기상태(molecular excited state)가 형성된다. 한편, 재결합되지 않은 전자, 정공은 빛의 생성에 기여하지 않고 전류 성분으로만 나타난다. 재결합된 분자여기자는 일중항 여기자(singlet exciton)와 삼중항 여기자(triplet excition)의 두 가지 상태로 존재한다. 일중항 여기자는 에너지 상태가 높은 여기자로, 분자여기자의 75%가 일중항 여기자에 해당되며, 삼중항 여기자는 에너지 상태가 낮은 여기자로, 분자여기자의 25%가 이에 해당된다.

예를 들어, 100개의 분자여기자가 생성되면 25개는 일중항 여기자가 되고 나머지 75개는 삼중항 여기자가 된다. 생성된 일중항 여기자 및 삼중항 여기자가 에너지가 낮은 기저 상태로 되돌아오며 빛(광자, photon)이 생성되거나 열로 방출되며 소멸되는데, 일중항 여기자에 의해 빛이 생성되는 경우를 형광발광(fluorescence emission)이라 하며, 삼중항 여기자에 의해 빛이 생성되는 경우를 인광발광(phosphorescence emission)이라 한다. 형광 유기재료를 사용하는 경우에는 일중항 여기자에서만 빛이 생성되며, 삼중항 여기자에서는 빛이 생성되지 않기 때문에 분자여기자의 25%만이 빛의 생성에 기여하게 된다. 인광 유기재료를 사용하는 경우에는 분자여기자의 75%에 해당하는 삼중항 여기자에 의해 빛이 생성되고, 나머지 25%에 해당하는 일중항 여기자 또한 삼중항 여기자로 에너지 전달이 일어나며(계간교차, inter-system-crossing) 빛의 생성에 기여하여, 분자여기자의 100%가 빛의 생성에 기여하게 된다. 일중항 여기자 혹은 삼중항 여기자에 의해 생성된 빛은 그림 2.2에서처럼 OLED 소자 바깥으로 빠져나오거나, 소자 내에서 소멸되게 된다. 이 때 소자 내에서 생성된 빛의 약 20%만이 바깥으로 빠져나오게 되어 우리의 눈을 통하여 보게 된다. 방출된 빛은 발광 재료의 종류에 따라 고유한 색을 띠게 된다.

형광발광의 경우에는 빛의 생성 시간이 수 나노초 이하로 짧은데 비해, 인광발광의 경우에는 수 마이크로초 이상으로 길다. 인광발광 재료의 경우 삼중항 여기자와 삼중항 여기자가 만나 일중항 여기자가 생성되어 형광발광을 일으키는 경우가 있다. 이때에는 일중항 여기자가 생성되는 시간이 필요하기 때문에 형광발광이 지연되어 나타나는 지연형광(delayed fluorescence) 현상이 생긴다. 대부분의 발광 재료는 상온에서 인광발광이 관찰되기 쉽지 않으며 형광발광의 경우가 일반적이나, 최근 백금 혹은 이리듐과 같은 금속과 유기 리간드를 붙인 유기금속화합물에서 인광 현상이 발견되어 AMOLED에 적용하고 있다.

또한, 음극 물질로 반사가 잘 되는 금속이 주로 사용되며 유기 재료는 대부분 투명하기 때문에, OLED 소자의 음극에 의해 외부의 빛이 반사되는 현상이 발생하게 된다. 따라서 휘도가 낮을 경우 OLED 소자에서 발생하는 빛이 외부의 빛에 의해 잘 보이지 않게 되며 이를 방지하기 위해 원형편광판(circular polarizer)이 사용된다.

OLED의 주요 특징을 살펴보면 다음과 같다(표 2.1). ① OLED는 그림 2.1에 나타낸 것처럼 유기박막 내에서 빛이 생성되는 자발광(self-emissive) 표시소자이다. 따라서 백라이트와 같은 광원이 필요치 않아 이론적으로 LCD와 같이 별도의 광원을 사용하는 소자에 비해 얇은 두께로 제작이 가능하다. ② OLED는 유기박막 내에서 생성된 빛이 방향

표 2.1 LCD와 OLED 디스플레이의 주요 특징 비교

구분	LCD	OLED
장점	두께 얇음 저전력이 가능 높은 해상도 가능 생산 기술 우수 수명이 우수	시야각이 넓음 고속 응답(동영상 우수) 두께 매우 얇음 저전력 가능 높은 해상도 가능
단점	응답 속도가 느림 시야각이 좁음	신뢰성 향상 필요
응용분야	노트북 PC, 모니터 TV, 휴대폰 등	휴대폰, TV, 멀티미디어 기기 등

성이 없으며 소자 밖으로 균일하게 방출되기 때문에 시야각이 브라운관 TV처럼 넓어 대면적 TV 등에 사용될 수 있다. ③ OLED에서 전기적인 신호에 의해 빛이 생성되는 시간이 수 마이크로초 이하로 매우 짧기 때문에 빠른 응답속도가 필요한 동화상 표시에 적합하다. ④ OLED는 약 100nm 두께의 유기박막을 이용하므로 구동전압이 일반적으로 10V 이하로 낮아 소비전력이 작은 특징이 있고, 기존의 디스플레이 제조에 사용되는 박막 공정을 그대로 이용할 수 있다. ⑤ 마지막으로, OLED는 플라스틱 필름기판을 사용하여 휘거나 구부릴 수 있는 디스플레이(flexible display)의 제작이 가능하여 응용 범위를 크게 확대시킬 수 있다. 하지만 아직까지 수명이 상대적으로 짧으며, 재료 및 소자의 특성 향상에 대한 연구가 필요하다.

2.1.2 다층 유기박막 OLED 소자

OLED 소자의 전력효율은 외부양자효율(external quantum efficiency)과 구동전압에 의해 결정된다. 외부양자효율은 소자로 주입된 전자(혹은 정공)의 수에 대한 외부로 방출된 광자의 수의 비로 정의된다. 외부양자효율은 다시 내부양자효율(internal quantum efficiency) 및 광추출효율(light extraction efficiency)에 의해 결정되는데, 여기서 내부양자효율은 주입된 전자에 대한 소자 내부에서 생성된 광자의 비로 정의되며, 광추출효율은 소자 내부에서 생성된 광자가 소자 밖으로 빠져나오는 비율로 정의된다. 예를 들어 1,000개의 전자가 주입되어 100개의 광자가 소자 내부에서 생성되고 이 중에서 20개의 광자만이 소자 밖으로 방출되면, 내부양자효율은 10%, 광추출효율은 20%, 외부양자효율은 2%가 된다.

현재 사용되는 OLED 소자는 주로 다층의 유기박막으로 구성되어 있다. 다층 구조의 OLED 소자가 발광효율(양자효율) 및 구동전압을 낮추는 데 유리하기 때문이다. 그림 2.3에 대표적인 다층 유기박막 OLED 소자의 구조를 나타내었다.

그림 2.3에서 정공주입층(HIL, Hole Injection Layer)은 유기박막 내로 정공의 주입을 용이하게 하며, 정공수송층(HTL, Hole Transport Layer)은 주입된 정공을 발광층(EML, Emission Layer)으로 효율적으로 전달하는 역할을 한다. 또한 전자주입층(EIL, Electron Injection Layer)은 음극으로부터 유기박막 내로 전자의 주입을 활성화시키며, 주입된 전자는 전자수송층(ETL, Electron Transport Layer)에 의해 발광층으로 전달된다. 정공수송층 및 전자수송층에 의해 전달된 정공 및 전자는 발광층에서 효율적인 재결합이 일어난다.

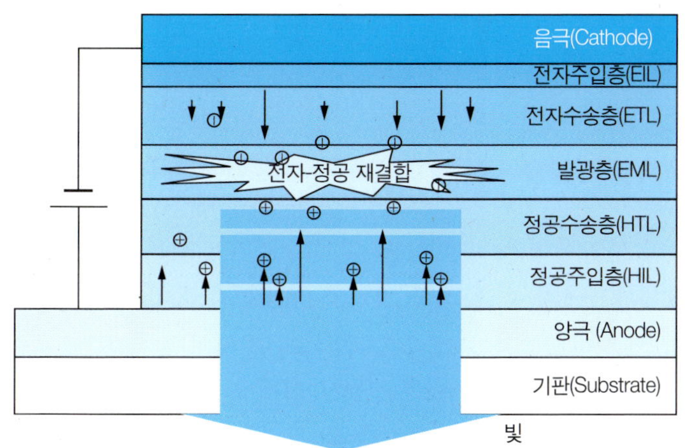

그림 2.3 대표적인 다층 유기박막 OLED 소자의 구조

정공주입층 및 전자주입층에 의해 낮은 전압에서 많은 수의 정공 및 전자를 주입시킬 수 있기 때문에 구동전압을 낮출 수 있으며, 정공과 전자의 개수를 비슷하게 조절할 수 있어 발광효율을 향상시킬 수 있다. 발광층으로 도달하는 정공과 전자의 개수가 서로 비슷하지 않고 어느 한쪽이 많으면, 궁극적으로 재결합에 의해 생성되는 광자의 수가 적게 되어 내부양자효율이 작게 된다. 정공이동층 및 전자이동층 또한 발광층으로 이동되는 정공과 전자의 개수를 효율적으로 조절하며, 전자와 정공의 이동 속도를 증가시켜 구동전압 감소 및 발광효율 향상에 기여한다.

발광층은 발광 재료만으로 구성되어 있거나, 미량의 발광색소(도판트, dopant)가 포함되어 있는 구조로 되어 있다. 발광색소는 여기자로부터 더욱 많은 광자를 생성시킴에 의해 OLED의 효율을 향상시키는 역할을 하며, 발광색소마다 다양한 색을 띠고 있어 OLED의 색을 조절하는 데 유리하다. 발광색소가 단일항 여기자에 의해서만 발광이 일어나는 형광유기물로 되어있을 경우 형광발광이 일어나며, 삼중항 여기자에 의해 발광이 일어나는 인광유기물로 구성되어 있을 경우 인광발광이 일어난다. 다층 유기박막 구조는 소자의 수명 또한 향상시키는 효과가 있는 것으로 알려져 있다.

OLED 소자는 시간이 지남에 따라 휘도가 감소하며, 수분과 산소에 취약한 것으로 알려져 있다. 외부의 수분과 산소는 소자에서 발광하지 않는 영역(흑점, dark spot)을 생성시키기 때문에, 이를 방지하기 위해 질소 혹은 불활성(inert) 분위기에서 유리 혹은 금속 캔으로 소자를 감싸게 되는 데 이를 봉지(encapsulation)라 한다. 시간이 지남에 따라

OLED 소자의 휘도가 감소하는 현상을 열화(degradation)라고 하며, 열화 현상은 재료의 순도 및 안정성, 소자 구조 등과 관련이 있다.

2.1.3 저분자 OLED 및 고분자 OLED

OLED는 유기물의 분자량에 따라 저분자 및 고분자 OLED로 구분된다. 분자량이 작은 유기물로 OLED가 구성될 경우 이를 저분자 OLED라 하며, 단분자 OLED라고도 한다. 가장 대표적인 저분자 물질로는 그림 2.4에 나타낸 것처럼 전자수송 재료로 사용되는 Alq_3 및 정공수송 재료인 NPB가 있으며, 수백 가지의 유기물이 개발되고 있다.

저분자 OLED 소자는 진공증착장치(vacuum evaporator)로 비교적 쉽게 제작할 수 있다. 진공증착장치는 진공 챔버(vacuum chamber) 및 진공을 만들기 위한 진공 펌프로 구성되어 있다. 진공 챔버는 기판을 고정시키기 위한 시편 홀더, 유기박막의 두께를 모니터링하기 위한 센서, 유기물 증착을 시작하거나 끝내기 위한 셔터 및 유기 발광물질, 금속 등 증착하고자 하는 물질을 넣는 보트(boat), 보트를 가열하기 위한 히터로 구성되어 있다(그림 2.5).

저분자 OLED 소자는 일반적으로 다음과 같은 공정에 의해 제작된다. 유리기판 위에 반도체 공정에서 주로 사용되는 리소그래피(lithography) 식각법에 의해 ITO 투명전극 패턴을 형성한 후, 자외선 혹은 습식 세정으로 ITO 표면을 세척한다. 세척된 ITO 유리를 진공 챔버 내에 있는 기판 홀더에 장착한 후 진공을 뽑는다. 진공도는 보통 10^{-6}Torr이하로 유지되며, 유기 발광물질이 놓여진 보트를 가열하면 유기물질이 진공 챔버 내에서 유기물이 승화되는데 이때 셔터를 열면 기판에 유기물이 증착된다. 유기물이 승화되는 온도

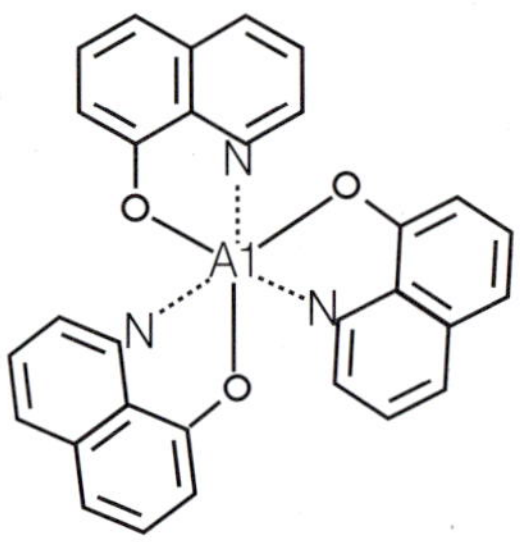

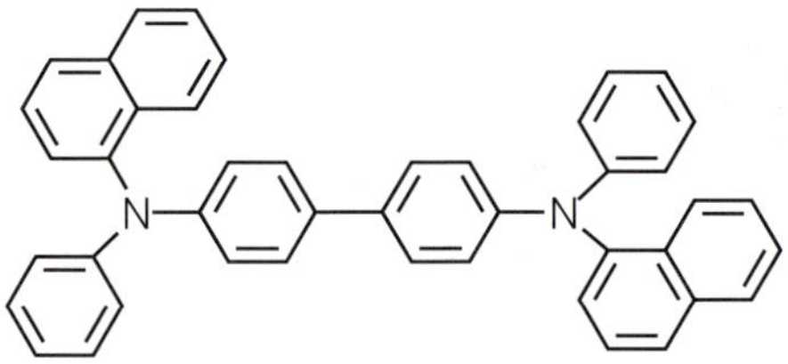

그림 2.4 대표적인 저분자 유기 재료인 Al_{q3} 및 NPB

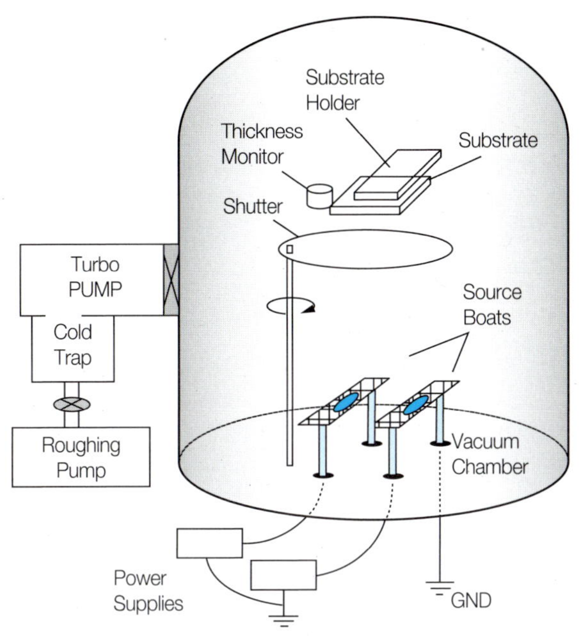

그림 2.5 저분자 OLED 제작을 위한 진공증착기의 구조

는 유기물마다 다르다. 예를 들어, 유기박막이 정공수송층인 NPB와 발광층인 Alq_3 두 층으로 구성되어 있으면, NPB 보트를 가열하여 원하는 두께가 될 때까지 박막을 증착한 후 셔터를 닫아 증착을 완료하고 NPB 보트의 가열을 중지한다. 이 후 Alq_3가 담겨진 보트를 가열하여 Alq_3를 같은 방법으로 증착한다. 일반적으로 NPB, Alq_3와 같은 유기물질의 증착 속도는 약 0.1nm/sec 정도가 되게 한다. 다층 유기박막으로 구성되어 있을 경우 위와 같은 방법으로 유기박막을 증착하기 위해선 많은 시간이 소요되므로 하나의 진공 챔버가 아닌 여러 개의 진공 챔버로 구성된 유기증착기를 이용한다.

유기박막의 증착이 완료되면 같은 음극의 형성을 위한 진공 챔버로 기판을 이송, 장착한 후 금속 보트를 가열하여 음극 금속을 증착하게 된다. 음극 재료로는 Mg:Ag와 같은 합금, 혹은 LiF(두께−0.5nm)와 Al의 이중층이 주로 사용된다. 음극의 증착 속도는 일반적으로 약 1nm/sec 정도가 되게 한다.

음극의 증착이 완료되면 별도의 챔버 혹은 질소가 채워진 글러브 박스로 기판을 반송하여 외부의 수분과 산소를 차단하기 위해 봉지 공정을 수행하여 저분자 OLED 소자의 제작을 완료한다.

저분자 OLED는 진공증착법에 의해 제작되기 때문에 다층의 유기박막 구조로 제작이

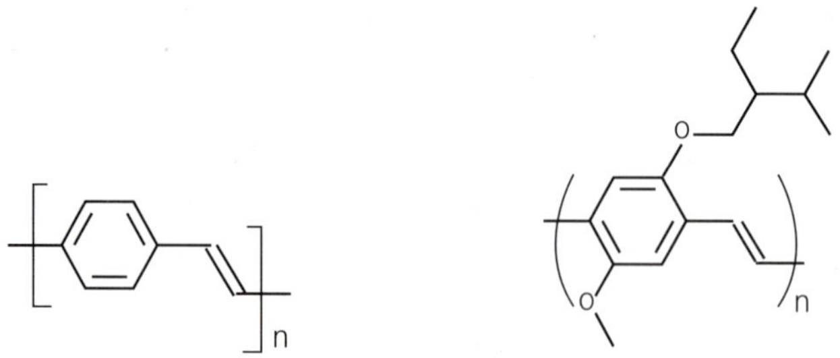

그림 2.6 대표적인 고분자 유기 재료인 PPV 및 MEH-PPV

가능하여 소자 구조를 최적화함에 의해 발광재료가 가진 발광효율, 수명, 구동전압 등의 특성을 극대화할 수 있다. 따라서 저분자 OLED는 기술의 발전 속도가 빠르고 대부분의 OLED 제품 생산에 적용되고 있다. 저분자 OLED를 적용하는 대표적인 기업으로는 삼성 디스플레이, LG 디스플레이, 소니 등이 있다.

분자량이 큰 물질인 고분자로 구성된 OLED를 고분자 OLED라고하며 PLED라고도 한다. 대표적인 고분자 재료로 그림 2.6에 나타낸 것처럼 PPV, MEH-PPV와 같은 재료가 있다.

고분자 재료는 주로 용해성 유기물의 형태로 개발되고 있어, 진공증착보다는 오히려 스핀코팅, 잉크젯 등의 용액을 이용하는 방법을 주로 사용하여 박막을 형성한다. 따라서 고분자 OLED 소자는 박막 구조도 단순하며, 쉽게 제작할 수 있는 장점이 있다. 또한 대형 유리 또는 플라스틱 기판을 이용하여 화면이 큰 디스플레이를 제작할 수 있는 장점이 있다. 하지만 고분자 재료의 경우 재료를 용해시키는 용매가 서로 비슷하여 스핀코팅에 의해 첫 번째 박막을 형성하고 두 번째 박막을 형성하기 위해 다시 스핀코팅을 진행하면 첫 번째 박막이 용해되어 손상되기 때문에, 스핀코팅으로는 컬러 디스플레이를 만들기가 어려운 단점이 있다. 따라서 고분자 재료를 이용하여 컬러 디스플레이를 제작할 경우에는 주로 적색, 녹색 및 청색을 별도로 형성시킬 수 있는 잉크젯 프린팅 방식이 주로 이용되고 있다. 또한 고분자 OLED의 경우 저분자 OLED에서와 같이 정공주입층, 정공수송층, 발광층, 전자수송층 등의 다수의 기능성 박막을 이용하여 OLED의 구성이 어려운 단점이 있다. 고분자 OLED는 그림 2.7에서와 같이 일반적으로 정공주입(혹은 수송)층과 고분자

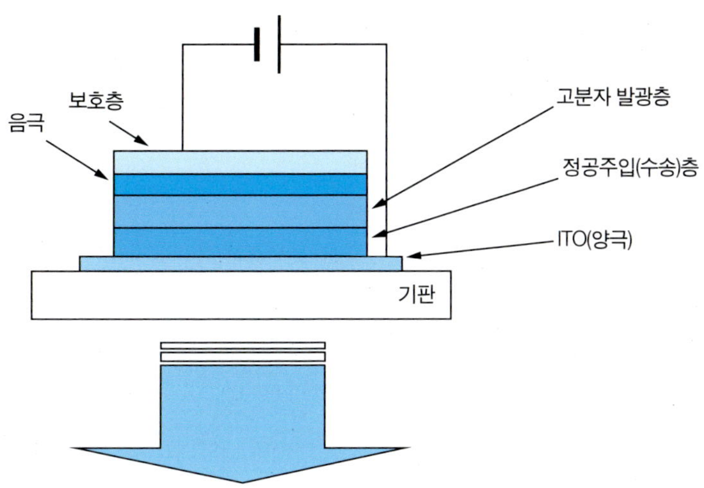

그림 2.7 고분자 OLED 소자의 일반적인 구조

발광층으로 구성된다. 고분자 OLED의 효율 및 수명이 저분자 OLED에 비해 좋지 않으나, 대면적으로 제조하기가 쉬워 발전 가능성이 높은 것으로 알려져 있다.

2.1.4 형광 OLED 및 인광 OLED

OLED는 발광 방식에 따라 형광 및 인광 OLED로 구분된다. 그림 2.2의 발광 과정에 나타낸 것처럼 양극과 음극에서 주입된 전자와 정공이 발광층에서 재결합됨에 의해 일중항 여기자 및 삼중항 여기자가 생성되며 일중항 여기자에 의해 발광이 일어날 경우를 형광발광이라 하며, 형광발광 재료를 이용하여 제작된 OLED를 형광 OLED라 한다. 그림 2.8은 전자와 정공의 재결합에 의해 형성된 일중항 여기자를 나타낸다. 전자는 분자의 에너지 상태 E1에 하나의 전자가 있는 경우를 말하며, 정공은 에너지 상태 E0에 전자가 하나 비어 있는 경우를 말한다. 전자와 정공이 만나면 기저 상태 및 여기자가 생성될 수 있으며, 전자의 방향이 그림에서와 같이 놓여 있을 경우를 일중항 여기자라고 한다. 일중항 여기자에서 E1 에너지 상태에 놓인 전자는 E0 에너지 상태로 쉽게 에너지 상태가 변하며, 이 과정에서 여분의 에너지가 빛으로 전환되며 이를 형광발광이라 한다. 형광발광의 경우 에너지 천이(transition)가 쉽게 일어나기 때문에, 천이 시간이 수 나노초 이하로 짧다. 앞에서 기술한 것처럼 전자와 정공의 재결합에 의해 25%의 일중항 여기자가 생성되므로 형광 OLED의 최대 내부양자효율은 25%가 되며, 빛의 추출효율은 약 20% 이므로 외부양

그림 2.8 전자와 정공의 재결합 및 일중항 여기자의 생성

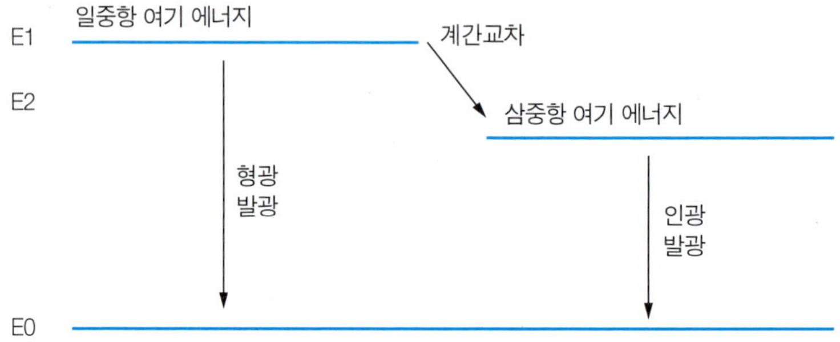

그림 2.9 일중항 여기 에너지 및 삼중항 여기 에너지 준위

자효율은 최대 5%가 된다.

그림 2.9는 전자와 정공의 재결합에 의해 형성된 일중항 여기자와 삼중항 여기자의 상대적인 에너지 준위를 나타낸다. 일중항 여기자는 삼중항 여기자보다 높은 에너지 상태에 놓여 있기 때문에, 일중항 여기 에너지 상태로부터 삼중항 여기 에너지 상태로 에너지 전달이 일어날 수 있으며, 이를 계간교차(inter-system-crossing)라 한다.

대표적인 형광발광 재료로는 저분자의 경우 그림 2.4에 나타낸 Alq_3(녹색), 고분자의 경우 그림 2.6에 나타낸 PPV(녹색), MEH-PPV(주황색) 등이 있으며, 그림 2.10에 나타낸 DCJTB(적색), Quinacridone(녹색)과 같은 재료가 있다.

DCJTB, Quinacridone과 같은 형광 재료는 형광 특성이 아주 강하지만, 단독으로 발광층 재료로 사용하면 발광효율이 좋지 않아, Alq_3와 같은 재료에 미량을 첨가하여(이를 도핑이라고 함) 사용된다. 예를 들어, 적색 도핑 재료인 DCJTB를 Alq_3에 미량으로 도핑하면, Alq_3에서 발광이 일어나는 대신 DCJTB에서 주로 발광이 일어나며 발광색은 적색이 된다. 따라서 이러한 방식에 의해 OLED의 색을 쉽게 조절할 수 있으며, 형광 특성이 아주 좋은 발광 재료를 사용함에 의해 발광 효율을 높일 수 있다. 저분자를 이용한 형광

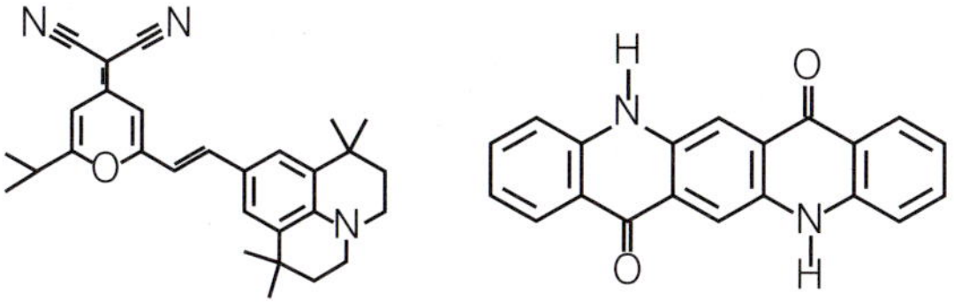

DCJTB Quinacridone

그림 2.10 대표적인 형광발광 재료인 DCJTB 및 Quinacridone

OLED는 수명이 상대적으로 길고, 제조공정이 잘 정립되어 있기 때문에 제일 먼저 디스플레이의 제작에 이용되었다. 하지만 최대 효율이 인광 OLED에 비해 낮아 형광 OLED의 중요도는 낮아지고 있다.

정공 및 전자의 재결합에 의해 생성된 삼중항 여기자에 의해 빛이 생성될 경우 이를 인광발광이라 하며, 인광발광 재료를 발광층으로 이용하여 제작된 OLED를 인광 OLED라고 한다.

그림 2.11은 전자와 정공의 재결합에 의해 형성된 삼중항 여기자를 나타낸다. 에너지 E2에 있는 전자의 스핀(화살표) 방향과 에너지 E0에 있는 정공의 스핀 방향이 같을 경우 전자와 정공의 재결합에 의해 형성되는 여기 상태에 있는 전자의 스핀 방향이 서로 같게 되며 이를 삼중항 여기자라 한다. 전자와 정공의 재결합에 의해 75%의 삼중항 여기자가 생성된다. 삼중항 여기자는 전자의 스핀 방향이 서로 같기 때문에 여기자 내에서 E2 상태에 있는 전자는 E0의 에너지 상태로 천이가 쉽게 일어나지 않는다. 따라서 대부분의 발광 재료의 경우 상온에서 빛으로 방출되고 못하고 열로 방출되지만, 원자번호가 큰 금속으로 구성된 유기재료에서 삼중항 여기자에 의해 빛이 방출되는 인광현상이 상온에서 관찰되고 있다. 또한 앞에서 기술한 것처럼 계간교차에 의해 일중항 여기자로부터 삼중항 여기 상태로 에너지가 전달될 수 있다. 따라서 인광 OLED는 재결합된 여기자를 모두 빛으로

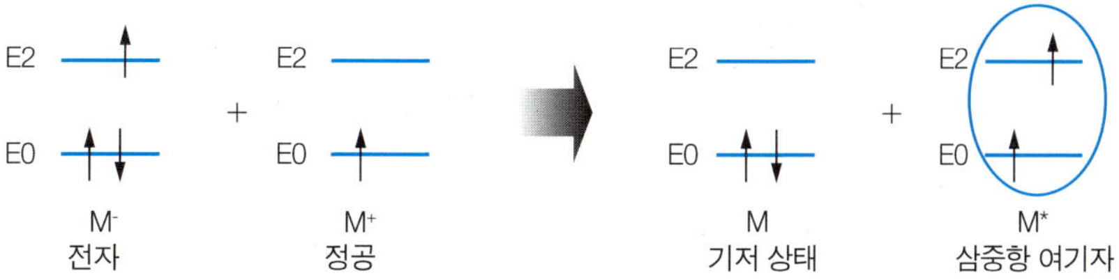

그림 2.11 전자와 정공의 재결합 및 삼중항 여기자의 생성

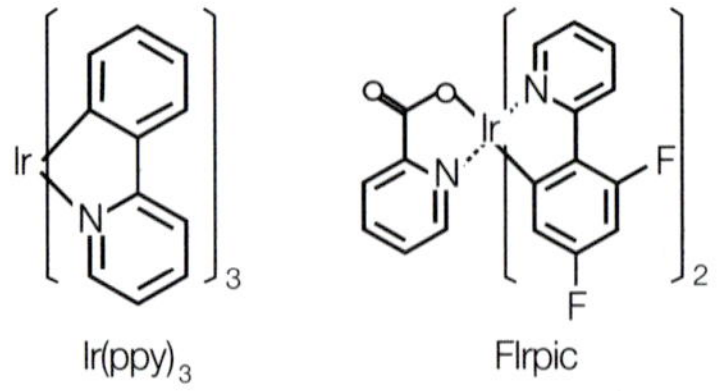

그림 2.12 대표적인 인광발광 재료인 $Ir(ppy)_3$, FIrpic

전환시킬 수 있기 때문에 이론적으로 얻을 수 있는 최대 내부양자효율은 100%, 최대 외부양자효율은 20%가 되어, 형광 OLED에 비해 4배 높은 효율을 얻을 수 있다.

인광 OLED용 발광 재료로는 원자번호가 큰 금속과 유기물과 결합된 금속착화합물(metal complex compound)이 주로 이용되고 있으며, 대표적인 재료로는 $Ir(ppy)_3$, FIrpic 등이 있다(그림 2.12).

$Ir(ppy)_3$, FIrpic 등의 인광발광 재료는 단독으로 발광층으로 사용되지 않고 호스트 재료에 약 5~10% 도핑하여 사용되고 있다. 호스트 재료로는 CBP와 같은 재료(그림 2.13 참조)가 주로 이용되고 있다. 또한 인광 OLED의 발광효율을 증가시키기 위해 발광층과 전자수송층 사이에 BCP와 같은 재료(정공저지층, Hole Blocking Layer)를 삽입하는 구조가 주로 사용되고 있다.

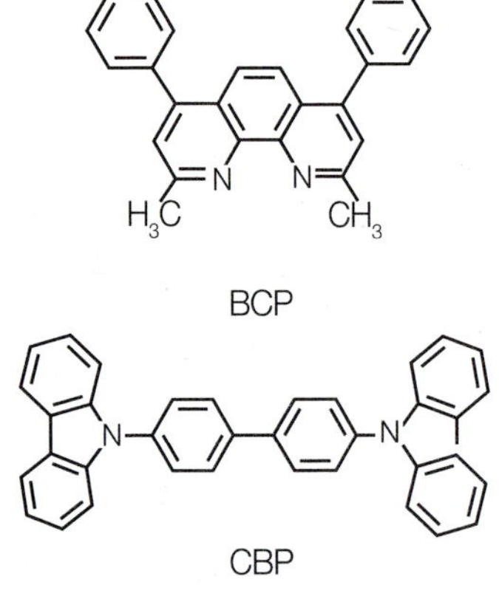

그림 2.13 발광 호스트, 정공저지층 및 인광 OLED 소자 구조

인광 OLED는 발광효율이 높기 때문에 대면적 디스플레이의 제작에 유리하며, 소비전력이 작은 디스플레이를 제작할 수 있는 장점이 있어, 대부분의 기업에서 인광 OLED를 이용한 디스플레이를 개발하고 있다. 인광 OLED의 경우 청색을 얻기가 어려웠으나 최근 특성이 좋은 청색 인광 OLED가 개발되고 있다.

$Ir(ppy)_3$와 같은 삼중항 여기자에 의해 빛이 생성되는 인광발광 재료 이외에, Eu 등의 란탄족 원소와 유기물과 결합된 란탄족 유기화합물(organo-lanthanide complex) 또한 연구되고 있다. 란탄족 유기화합물의 경우에는 삼중항 여기 상태에서 란탄족 원소로 에너지 전달이 일어나며 란탄족 원소에서 빛이 생성되기 때문에 색순도가 우수한 OLED를 얻을 수 있으나 아직까지 효율이 높지 않고 수명이 짧은 단점이 있다.

2.1.5 PMOLED(Passive Matrix OLED) 및 AMOLED(Active Matrix OLED)

그림 2.14는 PMOLED 구동의 개념을 나타내었다. PMOLED는 배선 형태의 양극과 음극이 수직으로 교차하는 부분이 화소가 되는 구조로 되어 있다. PMOLED는 음극 배선에 마이너스 전압을 순차적으로 인가하며, 양극 배선에 화면 신호를 인가하여 디스플레이를 구동한다. 즉, 첫 번째 줄에 마이너스 전압을 인가함과 동시에 첫 번째 줄의 화면 신호를 인가한 후, 두 번째 줄로 신호가 넘어가는 방식으로 구동을 하게 된다. 첫 번째 줄에서 두 번째 줄로 신호가 넘어가면 첫 번째 줄의 OLED 화소는 오프(OFF)가 되어 발광하지 않게 된다. 그림에서처럼 4줄의 디스플레이를 구동할 경우, 디스플레이 화면의 휘도는 OLED 화소 휘도보다 4배 작게 된다. 예를 들어, OLED 화소의 휘도가 100cd/m^{2}일

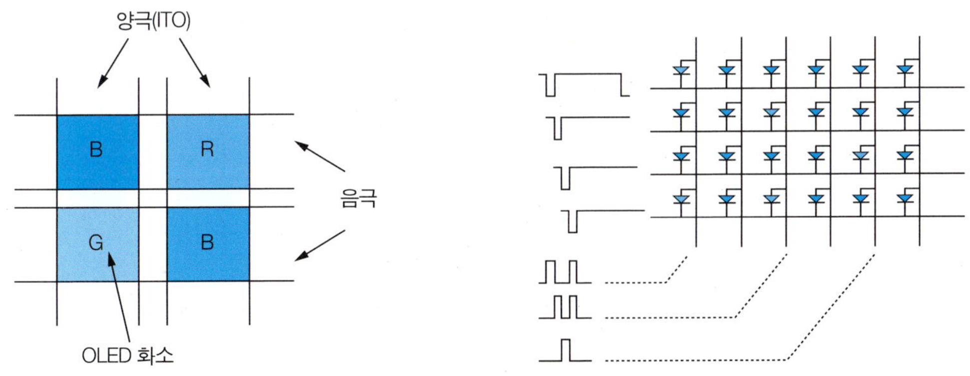

그림 2.14 PMOLED 구동의 개념도

경우 디스플레이 화면의 휘도는 25cd/m^{2}이 되며, 발광 면적 및 빛의 손실 요인을 고려하면 휘도는 더욱 감소하게 된다. 노트북과 같은 디스플레이는 일반적으로 500줄 이상이며, 100cd/m^2 이상의 휘도를 필요로 하므로 PMOLED 디스플레이를 제작하면 OLED 화소의 휘도는 최소 50,000cd/m^2 이상이 되어야 하기 때문에 적합하지 않고, PMOLED는 소형 크기에 적합하다. PMOLED는 주로 작은 크기의 디스플레이에 응용되고 있다.

그림 2.15는 AMOLED 구동의 개념을 나타내었다. AMOLED는 각각의 화소에 구동용 TFT를 형성하여, TFT(박막 트랜지스터, Thin Film Transistor)에 의해 OLED 화소가 구동되도록 한다. 또한 각각의 화소에는 화면신호를 저장하는 저장용량(storage capacitor)이 있어 신호가 다음 줄로 넘어가도 정보가 그대로 저장됨에 의해 OLED 화소에서 계속 빛이 방출되도록 구성한다. 이에 의해 AMOLED는 디스플레이 화면의 줄 수가 많아져도 필요한 휘도가 급격히 증가하지 않아 대면적의 디스플레이 구현에 적합하다. 또한 AMOLED는 TFT에 의해 각각의 화소가 조절되기 때문에 화면 불량이 적고, 높은 해상도의 구현이 가능한 장점이 있다.

AMOLED는 TFT-LCD와 달리 전류에 의해 OLED 화소의 휘도가 조절되기 때문에 각각의 화소를 구동하기 위해선 두 개 이상의 TFT를 필요로 한다. AMOLED를 구동하기 위한 TFT로는 저온다결정 Si(LTPS, Low Temperature Polycrystalline Si) TFT와 비정질 Si(amorphous Si) TFT가 있으며, 플렉서블 기판을 이용할 경우 유기 TFT를 사용하기도 한다. LTPS TFT는 전하 이동도가 우수하기 때문에 전류의 공급 능력이 우수

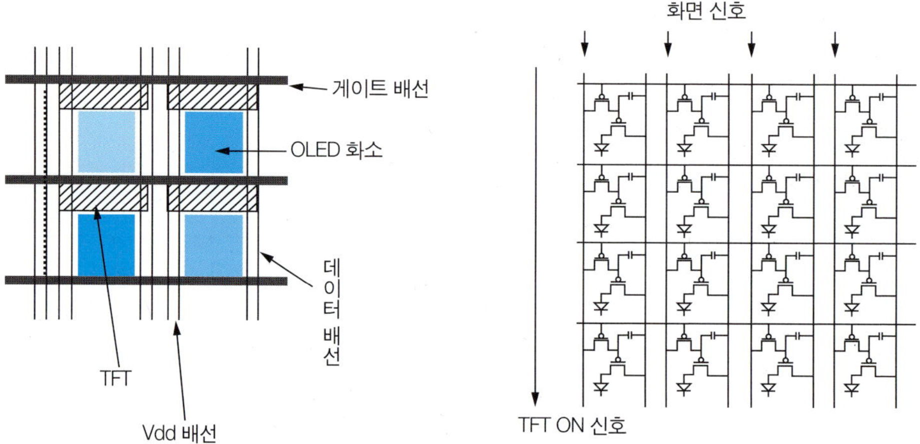

그림 2.15 AMOLED 구동의 개념도

하여 AMOLED 개발 초기부터 사용되어 왔다. 하지만 LTPS TFT는 TFT 간의 균일도가 좋지 않으며, 제조가격이 비싼 단점이 있다. 이에 비해 비정질 Si TFT는 TFT-LCD의 제작을 위해 널리 사용되고 있으며, 제조가격이 LTPS TFT에 비해 저렴하고, 대면적의 유리기판을 처리할 수 있는 장비 개발이 잘 되어 있는 장점이 있다. 그러나 전하 이동도가 작아 전류의 공급 능력이 작으며 신뢰성이 좋지 않은 단점이 있어, AMOLED의 생산에는 아직 이용되지 않고 있다. 유기 TFT는 신뢰성 개선이 필요하며 아직까지 연구개발 초기 단계에 있다. 최근에는 산화물 TFT도 활발히 연구되고 있다.

2.1.6 전면발광 및 배면발광 OLED

OLED는 빛의 방출 방향에 따라 배면발광(bottom emission), 전면발광(top emission), 양면발광(double side emission)으로 구분된다. 배면발광 OLED는 투명한 기판 방향으로 빛이 방출되는 구조이며 가장 널리 이용되고 있다. 전면발광 OLED는 기판의 반대 방향으로 빛이 방출되는 구조로, 투명한 기판을 사용할 필요가 없기 때문에 금속, 실리콘 웨이퍼 등의 불투명한 기판을 이용하여 OLED의 제작이 가능한 장점이 있다. 또한 AMOLED에서 TFT가 놓여 있는 기판의 반대 방향으로 빛이 방출되기 때문에 많은 수의 TFT로 OLED 화소 구동회로를 제작하여도 빛이 방출되는 면적이 크게 감소하지 않는 장점이 있어 해상도가 좋은 디스플레이에 주로 적용되고 있다. 양면발광 OLED는 빛의 양쪽 방향으로 방출되는 방식으로, 두 개의 OLED를 겹치는 방식과 투명한 OLED를 이용하는 방식으로 다시 구분된다. 투명한 OLED를 이용하는 방식은 건물의 창 혹은 자동차 유리 등에 디스플레이를 표시할 수 있어 응용 분야가 넓은 장점이 있다.

2.2 OLED의 동작 원리

2.2.1 전하의 주입 및 이동

OLED는 전압을 인가하면 양극에서는 정공, 음극에서는 전자가 각각 유기물 내로 주입되고, 이들이 이동하며 재결합하여 빛이 생성되는 소자이기 때문에 전하의 주입 및 이동은 빛의 생성 및 효율에 중요한 역할을 한다. 이를 위한 기초지식으로 물질의 일함수에 대하여 살펴보겠다.

표 2.2 금속 물질 및 ITO의 일함수

물질	일함수	물질	일함수
Ag	4.26	Mg	3.66
Al	4.28	Pt	5.65
Au	5.1	Ni	5.15
Ba	2.7	Sm	2.7
Ca	2.87	Sr	2.59
Cs	2.14	Li	2.9
ITO	4.6~5.1		

일함수는 고체로부터 전자 하나를 표면 바깥으로 떼어내는데 필요한 최소 에너지로 정의할 수 있으며, 보통 eV로 표시한다. 일함수가 작을수록 전자를 떼어내기 위해 필요한 에너지가 작다. 예를 들어, 은(Ag)의 일함수는 4.26eV이며 칼슘(Ca)의 일함수는 2.87eV로 칼슘으로부터 전자를 떼어내기 위해 필요한 에너지는 은으로부터 전자를 떼어내기 위해 필요한 에너지보다 작다. 이를 OLED에 적용하면 OLED의 음극에서 전자가 유기물 내부로 주입되어야 하므로 음극의 일함수가 작으면 전자의 주입이 쉽게 된다. 양극의 경우에는 음극의 경우와 반대로 일함수가 작으면 정공의 주입이 어렵게 되기 때문에 일함수가 큰 재료가 바람직하다. 표 2.2에 OLED의 전극으로 자주 사용되는 물질의 일함수를 표시하였다.

유기물질은 분자로 이루어져 있기 때문에 원자들이 결합하여 분자가 되면, 각각의 원자들보다 에너지 준위가 조금 낮거나 높게 된다. 예를 들어, 수소 원자가 서로 멀리 떨어져 있으면 서로 간의 힘이 미치지 않게 되나, 수소 원자가 가까이 있게 되면 각 원자는 서로 끌어당기는 힘(인력) 및 배척하는 힘(척력)이 작용한다. 원자 간의 척력과 인력은 전자의 스핀 방향에 따라 달라지는데, 스핀 방향이 서로 같으면 척력이 우세하고, 스핀 방향이 서로 다르면 인력이 상대적으로 우세하다. 따라서 수소 분자는 그림 2.16에서처럼 두 개의 에너지 준위가 존재할 수 있으며, 서로 다른 방향의 스핀을 가진 두 개의 전자는 낮은 에너지 준위를 채운다. 또한 서로 다른 방향의 스핀을 가진 두 개의 전자는 각각의 수소 원자에 비해 높은 에너지 준위에 채워져야 하기 때문에 수소 원자 상태로 있는 것이 더욱 안정하게 된다.

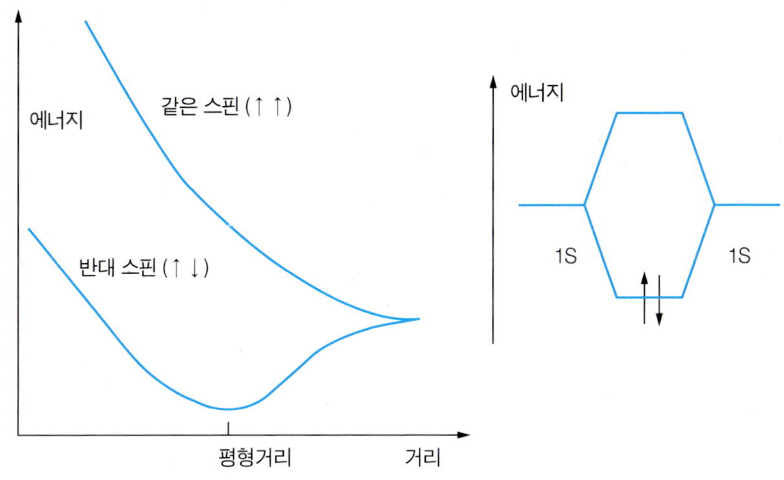

그림 2.16 수소 분자의 스핀 방향에 따른 에너지 준위

이와 유사하게 그림 2.17에서처럼 고체 분자 내에서의 에너지 준위는 서로 띠(band)를 이루게 되며 띠와 띠 사이에는 에너지 준위가 없는 밴드갭(band gap)이 존재한다. 전자는 낮은 에너지 준위부터 우선적으로 채워지는데, 전자로 채워지는 가장 높은 에너지 준위를 호모(HOMO, Highest Occupied Molecular Orbital)라고 하며, 전자로 채워지지 않는 가장 낮은 에너지 준위를 루모(LUMO, Lowest Unoccupied Molecular Orbital)라고 한다. 루모 에너지 준위는 전자로 채워져 있기 않기 때문에 전자를 받아서 음의 분자이온을 형성할 수 있으며, 호모 에너지 준위는 전자로 채워져 있기 때문에 전자를 내주어서 양의 분자이온을 형성할 수 있다. 따라서 전자는 루모 에너지 준위를 따라 이동할 수 있으며, 정공은 호모 에너지 준위를 따라서 이동할 수 있다. 또한 호모 에너지 준위로부터 1개의 전자를 떼어내는 데 필요한 에너지를 이온화 포텐셜(ionization potential)이라

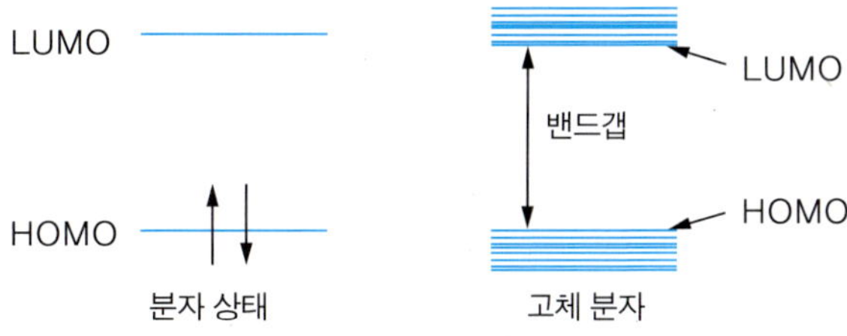

그림 2.17 분자 상태 및 고체 분자에서 에너지 준위 분포

하며, 루모 에너지 준위에 전자 하나를 첨가하는데 필요한 에너지를 전자친화도(electron affinity)라 한다. 따라서 밴드갭은 이온화 포텐셜과 전자친화도의 차 혹은 호모와 루모 에너지 준위의 차가 된다.

형광 유기물질에 밴드갭보다 큰 에너지의 빛을 비추면 호모 에너지 준위에 있는 전자가 루모 에너지 준위로 이동할 수 있다. 또한, 유기물질의 전극으로부터 정공과 전자를 각각 호모 및 루모 에너지 준위로 주입시킬 수 있다.

OLED는 양극과 음극 사이에 유기물질이 놓여있는 구조이므로, ITO전극(양극)과 유기물이 접촉하고 있을 경우, 그림 2.18과 같은 에너지 준위 모델을 그릴 수 있다. 여기서 ITO의 일함수는 약 4.7eV이고, 유기물의 루모 및 호모 에너지 준위를 각각 2.3eV 및 5.4eV로 가정하자. 유기물질은 일반적으로 자연상태에서 전자 혹은 정공이 유기물질 내에 거의 없으므로, 에너지 준위는 진공의 에너지 준위를 기준으로 정한다. 또한, 호모 및 루모 에너지 준위는 실리콘과 같은 반도체에서 관찰되는 밴드의 휨 현상이 관찰되지 않는다. 양극으로부터 전자는 루모 에너지 준위로 주입될 수 있고, 정공은 호모 에너지 준위로 주입될 수 있다. 양극으로부터 전자가 주입되기 위해선 일함수와 루모 에너지 준위의 차만큼에 해당하는 에너지(4.7 − 2.3 = 2.4eV)가 필요하며, 양극으로부터 정공이 주입되기 위해선 호모의 에너지 준위와 일함수의 차만큼에 해당하는 에너지(5.4 − 4.7 = 0.7eV)가 필요하다. 따라서 전압이 인가될 경우 양극으로부터 유기물질로 정공의 주입이 전자의 주입보다 훨씬 쉬워 양극으로부터는 정공이 주입된다.

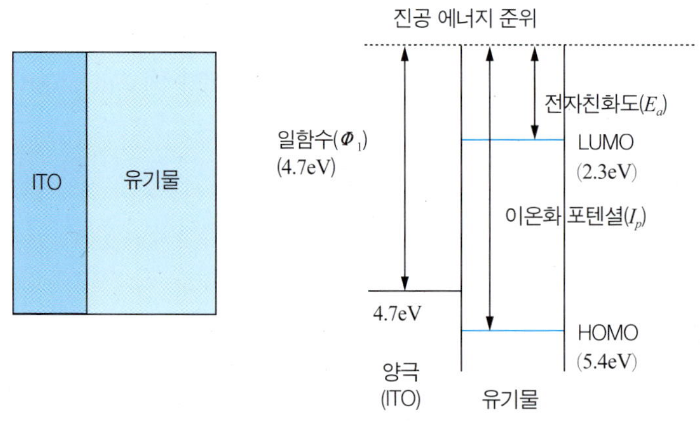

그림 2.18 ITO와 유기물이 접촉하고 있을 경우 에너지 준위

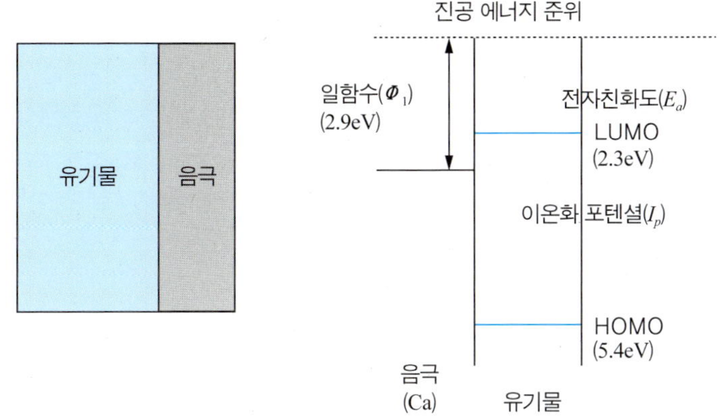

그림 2.19 Ca과 유기물이 접촉하고 있을 경우의 에너지 준위

음극과 유기물과 접촉하는 있는 경우는 이와 반대가 된다. 그림 2.19에 이러한 예를 표시하였다. 음극으로 Ca을 사용할 경우 Ca의 일함수는 2.9eV이고, 그림 2.19에서와 같이 유기물의 루모 및 호모 에너지 준위를 각각 2.3 및 5.4eV로 가정한다. 음극으로부터 유기물 내로 전자 혹은 정공의 주입이 가능한데, 전자의 주입을 위해선 음극의 일함수와 루모 에너지 준위의 차에 해당하는 에너지(2.9 − 2.3 = 0.6eV)가 필요하며 정공의 주입을 위해선 호모 에너지 준위와 일함수의 차에 해당하는 에너지(5.4 − 2.9 = 2.5eV) 만큼의 에너지가 필요하다. 따라서 전압이 인가되면 양극으로부터 유기물질로 전자의 주입이 정공의 주입에 비해 훨씬 쉽게 일어나며 정공이 주입된다.

OLED 소자는 양극과 음극 사이에 유기물질이 놓여있는 구조이므로 양극, 음극 및 유기물질을 모두 고려하면 그림 2.20의 에너지 준위와 같이 표시된다. 전압을 인가하면 양극으로부터 유기물질로 정공이 주입되며 음극으로부터 전자가 주입된다. 정공 및 전자의 주입을 위해 필요한 에너지는 그림의 경우 각각 0.7eV 및 0.4eV가 된다. 정공 및 전자의 주입을 위해 필요한 에너지는 각각 정공주입장벽(hole injection barrier) 및 전자주입장벽(electron injection barrier)이라고 한다.

정공주입장벽은 유기물질의 호모 에너지 준위와 양극의 일함수 차이가 되므로 양극의 일함수가 클수록, 유기물질의 호모 에너지 준위가 작을수록 정공의 주입이 용이하게 된다. 반대로 전자주입장벽은 유기물질의 루모 에너지 준위와 음극의 일함수 차이가 되므로 음극의 일함수가 작을수록, 루모 에너지 준위가 클수록 전자의 주입이 용이하게 된다. 따라서 음극 물질로는 일함수가 작은 금속이 사용되며 양극 물질로는 일함수가 크며 투명

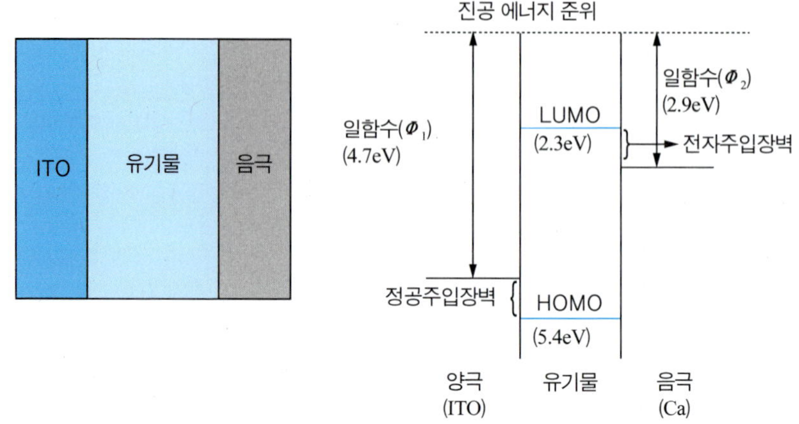

그림 2.20 유기물이 음극(Ca) 및 양극(ITO)과 접촉하고 있을 경우 에너지 준위

하고 전기전도 특성이 우수한 ITO가 주로 사용된다. 표 2.2에서 일함수가 작은 금속의 예로는 Cs, Li, Ba, Ca, Mg 등이 있다. 이러한 일함수가 작은 물질은 일반적으로 산화 혹은 부식 특성이 매우 강하여 대기 중에서 불안정하다. 따라서 이러한 물질을 음극으로 사용할 경우 대기 중에서 안정한 물질인 Al, Ag이나 합금 혹은 혼합물의 형태로 사용된다. 하지만 이러한 방식으로는 여전히 음극의 안정성이 문제가 되기 때문에 Al 전극이 사용되는데, Al 전극은 일함수가 4.3eV로 크기 때문에 유기물질 내로 전자의 주입이 쉽지 않아, LiF와 같은 물질을 유기물질과 음극 사이에 약 0.5nm 두께로 삽입하는 형태의 전극이 주로 사용되고 있다.

현대의 OLED는 다층의 유기박막을 이용하는 구조로 되어있으며 이에 대한 개념은 다음과 같다. 자주 사용되는 대표적인 물질로 α-NPD가 있다. 양극(ITO)과 음극(Mg) 사이에 단일층의 α-NPD가 놓여 있는 경우에 대한 에너지 준위를 그림 2.21의 왼쪽에 나타내었다. ITO의 일함수는 4.7eV이고, α-NPD의 루모 및 호모 에너지 준위는 각각 2.3 및 5.4eV이며, Mg 전극의 일함수는 3.7eV이다. 정공의 주입에 필요한 장벽은 0.7eV가 되고, 전자의 주입에 필요한 에너지 장벽은 1.4eV가 되어 양극으로부터 정공의 주입은 쉬운 반면, 음극으로부터 전자의 주입은 어렵게 된다. 유기물 내로 주입되는 전자의 양이 정공의 양보다 훨씬 적게 되어, 대다수의 정공은 재결합하지 못하게 되어 발광효율이 작게 된다.

반대로 그림 2.21의 오른쪽에서처럼 양극(ITO)과 음극(Mg) 사이에 Alq_3로 구성되어 있을 경우, Alq_3의 루모 및 호모 에너지 준위는 정공주입장벽은 1.2eV, 전자주입장벽은

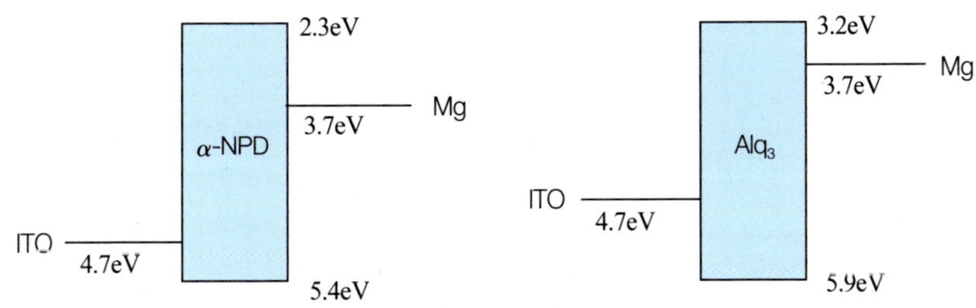

그림 2.21 ITO 양극과 Mg 음극을 사용한 α-NPD (왼쪽) 및 Alq_3(오른쪽) 단일층 OLED의 에너지 준위

0.5eV가 되어 전자의 주입이 쉽게 되며, 음극으로부터 주입된 대다수의 전자는 정공과 재결합하지 못하게 되어 발광효율이 낮게 된다. 위의 예에서 보인 것처럼 단일층의 유기박막 만으로 OLED 소자를 구성하면 주입되는 전자와 정공의 농도 차이가 크게 되어, 재결합되는 전자와 정공의 개수가 작게 되고, 이에 의해 발광효율이 낮다.

정공의 주입이 쉬운 α-NPD 및 전자의 주입 특성이 우수한 Alq_3의 이중층 유기박막으로 OLED를 구성하면 발광효율이 높아지게 된다. α-NPD/Alq_3 이중층 구조의 OLED에 대한 에너지 준위를 그림 2.22에 나타내었다. 이중층 구조에서 전자주입장벽은 0.5eV가 되고, 정공주입장벽은 0.7eV가 되므로 전자와 정공의 주입장벽차이가 각각 단일층으로 구성된 구조보다 작게 되어, 전자와 정공의 농도가 유사하게 되어 발광효율이 단일층보다 높게 된다.

또한 α-NPD 및 Alq_3의 호모 에너지 준위는 각각 5.4 및 5.9eV이고, 루모 에너지 준위는 각각 2.3 및 3.2eV이므로, α-NPD로부터 Alq_3로 정공의 주입을 위한 에너지는 0.5eV가 되고, Alq_3로부터 α-NPD로 전자의 주입을 위한 장벽은 0.9eV가 되어, α-NPD로부터

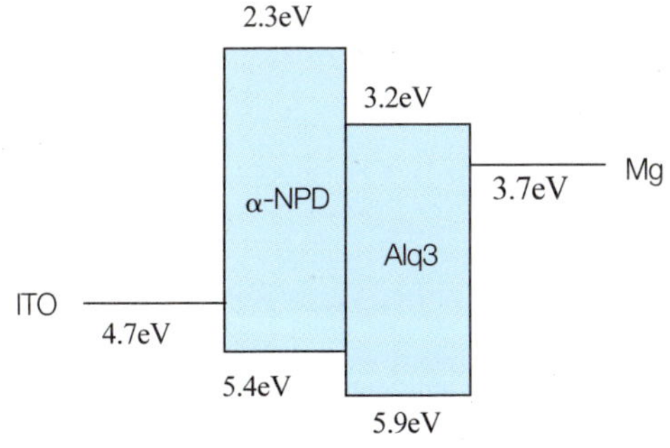

그림 2.22 ITO 양극과 Mg 음극을 사용한 α-NPD/Alq_3 이중층 OLED의 에너지 준위

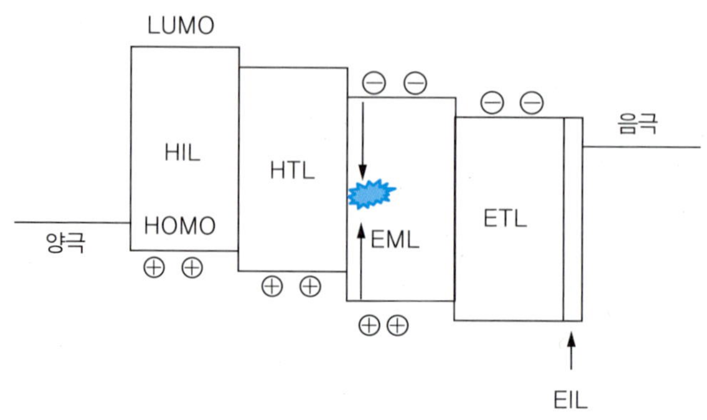

그림 2.23 발광효율 향상을 위한 OLED 구조

Alq_3로 정공의 주입은 쉬운 반면, Alq_3로부터 α-NPD로 전자의 주입은 어렵게 되어 Alq_3에서 전자와 정공의 재결합이 일어나, 녹색의 빛을 발생시킨다. 이와 같이 이중층의 구조를 사용하면 발광효율이 높게 되고, 전하의 주입이 쉬워지기 때문에 구동전압이 낮게 된다. Eastman Kodak의 C. W. Tang은 이중층의 구조를 처음 제안하였으며, 현재에는 각 유기물층의 기능을 더욱 분할하는 다층의 OLED 구조가 사용되고 있다.

현대의 OLED 구조는 발광효율을 극대화하기 위하여 각각의 유기물의 기능을 세분화하는 형태를 취하고 있다. 대표적인 OLED 구조를 그림 2.23에 나타내었다.

OLED는 양극, 정공주입층(HIL, Hole Injection Layer), 정공수송층(HTL, Hole Transport Layer), 발광층(EML, Emission Layer), 전자수송층(ETL, Electron Transport Layer), 전자주입층(EIL, Electron Injection Layer), 음극으로 이루어져 있다. 정공주입층은 호모 에너지 준위가 양극의 일함수에 가깝도록 재료를 구성하고 있으며 전자주입층 또한 음극에서 유기물로 전자의 주입이 쉽도록 구성하고 있다. 이에 의해 전자 및 정공의 주입이 쉽게 된다. 정공 및 전자 주입 층에 의해 전자주입장벽 및 정공주입장벽이 매우 낮게 되면 발광효율의 향상에 있어서 정공 및 전자의 이동 특성이 중요하게 되므로 정공 및 전자의 이동 특성이 좋은 재료로 정공수송층 및 전자수송층을 구성함에 의해 발광효율을 더욱 향상시킬 수 있다. 또한 발광층에서 정공 및 전자의 재결합이 이루어지도록 하고 있다. 또한 발광층에서 정공이 재결합되지 않고 전자주입층으로 이동되는 것을 방지하기 위해 정공저지층(HBL, Hole Blocking Layer)을 발광층과 전자수송층 사이에 삽입, 혹은 전자가 발광층으로부터 정공수송층으로 이동되는 것으로 방지하기 위해 전자저지층(EBL, Electron Blocking Layer)을 발광층과 정공수송층 사이에 삽입하기도 한다.

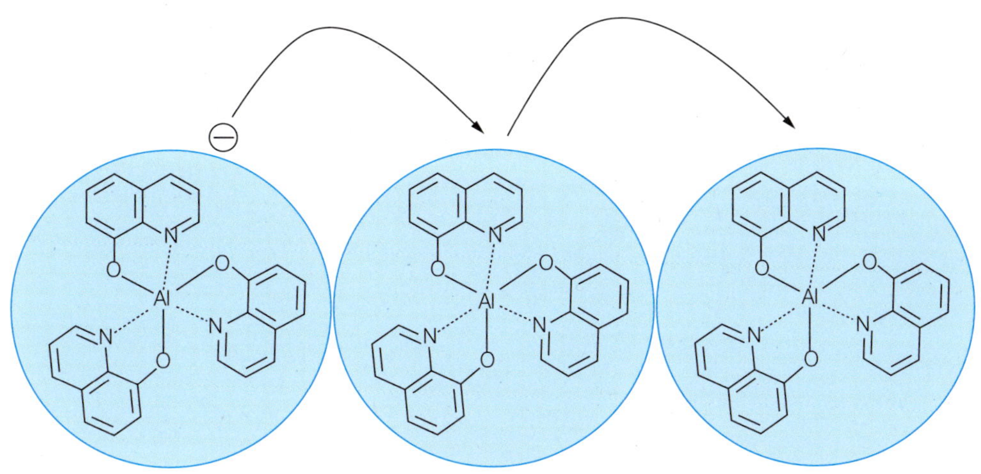

그림 2.24 Alq_3 유기물질 내에서 전자 이동 개념도

전극으로부터 주입된 전자와 정공은 유기물질을 통하여 이동된다. 전자와 정공의 이동 특성을 이동도(mobility)로 나타낸다. 이동도는 전압의 인가에 의해 물질 내에서 전자 혹은 정공이 이동하는 속도(단위전기장에서 전하의 이동속도)로 정의할 수 있으며 cm^2/Vs의 단위를 사용한다. 전자 혹은 정공의 이동도가 클수록 빠른 속도로 이동하게 된다. 일반적으로 유기분자 내에서 전자와 정공은 분자에서 분자로 전자 혹은 정공이 움직이며 이동되기 때문에 이동도가 작다(그림 2.24). 예를 들어 실리콘 반도체의 이동도는 상온에서 수백~수천 cm^2/Vs 정도이나, 유기물질의 이동도는 $0.001cm^2/Vs$ 이하로 아주 작다. 유기물질 내에서 전자 및 정공의 이동도는 일반적으로 가해준 전기장에 따라 증가한다. 또한 OLED에 주로 사용되는 정공수송층의 이동도는 전자수송층의 이동도보다 일반적으로 크다. 예를 들어, 대표적인 정공수송층인 α-NPD의 이동도는 약 $0.001cm^2/Vs$인 반면, 대표적인 전자수송층인 Alq_3의 이동도는 약 $0.00001cm^2/Vs$ 정도로 약 100배 정도 작다.

2.2.2 전하의 재결합 및 발광

OLED 소자에 전압을 인가하면 양극에서는 정공이, 음극에서는 전자가 유기물 내로 주입되며, 주입된 전자와 정공은 궁극적으로 유기물 내에서 재결합한다. 유기물 내에서 전자와 정공은 이동 속도가 아주 느리기 때문에 (+) 전하로 작용하는 정공과 (−) 전하로 작용하는 전자가 특정한 거리 내에서 근접하게 되면 서로 인력이 작용한다(그림 2.25). 즉,

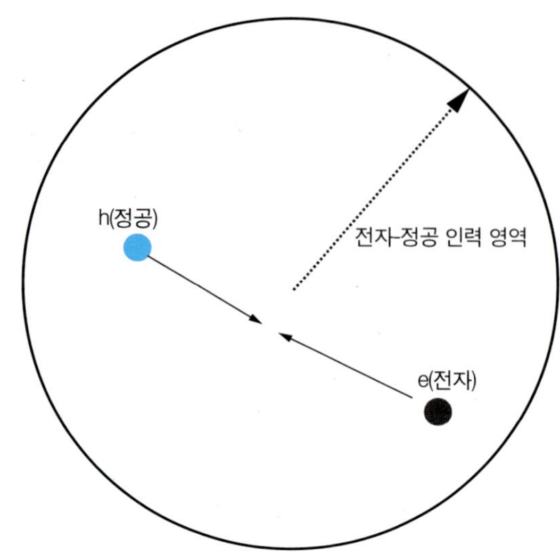

그림 2.25 전자와 정공의 쿨롱 인력에 의한 재결합 과정

전자와 정공은 쿨롱(Coulomb) 인력에 의해 끌어 당겨지며 서로 만난다. 이러한 과정을 전자와 정공의 재결합(recombination)이라고 한다. 전자와 정공의 재결합은 반대 극성 전하의 쿨롱 인력에 의한 것이기 때문에 인력이 미치는 거리(capture cross-section, 포획 반경) 내에 있으면 서로 간의 이동 방향에 무관하게 재결합할 수 있으며 이를 재결합의 방향성이 없다고 한다.

전자와 정공이 재결합될 수 있는 상태는 그림 2.26과 같이 두 가지 상태가 있을 수 있다. 전자와 정공이 아주 가깝게 붙어있는 상태와 전자와 정공이 약간 떨어져 있는 상태이다. 아주 가깝게 붙어있는 상태를 프랭켈(Frenkel) 여기자라고 하며, 약간 떨어져 있는 상태를 워니어-모트(Wannier-Mott) 여기자라고 한다. 프랭켈 여기자는 전자와 정공이 서로 가까이 붙어있기 때문에 전자와 정공의 결합에너지가 큰 반면(약 1eV), 워니어-모트 여기자는 서로 약간 떨어져 있어 결합에너지가 작다(약 10meV). 프랭켈 여기자의 반경은 약 1nm이며, 워니어-모트 여기자의 반경은 약 10nm이다. 프랭켈 여기자는 주로 유기물질 내에서 전자와 정공이 재결합할 경우 주로 생성되며, 워니어-모트 여기자는 Si과 같은 반도체 내에서 전자와 정공이 재결합할 경우 주로 생성된다.

전자와 정공의 재결합은 에너지가 높은 여기자의 생성을 의미한다. 이러한 여기자는 양극에서 정공의 주입, 음극에서 전자의 주입에 의해 생성될 수 있지만 빛에 의해서 생성될 수도 있다. 빛에 의해 여기자가 생성되며 이에 의해 발광이 일어날 경우 이를 광발광

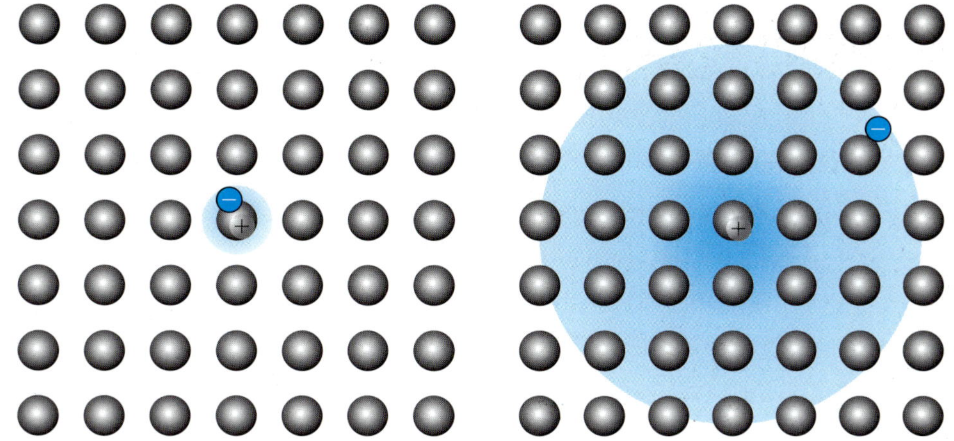

그림 2.26 프랭켈 여기자(왼쪽) 및 워니어-모트 여기자(오른쪽)

(photoluminescence)이라 한다. 유기 발광물질에 자외선과 같이 에너지가 큰 빛을 비치면 유기 발광물질은 가시광선의 빛을 발생시킨다. 이러한 광발광 효율이 높은 유기물질을 사용하여 OLED를 제작하면 OLED의 효율이 높아질 수 있다.

전자와 정공의 재결합에 의해 생성된 여기자는 궁극적으로 빛이 발생되며 혹은 열로 소멸되는데, 소멸되기 전에 일정한 거리를 이동할 수 있다. 이를 여기자 확산거리(exciton diffusion length)라고 한다. 여기자 확산거리는 유기물질에 따라 다른데 예를 들어 Alq_3 발광물질 내에서 여기자가 생성되면 여기자는 약 20nm를 이동할 수 있기 때문에 여기자 확산거리는 20nm가 된다.

OLED 소자를 이용하여 디스플레이와 같은 다양한 색을 응용하는 기기를 만들기 위해선 OLED 소자의 발광색을 변화시킬 수 있어야 한다. 예를 들어, 디스플레이를 제작하기 위해선 적색, 녹색, 청색을 발광하는 각각의 OLED 소자가 필요하다. 다양한 색의 OLED 제작을 위해선 다양한 종류의 유기 발광물질이 개발되어야 한다. 또한 전자와 정공이 유기물질을 통해서 이동해야 OLED 소자의 제작이 가능하며, 효율이 높은 OLED 소자의 제작을 위해선 형광물질의 발광 특성이 좋아야한다. 이러한 조건을 만족하는 유기물질을 개발하기란 쉽지 않기 때문에, 유기물질에 발광 특성이 좋은 유기물질을 소량 첨가하여 사용하는 도핑(doping) 물질이 개발되고 있다. 이 때, 도핑물질을 도판트(dopant) 혹은 게스트(guest)라고 하며, 도핑되는 물질을 호스트(host)라고 한다. 예를 들어, Alq_3에 루브렌(rubrene)과 같은 황색 발광물질을 1~5% 첨가할 경우, Alq_3를 호스트라고 하며

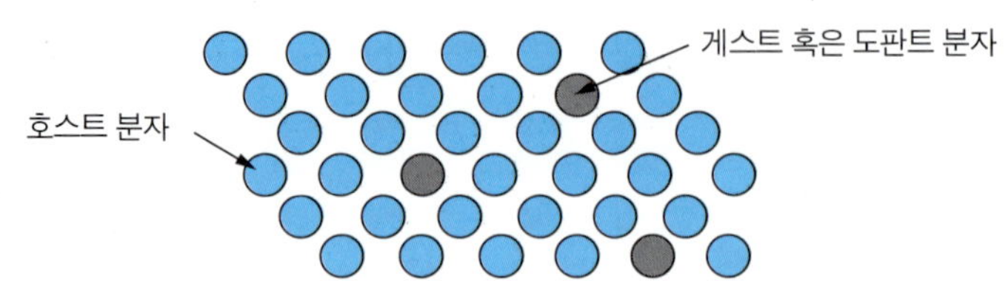

그림 2.27 호스트 및 도판트의 개념

루브렌을 게스트 혹은 도판트라고 한다. 그림 2.27에 호스트 및 도판트의 개념을 표시하였다. 이러한 방식을 호스트-게스트 시스템에 의한 방식이라고 한다. 호스트-게스트 시스템에서 발광색은 주로 도판트(게스트)에 의해 좌우되며, 도판트는 주로 발광색을 변화시키는 역할을 한다. 게스트는 또한 OLED 소자의 효율을 결정하는데 있어서 중요한 역할을 한다. 게스트가 인광발광 물질일 경우 OLED 소자의 최대 내부양자효율은 100%가 되고, 게스트가 형광발광 물질이면 최대 내부양자효율은 25%가 된다.

발광층에 도판트를 도핑하는 호스트-게스트 시스템을 이용하는 OLED에서 발광은 (i) 전자와 정공이 도판트에서 직접 재결합(direct recombination)하여 도판트에서 직접 여기자가 생성됨에 따라 발광이 일어나는 경우와, (ii) 전자와 정공이 호스트에서 재결합하고 이 때 생성된 여기자의 에너지가 도판트로 전달되어 도판트에서 여기자가 생성됨에 따라 발광이 일어나는 경우로 나눌 수 있다.

에너지 전달에 의해 발광이 일어나는 경우는 두 가지로 분류된다. 첫 번째로, 그림 2.28과 같이 호스트에서 전자와 정공의 재결합에 의해 생성된 여기자가 단일항 여기자일 경우 여기자가 다시 기저 상태(ground state)로 되돌아가며 여분의 에너지가 게스트로 전달되어 게스트에서 단일항의 여기자가 생성되는 경우가 있다. 이러한 에너지 전달 과정을 포스터 에너지 전달(forster energy transfer) 과정이라고 한다. 단일항 여기자 간의 에너지 전달은 주로 포스터 에너지 전달에 의해 일어나며, 상대적으로 넓은 범위(약 3~10nm)에서 일어난다.

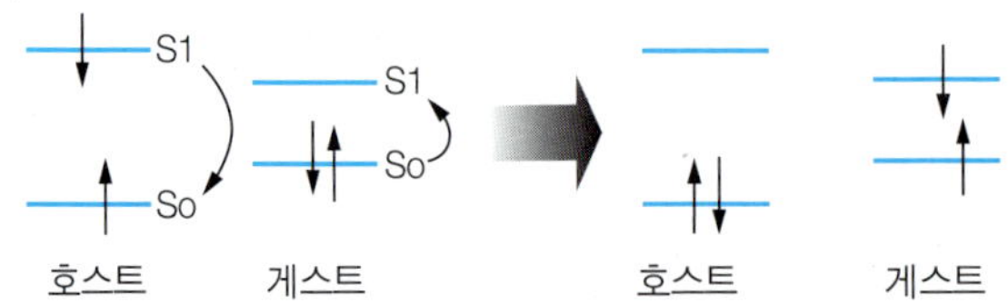

그림 2.28 포스터 에너지 전달 과정

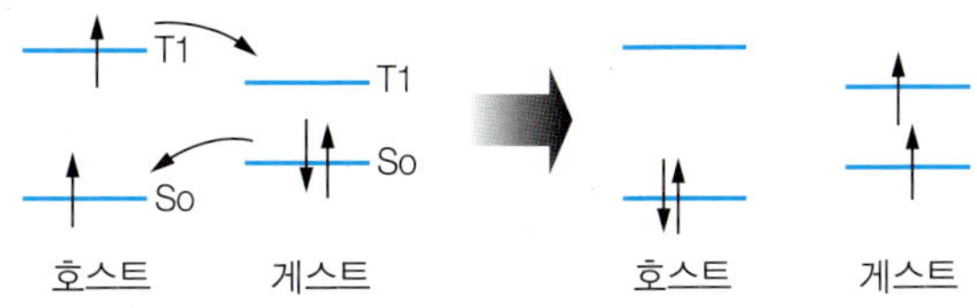

그림 2.29 덱스터 에너지 전달 과정

두 번째로, 그림 2.29와 같이 호스트와 게스트 분자 간의 전자 맞교환에 의해, 호스트에서 게스트로 에너지 전달이 일어나는 경우이며, 이를 덱스터 에너지 전달(dexter energy transfer) 과정이라고 한다.

포스터 에너지 전달과정의 경우, 단일항 여기자 간의 에너지 전달은 쉽게 일어나지만 삼중항 여기자 간의 에너지 전달은 극히 어렵다. 하지만 덱스터 에너지 전달과정의 경우 전자의 맞교환에 의해 에너지 전달이 일어나기 때문에 삼중항 여기자 간의 에너지 전달이 가능하며 에너지 전달 범위가 1~2nm로 바로 근접한 분자 간에서만 에너지 전달이 일어난다.

발광 도판트로 단일항 여기자에서만 발광이 일어나는 형광물질을 사용할 경우 호스트에서 생성된 단일항 여기자가 형광 도판트로 포스터 에너지 전달에 의해 형광 도판트에서 발광이 일어난다. 호스트에서 생성된 삼중항 여기자는 덱스터 에너지 전달 과정에 의해 형광 도판트로 에너지 전달이 일어나 도판트에서 삼중항 여기자가 생성될 수 있지만 형광 도판트는 삼중항 여기자에 의한 발광이 일어나지 않는다. 따라서 형광 도판트의 경우 에너지 전달 범위가 넓은 포스터 에너지 전달에 의해 발광이 일어나기 때문에 형광 도판트의 농도가 수 % 이하로 작아도 충분하다. 형광 도판트의 농도가 클 경우 형광 도판트 간의 상호작용에 의해 여기자가 소멸됨에 의해 발광 효율이 감소한다.

발광 도판트로 인광물질을 사용할 경우 호스트에서 생성된 단일항 여기자는 포스터 에너지 전달 과정에 의해 인광 도판트로 전달되어 인광 도판트에서 단일항 여기자가 생성되고 이는 다시 계간교차에 의해 삼중항 여기자가 되어 발광이 일어날 수 있다. 호스트에서 생성된 삼중항 여기자는 덱스터 에너지 전달 과정에 의해 인광 도판트에서 삼중항 여기자가 생성되어 발광이 일어날 수 있다. 인광 도판트 시스템에서는 에너지 전달 범위가 작은 덱스터 에너지 전달 과정에 의해 발광이 일어날 수 있으므로 도판트의 농도는 일반적으로 5% 이상을 도핑해야 충분한 색 및 충분한 효율을 얻을 수 있다. 인광 도판트를 사용하는 인광 OLED의 경우 삼중항과 삼중항이 만나 서로 소멸되는 과정이 있을 수 있으며 이를

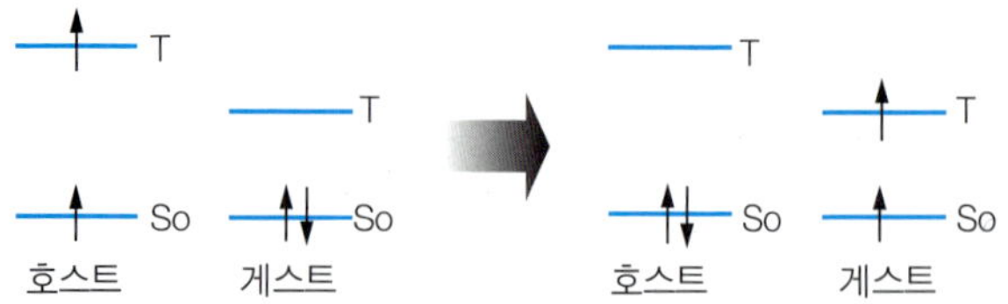

그림 2.30 인광 OLED에서 발열 에너지 전달 과정

삼중항-삼중항 소멸(triplet-triplet annihilation) 과정이라고 한다. 삼중항-삼중항 소멸 과정은 OLED를 통하여 흐르는 전류가 많으며, 휘도가 높을 경우 주로 일어나며 이에 의해 OLED의 전류에 따른 휘도가 직선적인 관계가 되지 않기 때문에 높은 휘도를 필요로 하는 PMOLED에서는 인광 OLED를 사용하기가 쉽지 않다. 이에 비해 형광 OLED의 경우 삼중항은 발광에 기여하지 않기 때문에 삼중항-삼중항 소멸 과정은 중요하지 않다.

발광층에 도판트를 도핑하는 호스트-게스트 시스템을 이용하는 OLED에서 호스트로부터 도판트로의 에너지 전달 과정에 의해 도판트에서 빛이 생성될 경우 호스트 여기자와 도판트 여기자 간의 에너지 차이에 의해 발열(exothermic) 혹은 흡열(endothermic) 에너지 전달이 일어나게 된다. 호스트 여기자의 에너지가 도판트 여기자의 에너지보다 크게 되면 호스트에서 도판트로 에너지 전달이 일어나며 여분의 에너지가 열의 형태로 방출되는 발열 에너지 전달 과정이 우세하다(그림 2.30).

반대로 호스트 여기자의 에너지가 도판트 여기자의 에너지보다 작게 되면 호스트로부터 도판트로의 에너지 전달이 쉽게 일어나지 않고 열을 흡수하여 호스트로부터 도판트로 에너지 전달이 일어나게 된다(그림 2.31).

호스트 여기자의 에너지가 게스트 여기자의 에너지보다 큰 발열 에너지 전달 과정이 일반적이나 청색 인광 OLED의 경우 게스트 삼중항 여기자의 에너지가 크기 때문에 이에 적합한 발열 에너지 전달 과정이 일어나기 위해선 호스트 삼중항 여기자의 에너지가 아주 커야 하지만 이러한 호스트 물질을 개발하기는 쉽지 않다. 따라서 청색 인광 OLED의 경

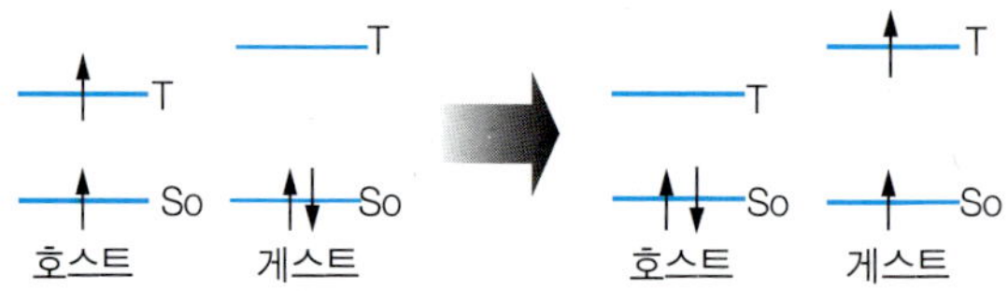

그림 2.31 인광 OLED에서 흡열 에너지 전달 과정

우 흡열 에너지 전달 과정에 의해 발광이 일어나는 방식도 사용되고 있다. 예를 들어 BCP와 같은 재료가 청색 인광 호스트로 일반적으로 사용되고 있는데 BCP의 삼중항 여기자 에너지는 2.56eV이다. 반면 청색 인광발광 도판트로 주로 사용되는 FIrpic의 삼중항 여기자 에너지는 2.65eV이다. 따라서 BCP-FIrpic 시스템에서는 BCP에서 FIrpic으로 흡열 에너지 전달 과정에 의해 FIrpic에서 청색 빛이 생성된다. 또한 BCP-FIrpic 시스템에서는 도판트인 FIrpic에서 생성된 삼중항 여기자의 에너지가 더 높아 호스트인 BCP로 에너지 전달이 일어나기도 한다.

흡열 에너지 전달 과정에 의해서는 효율이 높은 OLED 소자의 제작이 쉽지 않기 때문에 청색 인광 발광에 적합하도록 삼중항 여기자의 에너지가 높은 청색 인광 호스트 재료가 최근 개발되고 있다.

그림 2.32에 형광 호스트 및 도판트 재료를 나타내었다. 형광 OLED를 위한 많은 종류의 호스트 및 도판트 재료가 개발되고 있다. 적색 도판트 재료로는 DCJTB, DCM 등이 주로 사용되고 있다. 적색 도판트는 농도가 증가함에 따라 분명한 적색이 발광되나 도판트의 PL 양자 효율이 감소하는 단점이 있으며 도판트의 농도가 작으면 효율은 증가하나 적색보다는 주황색으로 발광하게 된다. 따라서 효율이 우수하며 색 순도가 좋은 적색 도

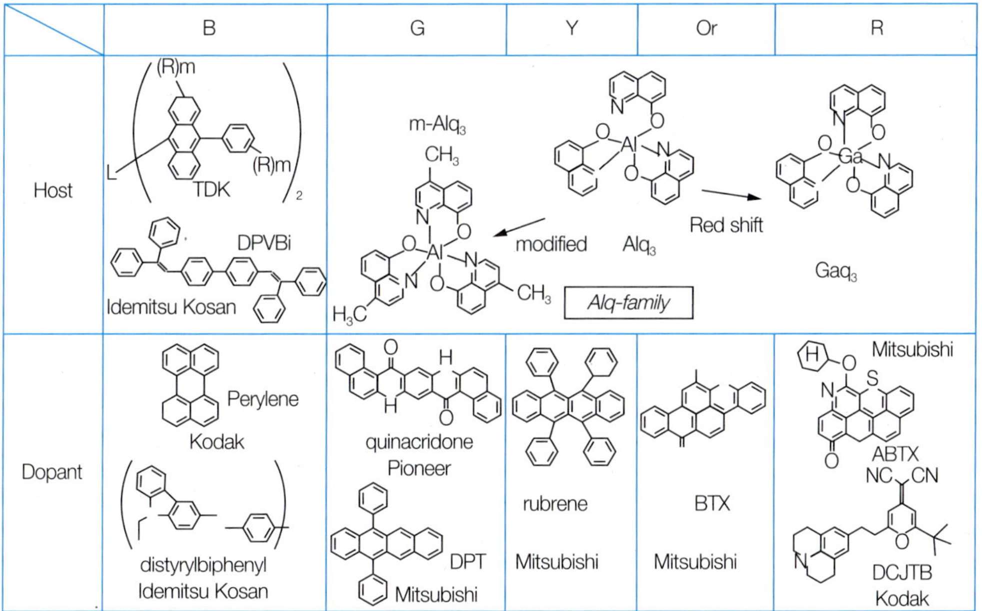

그림 2.32 형광 호스트 및 형광 도판트 재료

판트가 개발되고 있다. 녹색 형광 OLED의 경우 퀴나크리돈(qunacridone), C545T와 같은 도판트가 주로 사용되고 있다. 녹색의 경우, 적색과는 달리 도판트의 농도에 따른 색의 변화는 심하지 않다. 적색과 녹색 호스트로는 Alq_3와 같은 금속착화합물 계통이 주로 사용되고 있다. 청색 도판트의 경우 디스트릴바이페닐과 같은 도판트가 주로 사용되고 있으며, 호스트로는 DPVBi와 같은 재료가 주로 사용되고 있다. 형광 OLED의 경우 녹색 도판트에 의한 소자 효율은 일반적으로 우수하나 청색 및 적색 효율의 개선이 필요하다. 고분자 형광 OLED의 경우 PPV 등의 고분자에 저분자 도판트를 도핑하여 사용하는 방식이 주로 사용된다.

인광 OLED는 형광 OLED에 비해 이론효율이 높기 때문에 최근 많은 각광을 받고 있고, 인광 OLED를 위한 호스트 및 도판트 재료가 활발하게 개발되고 있는데 인광 OLED는 그림 2.33에서와 같이 정공저지층 (HBL, Hole Blocking Layer)를 놓는 형태로 소자가 구성된다. 인광 OLED는 삼중항 여기자에 의해 빛이 발생하므로 단일항 여기자는 삼중항 여기자보다 높은 에너지에 있어야 한다. 따라서 호모 및 루모 에너지 준위 간의 간격이 넓은 즉 밴드갭이 큰 재료를 호스트 재료로 사용해야 한다.

밴드갭이 큰 재료를 호스트 재료로 사용하면, 양극에서 주입된 정공이 호스트를 통과하여 전자수송층(ETL) 쪽으로 이동함에 의해 전자주입층에서 원하지 않는 전자-정공의 재결합이 생기거나 전자와 재결합하지 않고 음극을 통하여 정공이 빠져나갈 수 있다. 또한 호스트에서 재결합이 되어 여기자가 생성되어도 도판트로 에너지가 이동하지 않고 전자수송층으로 에너지가 전달되어 전자수송층에서 빛이 생성될 수 있다. 이러한 현상은 궁

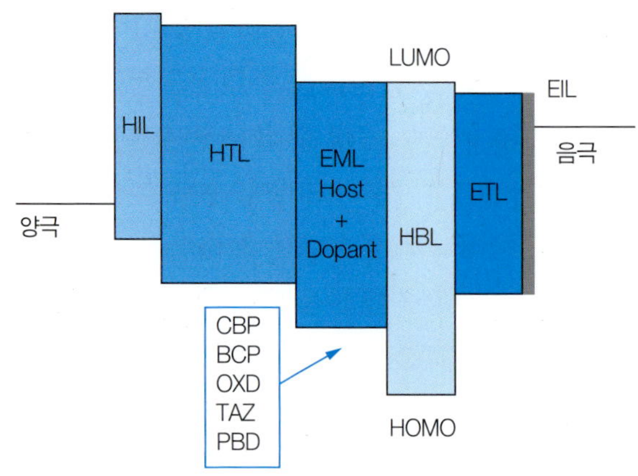

그림 2.33 인광 OLED 소자의 구조 및 에너지 도표

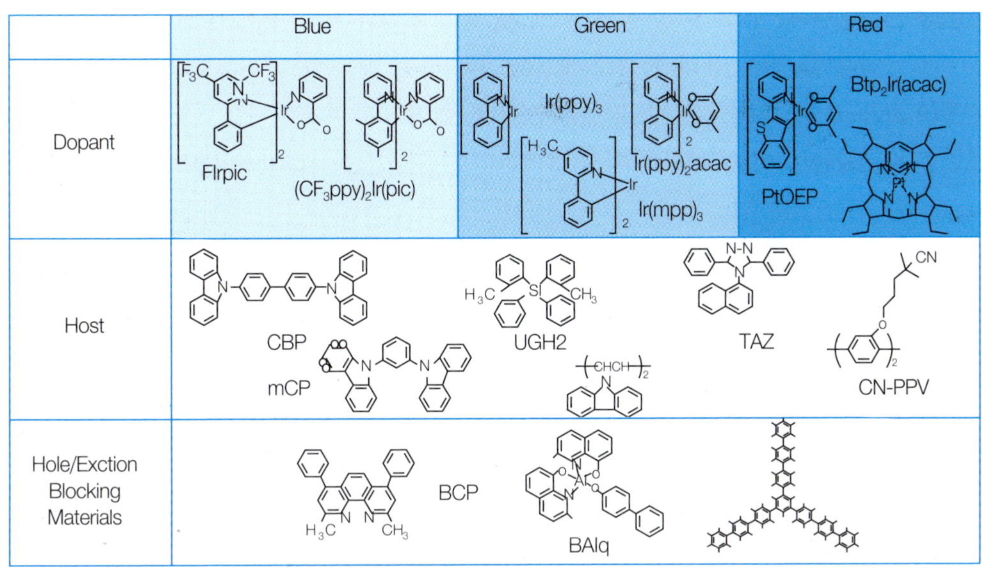

그림 2.34 인광 OLED용 도판트, 호스트, 정공저지재료

극적으로 OLED의 효율이 저하되는 원인이 되며 이를 방지하기 위해 정공저지층을 사용한다.

그림 2.34에 인광 OLED에 사용되는 호스트 및 도판트, 정공저지층 재료를 나타내었다. 인광발광 도판트로는 원자량이 큰 금속으로 이루어져 있는 유기재료가 사용되며, 인광 호스트로는 카바졸 계열의 유기재료가 주로 사용된다. 청색 인광 호스트의 개발이 가장 느리게 진행되고 있다. 정공저지층 재료로는 밴드갭이 큰 BCP, BAlq와 같은 재료가 주로 사용되고 있다.

2.2.3 빛의 방출

OLED 소자는 앞절에서 배운 것처럼 양극과 음극에서 각각 주입된 전자와 정공이 유기물 내에서 재결합하여 여기자가 생성되고 여기자가 기저 상태로 되돌아오면서 유기물 내에서 빛이 생성된다. 유기물 내에서 생성된 빛이 실제로 소자 바깥으로 빠져나오는 비율은 최대 약 20% 정도 되는데 이를 광추출효율(light extraction efficiency) 혹은 외광효율(outcoupling efficiency)라고 한다. 유기물 내에서 생성된 빛이 소자 바깥으로 빠져나오는 현상은 빛의 굴절 현상에 의해 좌우된다.

빛이 공기 중에서 이동할 때 빛의 속도와 빛이 유리와 같은 재료 내에서 이동할 때 빛의 속도는 다르다. 빛이 유리와 같은 매질을 통과할 때 빛의 속도는 감소하게 되는데 이는 굴절률(refractive index)에 의해 표시될 수 있다. 물질의 굴절률은 매질에서의 빛의 속도에 대한 진공 중에서의 빛의 속도의 비로 정의할 수 있다. 이는 아래의 수식으로 표현된다.

$$\text{굴절률}(n) = \text{진공 중에서의 빛의 속도}/\text{매질 내에서의 빛의 속도}$$

굴절률은 매질 내에서의 빛의 상대 속도로 표시된다. 유리와 같은 매질 내에서 빛의 속도는 진공 중에서의 빛의 속도보다 작으므로 굴절률은 항상 1보다 크거나 같게 된다. 예를 들어, 유리의 굴절률은 1.51이고 석영(quartz)의 굴절률은 약 1.56이고, 알루미나 (alumina, Al_2O_3)의 굴절율은 1.76이며, 다이아몬드의 굴절률은 2.41이다. 즉, 다이아몬드에서는 유리 내에서보다 느린 속도로 이동하며 내부 광택이 일어난다. 산화납(PbO)과 같은 재료는 굴절률이 2.61로 아주 크다. 또한 폴리에틸렌(polyethylene)의 굴절률은 1.50~1.54, LCD의 도광판으로 주로 사용되는 재료인 PMMA(폴리메틸메타크릴레이트, polymethylmethacrylate)의 굴절율은 1.49이다.

빛이 유리와 같은 매질을 통과하게 되면 빛의 이동속도가 감소할 뿐만 아니라 빛의 방향 또한 변한다. 그림 2.35와 같이, 빛이 굴절률이 작은 재료에서 굴절률이 큰 재료를 통과하게 되면 빛은 방향이 변하게 된다. 그림에서 표면에 수직한 선과 빛이 입사되는 각도를 입사각(θ_1)이라 하며, 표면에 수직한 선과 빛이 굴절되는 각도를 굴절각(θ_2)라고 한다. 그림 2.35에서처럼 빛이 굴절률이 작은 매질 1에서 굴절률이 큰 매질 2로 통과하게 되면 입사각

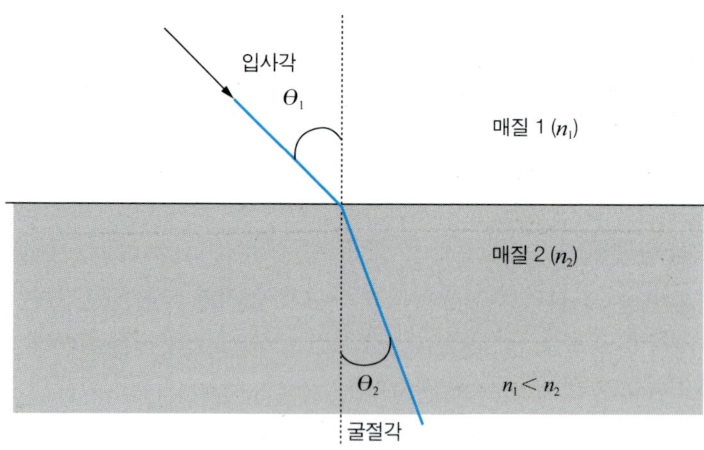

그림 2.35 매질 1에서 매질 2로 빛이 입사될 경우 빛의 굴절

보다 굴절각이 작게 된다. 예를 들어, 매질 1이 공기이고 매질 2가 유리일 경우 공기 중에서 빛이 유리로 입사하게 되면 빛의 방향은 입사각보다 굴절각이 작은 방향으로 변하게 된다.

빛이 입사되는 각도를 알고 각 물질의 굴절률을 알면 빛의 굴절각을 알 수 있는데, 굴절률 n_1을 가진 매질 2에서 굴절률 n_2를 가진 매질 2로 빛이 입사되면 입사각(θ_1)과 굴절각(θ_2)은 다음 식과 같이 표시된다.

$$n_1 \sin \theta_1 = n_2 \sin \theta_2$$

이 식을 스넬(Snell)의 법칙이라고 한다. 예를 들어 빛이 대기(굴절률 = 1) 중에서 굴절률이 1.49인 PMMA로 입사각 45°로 입사될 때 스넬의 법칙을 이용하여 굴절각을 계산하면 28.3°가 된다(그림 2.36).

이와 반대로, 빛이 굴절률이 큰 PMMA에서 공기 중으로 투과할 경우 입사각이 28.3°일 경우 굴절각은 이보다 큰 45°가 된다. 따라서 스넬의 법칙을 이용하면 빛의 굴절을 예측할 수 있다.

그림 2.37과 같이 굴절률이 큰 매질 1에서 굴절률이 작은 매질 2로 빛이 통과할 경우 빛의 입사각(θ_1)보다 굴절각(θ_2)이 크게 된다. 이 때, 입사각을 점점 증가시키면 굴절각이 점점 커지게 되어 궁극적으로 굴절각은 90°가 되어 매질 2로 빛이 통과되지 못하고 표면을 따라 흐르게 된다. 이때의 입사각을 임계각(θ_c)이라고 한다. 빛의 입사각이 임계각이 되면 빛은 매질 2로 통과하지 못하고 표면을 따라 흐르게 된다. 빛의 입사각이 임계각보

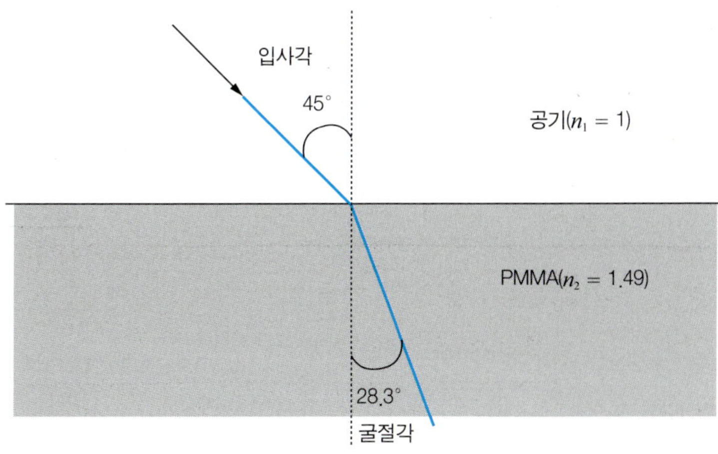

그림 2.36 공기에서 굴절률 1.49인 PMMA로 빛이 입사될 경우 빛의 굴절

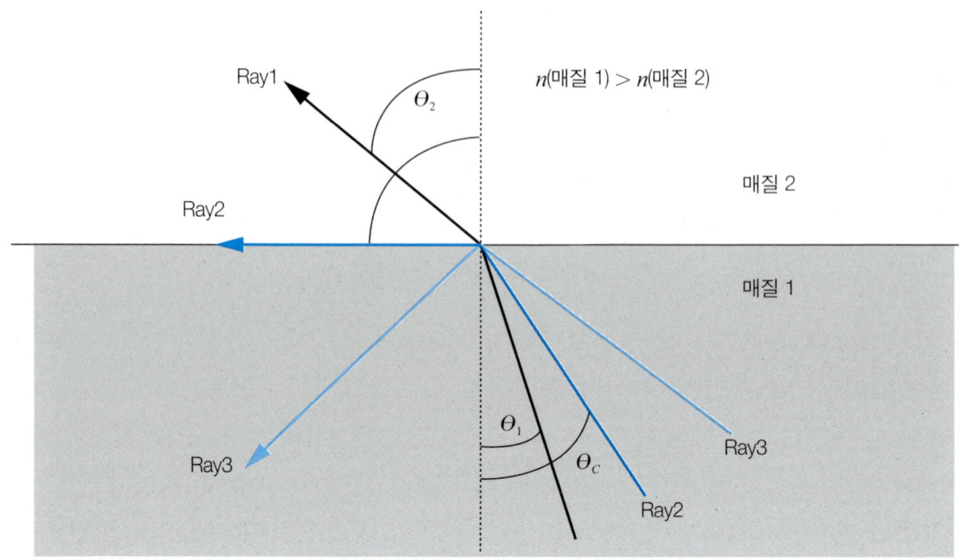

그림 2.37 빛의 완전반사 및 임계각

다 크게 되면 빛은 매질 2를 통과하지 못하고(그림에서 광선 3) 매질 1 내에서 반사된다. 이와 같이 빛의 입사각이 임계각보다 크게 되면 빛이 반사되는 데, 이를 완전반사(total internal reflection) 혹은 전반사라고 한다.

예를 들어, 굴절률이 1.50인 유리 내에서 빛이 공기 중으로 통과할 경우 빛이 전반사되기 위한 입사각을 스넬의 법칙에 의해 구하면, 빛의 굴절각이 90°가 되고, 유리의 굴절률이 1.51, 공기의 굴절률은 1이므로, 임계각은 41.5°가 된다(그림 2.38).

빛이 매질 내에서 투과할 때 매질은 빛을 흡수하여 빛의 강도는 빛이 이동한 거리에 따라 점점 약해진다. 이러한 현상은 매질이 빛을 흡수하기 때문이다. 따라서 유리를 통하여 빛이 이동할 경우 빛은 유리에 의해 일부 흡수된다. 매질에 의해 빛이 흡수되는 양은 빛이 이동한 거리에 지수 함수적으로 증가한다. 또한 빛이 유리와 같은 물질에서보다 ITO와 같은 물질을 통하여 이동할 때 빛의 흡수는 더욱 심해진다. 빛이 물질 내에서 흡수되는 양은 물질의 흡수계수와 관련이 있다. 예를 들어, 빛이 흡수계수가 0.03/cm인 유리기판을 통과할 때, 유리기판 내에서 빛이 이동한 거리가 5cm일 경우 빛의 강도는 14% 감소하게 된다. 하지만 빛이 흡수계수가 0.1/cm인 매질을 5cm 거리를 이동하게 되면 빛의 강도는 40% 감소하게 된다.

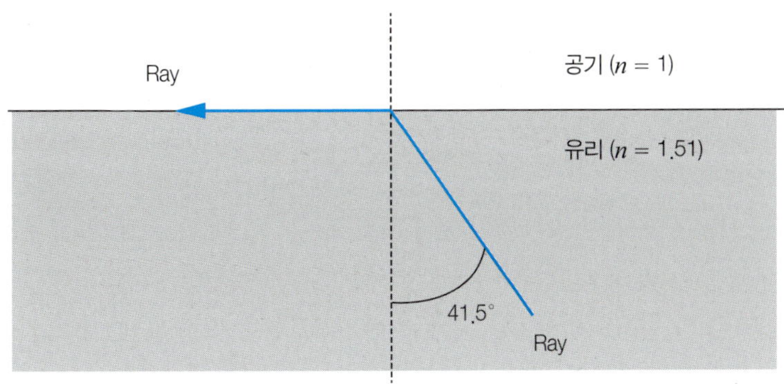

그림 2.38 유리에서 공기 중으로 빛이 투과될 경우 빛의 임계각

OLED 소자는 그림 2.39와 같이 유리 기판에 ITO 양극이 있고 ITO 위에 유기물이 놓여 있으며 음극으로 금속이 주로 사용된다. 유리의 굴절률은 약 1.5이고 ITO의 굴절률은 약 1.8~2.1이며, 유기물의 굴절률은 약 1.6~1.8이기 때문에 유기물 내에서 생성된 빛이 소자 바깥으로 나오는 과정에서 굴절 현상이 생긴다. 유기물 내에서 생성된 빛이 소자 바깥으로 나오기 위해선 굴절률이 큰 ITO를 통과해야 하며 이때 ITO의 굴절률이 유기물의 굴절률보다 크기 때문에 빛의 굴절각은 작게 된다. 하지만 ITO의 굴절률보다 유리기판의 굴절률이 작기 때문에 유리기판에 입사되는 빛의 입사각보다 굴절각이 크게 된다. 따라서 임계각보다 큰 빛은 ITO를 통과하지 못하고 ITO 내에서 전반사된다. 임계각보다 큰 빛이 유리기판을 통과하게 되면 유리기판의 굴절률은 공기의 굴절률보다 크므로 임계각보다 작은 빛은 유리기판을 통과하지 못하고 전반사된다.

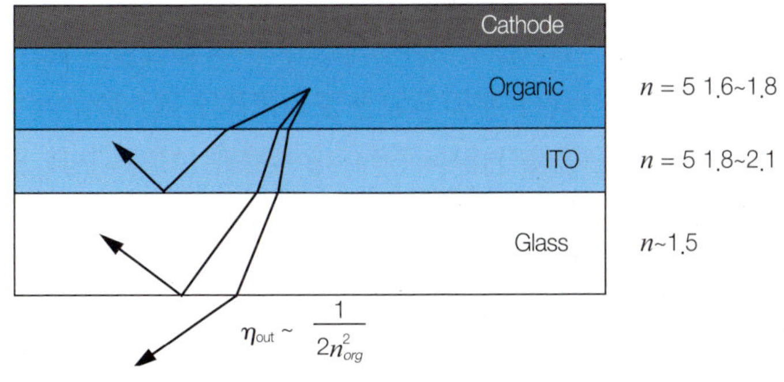

그림 2.39 유기물 내에서 빛의 굴절 현상 및 빛의 방출

이러한 과정에 의해 전반사된 빛은 궁극적으로 ITO 내에서 손실되거나 혹은 유리기판 내에서 손실된다. 이에 의해 투과되는 빛은 궁극적으로 다음의 수식에 의해 표현된다.

$$\eta_{out} \sim \frac{1}{2n_{org}^2}$$

즉, 투과되는 빛의 비율은 유기물의 굴절률로 표현되는데, 유기물의 굴절률을 1.6이라고 가정하면 투과되는 빛의 비율은 0.195으로 약 19.5%가 된다. 이에 의해 유기물 내에서 생성된 빛이 소자 밖으로 빠져나오는 비율은 약 20% 정도가 되는데, 이러한 빛의 추출효율을 외광효율이라고 한다. 외광효율을 증가시키기 위해 그림 2.40에서와 같은 렌즈를 부착하기도 한다. 이러한 렌지를 부착하면, 빛이 공기 중으로 통과할 때 빛의 입사각이 임계각보다 작아지게 되어 더욱 많은 빛이 외부로 추출될 수 있다.

OLED 소자는 그림 2.41의 왼쪽에서와 같이 양극이 있는 기판과 음극의 사이에 유기물이 높여져 있는 구조로 되어 있기 때문에 외부 빛의 반사가 심하게 된다. OLED의 음극으로는 Al과 같은 금속 박막이 주로 사용되며 금속은 가시광선을 반사하기 때문에 OLED는 외부의 빛을 심하게 반사시키는 거울 판과 같은 작용을 할 수 있다. 따라서 OLED에서 방출되는 빛과 반사되는 외부의 빛이 같이 방출되어, OLED 소자는 궁극`적

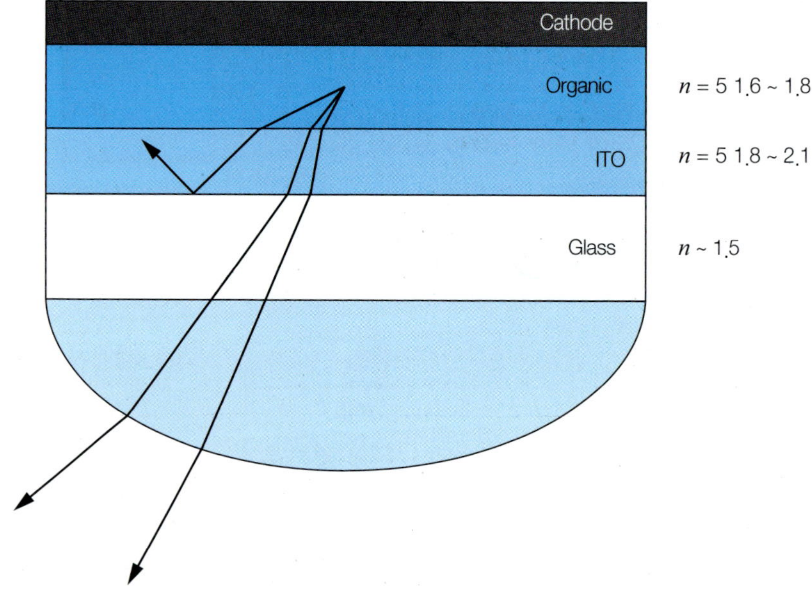

그림 2.40 외광효율 향상을 위한 마이크로렌즈의 사용

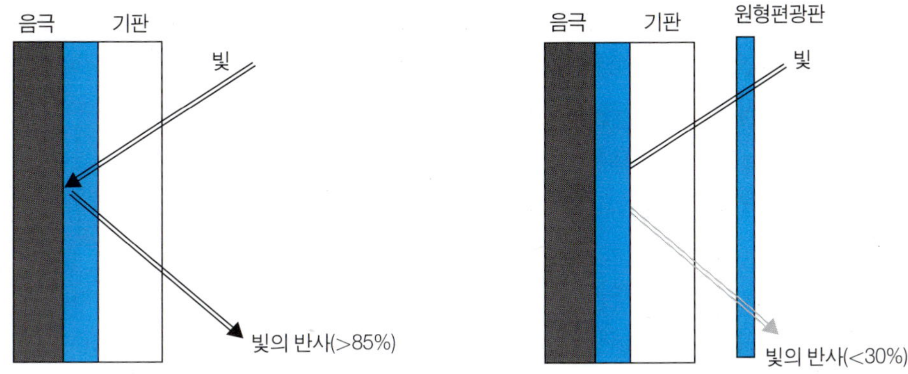

그림 2.41 OLED 소자에서 빛의 반사(왼쪽) 및 원형편광판의 사용(오른쪽)

으로 대비비(contrast ratio)가 좋지 않게 된다. 이를 개선하기 위하여 그림 2.41의 오른쪽에서와 같이 원형편광판(circular polarizer)이 주로 사용된다. OLED 기판에 원형편광판을 부착하면 외부 빛의 반사가 크게 줄어 대비비가 향상된다. 하지만, 원평편광판은 빛의 투과율이 50% 이하로 낮으므로 OLED 소자에서 생성된 빛이 원형편광판에 의해 50% 이상 손실되어 외광효율이 낮아지게 된다. 따라서 원형편광판을 사용하지 않고 빛의 반사를 줄이기 위한 다양한 구조가 개발되고 있다.

2.2.4 OLED 소자의 효율

앞에서 설명한 것처럼 OLED 소자의 외부 양자효율은 소자 내로 주입된 전자 혹은 정공의 양에 대한 소자 외부로 방출된 빛의 양으로 정의되며 이는 다음의 수식으로 표현될 수 있다.

$$\eta_{ext} = \gamma \chi \varphi_{pl} \eta_{out}$$

여기서, γ는 재결합효율(recombination efficiency)이며, 주입된 전자 혹은 정공에 대한 재결합된 전자와 정공의 양의 비를 의미한다. 즉, 전자가 100개 주입되고 정공이 10개 주입되어 전자와 정공 각각 10개가 재결합하면 재결합효율은 0.1(10%)이 된다. 따라서 재결합 효율이 높기 위해선 주입되는 전자와 정공의 개수가 유사해야 한다. χ는 재결합에 의해 생성된 발광에 기여하는 여기자의 비율을 의미한다. 형광 OLED의 경우 단일항 여기자만이 발광에 기여하며 전자와 정공의 재결합에 의해 25%의 단일항 여기자가 생성되므로 최대 χ값은 0.25(25%)가 된다. 반면 인광 OLED는 단일항 여기자 및 삼중항 여기자가 모두 발광에 기여할 수 있으므로 최대 χ값은 1(100%)이 된다. 따라서 이론적으로 인광 OLED의 양자효율은 형광 OLED의 양자효율에 비해 4배 크다. φ_{pl}은 PL(photoluminescence) 양자효율을 의미한다. 즉, 발광물질에 조사된 빛(광자)에 대한 생성되는 빛(광자)의 개수의 비를 의미하며 발광물질이 밝게 빛을 발할 수 있는 능력을 의미한다. 일반적으로 도판트 물질로 사용되는 유기 재료는 PL 양자효율이 아주 크다. 마지막으로 η_{out}은 앞에서 설명한 외광효율을 나타낸다. 즉 외광효율 향상을 위한 렌즈와 같은 보조수단을 사용하지 않는 OLED의 경우 최대 약 20%가 된다. 따라서 형광 OLED의 경우 최대 외부 양자효율은 단일항 여기자로 인하여 5%가 되며, 인광 OLED의 경우 최대 외부 양자효율은 20%가 된다.

OLED의 효율을 정의할 때 EL효율 및 전력효율 (power efficiency)도 자주 사용된다. EL효율은 인가된 전류에 대한 외부로 방출된 빛의 휘도로 cd/A로 표시된다. 전력효율은 인가된 전력(와트, W)에 대한 외부로 방출된 빛의 밝기로 lm/W로 표시된다.

2.2.5 OLED의 수명 및 봉지

OLED 소자에 전압 혹은 전류를 인가하면 시간에 따라 발광 특성이 변한다. OLED 소자에 일정한 전류를 인가하면 시간이 지남에 따라 그림 2.42에서 보는 것처럼 빛이 방출되지 않는 영역이 생기며, 이와 동시에 휘도가 점차 감소한다. 빛이 발광하지 않는 영역을 흑점 (dark spot)이라고 하며 시간에 따른 휘도 변화를 휘도 열화(degradation) 현상이라고 한다. 시간이 지남에 따라 구동전압이 점차 증가하는 현상 또한 생긴다. 시간이 지남에 따라 흑점은 계속 커져 궁극적으로는 OLED 전체가 빛이 방출되지 않는다. 또한 시간이

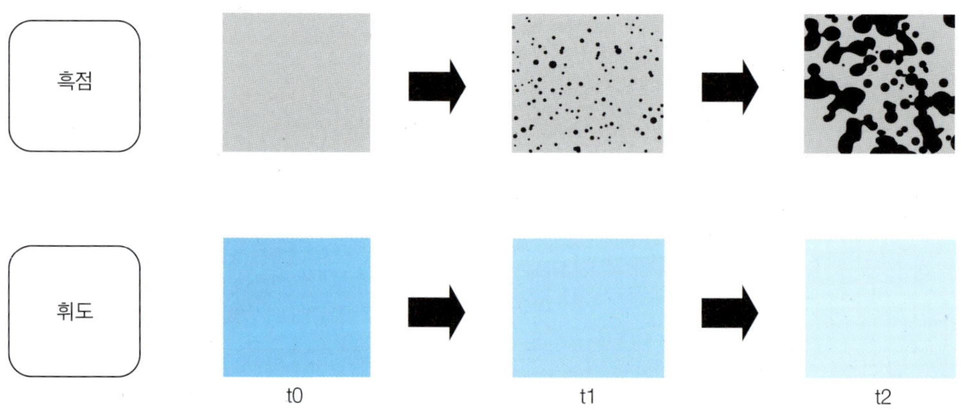

그림 2.42 OLED 소자에서 시간에 따른 발광 특성 변화

지남에 따라 휘도가 감소하여 궁극적으로는 방출되는 빛의 휘도가 아주 낮게 된다.

OLED를 이용하여 디스플레이 혹은 조명 등의 응용 제품을 제작할 경우 이러한 시간에 따른 특성 변화를 고려해야 한다. 초기의 OLED는 흑점 및 휘도 열화 현상이 아주 심하였으나 빠른 속도로 기술이 발전하여 흑점 현상은 거의 완벽하게 제어할 수 있게 되었으며 시간에 따른 휘도 변화 특성 또한 빠른 속도로 향상되고 있다.

OLED 소자에서 시간이 지남에 따라 빛이 방출되지 않는 흑점 영역이 증가하는 현상은 주로 수분 및 산소와 관련이 있다. 그림 2.43과 같이 수분은 유기물과 금속 전극을 들뜨게 하여 기포를 형성한다. 기포는 주로 수분에 의해 분리된 수소에 의해 형성되는데 이러한 기포로 인하여 전극이 들뜨면 궁극적으로 전류가 통하지 않게 되어 기포가 생긴 영역은 빛을 생성하지 못하게 된다.

OLED 내에서 흑점 현상은 수분 뿐 아니라 산소에 의해서도 형성된다. 산소는 전극을 미세하게 산화시켜 전류를 통하지 못하게 한다. 또한 흑점 현상은 유기물 내에서 전류가 집중되어 유기물이 손상을 받아도 생길 수 있다. 이 밖에도 다양한 현상에 의해 흑점이 생길 수 있는 것으로 알려져 있다. 여러 가지 원인 중 가장 일반적인 경우는 수분과 산소인 것으로 알려져 있다. 수분과 산소는 대기 중으로부터 올 수 있으며 OLED의 제작 시 수분과 산소가 함유되어 있을 수 있다. 따라서 외부의 수분과 산소를 차단하기 위하여 그림 2.44와 같이 질소 혹은 아르곤 분위기에서 소자를 봉지(encapsulation)시키며, 캔의 내부에 흡습제를 바르거나 붙여 내부의 수분을 제거한다. 그림 2.44의 오른쪽 그림은 금속 캔을 이용하여 봉지한 경우를 보여주고 있다.

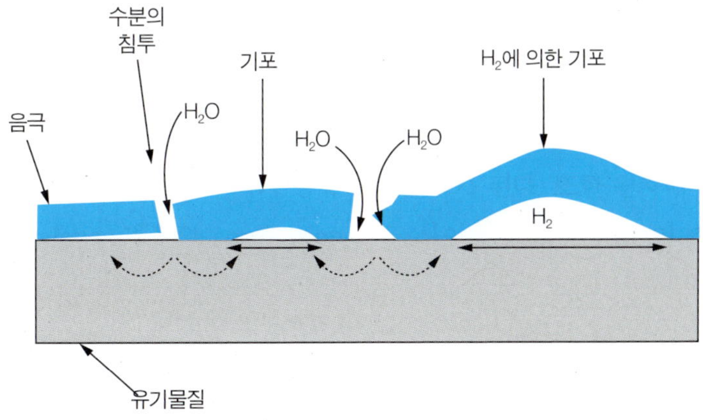

그림 2.43 수분의 침투 및 기포의 형성에 의한 흑점 형성 과정

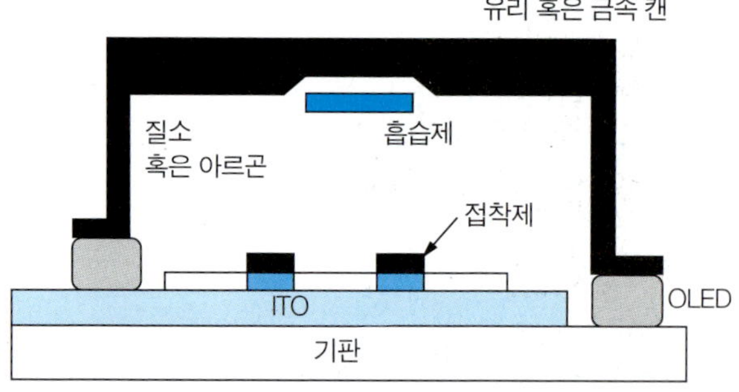

그림 2.44 OLED의 봉지 단면 구조(왼쪽) 및 봉지한 모습(오른쪽)

금속 혹은 유리 캔을 이용하여 OLED를 봉지시킬 경우 외부의 수분이나 산소를 거의 완벽하게 차단하여 흑점의 형성을 차단할 수 있으나 이로 인해 OLED의 두께가 두꺼워지고 공정이 복잡해지므로 봉지 캔을 사용하지 않고 얇은 박막의 형태로 봉지를 수행하기 위한 기술 개발이 진행되고 있다. 얇은 박막의 형태로 봉지를 수행할 경우 이를 박막봉지(thin film encapsulation)이라고 한다. 폴리이미드와 같은 고분자를 OLED 소자에 얇게 코팅함에 의해 박막봉지를 수행할 수 있다. 하지만 고분자 박막은 수분과 산소가 투과되기 쉬워 OLED 소자 내로 산소와 수분이 침투되는 것을 완전히 차단하기 힘들다. 또한, 무기물을 박막의 형태로 코팅함에 의해 산소와 수분이 OLED 소자 내로 침투되는 것을 막을 수 있다. 하지만 무기물은 수 마이크로 미터의 두께로 코팅하기가 쉽지 않고 무기물의 코팅 시 미세한 결함(crack)이 생겨 산소와 수분을 완벽하게 차단하기 쉽지 않다. 따라서 그림 2.45에서와 같이 유기물과 무기물을 반복적으로 코팅함에 의해 수분과 산소의 침투를 막아주는 구조가 가장 많이 개발되고 있다.

OLED 소자에 일정한 전류를 인가하면, 시간이 지남에 따라 휘도가 감소하며 전압이

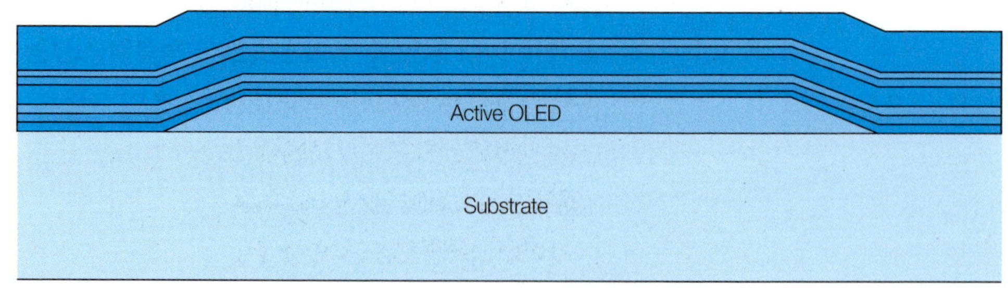

그림 2.45 OLED 소자의 박막 봉지 구조

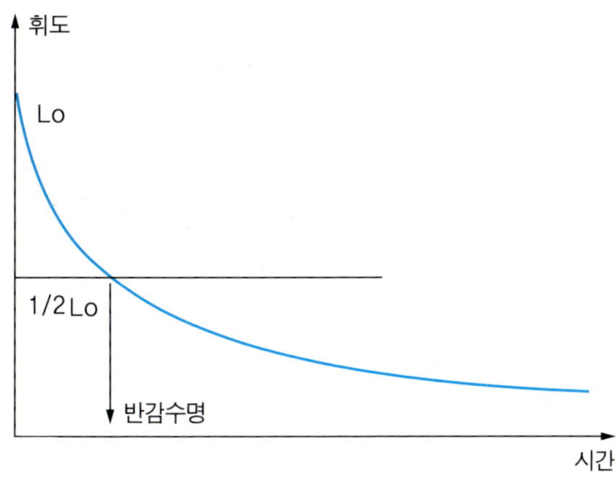

그림 2.46 시간에 따른 OLED 소자의 휘도 변화

증가한다. 그림 2.46에 시간에 따른 OLED 휘도 변화를 나타내었다. OLED의 휘도는 초기에는 급격하게 감소하며 이후 시간이 지남에 따라 서서히 감소한다. 시간이 지남에 따라 OLED의 휘도는 감소하여, 일정 시간이 지나면 초기 휘도의 50%에 도달하게 되는데 이를 OLED의 반감수명(half-lifetime)이라고 하며 이를 OLED의 수명으로 정의하고 있다. OLED 소자의 수명은 같은 소자 내에서도 소자의 초기 휘도에 따라 달라지는데, 이는 OLED가 자발광(self-emission) 소자이기 때문에 나타나는 현상이다(그림 2.47).

그림 2.47에 나타낸 바와 같이 OLED 소자는 초기 휘도가 높으면 반감수명이 감소한다. 예를 들어, 초기 휘도가 1,000cd/m^{2}일 경우 반감수명이 약 1,000시간이면, 초기 휘도가 10,000cd/m^{2}일 경우에는 100시간이 되지 않는다. 이러한 현상으로 인하여 OLED의 초기 휘도는 수명에 중요한 영향을 미치며 이는 OLED 응용제품 개발에도 영향을 미친다. 예를 들어, 핸드폰과 같은 소형 기기에 사용되는 디스플레이는 디스플레이의 휘도도 약 100cd/m^{2}으로 높지 않으며 제품의 수명 주기도 짧아 OLED를 사용할 경우 초기 휘도가 높지 않아 수명이 긴 디스플레이의 제작이 가능하다. 반면, TV와 같은 대형 디스플레이는 초기 휘도가 핸드폰보다 훨씬 높기 때문에 OLED를 이용하여 디스플레이를 제작하면 같은 OLED를 사용하여도 수명은 훨씬 짧아 문제가 될 수 있다.

OLED의 수명 현상은 컬러 디스플레이의 개발에도 영향을 미친다. 그림 2.48에 나타낸 바와 같이 OLED의 수명은 사용하는 재료, 구조 및 컬러에 따라 다르다. 예를 들어 녹색 OLED 소자의 수명이 상대적으로 길 경우 이를 이용하여 컬러 디스플레이를 제작하면 녹색 소자의 휘도는 천천히 감소하는 반면 적색 및 청색 OLED 소자의 휘도는 빨리 감소

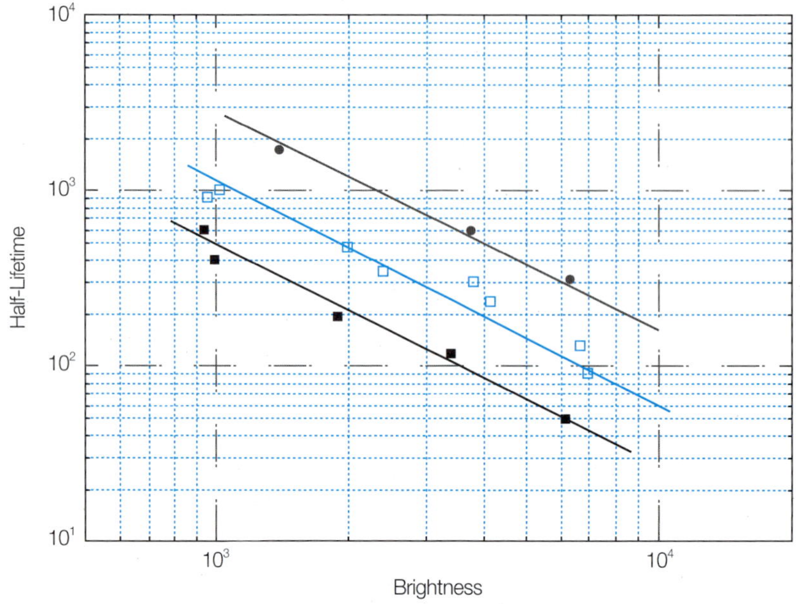

그림 2.47 OLED 소자의 초기 휘도에 따른 반감수명 변화

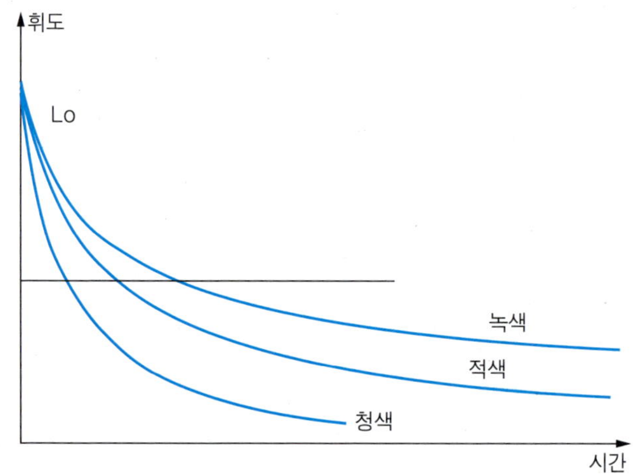

그림 2.48 컬러 OLED 소자의 수명 현상

하기 때문에 적색, 녹색, 청색을 혼합하여 컬러 디스플레이를 만들면 시간에 따라 색이 변하게 된다. 따라서 컬러 OLED의 수명은 각각의 색을 나타내는 소자에 비해 짧다.

OLED 소자는 휘도에 따라 수명이 달라지기 때문에 컴퓨터 모니터와 같은 사무용 기

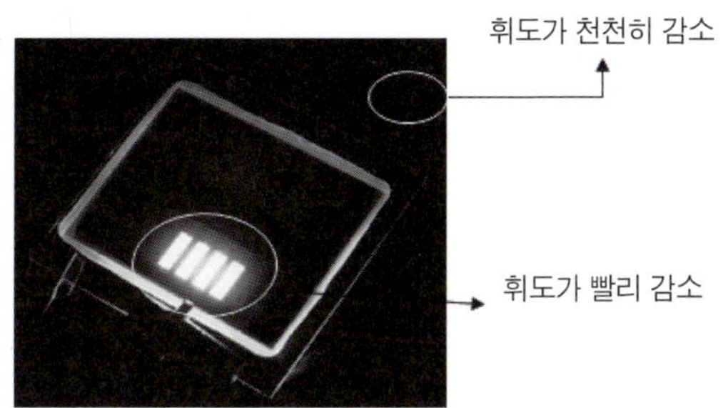

그림 2.49 OLED 디스플레이에서 국부 휘도에 따른 수명 변화

기의 제작보다는 움직이는 영상을 위주로 하는 멀티미디어 기기의 개발에 적합하다. 예를 들어 그림 2.49와 같은 화면을 표시할 경우 밝은 부분은 OLED에서 빛을 방출하는 부분이고, 검정색 부분은 OLED 소자에서 빛을 방출하지 않는 부분이기 때문에 그림의 화면을 계속 켜둘 경우, 밝은 부분은 수명이 짧아지고 어두운 부분은 소자의 수명이 상대적으로 길어 다른 화면으로 전환될 경우 그림의 밝은 부분이 손상되어 화면의 밝기가 달라지게 된다. 따라서 컴퓨터 모니터와 같이 장시간 같은 화면을 키고 있으면 밝은 부분이 수명이 짧게 되어 디스플레이가 불량이 나게 된다. 이러한 수명 현상으로 인하여 OLED 디스플레이는 TV와 같은 동영상을 표시하는 기기에 적합한 것으로 알려져 있다.

2.3 PMOLED 및 AMOLED

2.3.1 PMOLED

OLED를 이용한 디스플레이는 펄스의 형태로 구동된다. 그림 2.50에서와 같이 양의 전압과 음의 전압으로 구성된 펄스를 OLED에 인가하면 OLED는 양의 전압이 인가될 때에만 빛을 생성한다. 즉, OLED는 LED와 같이 다이오드의 특성을 갖는다. 또한 OLED는 양극과 음극 사이에 유기물이 놓여 있으므로 캐패시터(capacitor)와 다이오드가 병렬로 연결된 등가회로를 그릴 수 있다.

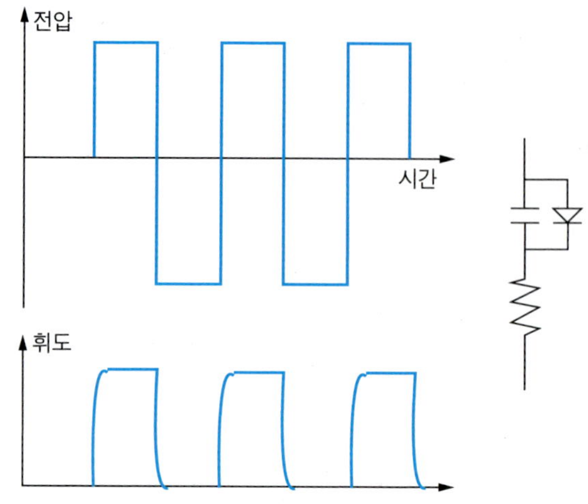

그림 2.50 OLED의 펄스 구동 및 등가회로

캐패시터 및 배선 등의 저항으로 인한 직렬저항 성분에 의해 RC 회로가 생긴다. 이러한 RC 회로로 인해 인가된 전압에 의한 빛의 생성은 즉시 이루어지지 않고 그림 2.50에서처럼 점차적으로 생성된다. 또한 전압을 끄면 즉시 빛이 꺼지지 않고 일정한 시간이 지난 후 빛이 소멸된다. 이러한 시간 지연 현상을 RC 지연시간이라고 하며 일반적으로 수 마이크로초에서 수 밀리초 정도이기 때문에 디스플레이의 구현에 있어서 문제가 되지 않는다.

OLED에 펄스 전압을 인가하여 구동할 경우, 양의 펄스 전압이 인가된 후 다시 양의 펄스 전압이 인가되는 시간에 대한 펄스 전압이 인가되는 시간의 비를 듀티비(duty ratio)라고 한다. 그림 2.51의 예를 들면, 펄스가 인가되고 다시 인가되는 시간을 x라고 하고, 펄

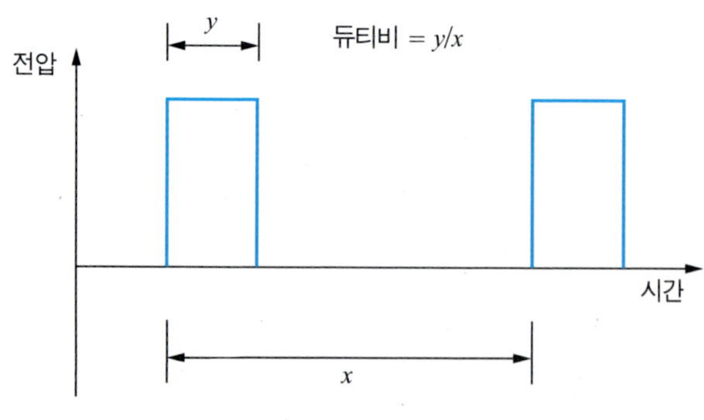

그림 2.51 듀티비의 정의

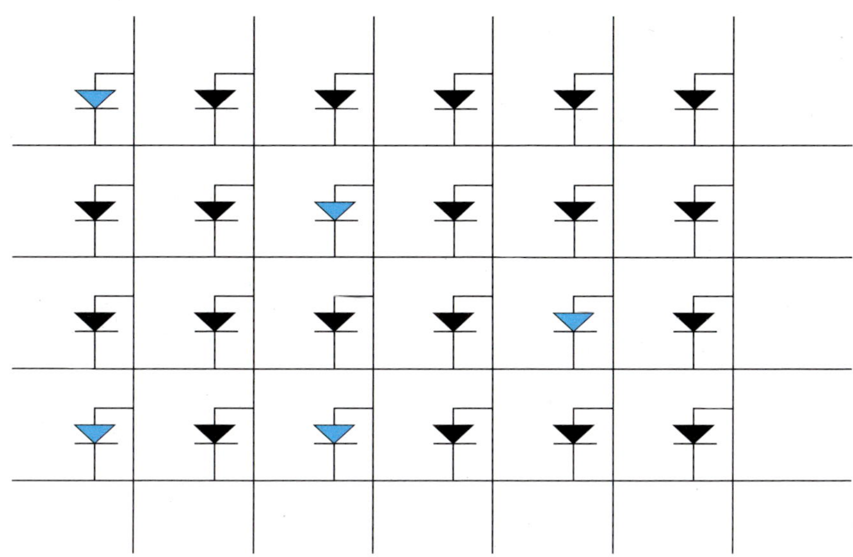

그림 2.52 6열과 4줄로 구성된 PMOLED

스가 인가되는 시간을 y라고 하면 듀티비는 y/x가 된다.

예를 들어, OLED를 연속적으로 직류 동작을 시키면 듀티비는 1이 된다. 또한 그림 2.52에서처럼 4줄과 6열로 구성된 PMOLED를 동작할 경우 첫줄에서부터 순차적으로 OLED를 동작시킬 경우 듀티비는 1/4가 되어 0.25가 된다. 이를 확장하여 100줄로 구성된 PMOLED에서 첫줄에서부터 100줄까지 순차적으로 동작시키면 듀티비는 1/100이 된다. 따라서 줄 수가 많아질수록 듀티비는 작아지게 된다.

듀티비가 0.25일 경우에는 듀티비가 1일 경우(연속직류)에 비해 OLED의 밝기는 0.25배로 된다. 예를 들어, 그림 2.53 및 그림 2.54에서처럼 직류로 동작시킬 경우 OLED의 휘도가 약 2,000cd/m^{2}일 경우, 듀티비가 0.25가 되면 500cd/m^{2}이 되며, 듀티비가 0.01이 되면 20cd/m^{2}이 된다. 따라서 듀티비가 작아질수록 OLED는 빛이 생성되는 시간이 짧기 때문에 휘도가 감소하게 되며 이를 보상하기 위해선 OLED에 인가되는 전압이 증가해야 한다. 일반적인 디스플레이의 경우 줄 수는 대부분 100줄 이상이기 때문에 듀티비는 일반적으로 0.01보다 작게 된다. 100줄의 디스플레이 화면을 2개의 구간으로 분리하여 구동하면 50줄의 디스플레이를 구동하는 것과 같은 효과를 가져와 듀티비는 0.02로 두 배 증가한다.

PMOLED는 해상도가 증가하면, 즉 줄 수가 증가하면 듀티비가 급격히 증가하기 때문에 구동전압이 증가하며 구동전류 또한 증가하여 궁극적으로 소비전력이 증가한다. 예

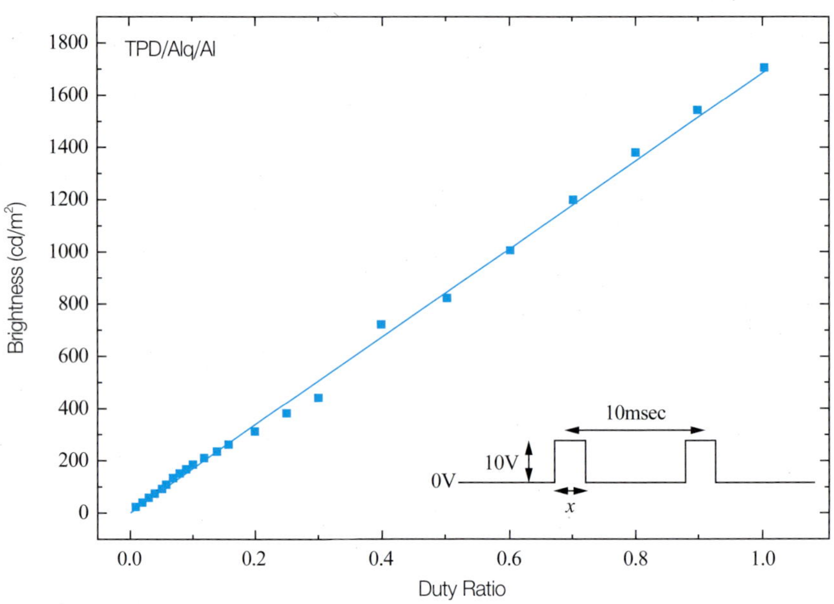

그림 2.53 듀티비에 따른 OLED의 휘도 감소 곡선(TPD/Alq_3/Al 소자)

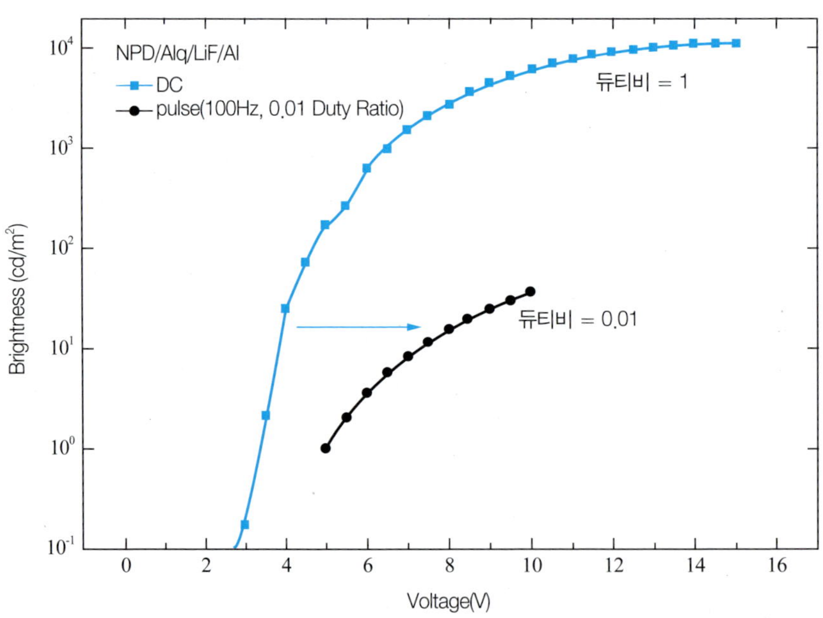

그림 2.54 듀티비에 따른 OLED의 전류-전압 곡선(TPD/Alq_3/Al 소자)

표 2.3 PMOLED의 해상도 및 소비전력

Resolution column	Resolution row	Diagonal (inch)	Plight (mW)	Pcap (mW)	Pres (mW)	Ptotal (mW)	Efficiency (lmW)
80	60	1.2	23	18	0	41	2.46
96	64	1.8	72	73	1	146	1.71
160	120	2.4	110	199	3	312	1.3
256	56	3.8	203	68	3	274	1.11
960	240	5	550	2474	47	3071	0.53
640	480	10	3110	39639	746	43495	0.15
3072	768	10.4	3008	69515	514	73037	0.08

- Brightness 100cd/m^2 without polarizer
- Luminous Efficiency 10cd/A
- Film thickness 100nm
- Refresh rate 100Hz

를 들어 표 2.3은 효율이 10cd/A인 OLED를 기준으로 100Hz의 구동주파수로 동작하는 PMOLED 패널이 있을 경우 디스플레이 해상도 및 크기에 따른 소비전력을 표시한 것이다.

PMOLED의 해상도가 80 × 60일 경우(크기 1.2 인치) PMOLED의 소비전력은 41mW로 소비전력이 그리 크지 않지만 해상도가 160 × 120(2.4인치)일 경우 PMOLED의 소비전력은 312mW로 증가한다. 또한 PMOLED의 해상도가 640 × 480(10인치)일 경우 디스플레이의 소비전력은 약 43W, 10.4인치 3072 × 768 해상도의 PMOLED의 소비전력은 약 73W로 급격히 커져 사실상 응용이 불가능하게 된다.

PMOLED는 디스플레이 해상도가 증가함에 따라 소비전력이 급격히 증가하기 때문에 응용할 수 있는 용도에 한계가 있다. 예를 들어 일반적으로 사용되는 노트북은 10인치 이상이며, 해상도가 XGA(1024 × RGB × 768) 이상이기 때문에 PMOLED를 이용하면 소비전력이 너무 커지고 이에 따른 PMOLED의 수명 또한 짧아져 제품으로서 사용할 수 없게 된다. 따라서 PMOLED는 대략 2인치 이하의 줄수가 많지 않고 해상도가 작은 디스플레이를 사용하는 응용 제품에 주로 장착된다. 이러한 예로는 휴대폰의 앞창, MP3 플레이어 등이 있다.

2.3.2 AMOLED

AMOLED는 그림 2.55와 같이 각각의 OLED 화소가 TFT에 의해 조절될 수 있도록 구성된다. 각각의 OLED 화소에는 TFT가 있으며 또한 저장용량(storage capacitor)이 있어 한 줄에서 다음 줄로 신호가 옮겨가도 계속 빛이 방출되도록 되었다. 즉, AMOLED에

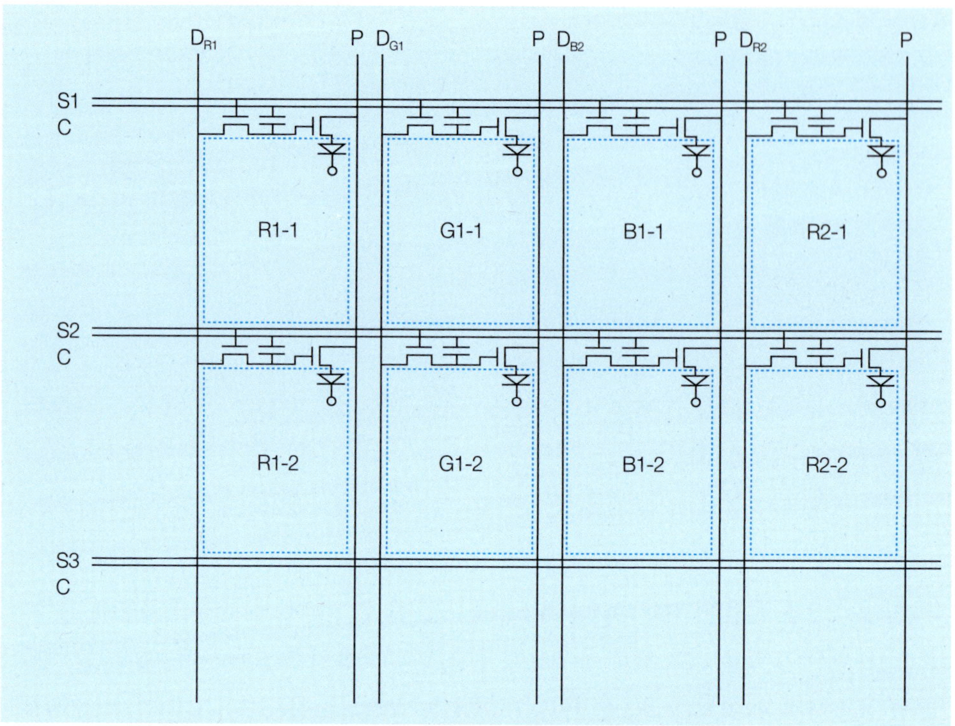

그림 2.55 AMOLED 어레이의 구성

서는 디스플레이의 줄 수가 많아져도 이에 필요한 OLED 휘도 증가가 심하지 않다.

AMOLED는 화면 크기가 크고 해상도가 높아져도 PMOLED에 비해 소비전력의 증가가 심하지 않아 대면적의 고해상도 디스플레이에 적합하여, PMOLED에 비해 응용 범위가 넓다. 예를 들어 AMOLED는 대화면 TV 등의 용도로 사용할 수 있다. 또한 AMOLED는 각각의 OLED 화소를 TFT에 의해 정교하게 조절이 가능하므로 화면에서 줄무늬 등이 생기는 크로스토크(cross talk)와 같은 현상이 심하지 않으며 화면이 깜박이는 플리커(flicker) 현상 또한 적어 PMOLED에 비해 우수한 화질의 디스플레이 제작이 가능하다. 따라서 AMOLED는 우수한 화질을 대화면으로 구현이 가능하지만 TFT를 사용해야 하기 때문에 제조 가격이 높으며 TFT의 성능 및 생산 능력이 AMOLED의 제조 원가에 있어서 가장 중요한 영향을 미친다.

AMOLED는 그림 2.56에서처럼 TFT 공정을 통하여 TFT를 제조하고 OLED 제조 공정을 통하여 OLED를 제조하며 봉지를 수행하고 모듈 공정을 거친다. TFT 제조 공정은 전체 공정의 대부분을 차지하며, TFT 장비 관련 투자비는 전체 투자비의 약 60~70%

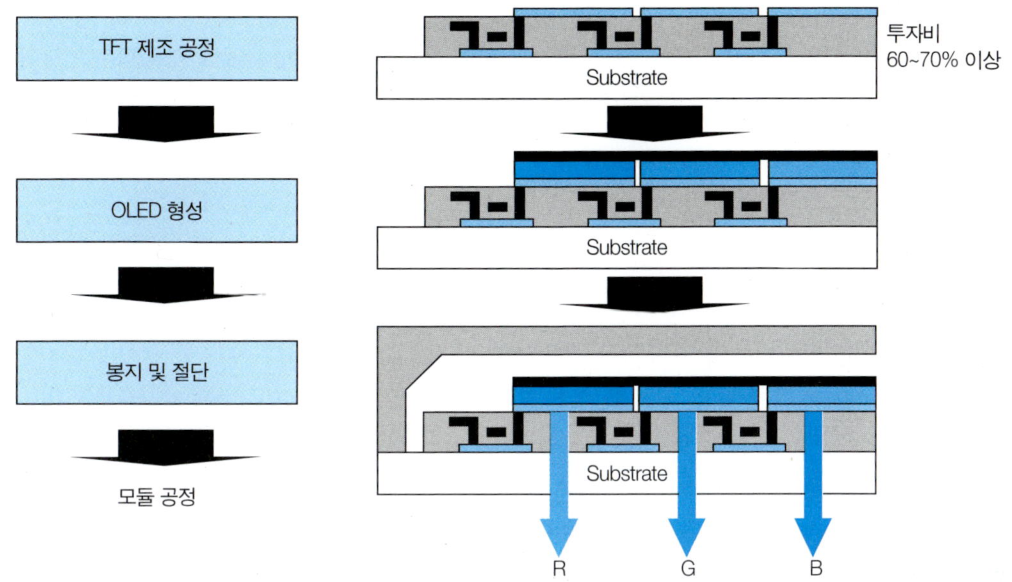

그림 2.56 AMOLED 제조 기본 공정

이상을 차지하므로 TFT의 원가 구성에 있어서 가장 중요한 부분이다. TFT 제조 공정이 마쳐지면 OLED 화소 형성을 위한 공정이 진행되며 OLED 화소가 형성되는 즉시 OLED를 공기 중에 노출시키지 않고 봉지 공정을 수행하여 수분이나 산소가 OLED에 잔류하지 않도록 한다. 이후 AMOLED를 절단하고 모듈 공정을 수행함에 의해 구동회로 부분을 부착한다. OLED의 형성은 앞에서 설명한 바와 같이 저분자 OLED의 경우 진공 증착기가 주로 이용되며 고분자 OLED의 경우 유기물질의 코팅을 위해 잉크젯 프린터와 음극의 형성을 위해 진공증착기가 모두 이용된다.

AMOLED 화소는 그림 2.57과 같이 구성되어 있다. OLED는 LCD와 달리 전류에 의해 휘도를 조절하는 전류구동 방식의 소자이므로 AMOLED 각각의 화소를 구동하기 위해선 그림 2.59에서와 같이 최소 2개 이상의 TFT가 필요하다.

AMOLED 화소를 구동하기 위한 TFT는 스위칭 TFT 및 구동 TFT로 나뉜다. 스위칭 TFT는 각 OLED 내로 데이터 정보를 전달하는 역할을 하며 데이터 버스선에 의해 전달된 정보는 구동 TFT의 게이트 전압으로 인가되어 구동 TFT에 의해 전류로 변화되어 OLED 화소로 전달된다. 또한 데이터 저장용량은 전달된 데이터를 저장함에 따라 스캔 버스선의 신호가 다음 줄로 넘어가도 계속해서 정보를 유지하여 OLED 화소에서 빛이 방

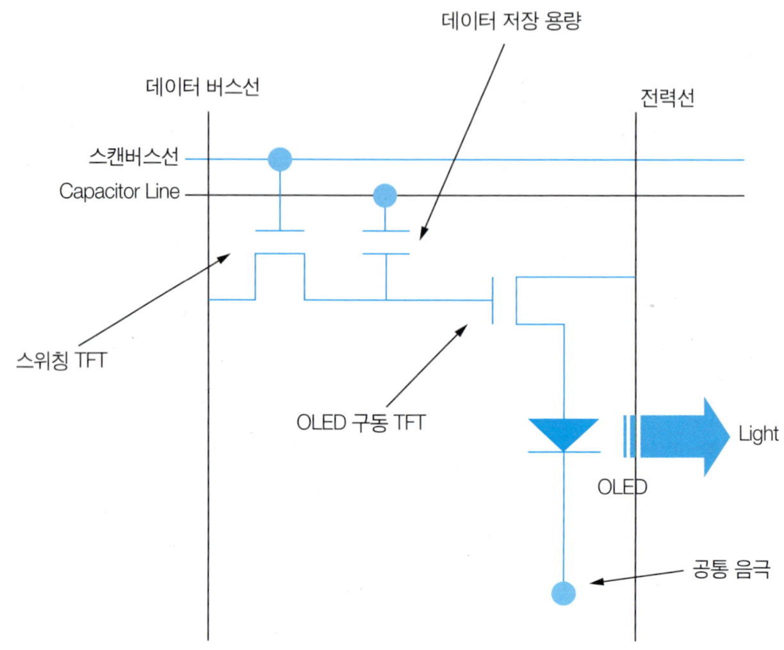

그림 2.57 AMOLED 단위 화소의 구조

출되도록 하는 역할을 한다. 전력선은 구동 TFT로부터 전류가 흘러갈 수 있도록 한다.

그림 2.58에 OLED 구동 TFT와 OLED와의 연결 부위를 기준으로 한 AMOLED 화소의 단면 구조를 나타내었다. 구동 TFT 부분의 드레인 전극이 OLED의 양극인 ITO와 연결되어 있다. ITO 위에는 절연층이 패턴되어 있어 각 화소마다 독립시켜 주는 역할을 한다. 양극인 ITO 및 음극 사이에는 OLED를 구성하는 유기물이 있다. 유기물은 정공주입층/정공수송층/발광층/전자수송층 등으로 구성되어 있다. 이때 발광층을 제외한 정공주입층, 정공수송층, 전자수송층, 음극 등은 모든 화소에서 공통적으로 사용할 수 있어 공통층이라고 한다. 구동 TFT의 드레인에 OLED 화소가 연결되어 전류는 TFT를 통하여 OLED로 흘러간다.

하나의 AMOLED 화소에서 화소 전체의 면적에 대한 빛이 방출되는 부분의 면적의 비를 개구율(aperture ratio)이라고 한다. 개구율은 화소의 초기 휘도에 영향을 미쳐, 디스플레이의 소비전력 및 수명에 중요한 영향을 미친다. 예를 들어 그림 2.59의 오른쪽에서와 같이 개구율이 작은 경우 디스플레이 휘도를 맞추기 위해서는 OLED의 휘도가 높아야 한다. 예를 들어 AMOLED 화소의 개구율이 50%인 경우 1,000cd/m^{2}의 휘도가 필요하

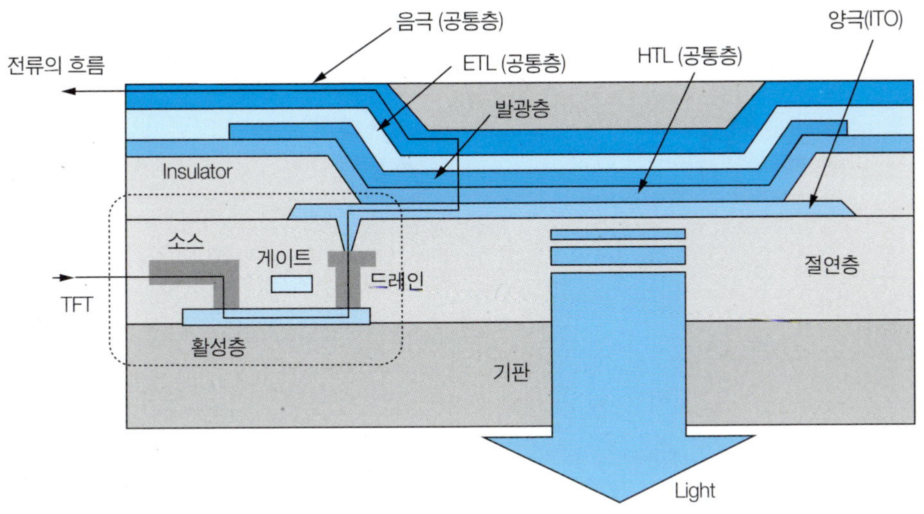

그림 2.58 AMOLED 단위화소의 단면구조

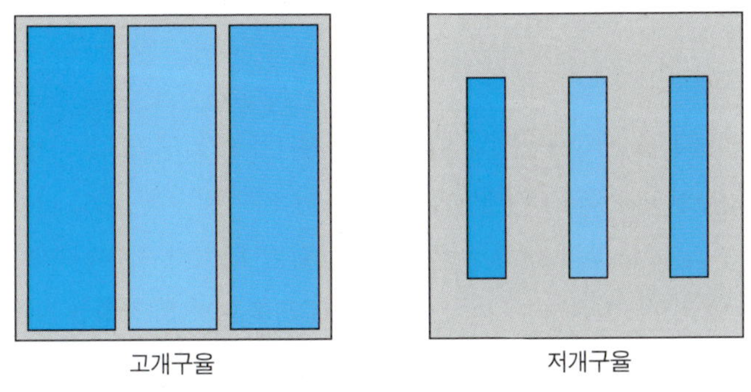

그림 2.59 OLED에서 개구율의 개념

다고 하면 개구율이 25%인 경우에는 같은 휘도를 맞추기 위해 2,000cd/m^{2}의 휘도가 필요하다. 개구율이 큰 경우 면적이 빛이 방출되는 부분의 면적이 넓으므로 이에 해당하는 만큼의 전류가 필요하며 개구율이 작은 경우에는 방출되는 휘도가 높아야 하므로 전류가 많이 필요하다. 따라서 실제로 흐르는 전류는 개구율에 관계없이 같으나 개구율이 작아지면 더 많은 전류 밀도를 필요로 하므로 구동전압이 높아져 궁극적으로 소비전력이 증가하게 된다. 또한 OLED의 수명은 OLED의 초기 휘도에 따라 달라지며, 초기 휘도가 높을수록 감소하므로 개구율이 작아지면 초기 휘도가 높아지게 되어 궁극적으로 수명이 감소하

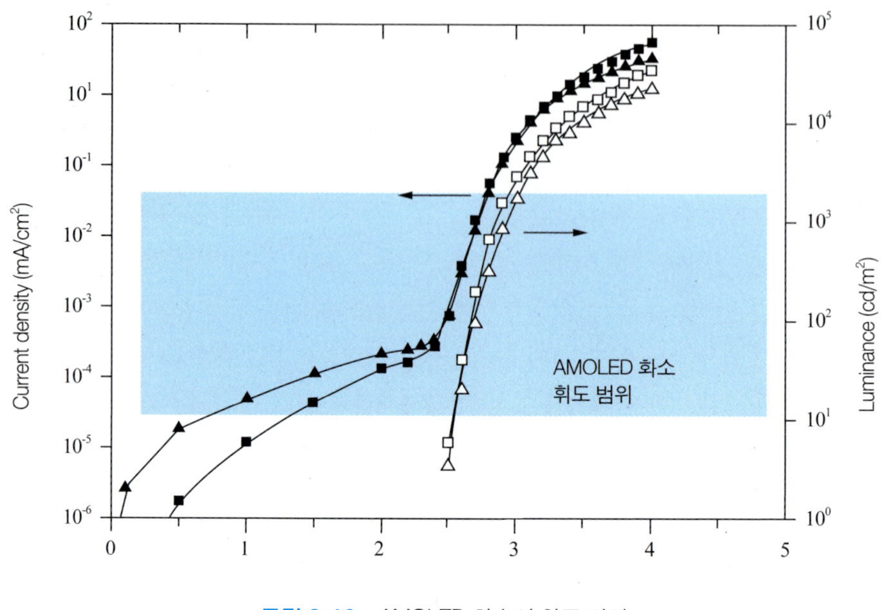

그림 2.60 AMOLED 화소의 휘도 범위

게 된다.

AMOLED는 TFT와 저장용량 및 각종 배선과 OLED 영역으로 이루어져 있으므로 TFT의 개수가 많아질수록 혹은 저장용량의 면적이 넓어질수록 빛이 나오는 영역이 줄게 된다. 또한 TFT의 크기가 크고 배선의 폭이 넓게 되면 회로가 차지하는 영역이 커지게 되므로 개구율이 작아져 AMOLED의 개구율에서 TFT 회로가 차지하는 비중이 아주 높다.

그림 2.60에 AMOLED 화소의 휘도 범위를 나타내었다. AMOLED 디스플레이는 듀티비가 1이기 때문에 가장 이상적으로는 OLED 화소의 휘도가 곧 디스플레이의 휘도가 된다. 예를 들어 100cd/m^2 휘도의 OLED를 사용하면 디스플레이의 휘도는 100cd/m^{2}이 된다. 하지만 이는 이상적인 경우이며 개구율을 고려해야 한다. 예를 들어 개구율이 50%일 경우 100cd/m^{2}의 디스플레이를 위해서 OLED 화소의 휘도는 200cd/m^{2}이 되야 한다. 만약 개구율이 25%이면 400cd/m^{2}의 휘도가 되어야 한다. 또한 앞에서 기술한 바와 같이 대비비를 증가시키기 위해서 편광판을 사용하게 되면 편광판의 투과율을 고려해야 한다.

예를 들어 개구율이 50%이고 편광판의 투과율이 50%이면 100cd/m^{2}의 디스플레이를 위해 필요로 하는 OLED 화소의 휘도는 400cd/m^{2}이 되어야 한다. 개구율이 25%이고 편광판의 투과율이 25%이면 필요로 하는 화소의 휘도는 800cd/m^{2}이 되어야한다. TV와 같

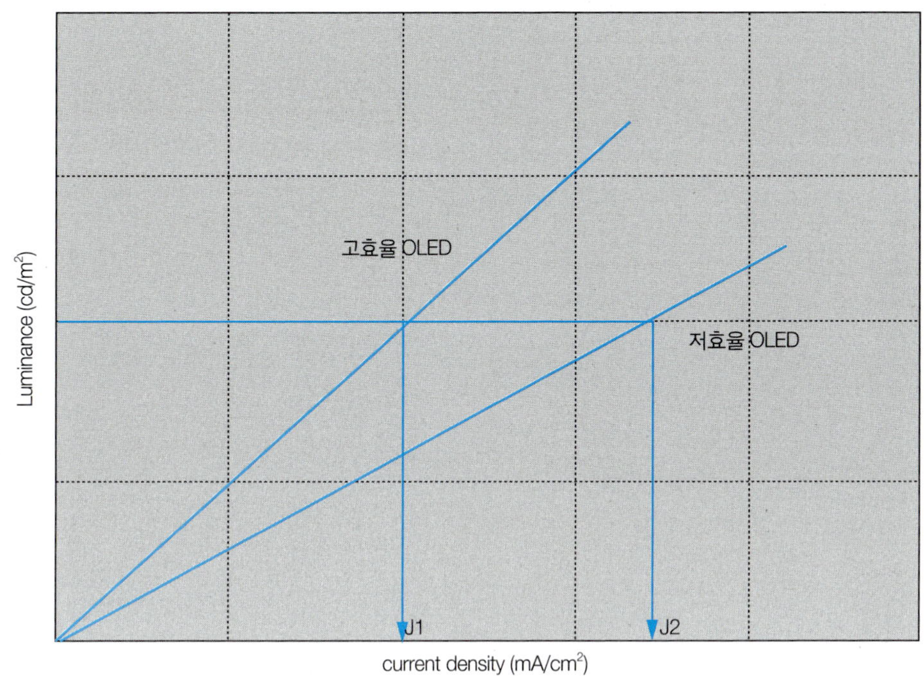

그림 2.61 OLED의 효율과 전류 밀도

은 디스플레이는 일반적으로 휘도가 훨씬 높아 약 500cd/m^2 이상의 휘도를 필요로 한다. 따라서 TV와 같은 디스플레이에 OLED가 사용되기 위해선 개구율 및 편광판, 기타 빛의 손실을 고려하면 OLED의 휘도는 최대 수천 cd/m^2 정도가 되어야 한다.

OLED는 전류에 의해 구동되는 소자이기 때문에 OLED의 효율은 전류의 양에 절대적인 영향을 미치며 전류의 양은 디스플레이의 소비전력 및 수명에 영향을 미치며 AMOLED 구동용 TFT의 선택에 영향을 미친다(그림 2.61).

예를 들어 그림 2.61에서처럼 효율이 높은 OLED의 경우 같은 휘도를 내기 위해선 필요한 전류 밀도는 작지만 효율이 낮은 OLED의 경우 같은 휘도를 내기 위해 필요한 전류 밀도가 증가한다. 따라서 효율이 낮은 OLED를 이용하여 AMOLED를 제조할 경우 각각의 화소를 구동하기 위해선 높은 전류를 필요로 하며, 공구동 TFT에 의해 공급되는 전류의 양이 조절되므로 구동 TFT가 충분한 전류를 공급할 수 없게 되면 AMOLED의 제작이 어렵게 된다.

연습문제

1. 형광 OLED에서 이론적으로 얻을 수 있는 최대 외부양자효율을 구하라.
2. ITO의 일함수가 4.7eV, ITO에 붙어 있는 유기물의 HOMO 에너지 준위가 5.1eV, LUMO 에너지 준위가 2.0eV일 경우 정공 주입을 위해 극복해야 하는 에너지 장벽을 구하라.
3. Pt과 Mg 중에서 OLED의 음극으로 적합한 물질은 어떤 것인가?
4. 호스트-도판트 시스템의 인광 OLED에서 도판트 농도는 형광 OLED보다 높다. 그 이유를 설명하라.
5. OLED의 반감수명을 정의하라.

CHAPTER 03

Active Matrix 구동

3.1 Active Matrix 구동 원리

LCD나 OLED 디스플레이는 많은 수의 화소들이 matrix 형태로 배열되어 있다. Matrix 형태의 화소 배열을 갖는 디스플레이를 구동하는 데 있어 가장 효과적인 방식인 active matrix 구동 원리를 설명한다.

3.1.1 Active Matrix 구동 방식

화소의 배열이 $m \times n$ matrix 형태로 배열되어 있는 경우, 즉 가로로 m개, 세로로 n개가 배열되어 있는 경우 총 화소수는 통상 수십만 혹은 백만 개 이상(XGA 해상도의 경우, 1024×768)이 된다. 따라서, 1프레임의 영상을 표시하기 위해 모든 화소와 데이터 드라이버 IC의 출력단을 1대1로 배선으로 연결하여 신호를 전송하려면 드라이버 IC의 출력 개수와 배선의 개수는 구현이 어려운 수준으로 많아지게 된다. 따라서, 드라이버 IC의 출력 개수와 배선의 개수를 획기적으로 줄임과 동시에 우수한 화질을 구현할 수 있도록 하는 구동 방식이 active matrix 구동 방식이다.

아래 그림 3.1은 드라이버 IC의 모든 출력단과 모든 화소 사이의 배선을 1대1로 연결하여 신호를 전송하는 direct 구동 방식과 1개의 배선을 이용하여 1개의 드라이버 IC의 출력으로부터 다수의 화소에 신호를 전송하는 active matrix 구동 방식을 비교하여 설명하는 그림이다.

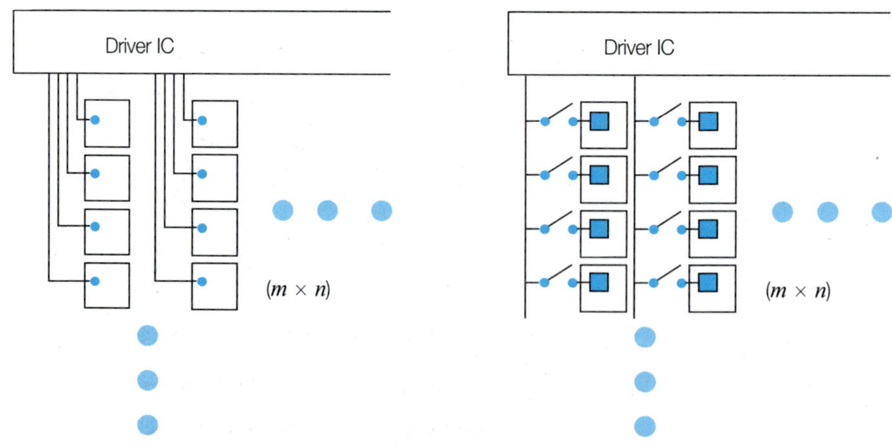

그림 3.1 (a) direct 구동 방식의 개념도, (b) active matrix 구동 방식의 개념도

Active matrix 구동 방식에서는 1개의 드라이버 IC의 출력으로 다수의 화소에 신호를 전송하게 된다. 그러나 다수의 화소가 필요로 하는 여러 가지 신호를 동시에 전송할 수는 없다. 따라서, 배선과 화소 사이에 스위치를 형성하고 이 스위치들이 ON/OFF 동작을 하도록 하되 순서를 정하여 순차적으로 동작하게 한다. 1개의 데이터 배선에 연결된 여러 스위치 중에서 어떤 순간 ON이 되어 있는 스위치는 오직 1개여야 한다. 이 때 ON이 되어 있는 스위치와 연결되어 있는 화소는 데이터 배선에 인가된 신호(ex. 전압)을 전달받게 된다. 데이터 드라이버 IC는 여러 화소가 필요로 하는 전압을 출력하되 순차적으로 ON이 되는 스위치와 동기되어 해당 화소가 필요로 하는 전압을 순차적으로 타이밍에 맞게 출력하는 기능을 해야 한다. 한편 스위치가 OFF된 후에도 화소가 발광을 지속하기 위해서는 전달받은 전압을 저장하고 있을 필요가 있는데 이를 위한 목적으로 화소에 저장소(ex. 커패시터)를 형성해야 한다.

$m \times n$ matrix 화소 배열에서 direct 구동 방식의 경우는 필요한 데이터 배선의 개수가 $m \times n$개이지만, active matrix 구동 방식에서는 데이터 배선을 세로로 형성할 경우 m개만 필요하게 되어 획기적인 감소가 가능해진다. 그러나, 데이터 드라이버 IC의 출력과 동기되어 스위치가 ON/OFF 동작을 하도록 하기 위해서는 스위치를 제어하기 위한 ON/OFF 신호를 출력하는 드라이버 IC와 이 신호를 전달하기 위한 배선이 필요하다. 이 배선은 데이터 배선과 교차하는 방향으로, 즉 가로로 형성하여 각각의 배선에 연결된 여러 개의 스위치를 동시에 제어하게 된다. 따라서, active matrix 구동을 위해 필요한 배선의 개수는 데이터 배선의 개수 m개와 스위치 제어 배선의 개수 n개의 합이 된다. 또한 드라이버 IC도 데이터 드라이버 IC와 스위치 드라이버 IC 두 종류가 필요하다. 그림 3.2는 active matrix 구동을 하기 위해 필요한 스위치 제어 배선과 데이터 배선의 배치 및 기본 구성 요소들을 개략적으로 표현하고 있는 그림이다. Active matrix 구동 방식의 대표적인 특징은 데이터 배선과 화소 사이에 스위치가 필요하다는 점과 전달받은 신호, 즉 전압을 저장하기 위한 신호 저장소가 필요하다는 점이다.

3.2 Active Matrix LCD 구동 원리

Active matrix 구동 원리를 LCD에 적용하기 위해 LCD의 기본 동작 원리와 LCD의 화소가 필요로 하는 신호에 대해 먼저 설명한 다음 필요한 신호들을 active matrix 구동 방식으로 인가하는 방법에 대해 설명한다.

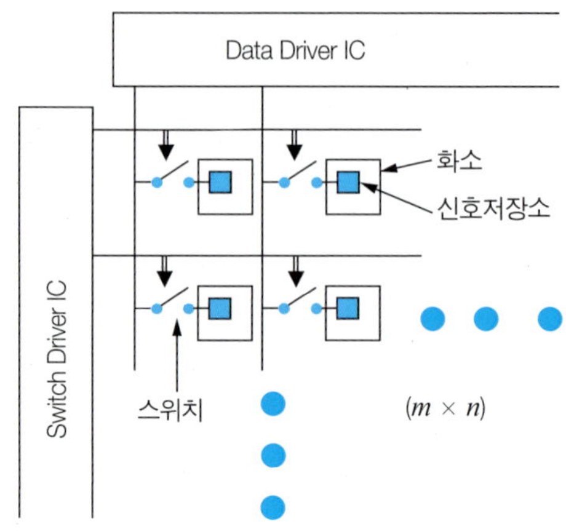

그림 3.2 Active matrix 구동 방식의 개념도 및 구성 요소

3.2.1 LCD의 화소 동작 원리

LCD는 개별 화소의 투과도를 제어하여 영상을 표시하는 장치이다. LCD 화소의 투과도는 간단히 말해 화소에 포함된 액정 분자의 배열 상태에 따라 달라지게 되며, 액정 분자의 배열은 액정에 인가되는 전기장의 크기에 따라 달라지게 된다. LCD의 화소 구조는 그림 3.3 (a)와 같이 액정층의 양쪽에 투명한 전극이 형성되어 있으며 이 중 1개의 전극은 기준 전압이 인가되며 이를 공통 전극이라 부른다. 공통 전극의 의미는 이 전극이 화소마다 분리되어 있지 않아서 모든 화소가 공유하는 전극이라는 의미이며, 따라서 모든 화소가 동일한 기준 전압을 갖게 된다는 의미이다. 이 공통 전극과 마주보도록 형성된 또 하나의 전극을 화소 전극이라고 부르며, 이 화소 전극에 인가된 전압과 공통 전극의 기준 전압과의 차이가 액정층에 인가되는 전기장의 크기를 결정하게 된다. 그림 3.3 (b)는 공통 전극의 기준 전압이 0V라고 가정했을 때 화소 전극에 인가된 전압과 화소의 투과도 관계를 나타내는 그래프이다. 이를 voltage- transmittance curve(V-T curve)라고 한다.

계조(gray scale)란 화소에서 구현이 가능한 밝기 단계의 가짓수를 의미한다. 일반적으로 사람의 시각은 가장 어두운 단계로부터 가장 밝은 단계 사이를 128단계 이상으로 표현하면 인접 단계 간의 밝기의 차이를 인식하기 어려워진다고 알려져 있으므로 통상 256단계로 계조를 구현하면 디스플레이에서는 충분하다. 그림 3.3 (b)에는 256계조 표현에서 각각의 계조 표현을 위해 화소 전극에 필요한 전압이 표시되어 있다. 그래프 상에서 모든 계조 전압을 표시하지는 않았고, 대표적인 계조의 계조 전압만 선별해서 표시하였다. 바로 이 전압이 데이

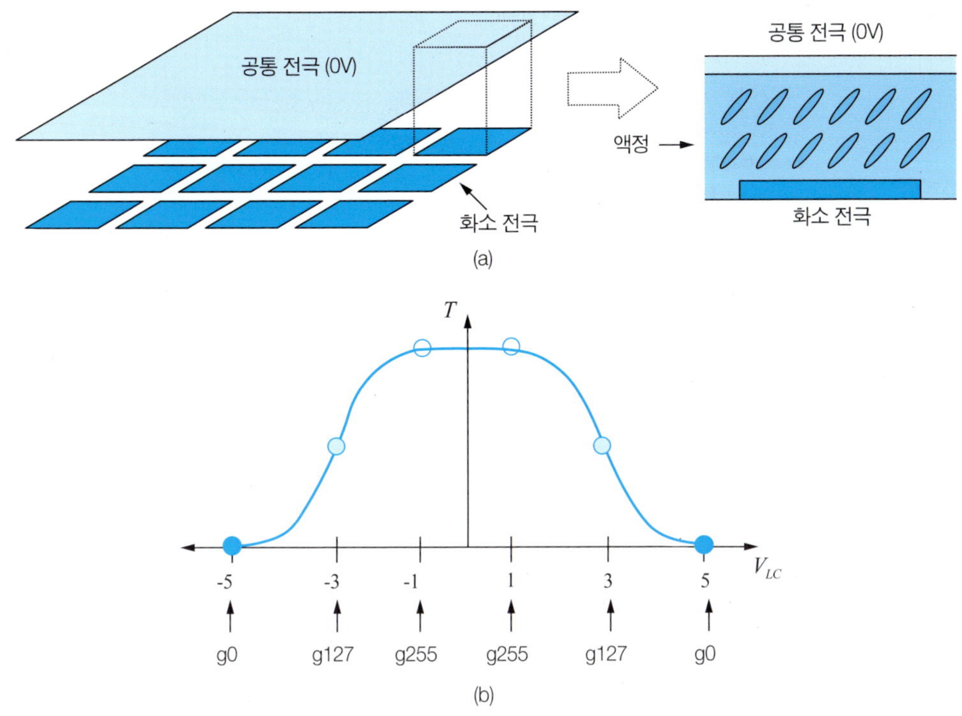

그림 3.3 (a) LCD의 화소 구조, (b) LCD의 voltage-transmittance curve 및 계조 전압

터 배선을 통해 화소로 전달되어야 하는 신호이다. 따라서, 어느 순간 데이터 드라이버 IC의 출력 전압은 이 256가지 단계의 전압 중 한 가지 값이어야 한다.

LCD 화소의 V-T curve의 특징은 위의 그림 3.3 (b)에서 보듯이 좌우 대칭이라는 점이다. 데이터 드라이버 IC의 출력 전압은 256가지 양전압을 출력하도록 하거나 256가지 음전압을 출력하도록 하면 될 것으로 생각될 수 있으나, 실제로는 256가지의 양전압과 음전압을 모두 출력할 수 있어야 한다. 그 이유는 다음과 같다. 액정에는 전하를 띄는 이온성 불순물이 소량 포함될 수 밖에 없는데 이온성 불순물이 초기에는 액정층 내에 균일하게 산포하고 있어서 액정층의 배열에 영향을 주지 않는다. 그러나, 한 가지 극성의 전압만으로 액정층의 배열을 제어할 경우 이온성 불순물이 전기장의 방향을 따라 천천히 이동을 하게 되어 이러한 환경이 장시간 지속되면 한쪽의 전극 계면에 축적되는 이온의 양이 증가하면서 액정층의 배열에 영향을 주게 된다. 따라서, 인가된 계조 전압에 해당하는 밝기 표현이 제대로 되지 않게 되는 문제가 발생한다. 이러한 문제를 극복하는 방법은 그림 3.4와 같이 프레임마다 화소 전극에 인가되는 전압의 극성을 교대로 바꾸어 주는 방법이며

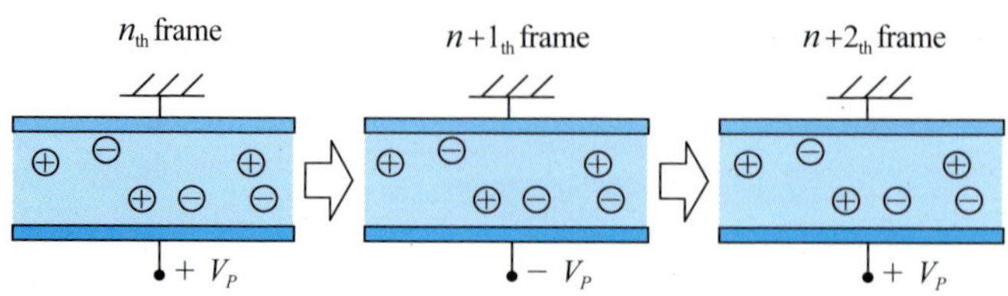

그림 3.4 이온성 불순물의 효과를 억제하기 위한 반전 구동 방식

이를 반전 구동 방식이라 한다. 따라서, 화소의 밝기가 인접 프레임 간에 변화가 있든 없든 화소 전압의 극성은 프레임마다 바뀌어야 하고, 데이터 드라이버 IC도 양전압 및 음전압을 모두 출력할 수 있도록 제작되어야 한다.

3.2.2 AM-LCD에서의 화소 구조

그림 3.5 (a)는 active matrix 방식으로 구동되는 LCD(AM-LCD)에서의 화소 구조 모식도이다. 액정에 인가될 전기장의 크기를 제어하기 위해 필요한 공통 전극과 화소 전극이 필요하고, 액정은 두 전극 사이에 채워지게 된다. 액정과 접하는 두 전극의 표면에는 배향막이 형성되어 있어야 하지만 표시는 생략하였다. 또한 컬러를 구현하기 위해 필요한 컬러필터가 공통 전극 하부에 형성되어야 하고, 편광필름이 두 장의 유리기판 바깥면에 부착되어야 하지만 표시는 생략하였다. 현재 구조에서 중요한 점은 세로로 형성된 데이터 배선과 화소 전극 사이에 스위치 기능을 하는 박막트랜지스터(TFT, Thin Film Transistor)가 형성되어 있으며, TFT의 ON/OFF를 제어하기 위한 배선인 게이트 배선이 형성되어 있다는 점이다. TFT는 3단자 소자로서 드레인 단자와 소오스 단자 사이가 도통상태(on) 또는 절연상태(off)로 바뀌게 되며, 각 상태를 결정하는 것은 게이트 단자에 인가된 전압의 크기이다. 한편 공통 전극와 화소 전극은 스스로 커패시터를 형성하고 있음을 알 수 있다. 왜냐하면 두 전극 사이에 채워진 액정이 절연물질로서 유전층 역할을 하기 때문이다. 그림 3.5 (a)에서 공통 전극에 5V의 전압이 인가된 것으로 표시되고 있다. 이는 반전 구동을 위해 데이터 드라이버 IC에서 양전압과 음전압을 모두 출력하게 하는 것보다 양전압만 출력하도록 하는 것이 데이터 드라이버 IC의 안정적인 동작을 보장할 수 있기 때문이다. 공통전극 전압이 0V에서 5V로 상승함에 따라 모든 계조 전압도 5V 상승되어야 하며 이는 그림 3.5 (b)에 나타나 있다.

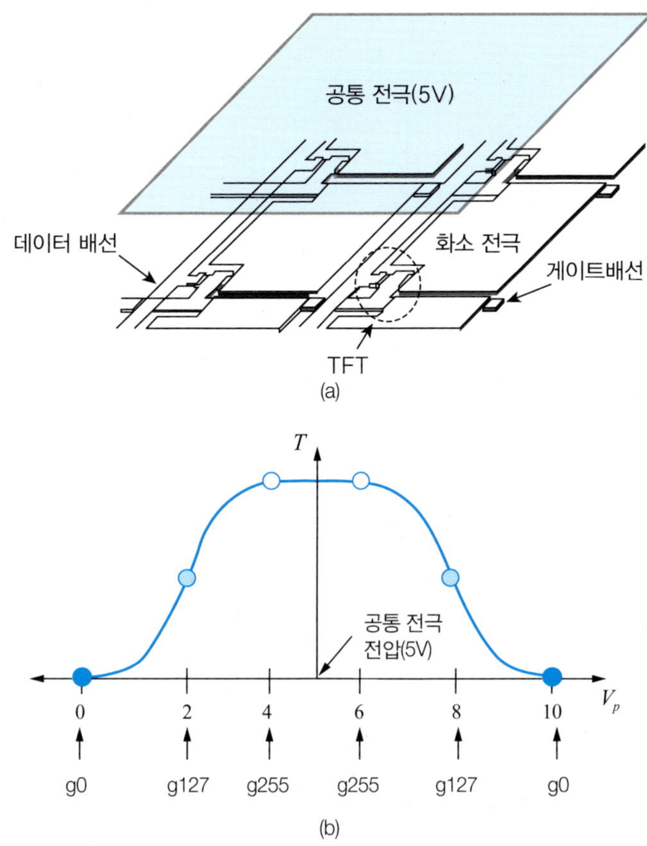

그림 3.5 (a) AM-LCD의 화소 구조, (b) 공통 전극 전압이 5V인 경우의 voltage-transmittance curve 및 계조 전압

위의 그림 3.5 (a)에 나타나 있는 AM-LCD의 화소 구조를 회로기호로 표시하면 그림 3.6과 같다. TFT는 통상 MOSFET의 회로기호로써 표시함을 알 수 있다. 커패시터의 두 단자 중 기준 전압이 인가되고 있는 단자는 공통 전극에 해당하고, TFT와 직접 연결되고 있는 단자는 화소 전극에 해당된다. 게이트 배선에 인가된 전압이 데이터 배선에 인가된 전압이나 화소 전극 전압보다 10V 이상 높은 전압을 인가하여 TFT를 turn-on 시킨다(비정질 실리콘 TFT의 경우). 따라서 데이터 배선의 최고전압이 10V이므로 TFT를 turn-on 시키기 위해 20V 정도의 전압을 게이트 배선에 인가한다. 또한 게이트 배선에 인가된 전압이 데이터 배선에 인가된 전압이나 화소 전극 전압보다 5V 이상 낮은 전압을 인가하여 TFT를 turn-off 시킨다. 따라서, 데이터 배선의 최저 전압이 0V이므로 TFT를 turn-off 시키기 위해 −5V 정도의 전압을 게이트 배선에 인가한다. 그림 3.6에서 화소의 커패시터

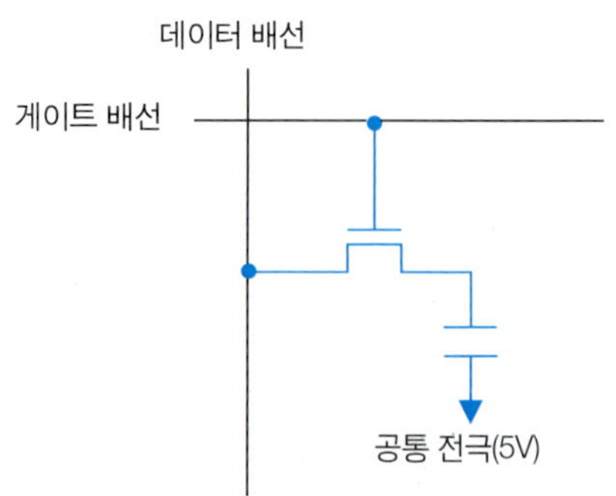

그림 3.6 AM-LCD 화소의 등가 회로

용량을 C_{LC}와 C_s의 합으로 표현하였는데 C_{LC}는 앞서 설명한 공통 전극와 화소 전극 사이에 자체적으로 형성되는 용량인데 이 용량이 통상 부족하기 때문에 이와 병렬연결이 되는 추가적인 커패시터를 화소에 형성시켜 주는데 이를 storage 커패시터라고 부르며 이 커패시터의 용량이 C_s이다.

3.2.3 LCD에서의 Active Matrix 구동 방법

AM-LCD는 그림 3.6의 회로기호로 표시할 수 있는 개별 화소가 $m \times n$ matrix 형태(XGA 해상도의 경우, 1024 × 768)로 배열되어 있다고 볼 수 있다. 이를 회로기호로 표시한 것이 그림 3.7 (a)이다.

1개의 프레임을 표시하는 데 할당된 시간을 프레임 주기라 부르며 이는 패널의 해상도와는 무관하다. 프레임 주파수가 60Hz인 경우 프레임 주기는 16.6msec 정도로 계산된다. 만약 패널의 해상도가 XGA라면 768개의 게이트 배선에 프레임 주기 내에 한번씩 ON/OFF 전압이 순차적으로 인가되어야 하기 때문에 1개의 게이트 배선에 ON 전압이 인가되는 지속시간을 1H 시간이라 부르며 이는 21.6μsec(프레임 주기 ÷ 768)로 계산된다. 이 후 나머지 16.6msec 대부분의 시간 동안은 OFF 전압이 인가된다.

따라서, 각 게이트 배선에는 그림 3.7 (b)에 나타낸 것과 같은 펄스 형태의 신호가 인가되며, 개개의 펄스 신호에서 ON 전압이 인가되는 시점은 순차적으로 1H 시간만큼 지연된다. 1개의 게이트 배선에 연결된 TFT들은 21.6μsec 동안 동시에 turn-on되고, 나머지 16.6msec 대부분의 시간 동안은 turn-off 상태가 된다. Turn-on되어 있는 TFT와 연결된 모든 화소는 해당 프레임에서 정해진 밝기에 따라서 화소 전극이 필요로 하는 전압을 데이터 배선으로부터

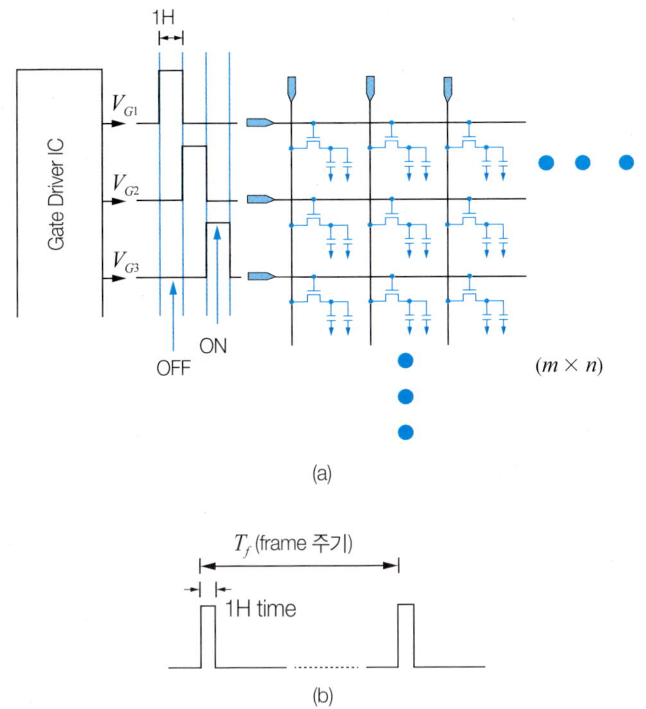

그림 3.7 (a) m × n 화소 배열의 등가 회로, (b) 1개의 게이트 배선에 인가되는 파형

전달받게 된다. 만약 이전 프레임과 다음 프레임 간의 밝기 차이가 없으면 화소 전극의 전압이 달라지지 않을 것으로 생각할 수 있지만 앞서 설명한 반전 구동을 적용해야 할 필요가 있기 때문에 화소의 밝기가 프레임 간 차이가 있든 없든 화소 전극의 전압은 매 프레임이 바뀔 때마다 TFT가 turn-on이 되었을 때 새로운 전압을 인가받아야 한다.

그림 3.8은 특정 화소가 이전 프레임에 공통 전극 전압(=5V) 에 비해 3V 낮은 2V의 화소 전압을 갖고 있었다고 가정하고 다음 프레임에 공통 전극 전압에 비해 3V 높은 8V의 화소 전압이 인가되어야 할 경우의 과정을 보여주고 있다. 그림 3.8 (a)에서 이전 프레임에 2V의 전압을 갖고 있었다면 이 전압은 커패시터에 저장이 되고 TFT가 turn-off되어 있기 때문에 데이터 배선에 어떤 전압이 인가되더라도 변동이 되지 않는다. 그림 3.8 (b)는 게이트 배선에 ON 전압이 인가되어 TFT가 turn-on된 상태로서 데이터 배선에는 이 화소가 필요로 하는 8V가 인가되어 있다. 화소는 2V에서 8V로 변화하기 위해서는 6V의 변동이 일어나야 하는데 이를 위해서는 $C_p \times 6\text{V}$만큼의 전하량의 변화(ΔQ)를 요한다. 따라서, 1H 시간 동안 TFT는 ΔQ만큼의 전하량을 공급하기 위해 전류가 흐르게 된다.

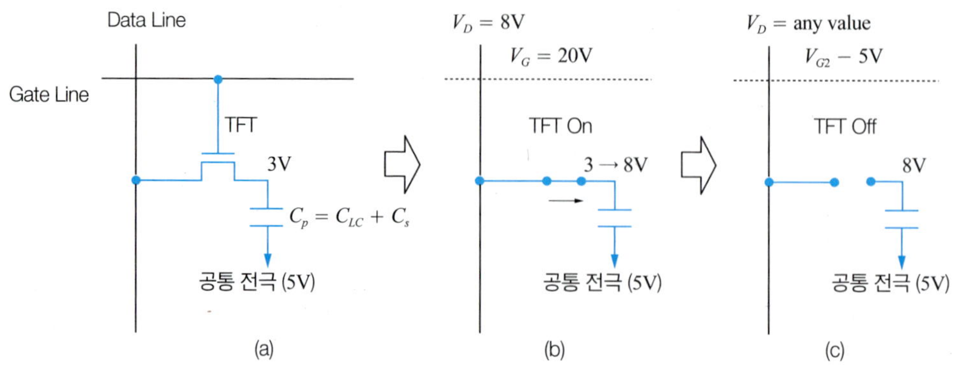

그림 3.8 (a) 이전 프레임의 화소 상태, (b) 다음 프레임에서 TFT가 turn-on된 상태, (c) 다음 프레임에서 TFT가 turn-off된 상태

TFT의 turn-on 상태의 전류구동 능력이 중요한 이유가 정해진 1H 시간 안에 필요한 전하량을 공급할 수 있어야 하기 때문이다. 1H 시간이 경과하면 그림 3.8 (c)와 같이 게이트 배선에 OFF 전압이 인가되어 TFT가 turn-off된 상태가 되면 저장된 8V의 화소 전압은 다음 프레임까지 유지되어 화소는 해당 밝기를 1프레임 동안 유지할 수 있게 된다.

3.2.4 충전율

TFT는 turn-on 상태에서 정해진 1H 시간 동안 데이터 배선에 인가된 전압을 화소에 정확하게 전달하는 역할을 해야 한다. 이상적인 스위치는 turn-on이 되었을 때 스위치의 자체 저항은 0Ω 이라할 수 있지만 TFT가 turn-on 되었을 때는 드레인과 소오스 사이에 저항 성분이 존재한다. 따라서, TFT가 turn-on이 되었을 때를 회로적으로 간략히 표현하면 그림 3.9 (a)와 같이 표현할 수 있으며 화소 전극 전압(V_p)는 RC-delay를 갖고서 데이터 배선에 인가된 전압과 같아지도록 변화한다.

이상적으로 1H 시간 내에 화소 전극 전압은 데이터 배선에 인가된 전압과 같아져야 하며, 이 때 1H 시간 동안 화소 전극 전압의 변화량을 100으로 간주했을 때, 실제 화소 전극 전압의 변화량을 백분율로 표현한 것을 충전율이라 하며 아래 식과 같다.

$$\text{충전율}(\%) = \frac{\text{실제 변화량}(= V_{p,after} - V_{p,before})}{\text{이상적 변화량}(= V_{Data} - V_{p,before})} \times 100$$

충전율이 100%에 가깝도록 TFT를 설계해야 양호한 화질을 구현할 수 있다. 충전율이 부족할 경우에는 화면의 휘도가 불균일해지는 불량(=얼룩)이 나타날 수 있다. 이러한

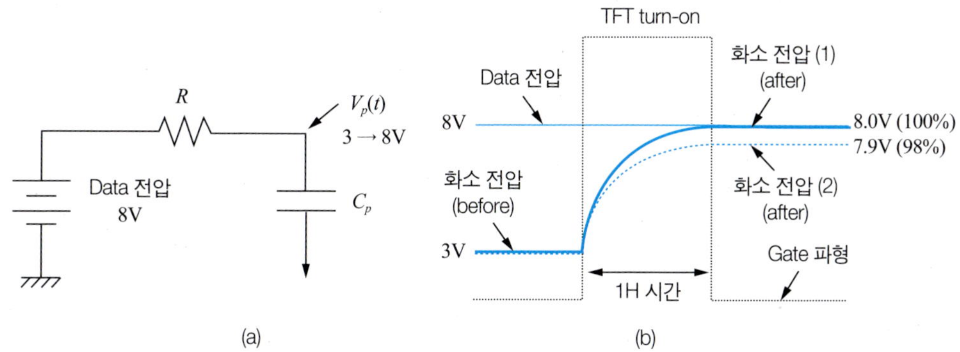

그림 3.9 (a) TFT의 turn-on 상태를 저항(R)로 표현한 회로도, (b) 화소 전극 전압(V_p)의 1H 시간 동안 변화 과정

얼룩은 TFT의 특성, 즉 turn-on 상태의 저항 성분이 화소마다 불균일하기 때문이다. 충전율이 100%에 가까우면 TFT 특성의 불균일성이 화질의 불균일성으로 나타나는 것을 최소화할 수 있으며, 충전율이 낮으면 화질의 불균일성이 심해진다.

위의 그림 3.9 (b)는 화소의 충전율을 설명하는 그림이다. 이전 프레임에 화소 전극 전압이 3V라고 가정하고, 다음 프레임에서 8V의 화소 전극 전압이 인가되어야 한다고 가정한다. 화소 전압 (1)의 경우는 TFT의 충전 능력이 우수하여 화소 전압이 8V까지 도달한 경우이며, 화소 전압 (2)의 경우는 TFT의 충전 능력이 부족하여 화소 전압이 7.8V까지만 도달한 경우이다. 이 때 화소 (1)은 충전율이 100%이고 화소 (2)는 충전율이 98%에 해당된다.

TFT가 turn-on된 상태에서 화소 전극의 전압이 변화하는 과정은 화소가 갖고 있는 커패시터 용량(C_p)에 비례하는 전하량의 변화가 동반되어야 한다. 즉, 1H 시간 동안 화소 전압의 변화량($= V_{p,after} - V_{p,\ before}$)과 전하 변화량($\Delta Q$)은 아래 식과 같다.

$$\Delta Q = C_p \times (V_{p,\ after} - V_{p,\ before})$$
$$V_{p,\ after} = V_{p,\ before} + \frac{\Delta Q}{C_p}$$

충전율이 100%가 되기 위해 필요한 전하 변화량을 $\Delta Q_{\max} = C_p \times (V_{Data} - V_{p,\ before})$로 정의하면, 충전율은 아래와 같이 전하 변화량에 관한 식으로도 표현이 가능하다.

$$충전율 = \frac{\Delta Q}{\Delta Q_{\max}} \times 100$$

위 식으로부터 충전율이 높아지기 위해서는 화소가 필요로 하는 전하의 변화량을 TFT를 통해 흐르는 전류로써 충분히 공급하거나 빼주어야 한다는 설명이 가능하다. TFT

를 통해 공급되거나 빼지는 전하량(ΔQ)은 다음과 같이 표현이 가능하다.

$$\Delta Q = \int_0^{1H} i(t)\,dt$$

위 식에서 1H는 TFT의 turn-on 지속 시간(XGA 해상도의 경우 21.6μsec)이고 $i(t)$는 TFT의 channel을 통해 흐르는 전류이다.

TFT의 channel을 통해 흐르는 전류($i(t)$)는 TFT의 드레인과 소오스 간 전압(V_{DS})과 게이트와 소오스 간 전압(V_{GS})에 의해 결정이 되며, 스위치로 사용되는 TFT의 turn-on 상태는 linear 동작 상태이므로 전압-전류 관계식은 아래와 같다.

$$i(t) = \frac{W}{L}\mu_{eff}C_i\left(V_{GS}(t) - V_{th} - \frac{V_{DS}(t)}{2}\right)V_{DS}(t)$$

위 식에서 V_{th}(문턱전압)은 TFT에서 채널이 형성되기 위해 게이트에 인가해야 하는 최소 전압을 의미하고, μ_{eff}는 전계효과이동도, C_i는 게이트 절연막의 두께에 의해 결정되는 단위 면적당 커패시터 용량이다. 그리고 W는 채널의 폭, L은 채널의 길이이다. 위의 전류 표현식에서 V_{GS}는 $V_G - V_S$를 의미하고 V_{DS}는 $V_D - V_S$를 의미한다. V_G는 TFT를 turn-on시키기 위해 게이트에 인가된 전압이다. TFT에서 드레인과 소오스에 인가된 전압에서 전압이 높은 쪽이 드레인 전압이 된다. 따라서 V_D와 V_S는 아래와 같이 구분된다. TFT가 turn-on이 되어 화소 전압이 데이터 배선의 전압을 따라 상승하는 경우는 데이터 배선에 연결된 쪽이 드레인이 되며 화소 전극에 연결된 쪽은 소오스가 된다. 반면 화소 전압이 데이터 배선의 전압을 따라 하강하는 경우는 화소 전극에 연결된 쪽이 드레인이 되며 데이터 배선에 연결된 쪽은 소오스가 된다. 1H 시간이 경과하기 전에 충전율이 100%에 도달하면 데이터 배선의 전압과 화소 전극 전압이 같아졌다는 의미이며 이는 V_{DS}가 0V인 경우가 되어 TFT의 전류는 0이 된다. 위의 전류 표현식을 ΔQ를 구하기 위한 적분식에 대입하면 충전율을 알 수 있다. 그러나, 계산에 있어서 V_{GS}와 V_{DS}가 시간에 따라 변화하는 화소 전압(V_p)과 관련이 있기 때문에 단순 계산으로는 알기 어렵고 일반적으로 SPICE simulation을 이용한다.

한편 앞서 그림 3.9 (a)에 표현된 TFT의 저항 성분(R)은 위의 전압-전류 관계식의 괄호 안에서 $V_{GS} - V_{th}$에 비해 V_{DS}가 많이 작기 때문에 V_{DS}항을 무시하면 다음 식과 같다. 이 저항 성분 또한 1H 시간 동안 계속 변화하는 양임을 알 수 있다. 여기서 L과 V_{th}를 제외한 나머지 값들은 TFT의 저항 성분과 반비례 관계가 있음을 알 수 있다. 특히 이 중에서 V_{GS}와 관계된 TFT의 게이트에 인가되는 전압(V_G)가 높을수록 TFT의 저항 성분은 낮아짐을 알 수 있다.

$$R(t) = \left[\frac{W}{L} \mu_{eff} C_i (V_{GS}(t) - V_{th}) \right]^{-1}$$

3.2.5 화소 커패시터 용량

충전율을 100%에 가깝게 설계한다는 것은 TFT의 저항 성분을 낮게, 즉 TFT의 전류 구동 능력을 충분히 크게 설계한다는 의미가 된다. 한편 화소 capacitor 용량을 되도록 작게 설계하여 필요로 하는 charge 양을 작게 한다는 의미도 될 수 있다.

화소 커패시터 용량(C_p)은 기본적으로 화소 전극과 공통 전극 사이에 존재하는 액정을 유전층으로 하는 액정 커패시터 용량(C_{LC}) 성분이 해당된다. 화소에 데이터 입력이 완료된 후 TFT가 turn-off되면 TFT의 채널을 통해 전류가 흐르지 않는 것이 이상적이나, 일반적으로 일정량의 누설 전류(leakage current)가 존재하기 때문에 한 프레임 동안 화소 커패시터에 저장된 전하의 손실이 발생하여 화소 전압이 변동하는 문제가 발생할 수 있다. 따라서 패널 내에 국부적으로 TFT 누설 전류의 불균일이 있을 경우 얼룩을 유발하게 된다. 한편 누설 전류가 패널 내에서 전반적으로 큰 경우에는 flicker 불량이 시인되기도 한다. 이러한 TFT의 누설 전류에 의한 화소 전압의 변동을 줄여주기 위해서는 화소 커패시터 용량이 크면 클수록 유리하다. 그러나, 화소 커패시터 용량은 화소 전극의 면적과 액정층의 두께(=cell gap)에 의해 결정되는 양으로서 설계에 의해 인위적으로 크기를 조절할 수 없다. 따라서, 일반적으로 액정 커패시터 용량만으로는 위에 언급한 불량을 해결할 수 없기 때문에 축적 용량(C_s, storage capacitor)을 액정 커패시터 용량과 병렬 연결로 추가하는 것이 일반적인 설계 방법이다.

화소 커패시터 용량(C_p)는 다음과 같이 정의된다.

$$C_p = C_{LC} + C_s$$

그림 3.10은 축적 용량을 추가하지 않고 액정 커패시터 용량만 존재하는 경우 화소 커패시터 용량이 정의되는 것을 그림으로 설명한 것이다.

그림 3.11는 액정 커패시터 용량에 축적 용량을 추가한 경우 화소 커패시터 용량이 정의되는 것을 그림으로 나타낸다.

축적 용량은 화소 전극인 ITO와 이와 상대되는 전극으로 형성되며 두 전극 사이에는 SiN_x 절연막이 존재한다. ITO의 상대 전극은 게이트 배선 형성 시 동시에 형성된다.

축적 용량의 크기를 증가시킴으로써 화소 커패시터 용량의 크기를 증가시키는 것은 TFT 누설 전류에 의한 불량을 억제하는 관점에서는 유리하지만 충전율 관점에서는 불리

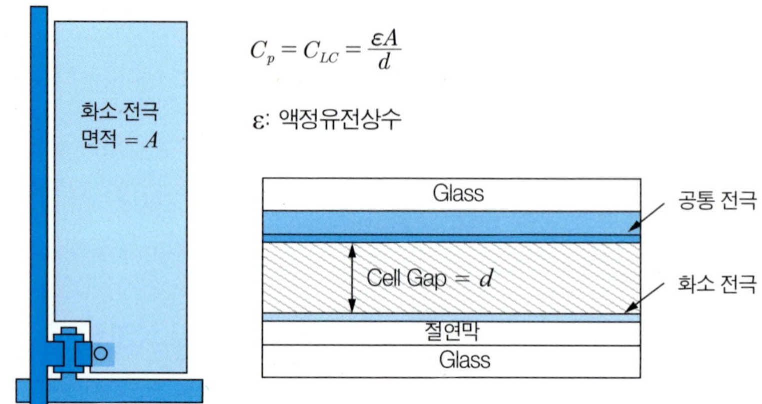

그림 3.10 화소 구조와 화소 capacitor 용량의 크기(축적 용량이 없는 경우)

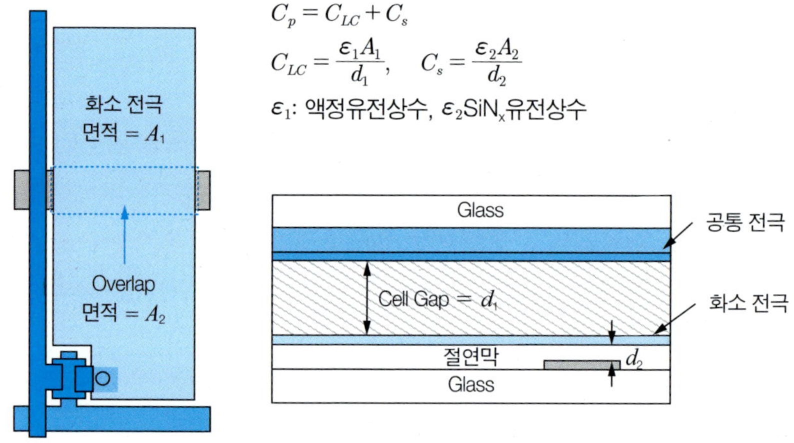

그림 3.11 화소 구조와 화소 capacitor 용량의 크기(축적 용량이 있는 경우)

해진다. 따라서, 이들 간의 trade-off 관계를 고려해서 최적의 크기를 갖도록 설계해야 한다. 또한 축적 용량이 증가하게 되면 아래와 같은 추가적인 단점도 있다.

첫째, 축적 용량은 게이트 배선 금속으로 형성하므로 화소에서 차지하는 면적이 커지므로 화소에서 빛이 투과되는 절대 면적(개구율)이 작아지게 되어 패널의 밝기가 감소한다.

둘째, 화소 커패시터 용량의 크기가 증가함에 따라 충전 시 공급되어야 하는 전하량이 더 많아지게 되므로 충전 불량을 해소하기 위해 TFT의 전류 공급 능력을 증가시켜야 된다. 따라서, TFT의 채널 폭(W)을 증가시켜야 하는데 TFT의 W가 증가되면 화소에서 빛이 투과되는 절대 면적이 작아지는 효과도 나타나고 이후에 설명하게 될 kickback 전압의 크기도 증가하게 되어 화질을 저하시키게 된다.

3.2.6 TFT 채널 사이즈(W/L)

화소 커패시터 용량(C_p)의 크기가 결정되면 충전율을 고려하여 TFT의 채널 폭(W)과 길이(L)를 변수로 설계한다.

앞서 설명한 바와 같이 TFT의 turn-on 상태의 전압-전류 관계식은 아래와 같이 표현된다.

$$i_{DS} = \frac{W}{L}\mu_{eff}C_i(V_{GS} - V_{th} - \frac{V_{DS}}{2})V_{DS}$$

TFT의 turn-on 전류를 결정하는 변수는 여러 가지가 있다. 우선 게이트에 인가될 전압은 구동 회로에서 결정되지만 가변 범위가 그리 넓지 않다. 먼저 게이트 전압을 결정되면 TFT의 채널 사이즈를 설계한다. μ_{eff}와 C_i는 비정질 실리콘의 물성과 공정에 의해 결정되기 때문에 설계에서 가변할 수 있는 변수는 아니다. 따라서, 설계에서는 가변할 수 있는 변수는 TFT 채널의 W와 L이다. 아래 그림 3.12에서 TFT 채널의 W와 L의 정의를 나타내었다.

TFT의 전류는 W에 비례하고 L에는 반비례한다. 이는 일반적으로 저항체의 단면적에 반비례하고 길이에 비례하는 원리와 같다. L은 photolithography 및 etch 공정에서 문제가 없는 한 최소로 설계하는 것이 TFT 전류 관점에서 유리하며 보통 TFT-LCD 공정에

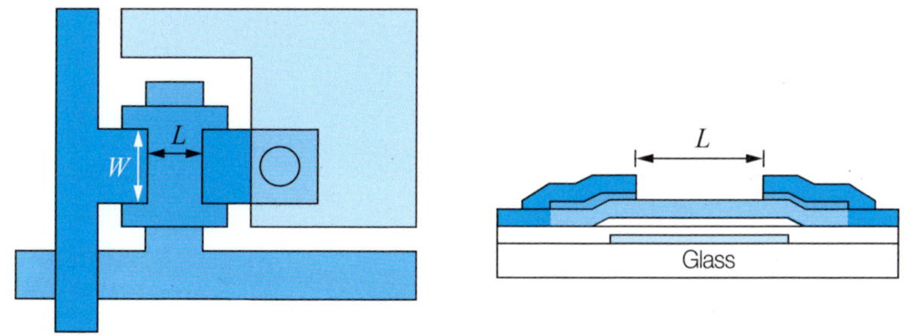

그림 3.12 TFT 구조와 채널 폭(W)과 채널 길이(L) 정의

서는 4~6μm 정도로 정의된다. L이 결정되면 충전율 simulation을 수행해서 100%에 가까운 값을 가질 수 있도록 W를 설계한다. W가 커질수록 TFT 전류가 증가하나 이에 따른 side effect인 kickback 전압이 증가하는 단점이 있다.

3.2.7 Kickback 전압

Kickback 전압(ΔV_k)이란 충전이 완료되는 시점에서 TFT의 gate 단자 전압이 turn-on 전압에서 turn-off 전압으로 상당히 크게 변동(예: $\Delta V_G = V_{G,ON}(20V) - V_{G,OFF}(-5V) = 25V$)함에 의해 화소 전압이 기생 커패시터에 의한 coupling 현상에 의해 일정량 변동하는 값을 일컫는다. 보통 ΔV_G는 구동 조건에 따라 달라지지만 일반적으로 25V이상의 값을 갖게 되며 이에 따른 ΔV_k는 보통 0.7~1V 정도가 된다.

Kickback 전압 발생원인은 다음과 같다. 아래 그림 3.13과 같이 TFT의 게이트에 turn-on 전압이 인가된 상태로부터 게이트의 전압이 turn-off 전압으로 변화하면, 게이트 전극과 소오스 전극이 중첩됨으로 인해 형성되는 기생 커패시터(C_{gs})의 전하량에 변화가 발생해야 한다. 이 때 기생 커패시터의 전하량 변화는 화소 커패시터에 저장된 전하를 끌어와서 충족하게 되므로 화소가 잃어버린 전하량만큼의 화소 전압의 변동(ΔV_k)이 발생한다. 상기 설명에 의해 ΔV_k 크기를 수식으로 표현하면 다음과 같다.

ΔV_G에 의해 C_{gs}에서 필요로 하는 전하량 변화 $(\Delta Q_{gs}) = C_{gs} \times \Delta V_G$

화소 전압의 변동 $(\Delta V_k) = \dfrac{\Delta Q_{gs}}{C_p} = \dfrac{C_{gs} \times \Delta V_G}{C_p}$

C_p의 크기는 C_{LC}, C_s와 C_{gs}의 합으로 표현가능하다. C_{LC}와 C_s의 합은 화소 크기에 따라 달

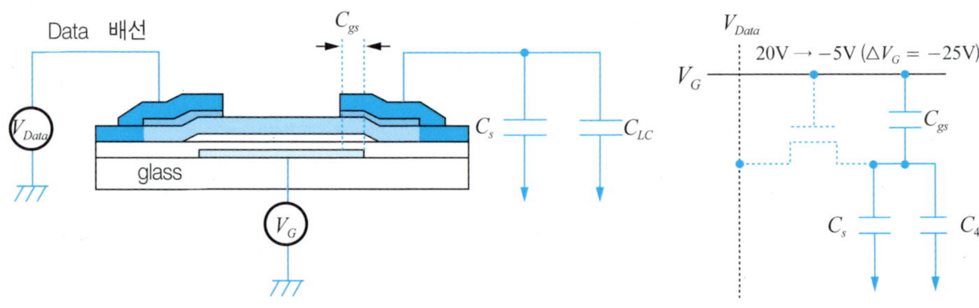

그림 3.13 Kickback 전압이 발생하는 원인

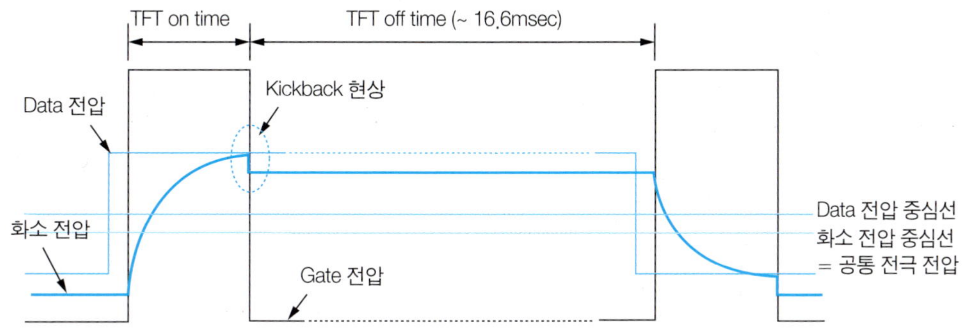

그림 3.14 인접 2 frame 동안의 화소 전압 변화

라지지만 보통 1pF 내외가 되며 C_{gs}는 보통 0.05pF 이하이다. ΔV_k의 표현식을 다시 쓰면 아래와 같다.

$$\Delta V_k = \frac{C_{gs}}{C_{LC} + C_s + C_{gs}} \times \Delta V_G$$

Kickback 현상을 고려하여 시간 경과에 따른 화소 전압의 변화를 도식화하면 그림 3.14와 같다.

위 그림에서 1H 시간이 완료되는 시점에 화소 전압이 kickback 전압만큼 하강하는 것을 볼 수 있다. 매 프레임에서 화소의 밝기가 변하지 않더라도 화소 전압은 위의 그림처럼 반전 구동을 위해 공통 전극 전압을 중심으로 프레임마다 반전이 되어야 한다. 앞서 설명한 바와 같이 화소 전압은 kickback 전압만큼 하강을 하므로 공통 전극 전압은 데이터 전압의 중심치에서 kickback 전압만큼 낮게 인가해야 화소 전압의 중심치와 같아진다. 만약 공통 전극 전압이 화소 전압의 중심에서 벗어나게 되면 장시간 구동했을 경우, 액정에 인가되는 전기장에 DC 성분이 생길 것이고 반전 구동의 효과를 저하시키는 결과를 초래한다. 따라서 앞서 설명한 것처럼 액정에 포함된 이온성 불순물에 의한 열화가 발생할 수 있게 되고, 또한 일정한 밝기의 화면을 표현하는 데 있어서 매 프레임에서 액정에 인가되는 전기장의 크기가 주기적으로 변화하게 되어 flicker 불량이 인식되기도 한다.

Kickback 전압은 게이트 전극과 소오스 전극의 겹쳐진 면적에 비례해서 증가하게 된다. 따라서 화소의 충전율을 높이기 위해 TFT의 채널 폭(W)을 증가시키면 C_{gs}가 증가하여 kickback 전압이 증가하는 단점이 있다.

3.3 Active Matrix OLED 동작 원리

Active matrix 구동 원리를 OLED에 적용하기 위해 OLED의 기본 동작 원리와 OLED의 화소가 필요로 하는 신호에 대해 먼저 설명한 다음 필요한 신호들을 active matrix 구동 방식으로 인가하는 방법에 대해 설명한다.

3.3.1 OLED의 화소 동작 원리

OLED는 개별 화소가 발광 다이오드 구조로서 다이오드에 흐르는 전류량에 비례해서 화소에서 빛이 발생되는 자발광형 디스플레이라는 점이 LCD와의 차이점이다. OLED의 화소 구조는 그림 3.15 (a)와 같이 발광 다이오드 기능을 할 수 있도록 양쪽의 전극 사이에 여러 가지 유기물 층이 삽입되어 있는 형태이다. 두 전극에 인가된 전위차의 방향에 따라 유기 발광 다이오드는 전류가 흐를 수도 있고 흐르지 못할 수도 있다. 전류가 흐르기 위해서는 양극 전극에 인가된 전위가 음극 전극에 인가된 전위보다 높아야 한다. 반대로 음극 전극에 인가된 전위가 양극 전극에 인가된 전위보다 높으면 두 전극이 전위차를 갖더라도 전류는 흐르기 어렵게 되고 발광도 하지 않는다. 또한 양쪽 전극 중 최소 1개의 전극은 발광 다이오드에서 발생된 빛이 투과될 수 있도록 투명한 전극이어야 한다. 이 투명한 전극은 통상 ITO를 전극 물질로 사용하는 양극 전극인 경우가 일반적이다.

LCD의 경우와 유사하게 2개의 전극 중 1개의 전극은 기준 전압이 인가되며 이를 공통 전극이라 부른다. 이 공통 전극은 화소마다 분리되어 있지 않아서 모든 화소가 공유하는 전극이라는 의미이며, 따라서 모든 화소가 동일한 기준 전압을 갖게 된다. 이 공통 전극과 마주보도록 형성된 또 하나의 전극이 화소 전극이 된다. 통상 음극 전극을 공통 전극으로 사용하고 ITO를 전극 물질로 사용하는 양극 전극이 화소 전극이 된다.

그림 3.15 (b)는 공통 전극의 기준 전압을 0V라고 가정했을 때 화소 전극에 인가된 전압과 OLED 전류 관계를 나타내는 그래프이다. 그림 3.15 (b)에는 256계조 표현에서 각각의 계조 표현을 위해 화소 전극에 필요한 전압이 표시되어 있다. OLED 화소의 밝기는 대략 전류에 비례한다고 볼 수 있다. 모든 계조 전압을 표시하지는 않았고, 대표적인 계조의 계조 전압만 선별해서 표시하였다.

AM-OLED에서 데이터 배선을 통해 화소로 전달되어야 하는 신호는 그림 3.15 (b)에 표시된 전압이라고 생각하기 쉬우나 아래와 같은 이유로 이와는 다른 신호가 인가된다. $m \times n$ matrix 화소 배열에서 active matrix 구동 방식을 하려고 그림 3.16 (b)처럼 AM-

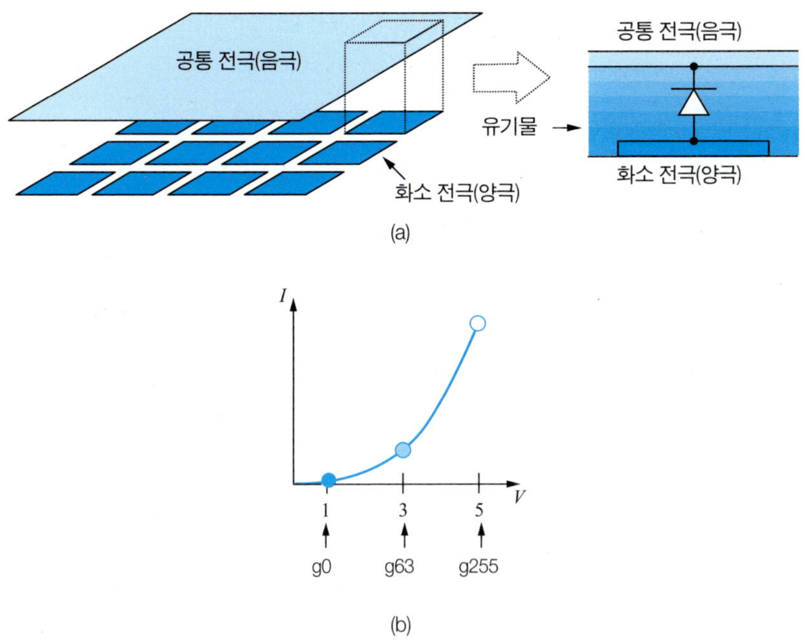

그림 3.15 (a) OLED의 화소 구조, (b) OLED의 voltage-current curve 및 계조 전압

LCD와 유사하게 1개의 스위치와 1개의 커패시터를 사용하여 화소를 구현하게 되면 이는 올바른 active matrix 구동을 할 수 없다. 그 이유는 어떤 프레임에서 화소가 필요로 하는 밝기에 해당하는 전압을 스위치를 turn-on시켜서 커패시터에 저장을 하더라도 스위치

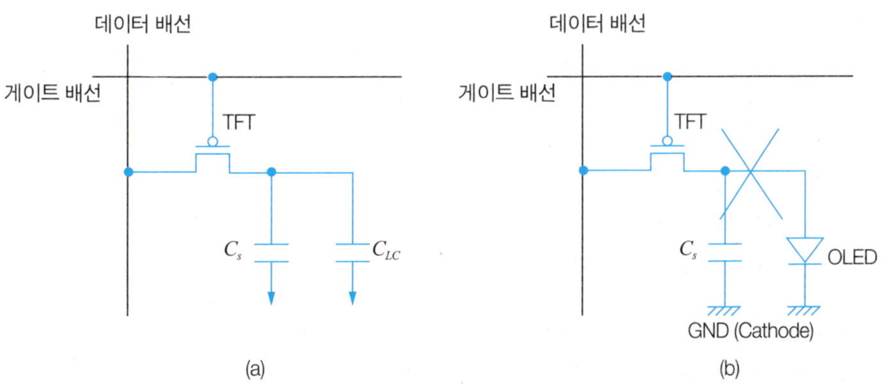

그림 3.16 (a) AM-LCD 화소의 등가 회로, (b) AM-OLED의 옳지 않은 등가 회로

가 turn-off되면 다이오드는 커패시터에 저장된 전하를 계속 소모하면서 전류를 흘리기 때문에 커패시터에 저장된 전압은 시간이 경과할수록 당초 저장된 전압에서 지속적으로 낮아지게 된다. 만약 커패시터의 용량이 대단히 큰 경우라면 1프레임 동안 전압을 유지할 수 있을 것이나 화소의 정해진 면적 안에서 필요한 큰 용량의 커패시터를 구현하는 것이 불가능하다. 따라서, AM-OLED 구동을 위한 화소 구조는 AM-LCD와는 달라야 하며 좀 더 구성요소가 많아지게 된다.

3.3.2 AM-OLED에서의 화소 구조

OLED에서 active matrix 구동 방식을 구현하기 위해서는 한 프레임 동안 지속적인 전류를 공급하기 위한 전원을 화소 전극에 연결해야 하는데, 직접 연결하게 되면 다이오드의 전류 조절을 할 수 없게 된다. 따라서, 아래 그림 3.17과 같이 한 프레임 동안 지속적인 전류를 공급하기 위한 전원을 V_{DD} 배선을 이용하여 화소까지 끌어오고, V_{DD} 배선을 양극과 직접 연결하는 대신 그 사이에 전류량을 제어하는 종속 전류원을 연결하는 것이다. 이 종속 전류원의 역할을 할 수 있는 소자가 TFT이다. 앞서 AM-LCD에서는 스위치 역할로 TFT가 1개 필요하였는데 AM-OLED에서는 스위치 역할을 하는 TFT 1개와 더불

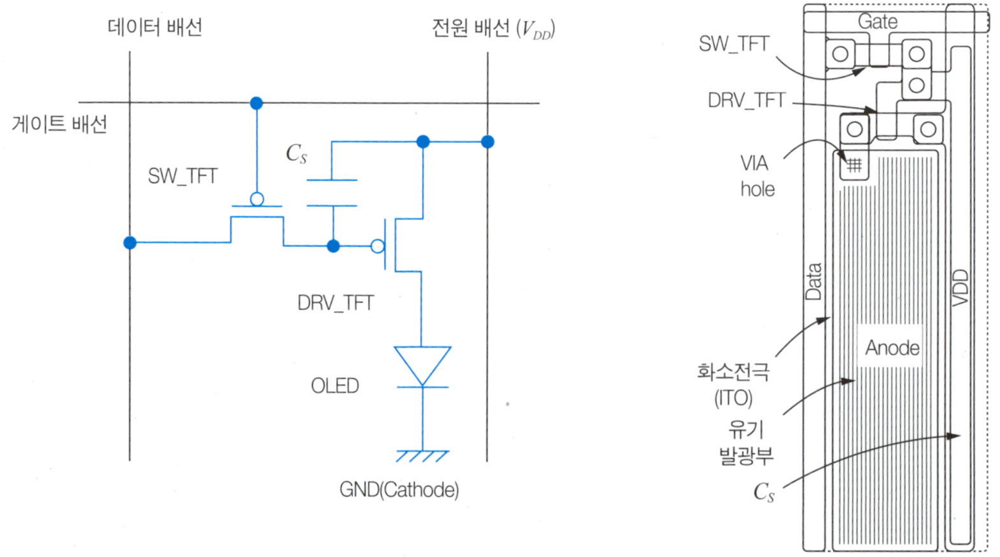

그림 3.17 (a) AM-OLED 화소의 등가 회로, (b) AM-OLED 화소의 평면도

어 OLED의 전류를 제어하기 위한 TFT가 1개 더 필요하다. 따라서, 데이터 배선의 전압, 즉 계조 전압은 다이오드가 흘려야하는 전류량에 해당하는 다이오드의 양극 전압이 이니라, 다이오드가 흘려야 하는 전류량에 맞는 전류 제어 TFT의 게이트에 인가될 전압이다. 그림 3.17에서 볼 수 있듯이 AM-OLED는 화소의 스위치 역할을 하는 TFT와 데이터 배선 및 게이트 배선을 필요로 하는 것은 AM-LCD와 동일하나, 이 외에 전류 제어 TFT와 V_{DD} 배선을 필요로 하는 것을 알 수 있다. 스위치가 turn-on되면 전류 제어 TFT의 게이트에 인가될 전압이 전달되고, 이 전압은 화소에 별도로 형성된 커패시터에 저장된다. 따라서, 한 프레임 동안 지속적인 전류 공급은 V_{DD} 배선이 하지만 이 전류량을 제어하는 것은 전류 제어 TFT가 하게 된다.

AM-OLED에서 TFT는 다결정 실리콘 TFT를 사용하고 소오스와 드레인이 p형으로 도핑된 p형 다결정 실리콘 TFT를 사용한다. 따라서, 스위치 역할을 하는 TFT를 ON/OFF 시키기 위해 게이트 배선에 인가되는 펄스 파형은 n형 비정질 실리콘 TFT와 ON/OFF 전압 레벨이 뒤바뀐 형태로 인가된다. 통상 ON 전압으로 V_{DD} 전압보다 12V 정도의 낮은 전압이 인가되고, OFF 전압으로 V_{DD}보다 3V 정도의 높은 전압이 인가된다. 스위치로 사용되는 TFT의 경우 드레인 단자와 소오스 단자 사이가 도통상태(ON) 또는 절연상태(OFF)로 바뀌기 위해 각 상태를 결정하는 게이트 단자에 인가되는 전압은 아래와 같다. 우선 turn-on 상태가 되기 위해서는 게이트 전압(V_{GS})의 절대치와 문턱전압의 절대치(V_{th})의 차이가 드레인과 소오스 사이의 전압(V_{DS})의 절대치에 비해 훨씬 높게 인가되어야 한다. 절대치로 설명한 이유는 n형 TFT의 경우는 상기 전압들이 모두 양의 전압들이며, p형 TFT의 경우는 모두 음의 전압들이기 때문이다. AM-OLED에 사용된 모든 p형 TFT의 기준 전압은 V_{DD} 전압(통상 12V)으로 간주하면 되고, 이 전압이 소오스 전압이라고 간주하면 된다. 따라서 p형 TFT를 스위치 TFT로 사용할 경우 turn-on시키기 위해 게이트에 인가되는 전압은 V_{DD}보다 12V 정도 낮은 전압을 인가하게 된다. 즉 V_{GS}는 음의 값인 -12V가 된다. Turn-off시키기 위해 게이트에 인가되는 전압은 V_{DD}보다 3V 정도 높은 전압을 인가하게 되며, 이 때 V_{GS}는 양의 값인 $+3$V가 된다.

전류 제어 TFT의 경우 각 단자에 인가되는 전압 환경은 스위치 TFT와 많은 차이가 있다. 우선 V_{DS} 절대치가 어떤 경우라도 V_{GS} 절대치와 V_{th} 절대치의 차이보다 크게 인가된 상태가 유지되어야 한다. 이는 전류 제어 TFT가 항상 saturation 동작 상태에 있도록 하여 게이트에 인가하는 전압으로 전류 제어 기능을 할 수 있도록 하기 위함이다. 이 상태에서 V_{GS} 절대치와 V_{th} 절대치의 차이에 의해 전류 제어 TFT에 흐르는 전류값이 결정되며 그 관계식은 다음과 같다.

$$I_D = \frac{W}{2L} C_i \mu_{eff} (V_{GS} - V_{th})^2 = \frac{W}{2L} C_i \mu_{eff} (V_G - V_{DD} - V_{th})^2$$

이 전류의 방향은 OLED가 발광을 하기 위해 흘려야 하는 전류 방향과 같다. 소오스는 그림 3.17에서 V_{DD} 배선에 인가된 전압이 되며, 게이트에 인가된 전압(V_G)에 의해 전류 제어 TFT에 의해 전류값이 결정되면, 이와 직렬로 연결된 OLED는 동일한 전류가 흘러야 한다. OLED의 음극 전극은 공통 전극으로 0V의 전압을 갖고 있는데 전류 제어 TFT에 의해 정해진 전류가 흐르기 위해서는 앞서 그림 3.15 (b)의 OLED의 전압-전류 관계 그래프에서처럼 OLED의 양극 전극 전압이 0V보다 상승하게 된다. 그림 3.15 (b)에 표현된 계조 전압이 데이터 배선을 통해 인가되는 것이 아니라 전류 제어 TFT에 의해 전류값이 결정되면 해당 양극 전압이 자연적으로 결정되는 것이다. OLED의 양극 전압은 곧 전류 제어 TFT에 관해서는 드레인 전압이기도 하다. OLED에 흐르는 전류가 높아질수록 양극 전극 전압은 그만큼 상승하게 되고 전류 제어 TFT의 V_{DS}의 절대치가 줄어드는 효과로 작용한다. 따라서, OLED가 최대 밝기를 표현할 때 흘려야 하는 전류량을 미리 확인하고 이에 따라 드레인 전압이 최대 얼마만큼 상승할 것인지를 예측하여서 V_{DS}의 절대치($-V_{DS} = V_S - V_D = V_{DD} - V_D$)가 줄어들더라도 전류 제어 TFT의 동작 상태가 saturation 동작 상태($-V_{DS} > -(V_{GS} - V_{th})$)에 있도록 V_{DD}의 전압을 충분히 높게 인가해야 한다. 이러한 전류 제어 TFT의 동작 상태는 아래 그림 3.18에 나타나 있는 전류 제어 TFT의 output 특성으로부터 결정된다.

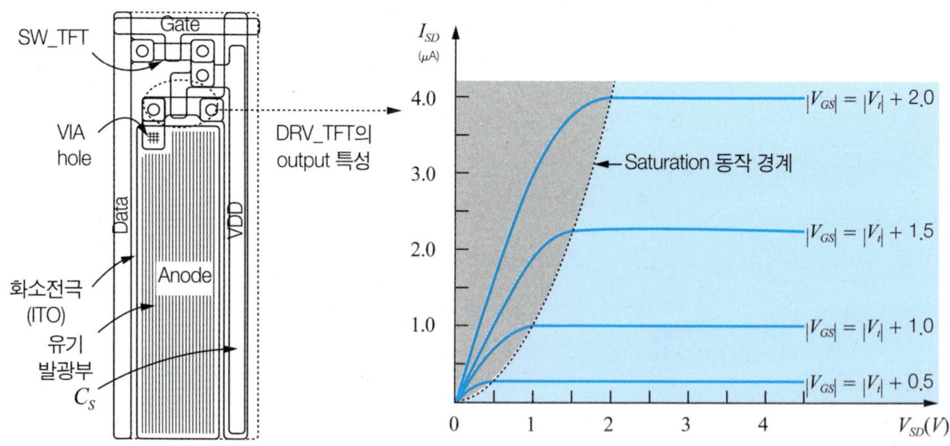

그림 3.18 AM-OLED의 전류 제어 TFT의 output 특성

3.3.3 OLED에서의 Active Matrix 구동 방법

AM-OLED에서 화소 전극 및 TFT가 형성되어 있는 유리기판은 그림 3.17의 회로기호로 표시할 수 있는 개별 화소가 $m \times n$ matrix 형태(XGA 해상도의 경우, 1024 × 768)로 배열되어 있다고 볼 수 있다. 이를 회로기호로 표시한 것이 아래 그림 3.19 (a)이다.

각 게이트 배선에는 그림 3.19 (b)에서와 같은 펄스 형태의 신호가 인가되며, 개개의 펄스 신호에서 ON 전압이 인가되는 시점은 순차적으로 1H 시간만큼 지연된다. 1개의 게이트 배선에 연결된 스위치 역할을 하는 TFT들은 21.6μsec 동안 동시에 turn-on되고, 나머지 16.6msec 대부분의 시간 동안은 turn-off 상태가 된다. Turn-on되어 있는 TFT와 연결된 모든 화소들은 해당 프레임에서 정해진 밝기에 따라서 전류 제어 TFT가 필요로 하는 전압을 데이터 배선으로부터 전달받게 된다. LCD에서는 반전 구동을 하기 위해 화소가 이전 프레임과 다음 프레임 간의 밝기 차이가 없더라도 화소 전극에 인가되어야 할 전

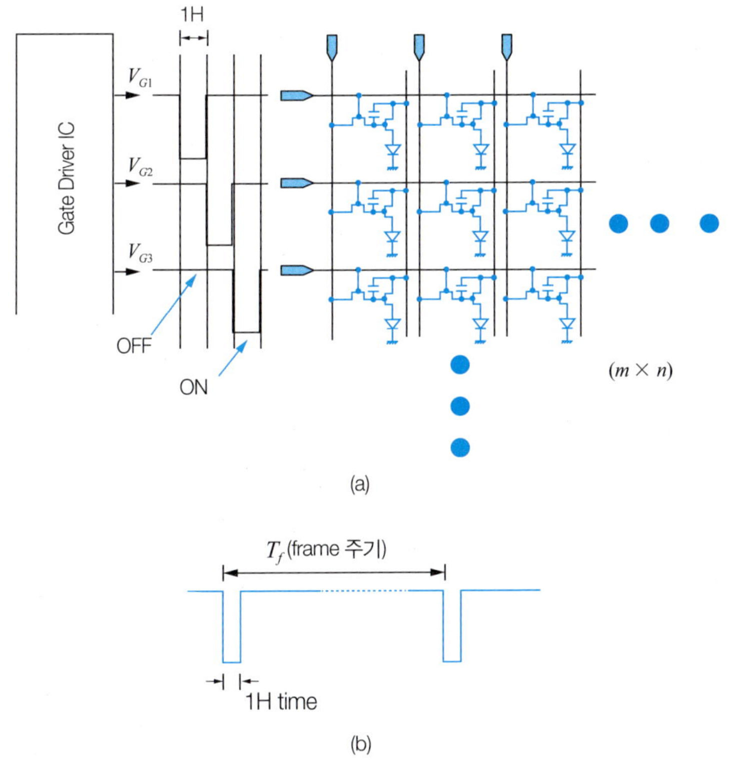

그림 3.19 $m \times n$ 화소 배열의 등가 회로, (b) 1개의 게이트 배선에 인가되는 파형

압은 매 프레임에서 새로운 전압을 인가받아야 하지만 OLED에서는 반전 구동이 필요치 않은 것도 LCD와의 차이점이다.

그림 3.20은 특정 화소가 이전 프레임에 1μA 전류를 흘리기 위해 전류 제어 TFT의 게이트에 10V의 전압을 갖고 있었다고 가정하고(TFT의 output 특성이 그림 3.18와 같다고 가정하고, V_{DD}는 12V, TFT의 문턱전압이 −1V라고 가정한 경우), 다음 프레임에 값이 다른 전류 4μA 전류를 흘리기 위해 9V의 전압이 필요하다고 가정할 경우의 과정을 보여주고 있다. 그림 3.20 (a)에서 이전 프레임에 10V의 전압이 커패시터에 저장이 되어 있고, 스위치 TFT가 turn-off되어 있기 때문에 데이터 배선에 어떤 전압이 인가되더라도 변동이 되지 않는 것으로 볼 수 있다. 그림 3.20 (b)는 게이트 배선에 ON 전압이 인가되어 스위치 TFT가 turn-on된 상태로서 데이터 배선에는 이 화소가 새로이 필요로 하는 9V가 인가되어 있다. 화소는 10V에서 9V로 변화하기 위해서는 1V의 변동이 일어나야 하는데 이를 위해서는 $C_s \times$ 1V만큼의 전하량의 변화(ΔQ)를 필요로 한다. 따라서, 1H 시간동안 스위치 TFT는 ΔQ만큼의 전하량을 공급하기 위해 전류가 흐르게 된다. 다결정 실리콘 TFT는 전류 구동 능력이 우수하기 때문에 1H 시간 안에 필요한 전하량을 충분히 공급할 수 있다. 따라서, 비정질 실리콘 TFT를 스위치로 사용하는 경우에 비해 충전율 부족에 의해 발생하는 문제는 거의 없다. 1H 시간이 경과하면 그림 3.20 (c)와 같이 게이트 배선에 OFF 전압이 인가되어 스위치 TFT가 turn-off된 상태가 되면 새로이 저장된 9V의 전압은 다음 프레임까지 유지되어 스위치 제어 TFT가 새로운 값의 전류 4μA가 1프레임 동안 흐를 수 있도록 한다.

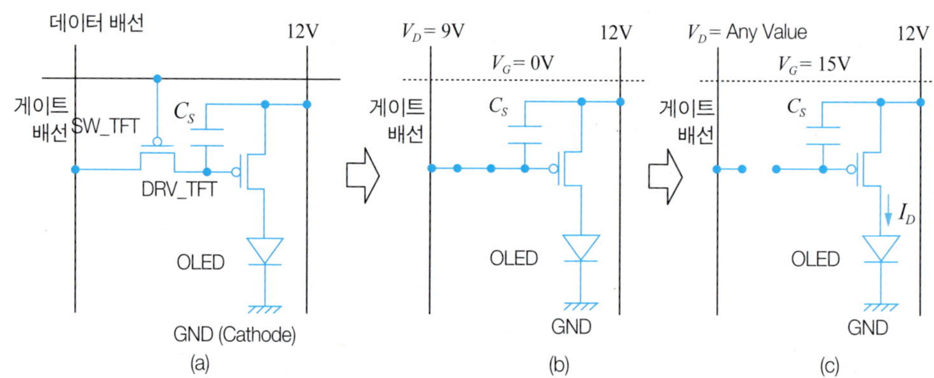

그림 3.20 (a) 이전 프레임의 화소 상태, (b) 다음 프레임에서 TFT가 turn-on된 상태, (c) 다음 프레임에서 TFT가 turn-off된 상태

연습문제

1. 아래 그림은 AM-LCD의 화소 구조를 회로기호로 표시한 것이다. 각 질문에 대해 답하라.
(가) TFT의 turn-on 상태와 turn-off 상태를 결정하는 전압이 인가되는 지점은 A~E 지점 중 어디에 해당하는가?
(나) 액정에 전압을 인가하기 위한 공통 전극은 아래 화소 등가회로에서 A~E 지점 중 어디에 해당하는가?
(다) 액정에 전압을 인가하기 위한 화소 전극은 아래 화소 등가회로에서 A~E 지점 중 어디에 해당하는가?

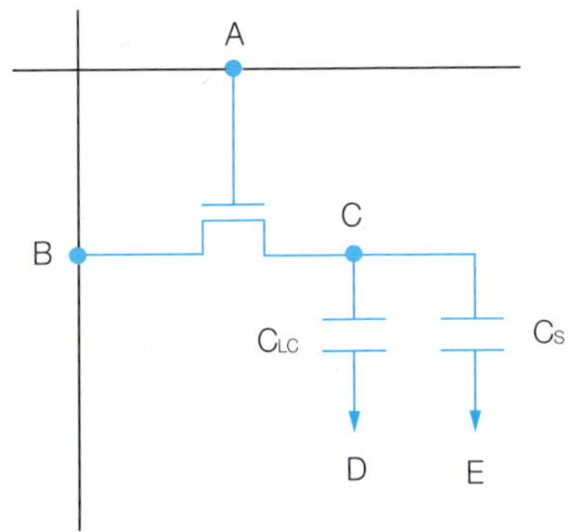

2. 다음 그림과 같은 V-T 특성을 갖는 LCD 화소가 XGA 해상도로 배열이 되어 있고, 이를 60 Hz 프레임 주파수의 active matrix 구동을 할 경우 아래 각 질문에 대해 답하라.
(가) 공통 전극 전압을 7V로 인가하고 있다면 특정 화소가 그림에 표시된 중간 밝기를 표현해야 할 때, 화소 전극에 인가되어야 할 전압은 몇 V인가? (kickback 전압을 무시하는 경우)
(나) Inversion 구동을 할 경우, (가)에 답한 전압이 이전 프레임에 인가되었다면, 다음 프레임에 화소 전극에 인가해야할 전압은 몇 V인가? (프레임 전환 시 밝기의 변화는 없으며, kickback 전압을 무시하는 경우)
(다) TFT의 kickback 전압이 1.2V라고 하면 데이터 신호는 바꾸지 않고 공통 전극 전압이 조정되어야 한다. 7V에서 몇 V로 조정이 되어야 하는가?
(라) 매 프레임에서 TFT의 turn-on 상태가 지속되는 시간은 몇 초인지 계산하라.

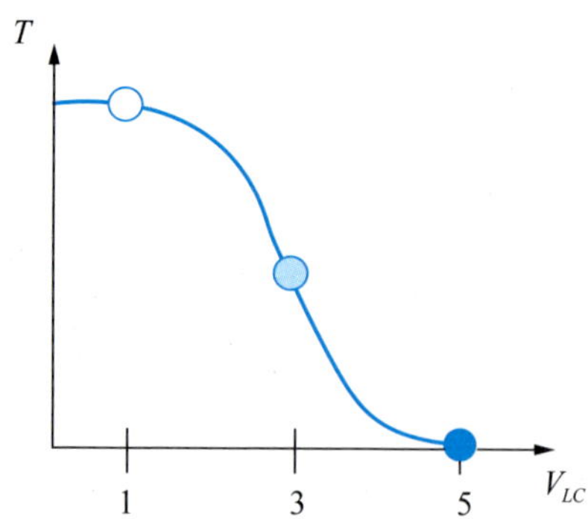

3. 제작된 TFT-LCD 패널을 active matrix 방식으로 구동하기 위해 게이트 신호와 데이터 신호를 인가했을 때 충전율이 부족한 것으로 확인되었다고 하자. 이 TFT-LCD 패널의 충전율 불량을 개선하기 위해서는 게이트 신호와 데이터 신호 중에서 어떤 신호를 어떻게 조정하면 되는지 관련된 수식을 기술한 후 설명하라.

4. 아래 그림과 같은 화소 구조로 AM-OLED를 구현하는 것은 불가능하다. AM-OLED 패널의 해상도가 XGA이고, 60Hz 프레임 주파수로 구동하는 것으로 가정하고, 특정 프레임에서 다이오드 양단에 4V의 전압을 인가하여 1μA의 전류가 흐르도록 해야 한다고 가정하자. 한 프레임 동안 다이오드 양단 전압의 변동이 1% 이하가 되기 위해서 커패시터(C_s)의 용량은 얼마 이상이 되어야 하는지 계산하시오(다이오드의 전류 1μA는 한 프레임 동안 변동이 없는 것으로 가정해서 근사적으로 구하라).

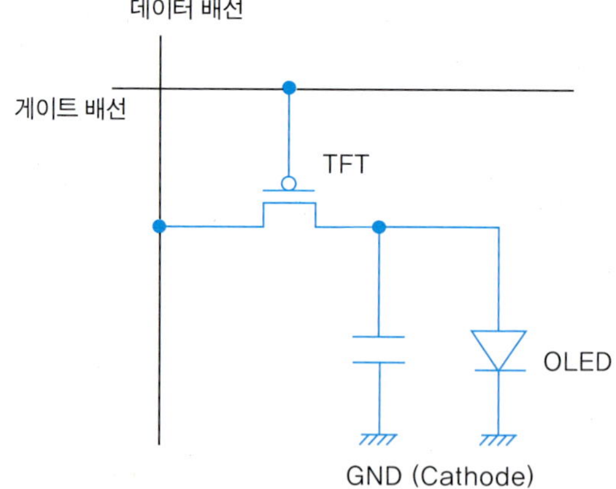

5. 다음 그림과 같은 AM-OLED 화소 구조에서 M1과 M2의 특성은 동일하며, 이들 TFT의 output 특성 곡선이 아래 주어져 있다. 특성 곡선 아래에는 V(1)과 V(2) 파형의 timing chart가 주어져 있다. 아래 각 질문에 대해 답하라.

(가) 시간 구간 $t_1 - t_2$ 사이에 OLED를 통해 흐르는 전류값이 얼마인지 주어진 정보들을 이용하여 설명하라. (V_{SG}: source-gate 전위차, V_{SD}: source-drain 전위차, I_{SD}: source-drain간 전류)

(나) 시간 구간 $t_2 - t_3$ 사이에 M2의 source와 drain 양단에 인가되는 전위차($=V_{SD}$)는 얼마인지 주어진 정보들을 이용하여 설명하라.

(다) 시간 구간 $t_4 - t_5$ 사이에 다이오드 양단에 인가되는 전위차는 얼마인지 주어진 정보들을 이용하여 설명하라.

(라) $t_1 - t_2$의 시간 간격은 몇 초인지 계산하라(XGA 해상도에 60HZ 프레임 주파수로 구동하는 경우.

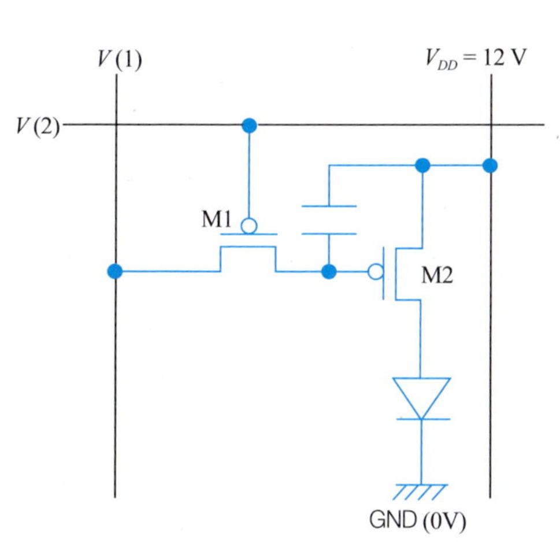

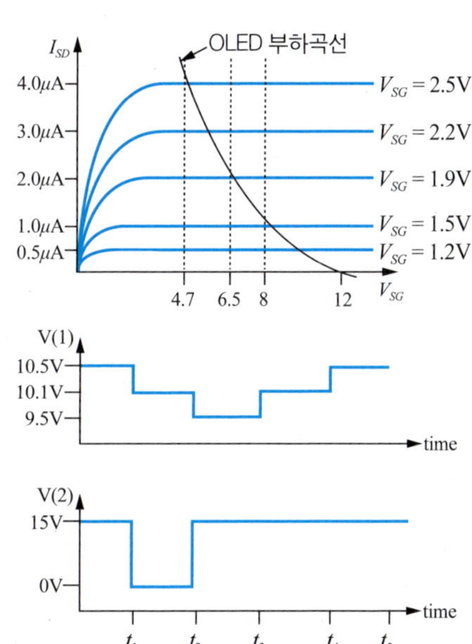

CHAPTER 04

Thin Film Transistor

4.1 반도체 재료

4.2 MOSFET

4.3 비정질 실리콘 TFT

4.4 다결정 실리콘 TFT

4.5 금속산화물 반도체 TFT

4.1 반도체 재료

반도체 소자의 동작 원리를 이해하기 위해서는 먼저 반도체 재료에 대한 이해가 필요하다. 따라서, 대표적인 반도체 물질인 실리콘의 물성 및 p−n 접합에 대해 먼저 설명한다.

4.1.1 n형 실리콘과 p형 실리콘

고체상태의 실리콘은 다이아몬드 구조로 원자들이 배치되어 있고, 1개의 실리콘 원자를 중심으로 동일 거리(=2.35Å)에 있는 4개의 주변 실리콘 원자들이 공유결합을 하고 있다. 단원자 상태의 실리콘에서 주양자수 3번 궤도는 8개의 에너지 상태를 갖는데 이 중 4개의 에너지 상태를 4개의 최외각 전자가 점유하고, 4개의 에너지 상태는 비어있는 상태가 된다. 한편 공유결합을 하고 있는 고체상태의 실리콘에서는 주양자수 3번 궤도들이 에너지 상태들의 모임인 에너지 밴드를 형성하게 되며, 특징적으로 에너지 밴드의 중앙부에는 에너지 상태가 존재하지 않는 밴드, 즉 밴드갭(E_g)을 형성한다. 이 밴드갭을 기준으로 에너지가 낮은 밴드를 valence 밴드라 하고, 절대온도 0K에서 공유결합에 참여하고 있는 실리콘의 모든 최외각 전자들이 이 valence 밴드를 점유한다. Valence 밴드에 있는 전자들은 더 이상 특정 원자에 국한된 전자라고 볼 수 없게 된다. 한편 밴드갭보다 에너지가 높은 밴드를 conduction 밴드라 하고, 절대온도 0K에서 이 conduction 밴드는 전자들의 점유가 없는 비어있는 에너지 상태들의 모임이 된다.

이러한 에너지 밴드에서 전자들의 점유를 설명하는 것이 Fermi-Dirac 통계이다. Fermi-Dirac 통계는 전자가 특정 에너지 상태에 존재할 수 있는 확률을 유도한 것으로서 이 확률이 1/2이 되는 에너지를 페르미 레벨이라고 하며, 나머지 에너지에서의 확률은 그림 4.1 (a)와 같은 분포함수를 갖는다. 실리콘에서 페르미 레벨(E_F)은 밴드갭의 중앙(E_i)에 위치하게 되며, 절대온도 0K에서 valence 밴드의 모든 에너지 상태는 확률값이 1이 되고, conduction 밴드의 모든 에너지 상태는 확률값이 0이 된다. 이 Fermi-Dirac 확률 분포함수는 온도가 상승함에 따라 페르미 레벨 근처의 기울기가 낮아지면서 상온(300K)에서는 valence 밴드의 상부 가장자리(E_v) 근처의 확률값이 1이 되지 않으며, conduction 밴드의 하부 가장자리(E_c) 근처의 확률값이 0이 되지 않음을 알 수 있다. 즉, 상온에서 E_v 근처에 전자가 비어있는 상태가 존재하며 E_c 근처에 전자가 존재함을 의미한다. 이것은 그림 4.1 (b)와 같이 상온 상태의 열에너지에 의해 valence 밴드의 전자가 conduction 밴드로 천이한 결과이다. Valence 밴드에서 전자가 비어 있는 상태를 정공이라 부르며, 열

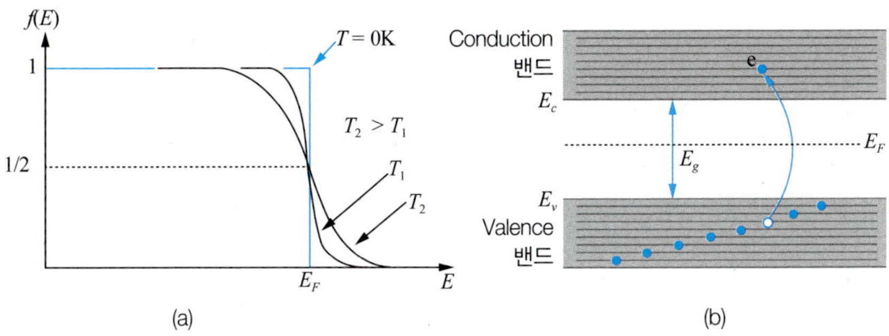

그림 4.1 (a) Fermi-Dirac 확률 분포함수, (b) thermal generation에 의한 전자-정공 쌍의 생성

적 천이에 의한 전자-정공 쌍이 생기는 것을 thermal generation이라 한다. 그러나 열에너지에 의해 thermal generation만 지속적으로 일어나는 것은 아니고, conduction 밴드의 전자가 에너지를 방출하면서 정공으로 천이하여 전자-정공 쌍의 소멸도 동시에 일어난다. 이와 같이 전자-정공 쌍의 소멸을 recombination이라 한다. 단위시간당 발생하고 있는 thermal generation과 recombination의 횟수가 동일할 때 열평형 상태라 하고, 이 때 conduction 밴드에 존재하는 단위부피당 전자 밀도를 진성 캐리어 밀도(n_i)라고 한다. 이 양은 단위부피당 정공의 밀도와 같아야 한다.

상온에서 n_i는 $1.5 \times 10^{10}\text{cm}^{-3}$ 정도로 알려져 있으며, 그림 4.2 (a)와 같이 실리콘의 양쪽에 금속 전극을 형성하고 전위차(V)를 인가하면 conduction 밴드의 전자와 valence 밴드의 전자의 이동이 각각 일어날 수 있게 된다. 그림 4.2 (b)는 에너지 밴드 다이어그램으로서 그림 4.2 (a)에 표시된 실리콘 영역을 수평방향으로 관통하는 가상의 경로를 따라서 위치(x축)에 따른 에너지 밴드의 분포를 y축 방향으로 도식화한 것이다. 밴드 다이어그램에서 V 만큼 높은 전위가 인가된 쪽이 반대쪽보다 qV 만큼 에너지가 낮아져야 한다. 따라서 conduction 밴드의 전자는 에너지가 낮은 곳으로 이동이 가능하다. Valence 밴드에서 전자의 이동은 정공의 이동으로도 간주할 수 있으며, 이동의 방향은 전자의 이동방향과 반대라고 할 수 있다. 전자 1개의 전하량을 $-q$라고 하면, 정공 1개의 전하량은 $+q$라고 할 수 있다. 정공 1개가 $+q$라고 간주하는 이유는 다음과 같다. 실리콘 원자의 입장에서 최외각 전자가 4개가 있어야 중성원자인데, 정공이 1개 있다는 의미는 최외각 전자가 3개인 실리콘 원자가 1개 있다는 의미이며 이 실리콘 원자는 $+q$의 알짜 전하(net charge)를 나타낼 것이기 때문이다. 정공의 이동을 이해할 때 중요한 점은 $+q$의 전하를 갖는 실리콘 원자가 직접 공간을 이동하는 것이 아니라 valence 밴드에 있는 전자가 정공의 자리로 이동한

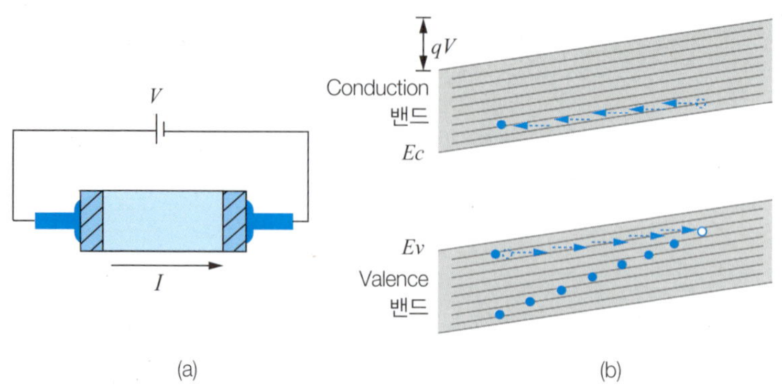

그림 4.2 (a) 진성 실리콘에 전위차 V를 인가한 상태, (b) 전위차 V가 인가된 상태의 에너지 밴드 다이어그램

다는 것이다. 이 때 전자가 이동하기 전의 자리가 다시 정공이 되므로 실제 전자가 이동하는 방향과는 반대로 $+q$의 전하가 이동하는 것처럼 간주될 수 있다는 것이다.

전류는 단위시간당 단면적을 지나가는 양전하의 전하량으로 정의되기 때문에 정공의 이동 방향과 전류의 방향은 일치하며 전자의 이동 방향과 전류의 방향은 반대이다. 위의 경우 전자와 정공이 각각 이동하되 서로 반대 방향으로 이동하기 때문에 전자와 정공의 이동이 전류성분으로서 서로 상쇄되는 것이 아니라 합해지게 된다. 상온에서 $1.5 \times 10^{10}\text{cm}^{-3}$ 정도의 밀도로 전자와 정공이 존재하므로 꽤 높은 전류가 흐를 것이라고 생각될지 모르겠으나, 실제로는 극히 낮은 전류값으로 계산된다. 다시 말해 상온에서 순수 실리콘은 부도체에 가깝다는 의미이다. 이것은 금속의 경우 상온에서 캐리어 밀도가 10^{22}cm^{-3} 정도임을 감안하면 이해할 수 있을 것이다.

실리콘을 반도체 물질이라고 부르는 이유는 실리콘에 3족이나 5족 원소로 도핑함으로써 전도도를 크게 변화시킬 수 있기 때문이다. Donor라고 부르는 5족 원소로 도핑한 실리콘을 n형 실리콘이라 하고, acceptor라고 부르는 3족 원소로 도핑한 실리콘을 p형 실리콘이라 한다. 단위부피에 5족 원소가 1개씩 추가될 때마다 conduction 밴드의 전자는 단위부피당 1개씩 늘어난다. 따라서 1cm^3의 단위부피에 10^{16}개의 5족 원소를 도핑하면 전자밀도는 거의 10^{16}cm^{-3}가 된다. 참고로 고체 실리콘에서 실리콘은 단위부피당 5×10^{22}개가 존재한다.

한편 n형 실리콘이라 하더라도 정공이 전혀 없는 것은 아니다. 정공밀도(p)와 전자밀도(n)의 곱은 항상 n_i의 제곱과 같아야 한다는 법칙이 있기 때문에 단위부피당 10^{16}개의 전자가 존재할 때는 10^4개의 정공도 존재해야 한다. 이 10^4개의 정공은 상온에서 thermal generation과 recombination이 평형을 이룸으로써 존재하게 되는 전자-정공 쌍에 기인한 것이다. 따라서 10^{16}개의 전자 중에는 10^{4}개의 전자-정공 쌍에 기인한 것도 포함되어 있어야 하지만 도핑에 의해 생성된 전자가 압도적으로 많기 때문에 무시 가능하다. n형 실리콘에서 전자를 다수 캐리어라고 하고 정공을 소수 캐리어라고 한다. 전자-정공 쌍이 생성될 때 실리콘은 거시적으로 중성을 유지하고 있듯이 n형 도핑에 의해 전자가 생성될 때에도 실리콘은 거시적으로 중성(알짜 전하가 0)을 유지하고 있게 된다. 이유는 $-q$의 전하를 갖는 전자가 도핑 원소에 의해 1개 생성이 되면 그 5족 도판트는 전자를 1개 잃은 상태인 $+q$의 전하를 갖기 때문이다. 이러한 상태를 도판트의 이온화라고 한다. 따라서, 단위부피당 10^{16}개의 전자가 도핑에 의해 생성되면, 단위부피당 10^{16}개의 $+q$로 이온화된 5족 도판트가 존재한다는 의미이다. 이 이온화된 5족 도판트는 전기장이 형성되어도 위치가 변하지 않는 고정된 전하가 된다. 이온화된 5족 도판트는 주변의 실리콘과 결합하고 있는 이온화된 원자이기 때문이다.

마찬가지로 p형 실리콘에 대해서도 유사한 설명이 가능하다. 단위부피당 3족 원소를 10^{16}개 도핑하면, 정공이 거의 10^{16}개가 되며, 전자는 10^{4}개가 된다. 이 때 정공이 다수 캐리어가 되고 전자가 소수 캐리어가 된다. 한편 p형 도핑에 의해 정공이 생성될 때에도 실리콘은 거시적으로 중성(알짜 전하가 0)을 유지하고 있게 된다. 이유는 $+q$의 전하를 갖는 정공이 3족 도판트에 의해 1개 생성이 되면 그 3족 도판트는 전자 1개가 추가된 상태인 $-q$의 전하를 갖기 때문이다. 따라서, 단위부피당 10^{16}개의 정공이 도핑에 의해 생성되면, 단위부피당 10^{16}개의 $-q$로 이온화된 3족 도판트가 존재한다는 의미이다. 이 이온화된 3족 도판트 역시 이온화된 5족 도판트와 마찬가지로 전기장이 형성되어도 위치가 달라지지 않는 고정된 전하이다. 아래 그림 4.3은 도핑에 의해 전자나 정공이 생성될 때 도판트의 이온화를 설명하는 그림이다.

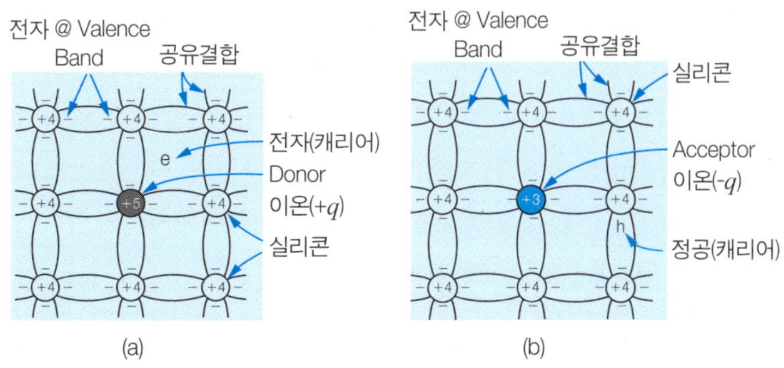

그림 4.3 (a) 5족 도판트의 이온화와 전자 생성, (b) 3족 도판트의 이온화와 정공 생성

도핑이 된 p형 또는 n형 실리콘의 양쪽 금속 전극에 전위차(V)를 인가하면 p형의 경우 다수 캐리어인 많은 양의 정공 이동이 일어나고, n형의 경우 다수 캐리어인 많은 양의 전자 이동이 일어나서 큰 전류가 흐르게 된다. 이 때, 소수 캐리어의 이동에 의한 전류 성분도 있지만 다수 캐리어의 이동에 의한 전류 성분이 압도적으로 크기 때문에 소수 캐리어의 이동에 의한 전류 성분은 무시 가능하다.

4.1.2 p-n 접합

p형 실리콘과 n형 실리콘이 접촉하는 면을 p−n 접합이라고 하며 반도체 소자들은 구조적으로 최소 1개 이상의 p−n 접합이 형성된 부위들을 갖게 된다. 따라서 p−n 접합에서 일어나는 현상들을 알고 있을 필요가 있다. 우선 p−n 접합이 형성되면 p형의 다수 캐리어인 정공과 n형의 다수 캐리어인 전자는 각각 접합면을 넘어가는 확산을 하게 된다. 중요한 점은 확산이 지속적으로 일어나지 않는다는 점이다. 1개의 정공이 p형 실리콘에서 n형 실리콘으로 넘어가면 정공이 있던 자리는 $-q$로 이온화된 acceptor 1개가 알짜 음전하를 형성하고, n형 실리콘으로 넘어간 정공은 곧 recombination에 의해 n형의 전자 1개와 소멸해 버린다. 전자 1개가 소멸된 자리는 $+q$로 이온화된 donor 1개가 알짜 양전하를 형성하게 된다. 1개의 전자가 n형 실리콘에서 p형 실리콘으로 넘어갈 때에도 이러한 1쌍의 알짜 전하의 형성이 일어난다. 이러한 접합면 근처에 알짜 전하가 형성되는 영역은 p형 및 n형의 다수 캐리어들이 소멸되어 나타난 것이므로 이 영역을 공핍영역이라 부른다. p형 실리콘에는 − 극성의 알짜 음전하로 이루어진 공핍영역이 생기고 n형 실리콘에는 + 극성의 알짜 양전하로 이루어진 공핍영역이 생겨서 결국 n형에서 p형 방향의 전기장이 형성된다. 이 전기장은 전자와 정공의 확산 방향과 반대 방향으로 이동하게 하는 전기력을 형성함을 알 수 있다. 이러한 정공과 전자의 확산과 전자-정공 쌍의 소멸이 어느 정도 지속적으로 일어나면 알짜 전하의 증가에 의해 전기장의 크기가 증가해서 어느 순간 확산이 멈추게 된다. 이 상태를 평형 상태의 p−n 접합이라 한다. 그림 4.4 (a)는 p형 실리콘과 n형 실리콘이 접촉해서 전자와 정공의 확산이 시작되기 직전의 밴드 다이어그램이고, 그림 4.4 (b)는 확산이 일어난 후 평형 상태에 도달했을 때의 밴드 다이어그램이다.

평형 상태에 도달했을 때의 밴드 다이어그램의 특징은 n형으로부터 p형으로 전자의 확산을 막는 에너지 장벽이 conduction 밴드에 형성되었다는 것이다. 이 에너지 장벽의 크기는 전자와 정공의 확산이 일어나기 직전 n형 실리콘의 페르미 레벨(E_{Fn})과 p형 실리콘의 페르미 레벨(E_{Fp})의 차이만큼인 것을 알 수 있다. 한편 이와 동일한 크기로 정공의

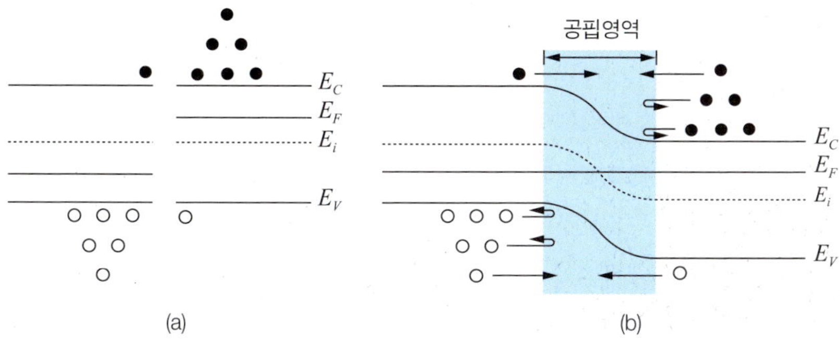

그림 4.4 (a) 전자와 정공의 확산이 시작되기 직전의 밴드 다이어그램, (b) 평형 상태에 도달했을 때의 밴드 다이어그램

확산을 막는 에너지 장벽이 valence 밴드에 형성된 것도 확인할 수 있다. 이 에너지 장벽이 발생한 원인은 앞서 설명한 공핍영역에 존재하는 도판트 이온이 형성하는 전기장에 기인한 것이다. 따라서, p형 실리콘보다 n형 실리콘은 전위가 $V_{bi}(=(E_{Fn} - E_{Fp})/q)$만큼 높아진 상태이며 이를 자생전위라고 한다.

그림 4.5 (a)와 같이 자생전위가 0.8V라고 가정하는 p−n 접합에 대해 양쪽 금속 전극에 전위차를 외부에서 인가(바이어스)하는 경우를 생각하자. 그림 4.5 (b)와 같이 바이어스(0.4V)에 의해 p형 실리콘의 전극 전위가 n형 실리콘의 전극 전위보다 높게 만드는 경우를 살펴보자. 공핍영역을 제외한 p형 실리콘과 n형 실리콘은 각각 다수 캐리어의 이동으로 전류를 흐르게 할 수 있을 것이나, 공핍영역에는 캐리어의 밀도가 극히 낮은 영역이므로 공핍영역에서는 전류는 크기가 극히 낮다. 정상 상태에 도달한 경우라면 p형 실리콘과 n형 실리콘의 중성영역을 포함하여 공핍영역까지도 전류의 크기가 모두 같아야 하므로 그림 4.5 (b)와 같이 표현된 상태는 정상 상태라 할 수 없다. 정상 상태에 도달하기 위해 공핍영역의 가장자리에 도달한 정공은 그 자리에 머물러 p형 실리콘의 알짜 음전하의 양을 줄이는 역할을 하며, 공핍영역의 가장자리에 도달한 전자는 그 자리에 머물러 n형 실리콘의 알짜 양전하의 양을 줄이는 역할을 한다. 결국 공핍영역에 형성되어 있는 0.8V의 자생전위를 0.4V만큼 줄이는 역할을 하게 된다. 공핍영역의 자생전위가 줄어들게 되면 이 공핍역역을 지나가는 전자와 정공의 확산이 증가하기 시작한다. 이 확산전류의 크기가 p형 및 n형 실리콘의 중성영역을 흐르는 전류량과 같아질 때까지 자생전위는 줄어들게 되고 비로소 정상 상태에 도달하게 된다. 그림 4.5 (c)는 정상 상태에 도달한 경우의 밴드 다이어그램이다.

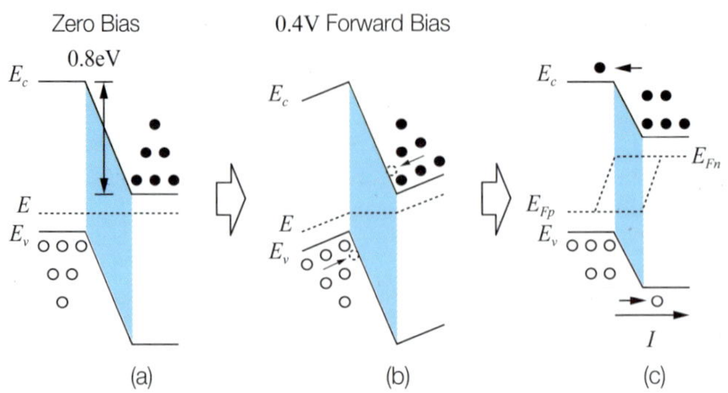

그림 4.5 (a) 자생전위 0.8V를 갖는 평형 상태의 p–n 접합, (b) 0.4V의 순방향 바이어스가 인가되었을 때의 과도 상태, (c) 0.4V의 순방향 바이어스가 인가되었을 때의 정상 상태

양쪽 전극에 인가된 전위차가 그리 크지 않은 경우(< 0.7V) 이 전위차는 자생전위의 크기를 줄이는 데에 대부분 소모(배분)되며, p형 및 n형의 중성영역에는 극히 일부만 소모(배분)되고 있는 상태가 된다. 위와 같이 p–n 접합에서 n형에 인가된 전위보다 p형에 인가된 전위가 높은 바이어스를 순방향 바이어스라고 부르며, 이 순방향 바이어스에서 전류의 크기는 p–n 접합면에 형성되어 있는 자생전위가 줄어서 공핍영역을 지나가는 전자와 정공의 확산 전류에 의해 결정됨을 알 수 있다. p형과 n형의 중성영역에 인가된 아주 작은 전위차로도 다수 캐리어의 이동은 크게 일어나서 공핍영역 근처의 확산전류량과 같아질 수 있기 때문에 두 중성영역에서의 아주 작은 전위차는 무시할 수 있다(순방향 바이어스의 크기가 대략 0.7 ~ 0.8V보다 작은 경우).

이제 그림 4.6 (b)와 같이 외부 바이어스에 의해 n형 실리콘의 전극 전위가 p형 실리콘의 전극 전위보다 높아지게 만든 경우를 살펴보자. 공핍영역을 제외한 p형 실리콘과 n형 실리콘은 각각 다수 캐리어의 이동으로 전류를 흐르게 할 수 있을 것이나 공핍영역에는 전류의 크기가 극히 작다. 정상 상태에 도달하기 전에는 공핍영역의 가장자리에서 빠져나간 정공은 그 자리에 p형의 알짜 음전하의 양을 증가시키는 역할을 하며, 공핍영역의 가장자리에서 빠져나간 전자는 그 자리에 n형의 알짜 양전하의 양을 증가시키는 역할을 한다. 결국 공핍영역에 형성되어 있는 자생전위의 증가시키는 역할을 하게 된다. 공핍영역의 자생전위가 증가하게 되면 전자와 정공이 공핍영역을 지나가는 확산을 더욱 어렵게 하여 전류는 흐르지 못하는 상태로 정상 상태에 도달하게 된다. 그림 4.6 (c)는 정상 상태에 도달한 경우의 밴드 다이어그램이다.

양쪽 전극에 인가된 전위차는 p형 및 n형의 중성영역에 인가되지 않고 모두 자생전위

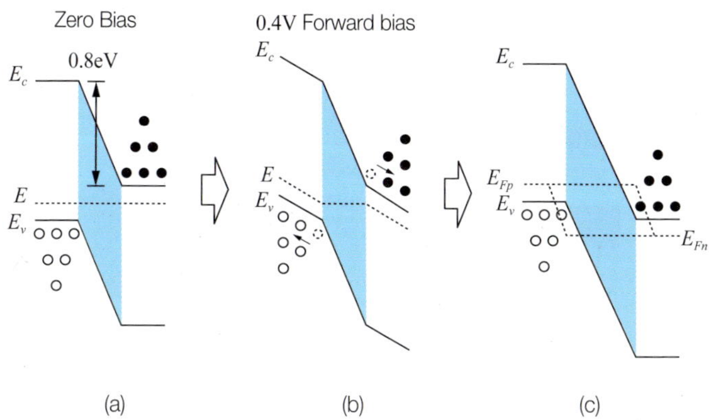

그림 4.6 (a) 자생전위 0.8V를 갖는 평형상태의 p–n 접합, (b) 0.4V의 역방향 바이어스가 인가되었을 때의 과도 상태, (c) 0.4V의 역방향 바이어스가 인가되었을 때의 정상 상태

를 증가시키는데 소모되어 있는 상태이다. 위와 같이 p–n 접합에서 p형에 인가된 전위보다 n형에 인가된 전위가 높은 바이어스를 역방향 바이어스라고 부르며, 근사적으로 이 역방향 바이어스에서 전류는 흐르지 않는 것으로 간주할 수 있다. 따라서 p–n 접합에서는 인가된 전위차의 방향, 즉 바이어스의 방향에 따라 전류가 흐르거나 흐르지 못하는 상태가 존재하여 정류작용을 할 수 있는 소자가 됨을 알 수 있다. 이러한 소자를 다이오드라고 부른다.

4.2 MOSFET

박막트랜지스터(TFT, Thin Film Transistor)의 동작 원리는 VLSI 제작에 사용되고 있는 MOSFET(Metal Oxide Semiconductor Field Effect Transistor)의 동작과 유사하다. 따라서 단결정 실리콘 재료를 기반으로 제작되는 MOSFET의 동작 원리에 대해 먼저 설명한다.

4.2.1 MOS Capacitor

MOSFET의 소자구조를 이해하기 전에 MOS capacitor를 이해할 필요가 있다. 그 이유는 MOSFET의 소자구조에 MOS capacitor 구조가 포함되어 있기 때문이며 MOSFET의 동작원리를 이해하기 위해서는 MOS capacitor의 이해가 선행되어야 하기 때문이다.

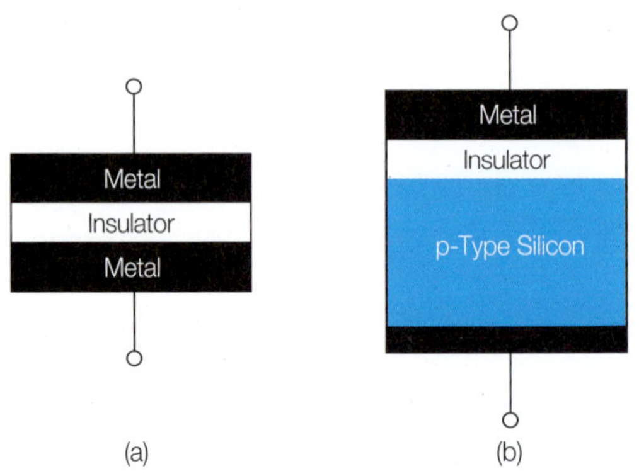

그림 4.7 (a) 일반 capacitor의 단면 구조, (b) MOS capacitor의 단면 구조

그림 4.7에 일반 capacitor와 MOS capacitor의 구조를 비교하여 보여주고 있다. 일반 capacitor는 두 전극 사이에 절연층이 존재하는 구조이고, MOS capacitor는 상부 전극 아래에 절연층이 존재하고 절연층 하부에는 실리콘층이 있으며 실리콘층 하부에 하부 전극이 있는 구조이다. 실리콘층은 실리콘 벌크라고도 부르며 실리콘 벌크는 p형으로 도핑이 되어 있거나, n형으로 도핑이 되어 있다. 본 설명에서는 p형으로 도핑된 경우로 설명을 할 것이다.

도핑이 되어 있는 실리콘은 다수 캐리어가 존재하므로 전극과 유사한 도체 성질을 갖고 있어서 capacitor의 동작과 유사할 것으로 예상되지만, 다수 캐리어의 밀도가 금속 전극에서의 캐리어 밀도보다는 많이 낮다는 점을 유의해야 하고, 또한 p형으로 도핑되어 있는 경우 중성을 유지하고 있는 이온화된 도판트의 밀도를 고려해야 한다. 그림 4.8에는 (a) 일반 capacitor와 (b) MOS capacitor의 상부 전극에 $-$V만큼의 전압을 인가한 경우를 설명하고 있다. 하부 전극은 기준 전위로 0V가 인가되고 있다. 일반 capacitor의 경우 인가된 전위차에 의해 하부 전극의 계면에 있던 전자가 상부 전극의 계면으로 이동하여 절연막 양쪽 계면에 음전하와 양전하가 각각 저장되어 있는 것을 볼 수 있다. 절연막이 oxide인 경우 유전율을 ε_{ox}라 하고 oxide의 두께를 t_{ox}라 할 때 이 oxide층이 갖는 단위면적당 capacitance는 ε_{ox}/t_{ox}가 되며 이를 C_{ox}라 한다. 이 경우 인가전압 $-$V에 의해 절연막 양쪽 계면에 저장된 음전하와 양전하의 단위면적당 전하량(Q)은 $C_{ox}V_{ox}$가 된다. 인가된 전위차는 모두 절연막 양쪽 계면 사이의 전위차(V_{ox})로 소모된다. 금속의 경우 워낙 많은 캐리어가 존재하기 때문에 1층 정도의 원자층에 음전하 또는 양전하가 모두 모여있는 형태가 되어 인가전압 $-$V는 전극에는 배분될 필요가 없다는 의미이다. 한편 MOS capacitor의 경

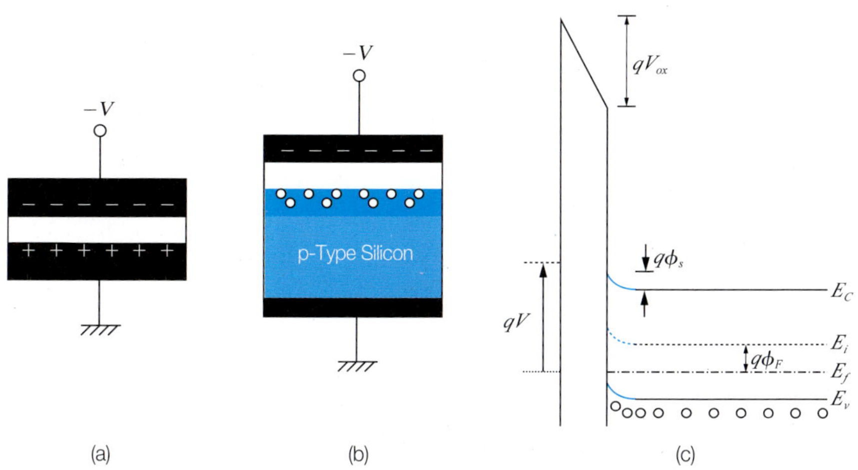

그림 4.8 −V의 전압이 상부 전극에 인가된 상태의 (a) 일반 capacitor, (b) MOS capacitor, (c) MOS capacitor의 밴드 다이어그램

우 상부 전극에 −V만큼의 전압을 인가하면 하부 p형 실리콘과 절연막 계면에 있던 전자가 상부 전극 계면으로 이동하여 상부 절연막 계면에 음전하가 저장되고 하부 절연막 계면에는 양전하가 저장된다. 하부 절연막 계면의 양전하는 valence 밴드의 전자가 빠져나가서 생긴 것이므로 정공이 된다. 실리콘에서 전자나 정공의 밀도 변화가 발생하기 위해서는 에너지 밴드의 휨이 일어나야 한다. 즉 페르미 레벨(E_F)과 진성 페르미 레벨(E_i)의 차이가 커지거나 작아져야 하는데, 전류가 흐르지 않는 평형 상태이기 때문에 E_F는 평탄해야 하고 결과적으로 E_i가 위쪽 또는 아래쪽으로 휘는 형태여야 한다. 그림 4.8 (c)의 밴드 다이어그램을 보면 절연막 양쪽 계면 사이의 전위차(V_{ox})가 일반 capacitor보다 약간 작은 상태이고, 그 차이만큼이 p형 실리콘과 절연막 계면 근처에 에너지 밴드 휨($q\phi_s$)을 일으키는데 ϕ_s만큼 소모되고 있음을 알 수 있다. 에너지 밴드 다이어그램에서 ΔE만큼의 에너지 차이는 ΔV만큼의 전위 차이라고 볼 수 있으며, $\Delta E = q\Delta V$ 관계가 있음을 기억하는 것은 MOS capacitor를 이해하는 데 꼭 필요하다. 그러나 p형 실리콘에서 다수 캐리어인 정공이 증가하기 위해 일어나는 에너지 밴드 휨은 무시할 수 있는 수준이다.

그림 4.9에는 (a) 일반 capacitor와 (b) MOS capacitor의 상부 전극에 +V만큼의 전압을 인가한 경우를 설명하고 있다. 일반 capacitor의 경우 인가된 전위차에 의해 상부전극의 계면에 있던 전자가 하부 전극의 계면으로 이동하여 절연막 양쪽 계면에 양전하와 음전하가 각각 저장되어 있는 것을 볼 수 있다. 이 경우 인가전압 +V에 의해 절연막 양쪽

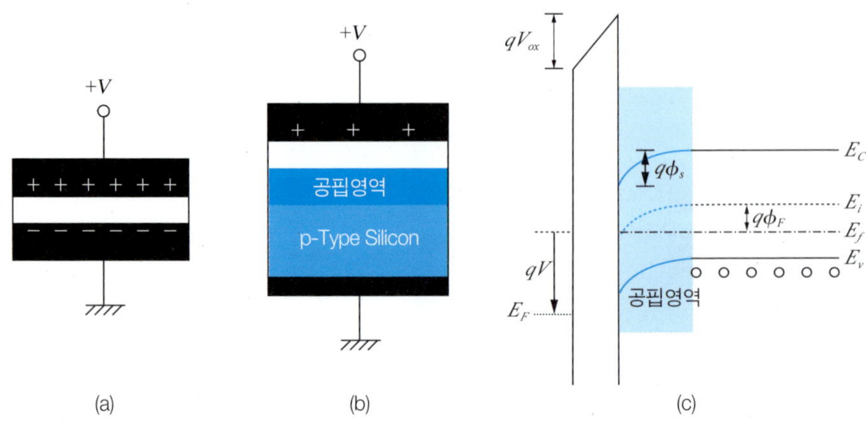

그림 4.9 +V의 전압이 상부 전극에 인가된 상태의 (a) 일반 capacitor, (b) MOS capacitor, (c) MOS capacitor의 밴드 다이어그램 ($0 < \phi_S < \phi_F$)

계면에 저장된 음전하와 양전하의 단위면적당 전하량(Q)은 $C_{ox}V_{ox}$로서 −V가 인가된 경우와 차이가 없다. 한편 MOS capacitor의 경우 상부 전극에 +V만큼의 전압을 인가하면 상부 전극의 계면에 있던 전자가 p형 실리콘으로 주입되어 valence 밴드를 통해 하부 절연막 계면에 도달해서 정공을 소멸시킨다. 이는 하부 절연막 계면에서 정공이 이동을 시작하여 p형 실리콘을 빠져나간 것으로 볼 수도 있다. 결국 상부전극 계면에는 양전자가 저장되고 하부 절연막 계면에는 음전하가 저장되는데 하부 절연막 계면의 음전하는 정공이 없어져서 생긴 것이므로 3족 도판트 이온이 알짜 음전하가 된다. 그림 4.9 (c)의 밴드 다이어그램을 보면 절연막 양쪽 계면 사이의 전위차(V_{ox})가 일반 capacitor보다 많이 작아진 상태이고, 그 차이만큼이 p형 실리콘의 밴드 휨($q\phi_s$)을 일으키는데 ϕ_s만큼 소모되고 있음을 알 수 있다. p형 실리콘에서 다수 캐리어인 정공과 반대 극성의 전하를 저장하기 위해 발생되어야 하는 밴드 휨은 무시할 수 없는 수준이 된다. MOS capacitor에서 p형 실리콘 측에 3족 도판트 이온이 알짜 양전하가 되는 공간은 p−n 접합의 공핍영역의 생성과 유사하다. 따라서 MOS capacitor에서도 이 공간을 공핍영역이라 부른다. 이 공핍영역에서는 정공의 감소로 인해 3족 도판트 이온이 알짜 음전하의 대부분을 차지하지만 미량의 전자도 중성영역에서보다는 증가한 상태이다. 공핍영역에서 증가된 전자의 밀도는 밴드 휨의 정도에 따라 무시할 수 있는 상태도 있고, 무시할 수 없는 상태도 있기 때문에 인가된 전압에 따라 증가하는 밴드의 휨 상태를 구분해서 살펴볼 필요가 있다.

밴드 휨($q\phi_s$)의 정도를 중성영역에서의 $q\phi_F$와 비교해 볼 필요가 있다. $q\phi_F$는 중성영역에서 E_i와 E_F의 차이를 의미하며 p형 도핑 농도에 의해 결정되는 상수값이다.

먼저 그림4.9와 같이 $0 < \phi_s < \phi_F$인 경우는 정공의 소멸로 인해 3족 도판트 이온이 알짜 음전하가 되는 공핍영역이 발생하기 시작하지만, 이 상태에서는 공핍영역의 정공농도가 전자농도보다 높다.

$\phi_F < \phi_s < 2\phi_F$인 경우는 공핍영역의 일부 특히 절연막 계면 쪽에서 정공밀도보다 전자밀도가 높은 상태가 된다. 이를 p형 실리콘의 n형 실리콘으로의 inversion이라고 한다. 이전 상태보다 공핍영역에서 정공의 소멸은 더 많이 일어나고 전자의 밀도는 더 증가한 상태이지만 여전히 알짜 음전하는 3족 도판트 이온이 지배적이다.

$\phi_s = 2\phi_F$인 경우는 MOS capacitor에서 중요한 상태가 된다. 이 상태에 대한 설명이 아래 그림 4.10이다. 이 상태는 하부 절연막 계면 근처의 전자밀도가 정공밀도보다 월등히 높은 상태가 된다. 특히 하부 절연막 계면에서의 전자밀도는 p형 실리콘 벌크에서의 정공 농도와 같아지게 되며 이는 3족 도판트 이온의 밀도와도 거의 같은 값이 된다. 그러나 이 상태에서도 알짜 음전하는 3족 도판트 이온만 고려해도 된다. 그 이유는 MOS capacitor에서 p형 실리콘에 저장되어야 하는 전하량 $C_{ox}V_{ox}$는 단위면적당 전하량으로서 공핍영역에서의 단위부피당 알짜 음전하의 양을 공핍영역의 깊이 방향으로 적분한 값이기 때문이다. 3족 도판트 이온은 공핍영역의 전 영역에서 균일한 단위부피당 밀도를 갖지만 전자의 단위부피당 밀도는 그렇지 않다. 전자의 단위부피당 밀도는 하부 절연막 계면에서만 3족 도판트 이온 밀도와 대등한 값을 갖고, 이 위치에서 공핍영역의 깊이 방향으

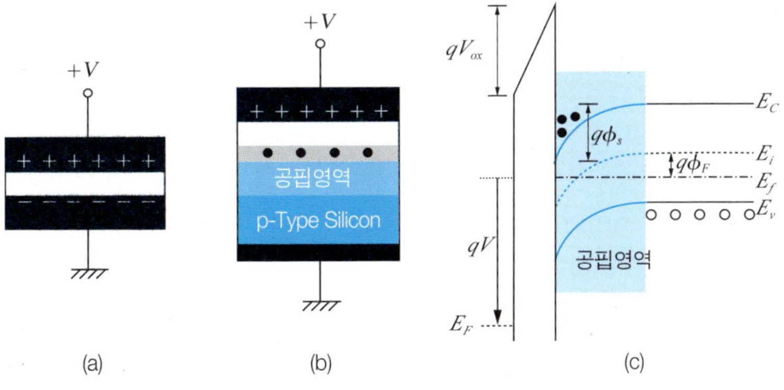

그림 4.10 +V의 전압이 상부 전극에 인가된 상태의 (a) 일반 capacitor, (b) MOS capacitor, (c) MOS capacitor의 밴드 다이어그램 ($\phi_F < \phi_s < 2\phi_F$)

로 멀어지면 전자밀도는 기하급수적으로 낮아지기 때문에 공핍영역의 길이에 대해 적분을 하면 그 양은 그리 높지 않기 때문이다.

$\phi_s = 2\phi_F$가 되도록 상부 전극에 인가해야 하는 전압을 문턱전압(V_{th})이라고 정의한다. 이 문턱전압은 p형 실리콘의 밴드의 휨이 $2q\phi_F$가 되도록 하는데 $2\phi_F$만큼 소모되고 나머지 전압은 절연막의 양쪽 계면 사이의 전위차 V_{ox}로 소모된다. 따라서 $V_{th} = V_{ox} + 2\phi_F$의 관계가 성립한다. V_{ox}는 Q_s/C_{ox}와 같은 양이어야 한다. Q_s는 p형 실리콘의 공핍영역에 저장된 알짜 음전하에 의한 단위면적당 전하량이다. 아직까지는 전자의 단위부피당 밀도의 적분 결과는 무시할 수 있는 수준이다.

MOS capacitor에서 상부 전극에 문턱전압보다 큰 전압이 인가된 경우는 밴드의 휨 $q\phi_s$가 $2q\phi_F$보다 커져서 하부 절연막 계면에서의 전자밀도는 3족 도판트 이온의 밀도보다 월등히 높아져서 공핍영역의 깊이 방향으로 적분했을 때 지배적인 양이 된다. 이 상태를 strong inversion 상태라고 한다. 상부 전극에 문턱전압보다 큰 전압이 인가된 경우는 실제로는 밴드의 휨이 발생해야 전자밀도가 증가할 수 있지만 전자밀도의 증가량에 비해 밴드의 휨의 증가량은 아주 작기 때문에 더 이상 밴드의 휨이 일어나지 않는다는 가정을 해도 큰 오차가 생기지 않는다. 따라서 인가전압은 $V_{ox} + 2\phi_F$가 되고, V_{ox}는 Q_s/C_{ox} 관계에서 $Q_s = Q_d + Q_n$가 된다. Q_d는 $\phi_s = 2\phi_F$일 때 3족 도판트 이온의 밀도로부터 계산되어진 단위면적당 전하량으로서 더 이상 변화가 없다고 가정하는 것이고, Q_n은 공핍영역의 단위부피당 전자밀도를 공핍영역 깊이 방향으로 적분된 결과로 얻어지는 단위면적당 전하량이 된다. 이 Q_n은 인가전압이 문턱전압보다 큰 경우에 고려되기 시작하는 양으로서, 인가전압과 $Q_n = C_{ox}(V - V_{th})$ 관계가 성립한다. 이 관계식은 MOSFET에서 전압과 전류의 관계식을 유도할 때에 활용되는 중요한 식이다.

4.2.2 MOSFET

MOSFET는 앞서 설명한 MOS capacitor 구조에서 p형 실리콘 양쪽에 고농도의 n형 실리콘 영역을 형성한 구조이다. 이 n^+ 영역에 금속 전극을 형성하여 전압을 인가하게 된다. 아래 그림 4.11에 MOSFET의 단면 구조를 나타내었다. MOS capacitor의 상부 전극을 게이트, n^+ 영역을 각각 소오스와 드레인이라 부른다. 그림 4.11의 MOSFET의 단면도와 같이 소오스와 드레인에는 실리콘 벌크와 반대 타입의 도핑을 해야 하며, 소오스와 드레인에 도핑된 타입에 의해 n형 MOSFET과 p형 MOSFET으로 구분된다. 한편 MOS capacitor의 하부 전극에 해당하는 전극이 VLSI 제작에 사용되는 MOSFET에서는 여러

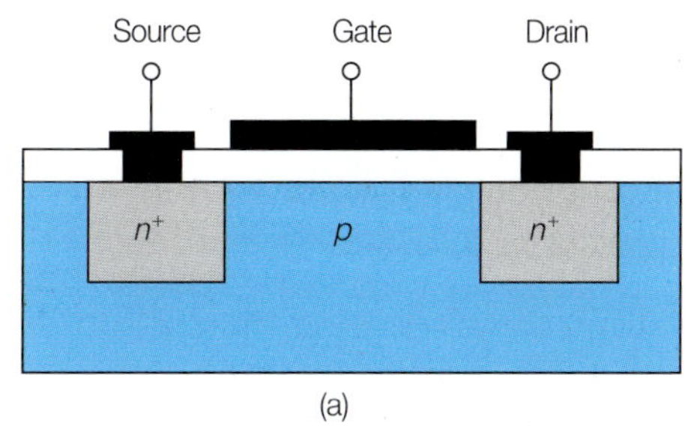

(a)

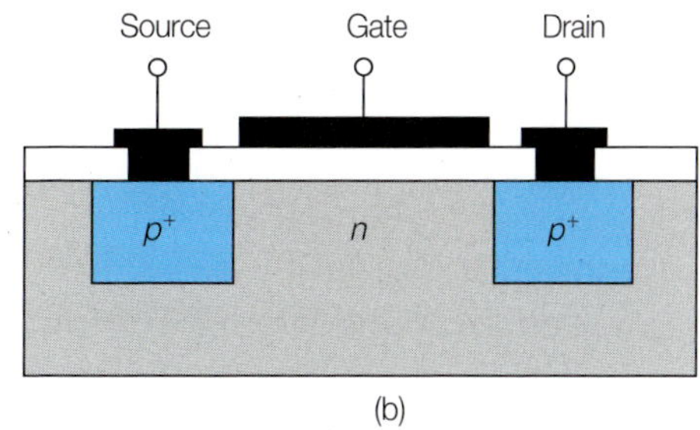

(b)

그림 4.11 (a) n형 MOSFET의 단면 구조, (b) p형 MOSFET의 단면 구조

가지 목적을 위해 필요한데, 유리기판 위에 제작되는 TFT의 경우는 바디 전극 형성이 용이하지가 않을뿐더러 VLSI에서처럼 바디 전극의 역할이 꼭 필요하지 않다. MOSFET의 동작과 thin film transistor(TFT)의 동작을 비교하기 위해 TFT처럼 바디 전극이 없는 상태로 MOSFET의 동작을 설명할 것이다. MOSFET의 주된 특징은 소오스와 드레인 사이에 전위차를 인가하였을 때 소오스와 드레인 사이에 흐르는 전류량을 게이트에 인가된 전압으로 제어할 수 있다는 것이다. 이러한 특성의 응용으로 첫째 게이트 전압으로 전류가 흐르는 상태와 흐르지 않는 상태 두 가지를 구현할 수가 있는데 이는 MOSFET를 스위치로 활용하는 응용이다. 둘째 게이트의 전압을 여러 단계로 구분하여 소오스와 드레인 사이에 흐르는 전류량을 어려 단계로 제어하여 해당 전류를 필요로 하는 부하에 전류를 흘리는 종속 전류원으로의 응용이 있다. MOSFET의 동작을 설명하기에 앞서 게이트 전극에 인가되는 전압을 V_G, 드레인 전극에 인가되는 전압을 V_D, 소오스 전극에 인가되는 전압을 V_S라 정한다. 통상 V_S를 기준전위 0V를 인가한 상태로 설명한다. 소자 구조적으로 소오스와 드레인이 구분되지는 않으며 n형 MOSFET에서는 전압이 높은 쪽이 드레인이 되며, p형 MOSFET에서는 전압이 낮은 쪽이 드레인이 된다. 앞으로 n형 MOSFET로 동작을 설명할 것이고 소오스에는 0V 기준전위를 인가한 상태로 설명을 할 것이므로 드레인에는 0V보다 높은 양전압을 인가한 상태로 설명을 할 것이다.

n형 MOSFET의 게이트에 음전압이나 0V가 인가된 상태는 절연막 하부의 p형 실리콘에 inversion이 일어나지 않은 상태라서 소오스 및 드레인 근처는 p−n 접합이 유지되고 있는 상태이다. 따라서 드레인에 양전압을 인가하면 $V_{DS}(=V_D - V_S)$는 소오스의 p−n 접합과 드레인의 p−n 접합의 자생전위를 변화시키는데 일부 소모되고 나머지는 양쪽 p−n 접합 사이의 p형 실리콘에 인가될 것이다. 이 때 V_{DS}의 배분은 정상 상태에서 모든 지점의 전류가 동일하도록 배분되어야 한다. 소오스 쪽 p−n 접합과 p형 실리콘에 배분되

는 전압은 전류가 흐르도록 작용할 것이나, 드레인 쪽 p−n 접합은 전류가 흐르지 못하는 역방향 바이어스로 작용할 것이다. 따라서, 모든 지점의 전류가 같을 수 있는 조건은 V_{DS}가 모두 드레인 쪽 p−n 접합에 배분되고, 소오스 쪽 p−n 접합과 p형 실리콘에는 전압이 배분되지 않는 것이다. 결국 이 상태는 소오스와 드레인 사이의 전류가 흐르지 못하는 상태가 된다. 이 상태를 MOSFET의 turn-off 상태라 한다. 소오스와 드레인에 형성되어 있는 2군데의 p−n 접합을 back-to-back 다이오드 연결이라고도 한다.

다음으로 게이트에 0V보다 큰 양전압이 인가된 경우를 살펴보자. 이 때 양전압의 크기는 MOS capacitor의 문턱전압(V_{th})보다 낮은 경우와 큰 경우로 나누어 생각해야 한다. 먼저 문턱전압보다 낮은 경우 절연막 하부의 p형 실리콘에는 공핍영역이 발생한다. 바로 앞서 설명한 turn-off 상태와 중요한 차이점은 전류를 차단하는 역할을 하는 back-to-back p−n 접합이 공핍영역의 깊이만큼 제거된 상태가 되어 소오스로부터 드레인으로 전자가 이동할 수 있는 통로가 개통된 것으로 볼 수 있다는 것이다. MOS capacitor의 문턱전압보다 낮은 전압을 게이트에 인가한 경우이므로 절연막 하부의 공핍영역은 strong inversion에 도달되지 않은 상태이기 때문에 공핍영역에서의 전자밀도가 그리 높지는 않은 상태이다. 따라서, 드레인으로부터 소오스 방향으로 전류가 흐를 수는 있지만 그리 높게 흐르지는 않는다. 이 상태를 MOSFET의 subthreshold 상태라고 한다.

다음 게이트에 문턱전압보다 높은 전압이 인가된 경우를 살펴보자. 이 경우 p형 실리콘의 절연막 하부는 strong inversion이 되어 전자층이 형성되며 이를 채널이라고 부른다. 만약 소오스와 드레인 사이의 모든 지점이 strong inversion이 되면 소오스와 드레인은 채널로 연결이 되며 소오스와 드레인 및 채널은 모두 n형 실리콘이 된다. 따라서 V_{DS}에 의해 소오스로부터 드레인으로 다량의 전자 이동이 일어나게 되고 이는 드레인으로부터 소오스로 높은 전류를 형성하게 된다. 이러한 상태를 MOSFET의 turn-on 상태라고 한다. 그림 4.12는 n형 MOSFET에서 게이트 전압에 따라 turn-off 상태, subthreshold 상태 및 turn-on 상태를 나타내고 있는 그림이다.

MOSFET의 turn-on 상태는 드레인 전압 V_D와 게이트 전압 V_G의 크기 비교에 의해 linear 동작 상태와 saturation 동작 상태로 나뉘어 지게 된다. Linear 동작 상태는 $V_G - V_{th} > V_D$일 때이며, saturation 동작 상태는 $V_G - V_{th} < V_D$일 때이다. 그림 4.13 (a)는 $V_G - V_{th} > V_D$일 때의 MOSFET의 단면 구조를 보여주고 있다. 현재 MOSFET에는 채널이 형성된 상태에서 V_D만큼의 전위 차이를 소오스와 드레인 사이에 외부 전원으로 인가하고 있는 상태라서 채널의 각 지점 전위는 달라지게 되며 이로 인해 전류가 흐를 수 있

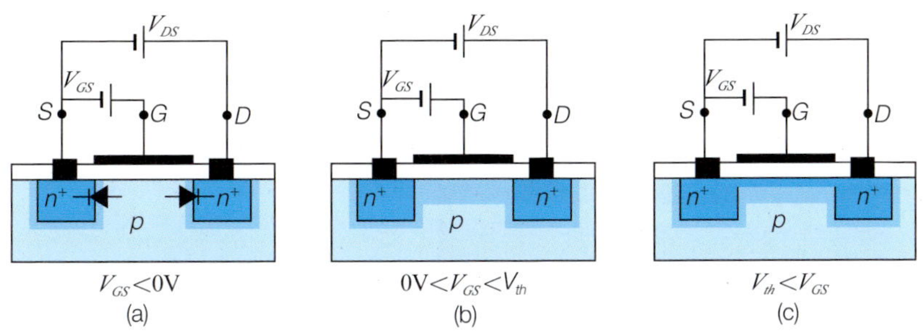

그림 4.12 n형 MOSFET에서 (a) turn-off 상태, (b) subthreshold 상태, (c) turn-on 상태

게 된다. 소오스에 인접한 채널의 전위보다 드레인에 인접한 채널의 전위는 V_D만큼 높으며, 그 사이의 각 지점은 소오스에 인접한 채널의 전위보다 $V_x(0 \ll V_x \ll V_D)$만큼 높아야 한다. 즉 드레인에 가까운 지점일수록 전위는 높아야 한다. MOS capacitor의 경우 상부 전극의 전압이 문턱전압(V_{th}) 이상이면 p형 실리콘의 절연막 하부는 모든 지점이 strong inversion 상태가 되고 전자층의 단위면적당 전하량이 모든 지점에서 동일하지만, MOSFET는 V_D에 의해 채널, 특히 절연막과 접하는 계면의 전위가 채널의 지점마다 조금씩 다르기 때문에 strong inversion을 위한 밴드의 휨의 조건이 달라야 한다. 그 이유는 다음과 같다. 현재 채널의 각 지점에서 공핍영역의 깊이 방향으로 공핍영역 양단(드레인과 소오스를 잇는 수평 방향이 아님)에 V_x만큼의 바이어스가 외부 전원으로부터 인가된 것으로 볼 수 있다. 채널의 각 지점이 외부 전원과 직접 연결된 것은 아니지만 드레인이 외부 전원과 연결되어 있고 이로 인해 채널의 각 지점은 V_x만큼 전위가 상승되어 있으므로 각 지점은 V_x의 전압이 외부 전원으로부터 인가된 것으로 볼 수 있다. p형 실리콘은 소오스와 자생전위만큼의 전위차를 갖지만 소오스에 인가된 0V에 의해 p형 실리콘의 전위가 변동되지 않도록 0V의 전압이 바디 전극에 인가된다. 따라서 채널의 각 지점의 공핍영역 양단(수직 방향)에 V_x만큼의 바이어스가 외부에서 인가된 것으로 간주할 수 있다. 공핍영역 양단에 외부 바이어스가 인가되면 공핍영역 내부에서는 전자에 대한 쿼지 페르미 레벨과 정공에 대한 쿼지 페르미 레벨은 qV_x만큼 차이가 발생해야 한다. 이는 p−n 접합에서 순방향이나 역방향 바이어스가 인가된 경우 공핍영역에서 일어나는 현상과 유사하다. 현재 MOSFET 구조에서 공핍영역 양단에 인가되고 있는 외부 바이어스는 p−n 접합에서 역방향 바이어스가 인가된 것과 유사하며 절연막 계면에서의 전자에 대한 쿼지 페르미 레벨은 정공에 대한 쿼지 페르미 레벨보다 qV_x만큼 낮아야 한다. 따라서, 그림 4.13 (b)에서 설명하는 바와 같이 채널의 각 지점에서 strong inversion을 위한 밴드 휨의 조건은 $2q\phi_F$

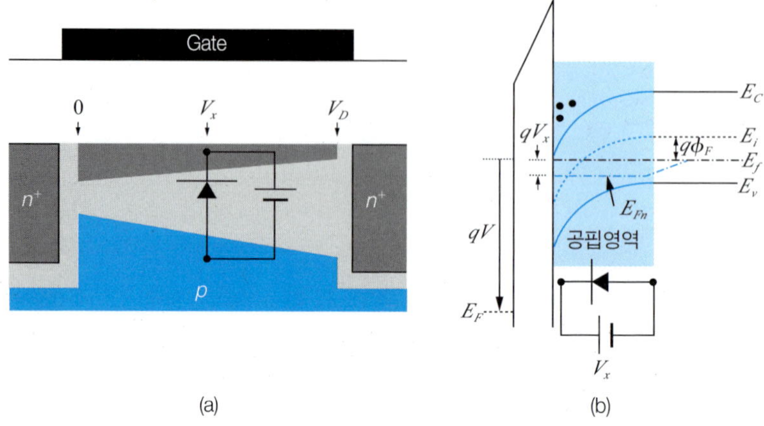

그림 4.13 (a) $V_G - V_{th} > V_D$일 때의 MOSFET의 단면 구조, (b) 채널의 각 지점에서 strong inversion에 필요한 밴드 휨의 정도

$+\ qV_x$가 되어야 한다.

정밀한 계산과는 차이가 있지만 근사적으로 채널의 각 지점의 문턱전압은 소오스에 인접한 채널의 문턱전압인 V_{th}에 V_x가 더해진 값이라고 할 수 있다. 여기서 V_{th}는 MOS capacitor에서 유도되는 문턱접압과 동일한 값이다. 따라서 소오스에 인접한 채널은 V_x가 0이어서 전자의 단위면적당 전하량은 $C_{ox}(V_G - V_{th})$가 되며, 드레인에 인접한 채널은 V_x가 V_D여서 단위면적당 전자 전하량은 $C_{ox}(V_G - V_{th} - V_D)$가 된다. 채널 중간 지점에서는 $C_{ox}(V_G - V_{th} - V_x)$가 된다. 이를 이용하여 채널의 각 지점에서의 전류의 크기는 동일하다는 전제를 이용하여 드레인 전류의 크기를 유도한 식이 아래와 같은 linear 동작 상태의 전류-전압 관계식이다.

$$I_D = \frac{W}{L} C_{ox} \mu_{eff} (V_G - V_{th} - 0.5\,V_D)\,V_D$$

앞서 linear 동작 상태가 되기 위해서는 $V_G - V_{th} > V_D$ 이어야 한다고 했는데 이는 드레인에 인접한 곳에 채널이 형성되기 위해서 이 지점의 문턱전압인 $V_{th} + V_D$보다 게이트 전압(V_G)가 더 높아야 한다는 의미이다. 이렇게 되면 소오스와 드레인 사이의 모든 지점은 채널이 형성되게 된다.

이제 saturation 동작 상태를 살펴보기 위해 $V_G - V_{th} = V_D$ 일 때와 $V_G - V_{th} < V_D$ 일 때의 단면 구조를 그림 4.14에 나타내었다. 그림 4.14 (a)에서 드레인에 인접한 채널의 단위면적당 전자 전하량은 $C_{ox}(V_G - V_{th} - V_D)$로서 그 값이 0으로 계산된다. 그러나

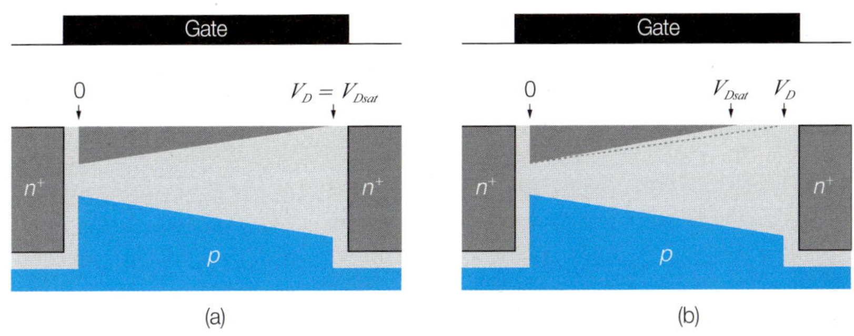

그림 4.14 (a) $V_G - V_{th} = V_D$일 때의 MOSFET의 단면 구조, (b) $V_G - V_{th} < V_D$일 때의 MOSFET의 단면 구조

실제로 어떠한 조건에서건 실리콘에서 전자나 정공의 밀도가 0일 될 수는 없으며 0에 가까울 정도로 미량 존재한다는 의미이다. 이는 공핍영역에서 strong inversion이 되기 전에는 전자의 밀도를 무시한다는 근사적 해석에서 비롯된 것이다. 만약 게이트의 전압을 V_G(소오스에 인접한 채널의 문턱전압(V_{th})보다는 큰 전압)로 고정하고 V_D를 0V부터 증가시키면 드레인 전류는 앞서 보여준 linear 동작 상태의 전류-전압 관계식에 의해 증가하게 되며 $V_D = V_G - V_{th}$에 도달하면 드레인 전류는 최대값이 된다. 앞서 설명한 것처럼 V_D가 증가되면 채널에서 드레인에 가까운 지점일수록 문턱전압이 증가하게 되고 따라서 단위면적당 전자밀도가 줄어들기 때문에 채널 전면적에 유도되는 전자의 총 전하량은 V_D 증가에 의해 점점 줄어들게 되어 전류는 줄어들 것이라고 잘못 생각할 수 있다. 그러나 V_D를 증가시키면 채널의 전자의 이동속도를 결정하는 채널 방향(수평 방향)의 전기장의 크기가 점점 증가하는데 이것이 더 우세하게 작용하기 때문에 전류는 증가하는 것이다. V_G를 고정하고 V_D를 증가시키는 경우 최대 전류가 얻어지는 $V_D = V_G - V_{th}$ 상태의 드레인 전류의 크기를 유도하는 것은 간단하다. 앞서 설명한 linear 동작 상태의 전류-전압 관계식에서 V_D를 $V_G - V_{th}$로 치환하여 대입하면 아래와 같은 식이 된다. 이 때의 드레인 전압 V_D를 V_{Dsat}이라고 정의한다.

$$I_D = \frac{W}{2L} C_{ox}\mu_{eff}(V_G - V_{th})^2$$

그림 4.14 (b)는 $V_D > V_G - V_{th}$인 상태, 다시 말해 $V_D > V_{Dsat}$ 상태의 단면구조이다. 드레인에 인접한 곳은 더 이상 strong inversion 상태가 될 수 없다. 한편 그림 4.14 (a)에서 단위면적당 전자 전하량이 0으로 계산($C_{ox}(V_G - V_{th} - V_{Dsat}) = 0$)되어지는 지점(핀치오프 지점)이 드레인에서 약간 떨어진 지점에 형성되어 있는 것을 알 수 있다. 즉 드레인 전압이 V_{Dsat}보다 높은 상태이므로 채널의 어느 지점의 전위(V_x)가 V_{Dsat}과 같아지는 지점

이 있을 것이고 이 지점이 핀치오프 지점이 된다는 것이다. 중요한 사실은 드레인 전압 V_D와 V_{Dsat}의 차이만큼의 전압은 핀치오프 지점과 드레인 사이의 공핍영역에 모두 인가된다는 것이다. 만약 핀치오프 지점이 드레인으로부터 멀리 떨어지지 않는다면(채널 길이 L에 비해서), $V_D > V_G - V_{th}$인 상태에서의 드레인 전류는 이전 $V_D = V_{Dsat}$ 상태에서 유도했던 전류의 크기로부터 변화하지 않고 일정하게 된다는 것을 알 수 있다. 왜냐하면 V_D가 증가하더라도 소오스 근처 채널의 시작점과 채널의 끝점이라 할 수 있는 핀치오프 지점 사이의 전위 차이가 V_{Dsat}으로 고정되기 때문이다. 따라서, 바로 위에 유도한 전류-전압 관계식이 saturation 동작 상태의 관계식이다.

핀치오프 지점이 드레인으로부터 멀리 떨어지지 않는 이유는 다음과 같다. 먼저 소오스와 드레인 사이에 전류가 흐르는 경우 전류가 흐르는 경로상의 모든 지점의 전류의 크기는 같아야 한다. 또한 핀치오프 지점의 단위면적당 전자밀도가 0이 아니듯이 핀치오프 지점과 드레인 사이의 공핍영역의 단위면적당 전자밀도도 0이 아니다. 다만 핀치오프 지점보다 더 낮은 상태이다. 따라서, 이 공핍영역에서의 전류 크기가 채널에서의 전류 크기와 같아지려면 전기장의 크기가 아주 커야 한다. 따라서, 이러한 조건을 만족시키기 위해서는 핀치오프 지점과 드레인 사이의 떨어진 거리가 아주 짧아야만 요구되는 큰 전기장의 크기가 형성될 수 있게 된다. 게이트의 전압을 V_G(V_{th}보다는 큰 전압)로 고정하고 드레인 전압을 0V부터 증가시키면서 드레인 전류를 측정하여 그린 그래프를 output curve라고 부르며 그림 4.15와 같다.

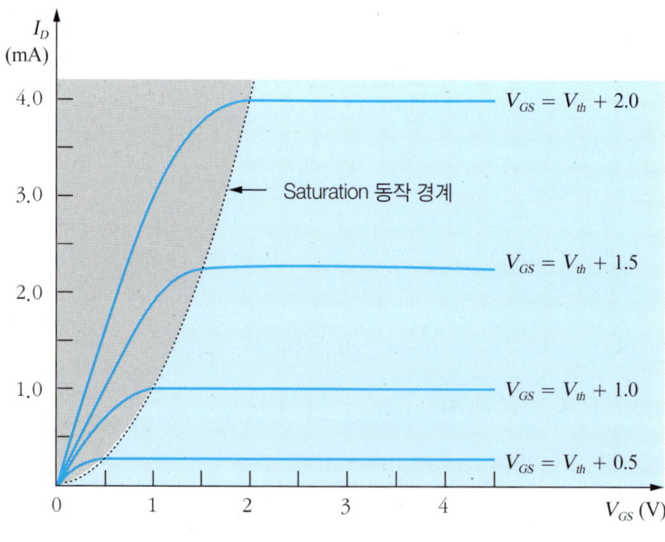

그림 4.15 n형 MOSFET의 output curve

4.3 비정질 실리콘 TFT

LCD를 비롯한 평판 디스플레이에 이용되고 있는 박막트랜지스터(TFT, Thin Film Transistor)의 반도체 재료로 현재 가장 많이 사용되고 있는 재료는 비정질 실리콘이다. 비정질 실리콘 TFT의 동작 원리를 설명하기 위해 비정질 실리콘의 물성을 알아본 후 비정질 실리콘 TFT의 동작 원리를 MOSFET와 비교하여 설명한다.

4.3.1 비정질 실리콘

유리기판 위에 MOSFET를 제작하고자 할 경우 실리콘층은 플라즈마를 이용한 화학기상증착법으로 박막의 형태로 형성할 수 있다. 얇은 두께의 실리콘 박막을 이용하여 유리기판 위에 제작된 MOSFET를 박막트랜지스터(TFT)라고 부른다. TFT의 동작 원리는 MOSFET의 동작 원리와 유사하나 전기적인 특성에 있어서 큰 차이가 발생하는데 그 이유는 MOSFET의 경우 단결정 상태의 실리콘 기판을 이용하여 제작하는 데 반해, TFT의 경우 유리기판 위에 증착된 실리콘 박막이 비정질 상태이기 때문이다. 비정질 실리콘 TFT의 동작 원리를 이해하기에 앞서 단결정 상태의 실리콘과 비정질 상태의 실리콘의 차이를 이해하는 것이 필요하다.

그림 4.16은 (a) 단결정 상태와 (b) 비정질 상태의 실리콘 원자들의 결합 모형을 3차원적으로 보여주고 있다. 실제 3차원 고체결합에서 단결정 실리콘은 결합길이와 결합각이 모든 원자에 대해 일정한 반면 비정질 실리콘에서는 결합길이와 결합각이 원자들 간에 일정하지 않고 편차를 갖는다. 단결정 실리콘에서는 원자배치의 완벽한 주기성으로 인해 valence 밴드와 conduction 밴드를 형성하게 되며 각 밴드에 포함되는 1개 전자에 대한 상태분포함수(Schrödinger equation의 해라고 볼 수 있음)는 실리콘의 전공간으로 확장된다. 따라서 valence 밴드의 전자 및 conduction 밴드의 전자는 특정 원자에 국한된 전자라고 볼 수 없게 되며 모든 원자가 공유하는 전자가 된다. 또한 원자배치의 완벽한 주기성으로 인해 valence 밴드와 conduction 밴드 사이에는 밴드갭(E_g)이 발생한다. 만약 valence 밴드와 conduction 밴드가 밴드갭이 없이 연속적이라면 그 경계에 해당되는 에너지의 상태분포함수는 위상 성분의 공간적 주기가 정확히 원자 배치의 주기와 일치하게 된다. 이 상태분포함수에 대한 고유값, 즉 에너지는 2가지가 존재하게 되고 1개는 낮고 1개는 높아서 에너지의 분리가 발생하게 된다. 이로부터 valence 밴드와 conduction 밴드는 연속적으로 존재할 수 없게 되고 그 사이에 밴드갭이 형성된다.

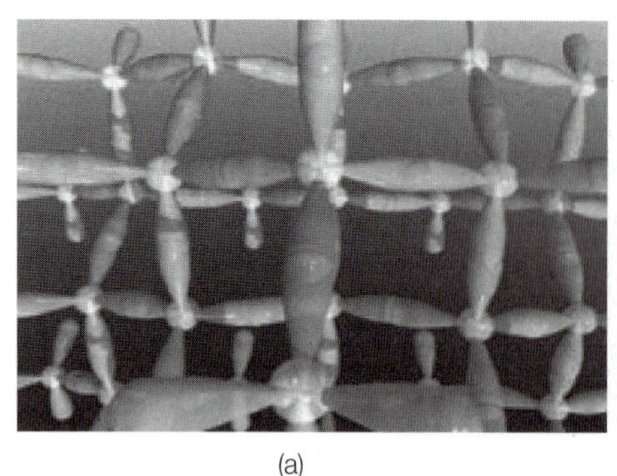
(a)

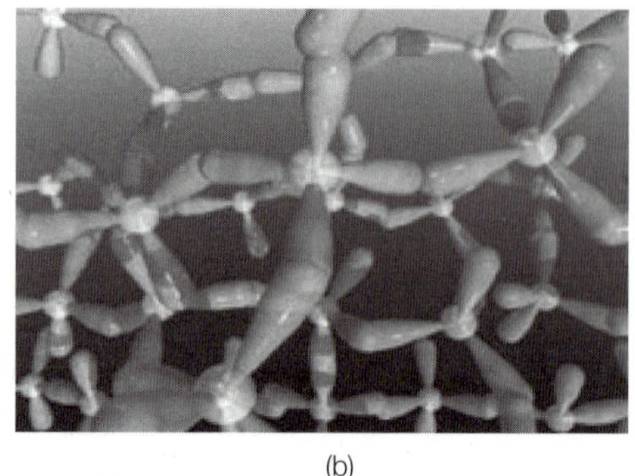
(b)

그림 4.16 (a) 단결정 실리콘의 원자 결합 모형, (b) 비정질 실리콘의 원자 결합 모형

이러한 에너지 밴드의 형성 원리와 비정질 실리콘의 에너지 밴드는 어떠한 차이가 있는지 살펴보자. Valence 밴드의 아래쪽을 점유하는 에너지 상태의 상태분포함수는 위상 성분의 공간적 주기가 원자 배치의 주기보다 훨씬 길기 때문에 국부적인 원자 배치의 편차는 무시 가능해지며 비정질 실리콘의 전공간으로 확장될 수 있다고 볼 수 있다. 이는 이와 밴드갭을 중심으로 대칭관계에 있는 conduction 밴드의 위쪽을 점유하는 에너지 상태도 유사하다고 볼 수 있다. 그러나 E_v와 E_c 근처의 에너지 상태의 상태분포함수는 위상 성분의 공간적 주기가 원자 배치의 주기에 근접하게 되며 원자 배치의 편차를 무시할 수 없게 되어 더 이상 상태분포함수가 전공간으로 확장될 수 없게 된다. E_v와 E_c 근처의 여러 상태분포함수들은 원자 배치가 주기적이라고 볼 수 있는 수 개의 원자들로 묶여지는 좁은 공간 내에서만 존재하는 상태분포함수가 된다. 이러한 상태들을 국부적으로 존재하는 상태, 즉 국재된 상태들이 된다. 정확한 값을 알기는 어렵지만 비정질 실리콘의 에너지 밴드에서 국재 상태와 전공간 확장 상태의 경계가 존재하며 이를 E_v와 E_c라고 정의할 수 있으며 E_c와 E_v의 차이가 비정질 실리콘의 밴드갭(mobility gap, ~1.8eV)이라고 할 수 있다. 결과적으로 비정질 실리콘의 에너지 밴드의 특징은 밴드갭 안쪽, 특히 밴드갭 가장자리에 국재된 상태들이 존재한다고 볼 수 있게 되며 이를 tail state라고 한다.

그림 4.17은 (a) 단결정 상태와 (b) 비정질 상태의 실리콘에서 단위부피당으로 환산한 각 밴드에 존재하는 상태들의 밀도와 각 상태를 점유하고 있는 전자를 비교하여 보여주고 있다. 단결정 실리콘에서는 $1.5 \times 10^{10}\text{cm}^{-3}$ 정도의 전자와 정공이 존재하는 데 반해 비정실 실리콘에서는 이에 상응하는 전자와 정공이 tail state에 존재하게 될 것이다. 따라서 공간적으로 트랩된 전하라는 차이가 있다.

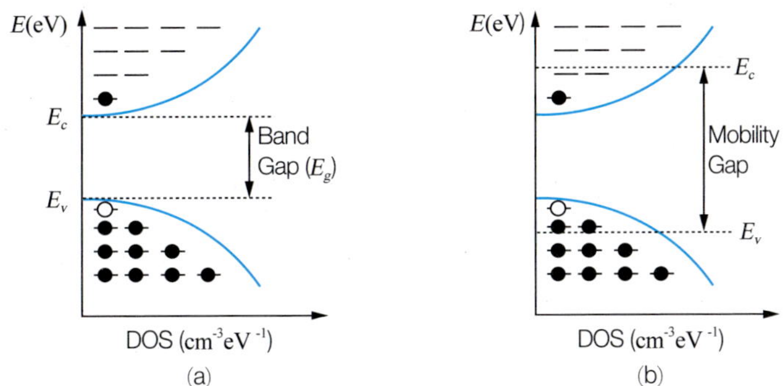

그림 4.17 (a) 단결정 실리콘의 상태밀도와 전자의 점유, (b) 비정질 실리콘의 상태밀도와 전자의 점유

비정질 실리콘의 또 하나 중요한 특징은 아래 그림 4.18 (a)에서 설명하고 있는 바와 같이 dangling bond가 존재한다는 것이다. Dangling bond는 특정 실리콘 원자가 인접한 4개의 실리콘 원자와 공유결합을 하여야 하는데 결합할 수 있는 원자가 3개밖에 없는 환경에 놓여진 경우 결합에 참여하지 못하고 있는 전자를 일컫는다. 이 dangling bond 또한 원자들의 배치가 규칙적이지 않은 비정질 상태의 실리콘에서 쉽게 발생할 것이라는 것을 쉽게 예측할 수 있을 것이다. 이 dangling bond에 존재하는 전자는 dangling bond를 갖고 있는 원자에만 국한된 국부적으로 존재하는 전자이므로 trap된 전자라고 할 수 있다. 이 전자의 상태에너지는 단원자 상태의 p궤도의 에너지와 유사하다. 따라서, valence 밴드와 conduction 밴드의 중간 정도의 에너지를 가질 것이며 결국 비정질 실리콘의 밴드갭의 중앙부에 위치하게 된다. 이 국재 상태는 밴드갭 중앙부에 위치하므로 deep state라고 부른다. 그림 4.18 (b)는 dangling bond가 존재할 때 비정질 실리콘의 단위부피당으로 환산한 각 밴드에 존재하는 상태들의 밀도분포이다. Dangling bond를 갖는 실리콘 원자 주변 환경에 따라 이 deep state의 에너지는 조금씩 산포를 가질 것이고 밴드갭 중앙부에 중심을 갖는 가우시안 분포 형태로 deep state가 표현되어 있다. 비정질 실리콘에서 tail state 및 deep state와 같은 국재 상태들을 유발하는 원인들을 defect라고 부르기도 한다.

Dangling bond를 갖는 실리콘 원자는 deep state에 전자를 1개 가짐으로써 중성(D^0)이지만 1개의 state에는 스핀이 서로 다른 2개의 전자들이 점유할 수 있기 때문에 전자 1개를 추가로 trap할 수 있게 되며 이 경우에 실리콘 원자는 $-q$로 이온화된 상태(D^-)가 된다. 이는 p형 도핑에 사용되는 acceptor 원자가 전자 1개를 추가로 가짐으로써 $-q$로 이온화된 상태로 있는 것과 유사하다. 한편 중성 상태로부터 갖고 있던 전자 1개를 방출하는 경우에 실리콘 원자는 $+q$로 이온화된 상태(D^+)로도 존재할 수 있게 된다. 이는 n형 도핑에 사용되는 donor 원자가 전자 1개를 방출함으로써 $+q$로 이온화된 상태로 있는 것

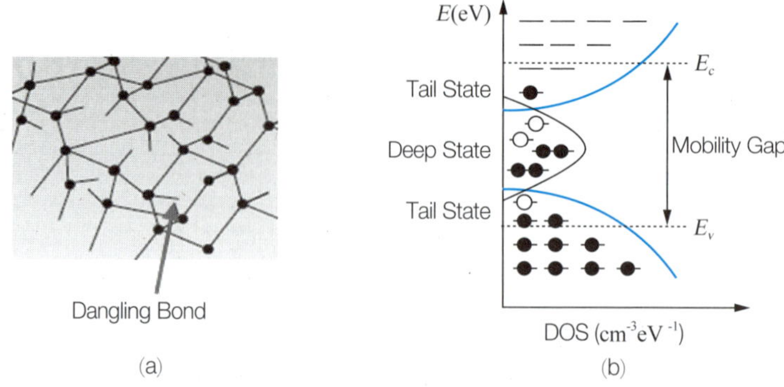

그림 4.18 (a) 비정질 실리콘의 dangling bond, (b) 비정질 실리콘의 상태밀도와 전자의 점유

과 유사하다. 그림 4.19는 위에서 설명한 dangling bond의 3가지 상태를 도식화한 것이다.

그림 4.20 (a)는 평형 상태에 있는 비정질 실리콘의 페르미 레벨이 밴드갭의 중앙부에 위치하고 있음을 가정하고 가우시안 분포 형태로 존재하는 dangling bond의 이온화 상태를 설명하는 그림이다. 그림 4.20 (a)처럼 페르미 레벨이 가우시안 분포의 중심에 걸쳐 있으면 페르미 레벨 아래에 있는 dangling bond에는 전자가 존재할 확률이 높으나, 페르미 레벨 위에 있는 dangling bond는 전자가 존재할 확률이 희박하다. 따라서, 페르미 레벨 위에 있는 dangling bond는 전자를 방출하여 $+q$로 이온화된 D^+상태로 존재하게 되고, 방출된 전자는 페르미 레벨 아래에 있는 D^0 상태의 dangling bond가 trap하여 $-q$로 이온화된 D^-상태가 된다. 이러한 dangling bond의 전자 방출과 trap은 dangling bond를 갖는 원자들 간에 직접적으로 일어나기보다는 열에너지를 얻어 D^+가 되어야 할 원자로부터 전자가 E_c보다 위에 있는 에너지 상태로 천이를 먼저 한 다음 이 에너지 상태를

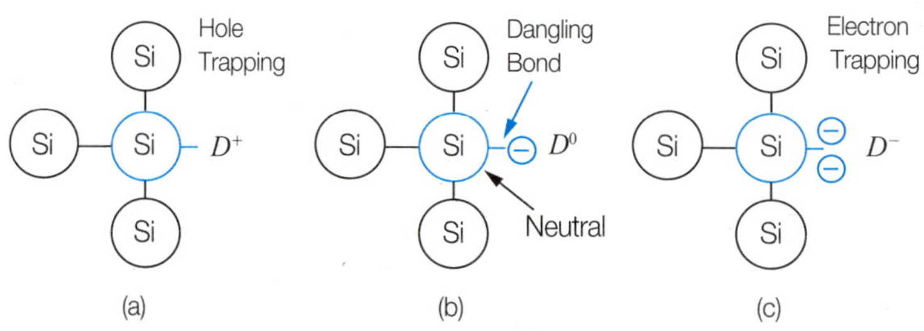

그림 4.19 비정질 실리콘의 (a) $+q$ 이온화 상태(D^+), (b) 중성 상태(D^0), (c) $-q$ 이온화 상태(D^-)

통해 공간 이동을 한 다음 D^-가 되어야 할 원자에 trap된다는 설명이 더 타당하다. 만약 dangling bond의 가우시안 분포의 중심이 밴드갭의 정중앙이 아니라면 페르미 레벨은 가우시안 분포의 중심을 향해 이동해서 거시적인 중성 상태를 형성하게 된다.

앞서 설명된 dangling bond의 효과에 의하면 dangling bond에 전자를 1개만 갖고 있는 중성 상태(D^0)는 존재하지 않는 것으로 설명되나 실제로는 중성 상태의 dangling bond도 존재한다. 그 이유는 전자를 1개만 갖고 있는 dangling bond의 상태에너지와 전자를 2개 갖고 있는 dangling bond의 상태에너지가 일정량 차이가 있기 때문이다. 전자가 2개 존재하는 dangling bond는 두 전자들 간의 반발력에 의해 상태에너지가 U_0만큼 높아져야 한다는 것이다. 이는 아래 그림 4.20 (b)처럼 전자 1개를 갖는 상태(1e state)들이 가우시안 분포를 갖고 있다면 전자 2개를 갖는 상태(2e state)들의 가우시안 분포는 중심이 U_0만큼 높아야 한다는 것이다. 따라서, 평형 상태의 페르미 레벨은 알짜 전하가 0인 상태(중성 상태)가 되도록 정해져야 하는데 그림 4.20 (b)와 같은 가우시안 분포에서 중성상태가 도달되면 모든 dangling bond는 중성 상태인 D^0 상태만 존재함을 알 수 있다. 한편 가우시안 분포의 산포가 심한 그림 4.20 (c)의 경우는 중상 상태가 도달되었을 때 D^0 상태뿐만 아니라 D^- 및 D^+상태가 공존함을 알 수 있다. 앞서 U_0를 무시한 경우나 U_0를 고려한 경우나 중성상태로부터 페르미 레벨이 상승하면 D^-의 양이 증가하고 D^+의 양은 감소하여 알짜 음전하가 증가하게 되고, 페르미 레벨이 하강하면 D^+의 양이 증가하고 D^-의 양이 감소하여 알짜 양전하가 증가함은 동일하다. 1e state의 경우 페르미 레벨의 위치

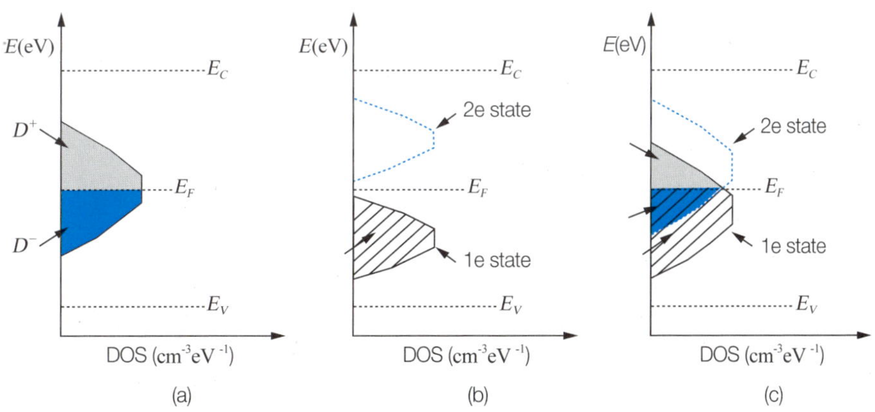

그림 4.20 (a) 가우시안 분포 형태로 존재하는 dangling bond의 이온화 상태, (b) U_0를 고려한 dangling bond의 이온화 상태(에너지 산포가 작은 경우), (c) U_0를 고려한 dangling bond의 이온화 상태(에너지 산포가 심한 경우)

에 따라 D^+와 D^0 간의 변화가 일어나기 때문에 donor-like state라 부르고 2e state의 경우 D^0와 D^- 간의 변화가 일어나기 때문에 acceptor-like state라 부른다. Dangling bond는 donor-like state이기도 하면서 동시에 acceptor-like state이기도 하다.

비정질 실리콘을 이용하여 TFT를 제작하고 게이트에 전압을 인가하여 채널을 형성하고자 하는 경우에 절연막 하부의 비정질 실리콘의 페르미 레벨은 E_c 근처로 이동을 해야 하는데, 페르미 레벨이 E_c 쪽으로 이동해 가는 과정에서 D^+ 상태의 dangling bond에 전자가 2개씩 채워져서 D^- 상태로 변화하는 과정이 동반되어야 한다. 따라서 페르미 레벨이 E_c 근처로 이동하기 위해서는 게이트에 상당히 큰 전압이 요구된다. MOSFET의 공핍영역에 이온화된 acceptor에 의한 알짜 음전하가 나타나고 증가하는 원리는 소오스로부터 p형 실리콘의 conduction 밴드로 주입된 전자가 정공과 재결합하여 정공을 계속 소멸시키기 때문에 이온화된 acceptor의 알짜 음전하가 증가하는 것인 반면, 비정질 실리콘 TFT에서는 소오스로부터 비정질 실리콘으로 conduction 밴드로 주입된 전자가 D^+인 dangling bond에 trap되는 양이 늘어나면서 D^+의 양은 줄고 D^-의 양은 늘어나면서 알짜 음전하가 늘어나게 된다. MOSFET에서는 acceptor의 단위부피당 밀도를 비교적 쉽게 조절할 수 있어서 문턱전압의 크기 조절이 용이한 반면, 비정질 실리콘에서는 dangling bond의 단위부피당 밀도 조절이 용이하지 않으며 따라서 문턱전압의 크기를 조절하기가 쉽지 않다. 플라즈마를 이용한 화학기상증착법을 사용하기 전에는 비정질 실리콘에 dangling bond의 단위부피당 밀도는 10^{18}~$10^{19}cm^{-3}$ 정도여서 문턱전압의 크기가 수십 V에 도달하여 소자로서의 활용가치가 없었으나, 플라즈마를 이용한 화학기상증착법을 사용하면서 dangling bond의 단위부피당 밀도는 $10^{16}cm^{-3}$ 정도로 낮아져서 현재 수 V 정도의 문턱전압을 갖게 되어 소자로 활용하게 된 것이다. 플라즈마 화학기상증착법을 이용하여 비정질 실리콘을 증착할 때에도 공정 조건의 차이에 따라 dangling bond의 밀도는 민감하게 변하기 때문에 공정 조건의 세심한 모니터링과 조절이 요구된다. 플라즈마 화학기상증착법에서 비정질 실리콘의 dangling bond의 밀도가 감소하는 주된 이유는 증착 시 원료 가스로 SiH_4가스 외에 H_2가스를 공급하여 다량의 수소 라디칼을 공급해 줌으로써 결합에 참여하지 못한 실리콘의 dangling bond에 수소가 공유결합을 할 수 있기 때문이다. 수소 1개가 1개의 dangling bond와 결합할 때마다 밴드갭의 deep state는 1개씩 사라지게 된다. 수소에 의해 상당수의 dangling bond가 passivation되어 있는 비정질 실리콘을 수소화된 비정질 실리콘(a-Si:H)이라고 부른다.

4.3.2 비정질 실리콘 TFT

비정질 실리콘 TFT의 단면 구조를 MOSFET와 비교하여 아래 그림 4.21에 나타내었다. 구조적인 차이점으로 MOSFET는 실리콘층 위에 게이트가 형성되는 top-gate 구조인데 비정질 실리콘 TFT는 비정질 실리콘층 아래에 게이트가 있는 bottom-gate 구조이다. 소오스와 드레인이 고농도로 도핑된 n형인 것은 동일하나, 채널이 형성될 벌크에 MOSFET는 p형으로 도핑이 되어 있으나 비정질 실리콘 TFT는 도핑을 하지 않은 상태이다. MOSFET의 경우 벌크에 도핑이 되지 않으면 드레인 쪽에 p−n 접합이 형성되지 않으므로 인해 게이트 전압이 음전압이 되어도 subthreshold 상태의 전류가 흐르게 되고, 심한 경우 더 높은 절대값의 음전압을 게이트에 인가하여도 turn-off를 시킬 수 없는 경우도 발생한다. 따라서, 실리콘 벌크에 p형 도핑을 하여 p−n 접합을 형성함으로써 소오스와 드레인 근처에 형성되는 공핍영역으로 전자의 확산을 막고 동시에 turn-off도 확실하게 된다.

비정질 실리콘 TFT에서는 벌크에 도핑을 하지 않아도 되는 이유는 비정질 실리콘에 존재하는 deep state, 즉 dangling bond가 높은 밀도로 존재하고 있기 때문에 게이트에 전압이 인가되지 않았을 때의 캐리어 밀도가 대단히 낮기 때문이다. MOSFET에서 실리콘 벌크에 도핑을 하지 않았을 때 subthreshold 상태나 turn-off 상태의 전류가 증가하는 이유는 thermal generation에 의해 생성되는 전자가 p형으로 도핑을 했을 때보다 훨씬 높게 되어 전류의 주된 성분이 되기 때문이라고 볼 수 있는데 비정질 실리콘에서는 대부분의 전자들이 국재 상태에 트랩되어 있어 전류에 크게 기여하지 않게 된다. 이와 더불어 비정질 실리콘 박막의 두께는 통상 1500~2000Å 정도여서 MOSFET의 실리콘 벌크층보다 두께가 현저히 얇기 때문에 이동할 수 있는 캐리어의 총량이 적다는 것도 도핑을 하지 않아도 되는 이유가 된다.

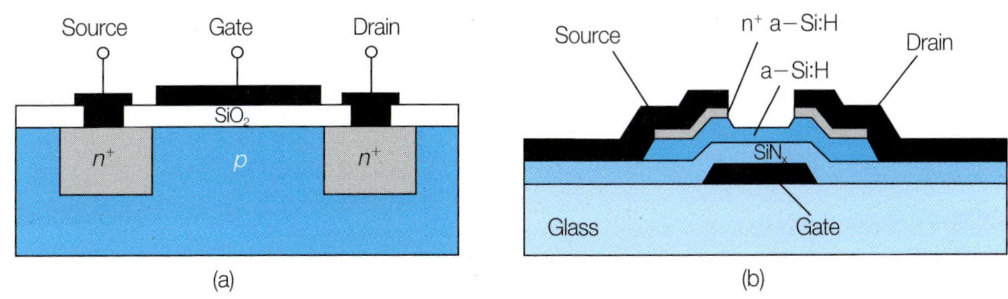

그림 4.21 n형 MOSFET의 단면 구조, (b) 비정질 실리콘 TFT의 단면 구조

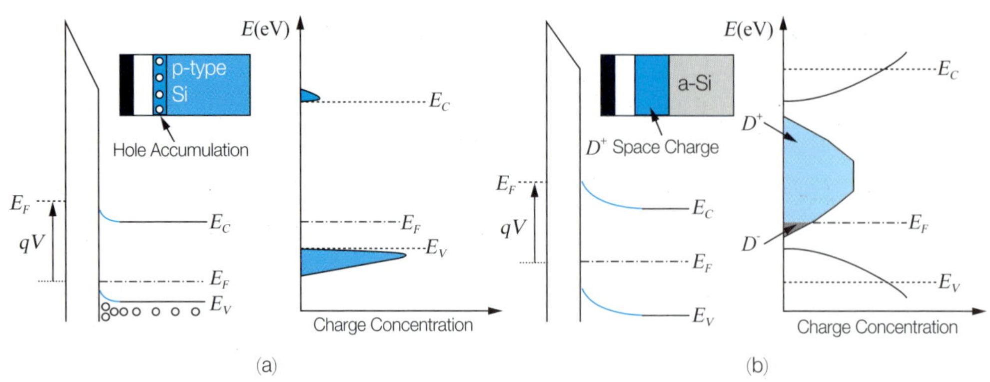

그림 4.22 게이트에 음전압이 가해진 경우의 밴드 다이어그램과 상태밀도 분포도, (a) n형 MOSFET, (b) 비정질 실리콘 TFT

게이트에 전압이 가해진 경우 비정질 실리콘 TFT의 동작을 n형 MOSFET와 비교하면서 설명하면 다음과 같다. 그림 4.22는 게이트에 음전압이 가해진 경우의 밴드 다이어그램과 상태밀도 분포도이다. MOSFET에서는 절연막 하부에 정공이 증가된 상태임을 알 수 있고 이때 밴드의 휨은 무시할 수 있는 정도라고 앞서 설명하였다. 비정질 실리콘 TFT에서는 페르미 레벨이 E_v로 다가가기 위해서 MOSFET보다는 상대적으로 큰 밴드의 휨이 발생하는데 이는 dangling bond에 트랩된 전자들이 방출되면서 D^+ 상태의 이온 전하들이 생기기 때문이다. 이러한 게이트에 음전압이 가해진 경우는 MOSFET나 비정질 실리콘 TFT 모두 드레인 전류는 증가하기 어려운 상태이다. 앞서 설명한 바와 같이 MOSFET의 경우 드레인 쪽 p–n 접합에서 전류를 차단하기 때문이며, 비정질 실리콘 TFT의 경우 페르미 레벨이 E_v 쪽으로 다가감에 따라 비정질 실리콘에서의 캐리어 즉, 전자의 양은 더욱 줄어들기 때문이다. 만약 더 높은 절대값의 음전압을 게이트에 인가하여 비정질 실리콘에 정공층이 형성되더라도 비정질 실리콘 TFT 역시 소오스와 드레인이 n형으로 도핑이 되어 있으므로 드레인 쪽 p–n 접합이 전류를 차단하게 된다.

그림 4.23은 게이트에 문턱전압 이하의 양전압이 인가된 경우의 밴드 다이어그램이다. MOSFET의 경우 게이트 전압의 일부가 밴드의 휨을 발생시키는 데 소모되어 절연막 하부에 공핍영역이 발생하고 전자의 양이 증가된 상태이나 그 양이 아직 전류를 높은 수준으로 흐르게 할 수 있는 높은 상태가 아니라고 앞서 설명하였다. 비정질 실리콘 TFT의 경우도 게이트 전압의 일부가 밴드의 휨을 발생시키는 데 소모되어 있는 상태이다. 그러나 MOSFET와 마찬가지로 페르미 레벨이 채널이 형성될 정도로 E_c와 가깝지는 않아서

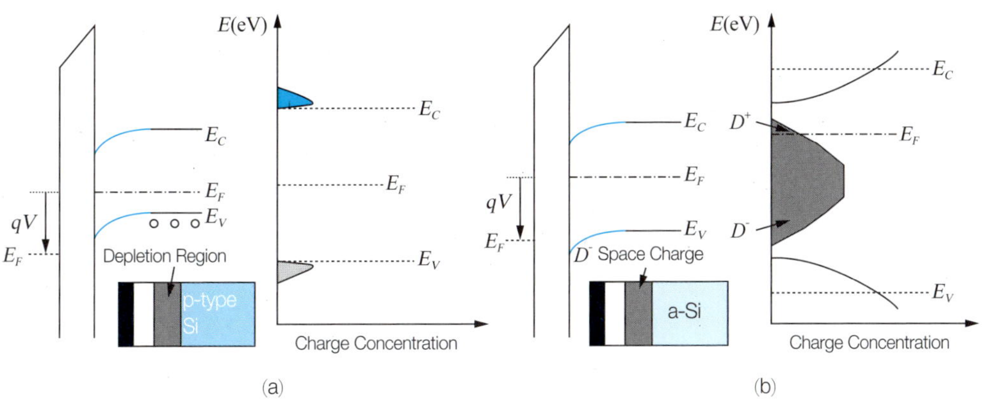

그림 4.23 게이트에 문턱전압 이하의 양전압이 가해진 경우의 밴드 다이어그램과 상태밀도 분포도, (a) n형 MOSFET, (b) 비정질 실리콘 TFT

캐리어로 작용할 전자의 양이 그리 높지 않다. MOSFET의 경우 공핍영역의 알짜 음전하는 대부분 이온화된 3족 도판트인데 반해 비정질 실리콘 TFT에서는 dangling bond가 전자를 추가로 트랩하여 D^- 상태의 이온화 상태가 되는데 이들이 알짜 음전하의 대부분이 된다. 비정질 실리콘 TFT에서는 게이트에 양전압을 충분히 인가하여 밴드 휨이 발생하는 공간의 dangling bond가 대부분 D^-상태로 이온화가 되어야 채널이 형성될 수 있을 정도로 페르미 레벨이 E_c와 가깝게 될 수 있다. 따라서 수소화된 비정질 실리콘이라 하더라도 dangling bond의 밀도가 높기 때문에 문턱전압이 MOSFET보다 훨씬 높은 것이 소자로서의 단점이라고 할 수 있다.

다음으로 그림 4.24는 게이트에 문턱전압 이상의 양전압이 인가된 경우의 밴드 다이어그램이다. MOSFET의 경우 문턱전압의 정의는 밴드의 휨이 $2q\phi_F$가 되도록 하는 게이트 전압($V_{th} = V_{ox} + 2\phi_F$)이다. 비정질 실리콘 TFT에서는 MOSFET에서와 같은 문턱전압의 정의를 적용할 수가 없다. 비정질 실리콘에는 도핑이 되어 있지 않기 때문이며 밴드갭에 존재하는 국재 상태의 밀도분포도 정확히 알지 못하기 때문이다. 그러나 비정질 실리콘의 밴드갭에 존재하는 국재 상태의 밀도분포는 다음과 같은 특징이 있다. Dangling bond에 의한 deep state가 가우시안 분포 형태로서 밴드갭 중앙부에 중심을 가지고 E_c 근처에서는 밀도가 낮아지게 되는데 E_c 근처에서는 tail state가 급격히 증가한다는 것이다. MOSFET의 문턱전압의 정의로서 밴드의 휨이 $2q\phi_F$가 되어야 한다는 의미는 그 이상의 전압을 게이트에 인가했을 때 더 이상 밴드의 휨이 발생하지 않아도(실제로 약간의 밴드 휨의 증가는 있어야 하지만) 알짜 음전하가 증가할 수 있는 상태라는 것이다. 이때부

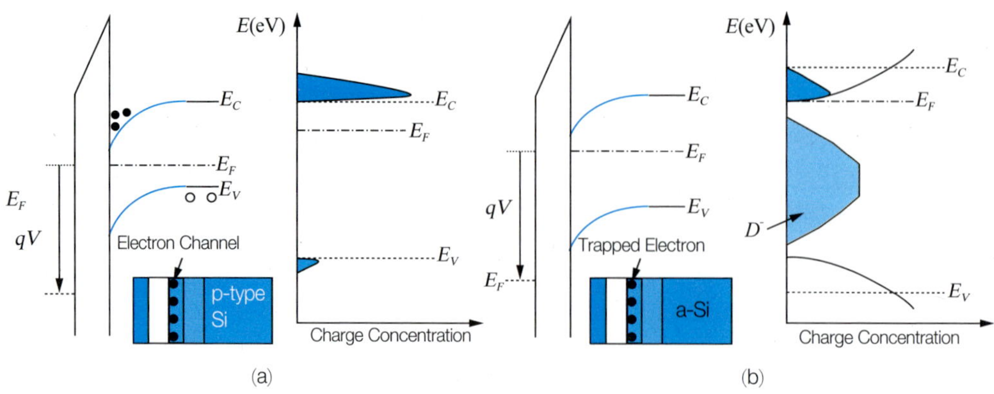

그림 4.24 게이트에 문턱전압 이상의 양전압이 가해진 경우의 밴드 다이어그램과 상태밀도 분포도, (a) n형 MOSFET, (b) 비정질 실리콘 TFT

터는 알짜 음전하의 증가분은 대부분 채널의 전자층에 의한 것임은 앞서 설명하였다. 따라서 비정질 실리콘 TFT에서의 문턱전압의 정의도 게이트 전압이 증가되어도 밴드 휨의 증가없이 알짜 음전하가 증가할 수 있는 상태가 시작되는 전압으로 정의할 수 있다. 이 정의에 의하면 비정질 실리콘의 국재 상태의 특성상 페르미 레벨이 tail state가 시작되는 지점까지 도달한 후 부터는 게이트 전압이 증가하더라도 밴드 휨의 증가없이(실제로 약간의 밴드 휨의 증가는 있어야 하지만) 알짜 음전하가 증가할 수 있는 상태가 된다. 이 때 알짜 음전하의 증가분은 tail state에 트랩되는 전자가 된다. 이 tail state의 존재로 인해 MOSFET와 비정질 실리콘 TFT 간에 전기적 특성의 큰 차이가 문턱전압 이상에서도 나타난다.

MOSFET의 경우 문턱전압 이상에서는 conduction 밴드에 존재하는 전자들로 채널이 형성됨으로써 소오스로부터 드레인으로의 전자의 이동이 원활한 반면 비정질 실리콘 TFT의 경우 채널이라 부를 수 있는 층의 carrier는 대부분 tail state에 트랩된 전자라는 것이다. 따라서 소오스로부터 드레인으로 carrier 이동이 원활하지 않다. 온도가 상온보다 많이 낮은 경우 비정질 실리콘 TFT는 채널이 형성되더라도 전류는 거의 흐를 수 없다. 그러나 tail state는 E_c와 비교적 에너지 차이가 크지 않기 때문에($< 0.1 \sim 0.2$eV) 상온에서 tail state에 트랩된 전자는 열적 여기에 의해 일시적으로 E_c보다 높은 에너지 상태로 천이하여 공간적 이동을 할 수 있게 된다. 그러나 몇 개의 원자를 지나가면 비어 있는 tail state에 트랩되어 이동을 멈추게 된다. 이러한 사이클을 반복하며 소오스로부터 드레인으로 이동을 한다. 따라서 전계효과이동도가 MOSFET보다 수백배 낮은 특징을 가진다.

이와 같이 비정질 실리콘 TFT의 동작 원리는 MOSFET와 유사하여 드레인 전류와 전압의 관계식은 MOSFET의 관계식과 유사하다. Linear 동작 상태($V_G - V_{th} > V_D$)에서는 아래와 같다.

$$I_D = \frac{W}{L} C_i \mu_{eff}(V_G - V_{th} - 0.5\,V_D)\,V_D$$

마찬가지로 saturation 동작 상태($V_G - V_{th} < V_D$)에서는 아래와 같다.

$$I_D = \frac{W}{2L} C_i \mu_{eff}(V_G - V_{th})^2$$

관계식은 유사하지만 비정질 실리콘 TFT의 경우 게이트 전압에 의해 유도되는 단위 면적당 전자 전하량의 대부분이 dangling bond와 tail state에 트랩된 전자라는 차이점이 있다. 따라서, dangling bond의 존재로 인해 문턱전압(V_{th})이 높은 특징(3~5V)이 있으며, tail state의 존재로 인해 전계효과이동도(μ_{eff})가 아주 낮은 특징(0.5~1cm^2/Vs)이 있다. 드레인 전압을 V_D로 고정하고, 게이트의 전압을 turn-off 상태부터 turn-on 상태까지 변화시키면서 드레인 전류를 측정하여 그린 그래프를 transfer curve라고 부르며 아래 그림 4.25와 같다. MOSFET의 경우 게이트 전압을 0V부터 1.2V까지만 변화시켜도 turn-off 상태와 turn-on 상태를 구현할 수 있지만 비정질 실리콘은 0V부터 20V까지 변화시켜야 turn-off 상태와 turn-on 상태를 구현할 수 있다. 또한, turn-on 상태의 전류값이 낮은 전계효과 이동도로 인해 100배 정도 낮은 것을 알 수 있다.

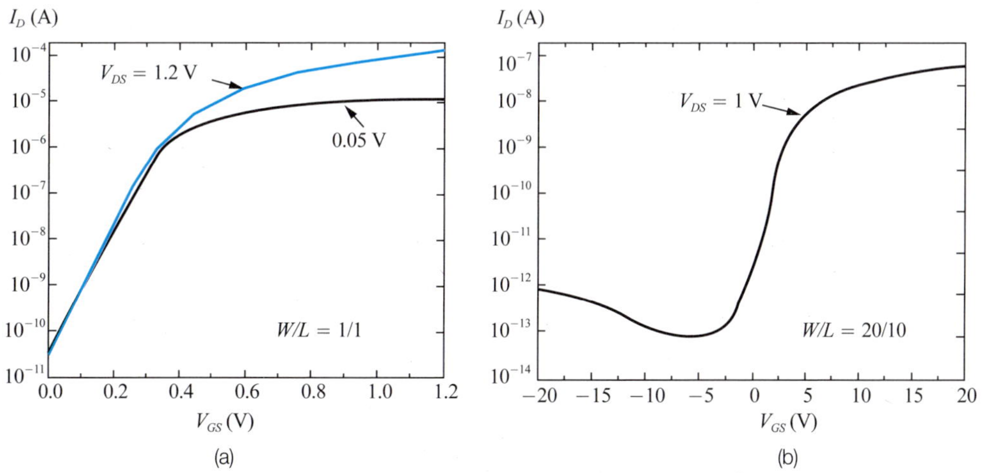

그림 4.25 (a) n형 MOSFET의 transfer curve, (b) 비정질 실리콘 TFT의 transfer curve

4.4 다결정 실리콘 TFT

비정질 실리콘 TFT보다 전기적 특성이 우수한 다결정 실리콘 TFT의 동작 원리를 설명하기 위해 다결정 실리콘의 물성을 알아본 후 다결정 실리콘 TFT의 동작 원리를 설명한다.

4.4.1 다결정 실리콘

유리기판 위에 실리콘층을 형성하는 방법으로 화학기상증착법을 주로 사용하는데, 기체 상태의 원료 가스에서 분해된 실리콘 원자가 결정상의 막으로 성장하기 위해서는 기판을 높은 온도로 가열해서 열에너지를 공급해주어야 한다. 그러나 이에 필요한 기판 온도는 유리기판이 견딜 수 없는 높은 온도이다. 따라서 결정상의 실리콘 박막을 유리기판에 형성하기 위해서는 먼저 유리기판이 견디는 온도에서 비정질 실리콘 박막을 증착한 후 후속 공정으로 결정화하는 방법을 사용한다. 결정화하는 후속 공정으로는 유리기판이 견디는 범위 내의 높은 온도에서 장시간 어닐링을 통해 결정화하는 고상 결정화 방법이 있으며, 고에너지를 갖는 펄스 레이저인 엑시머 레이저를 이용하여 순간적으로 비정질 실리콘을 용융시키면 고온의 액체 상태에서 자연적 냉각 과정을 통해 고상화 및 결정화를 유도하는 엑시머 레이저 어닐링 방법이 있다. 어떠한 방법이든지 실리콘 박막의 하부계면에는 결정 방향을 결정해 줄 시드층이 없기 때문에 자발적인 결정핵 형성이 동시다발적으로 여러 위치에서 무질서하게 일어나므로 결정화된 박막은 다결정 상태가 된다. 1개의 결정핵으로부터 결정화된 결정립을 그레인이라 부르며 다결정 실리콘은 무수히 많은 그레인의 모임이라 할 수 있다. 엑시머 레이저 어닐링을 통해 결정화된 다결정 실리콘 박막에서 1개의 그레인 내부는 거의 완벽한 결정이라 간주해도 되기 때문에 그레인 1개 내부의 실리콘 결합 상태는 단결정 실리콘의 결합 상태와 유사하여 밴드갭 내에 국재 상태가 비정질 실리콘에 비해 현저하게 줄어든다. 그러나 엑시머 레이저 어닐링을 통해 형성되는 그레인의 크기는 엑시머 레이저의 에너지에 따라 변동이 심하며 일반적인 엑시머 레이저 어닐링 방법으로는 최대 수천 Å 정도를 넘지 않는다. 따라서 TFT의 채널 사이즈보다는 현저히 작으며 채널 내에 상당수의 그레인들이 모여있게 된다. 따라서 소오스로부터 드레인으로 전자가 이동하는 과정에서 전자는 그레인 경계부(GB, Grain Boundary)를 지나가야 하는데 이 때 이동의 방해를 받게 된다.

그림 4.26은 실리콘의 원자 결합 모형을 2차원으로 비정질 실리콘과 다결정 실리콘과 비교하여 보여주고 있다. 더불어 박막 내부에서 수평 방향 경로로 밴드 다이어그램을 보

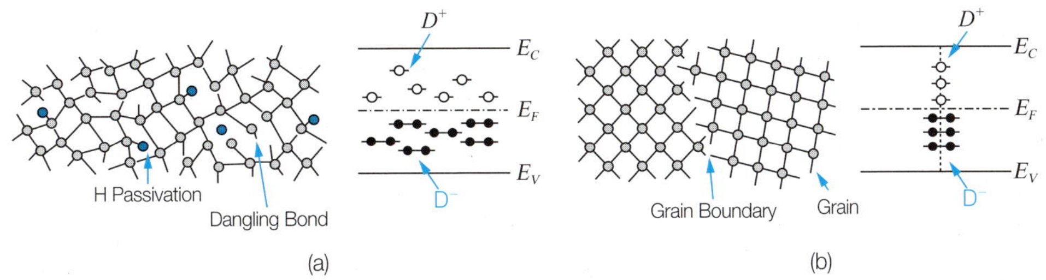

그림 4.26 원자 결합 모형과 밴드 다이어그램, (a) 비정질 실리콘, (b) 다결정 실리콘

여주고 있다. 모두 도핑을 하지 않은 경우를 가정하여 페르미 레벨은 밴드갭의 중앙부에 위치해 있다. 비정질 실리콘의 경우는 밴드갭 중앙부에 존재하는 높은 밀도의 deep state에 대부분의 전자들이 트랩되어 있는 상태를 보여 주고 있다. 비정질 실리콘의 deep state는 dangling bond에 기인한다고 앞서 설명하였다. 다결정 실리콘의 그레인 경계부에 존재하는 실리콘 원자는 대부분 dangling bond를 갖고 있으므로 deep state가 그레인 경계부에만 존재하는 특징이 있다. 그러나 deep state가 박막 전체에 고르게 분포하고 있는 비정질 실리콘에 비해 다결정 실리콘은 그레인 경계부에만 존재하므로 박막 전체로 봤을 때 deep state의 밀도는 현저히 낮다고 할 수 있다.

4.4.2 엑시머 레이저 어닐링

엑시머 레이저 어닐링은 유리기판 위에 다결정 실리콘 박막을 형성하는 대표적인 방법이다. 엑시머(excimer)라는 용어는 excited dimer란 의미로 레이저를 만들기 위해서는 두 가지의 기체가 필요함을 말한다. 흔히 Xe과 Cl이 주로 사용된다. 엑시머 레이저 어닐링 공정의 핵심은 수십 nsec 정도의 짧은 시간 동안 레이저 빔을 방출시켜 비정질 실리콘을 순간적으로 녹인 후 다결정 실리콘으로 결정화시킨다는 점이다. 이 방법은 비정질 실리콘의 순간적인 용융과 고상화가 일어나기 때문에 열에 취약한 유리기판에 전혀 손상을 주지 않는다.

XeCl 엑시머 레이저의 파장인 308nm의 자외선에 대해 비정질 실리콘 박막의 흡수율이 높기 때문에 표면의 5~10nm내에서 100% 흡수가 일어나 비정질 실리콘이 녹게 된다. 급격히 빠른 속도로 용융된 비정질 실리콘은 잠시 용융 상태로 머무르다 급격하게 고상화가 진행되면서 다결정 실리콘으로 결정화된다. 이 때 엑시머 레이저 빔의 단위면적당 에너지와 빔의 조사 횟수, 비정질 실리콘의 증착 조건 및 방법 등이 주요한 변수가 되어서 그레인의 크기에 영향을 미친다. 이 중 가장 중요한 변수는 레이저 빔의 단위면적당 에너지라고 할 수 있다.

아래 그림 4.27은 엑시머 레이저의 단위면적당 에너지(에너지 밀도)와 그레인 크기의 관계를 보여주는 그래프이다. 비정질 실리콘을 용융시키기 위한 문턱에너지 밀도보다는 높지만 이보다 그리 높지 않은 에너지 밀도에서는 에너지 밀도와 그레인의 크기가 비례 관계에 있음을 알 수 있다. 에너지 밀도를 더욱 증가시켜 특정 에너지 밀도에 도달하면 갑자기 그레인의 크기와 편차가 크게 증가함을 알 수 있으며, 그 이상의 에너지 밀도에서는 그레인의 크기가 다시 작아지며 에너지 밀도에 무관해짐을 알 수 있다.

그림 4.27에서 에너지 밀도가 150~250mJ/cm^2 정도 구간에서는 비정질 실리콘 박막 전체를 녹이기에는 에너지가 부족하여 용융/비용융 계면이 막 두께의 중간 정도에서 형성된다. 이후 냉각 시에는 용융/비용융 계면에 비교적 높은 밀도로 형성되는 결정핵으로부터 그레인의 성장이 일어난다. 수직 방향으로 성장하는 그레인의 단면 형상은 원통형이라기보다는 원뿔형에 가깝다. 따라서, 박막의 표면에 가까울수록 그레인 크기가 커진다. 그러나, 박막의 표면에서 관찰되는 그레인의 크기는 용융층의 깊이와 유사한 정도이다. 레이저 에너지 밀도가 증가되면 용융층의 깊이가 깊어지므로 그레인의 크기는 레이저 에너지의 밀도에 비례해서 증가하게 되지만 박막의 두께보다 커지기는 어렵다. 한편 아래

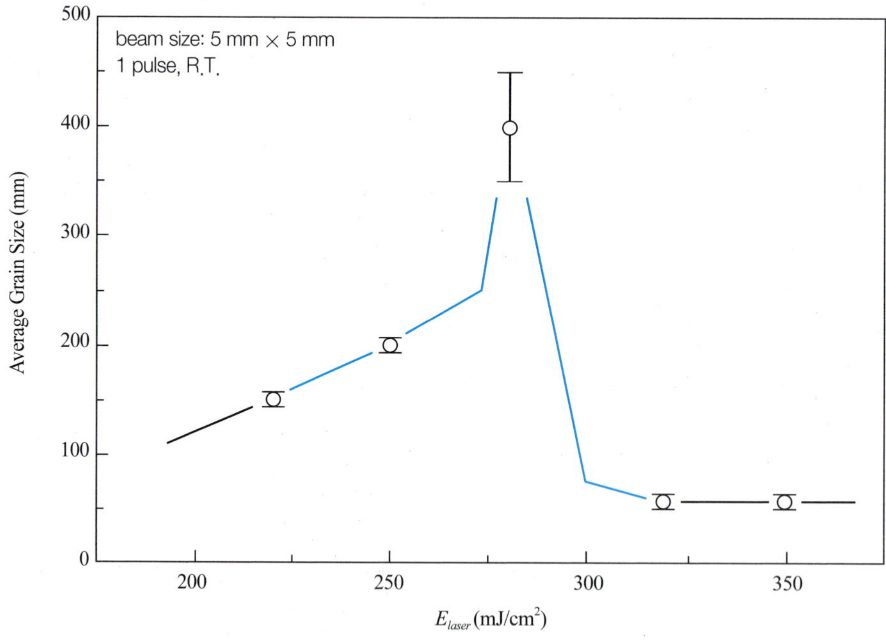

그림 4.27 엑시머 레이저의 에너지 밀도와 다결정 실리콘 그레인 크기의 관계 그래프

그림 4.28 (a)에서 보듯이 용융층만 다결정 실리콘으로 결정화되는 것이 아니라 비용융층도 결정화됨을 알 수 있다. 이는 상부 용융층으로부터 전달되는 열에 의해 결정화된 것으로서 짧은 시간 동안 고상화 상태에서 결정화된 것이기 때문에 아주 미세한 그레인으로 결정화된다.

그림 4.27에서 에너지 밀도가 250~280mJ/cm^2 정도에서는 그레인의 크기가 박막의 두께보다 훨씬 커질 수 있는 에너지 구간이 된다. 이 정도의 에너지 밀도에서는 비정질 실리콘 박막 전체가 완전히 녹기 직전의 상태가 되며, 아래 그림 4.28 (b)에서 보듯이 박막 하부에 녹지 않은 고립된 비정질 실리콘 island들이 결정핵으로 작용한다. 따라서, 그레인의 수직성장과 더불어 수평성장을 하는 시간이 충분히 주어진다. 따라서, 그레인의 크기는 박막의 두께보다 훨씬 커질 수 있다.

그림 4.27에서 에너지 밀도가 280mJ/cm^2 이상에서는 에너지 밀도가 충분히 높아서 비정질 실리콘 박막 전체를 완전히 녹이게 된다. 이 때는 용융층의 하부에 실리콘이 아닌 이종 물질인 SiO_2가 존재하기 때문에 열방출을 통해 온도가 용융점 이하로 내려가더라도 결정핵의 형성이 어려워진다. 따라서 잠시 과냉각 상태로 머무른 후에 그림 4.28 (c)에서 보듯이 하부 계면뿐만 아니라 용융층 전체에서 고르게 결정핵이 형성되기 때문에 결정핵의 공간적 밀도는 매우 높아지게 되고 그레인의 크기 또한 작아지게 된다.

다결정 실리콘의 그레인의 경계부는 박막 및 소자의 전기적 특성에 악영향을 미치기 때문에 그레인의 크기는 클수록 좋다. 가장 큰 그레인의 크기는 앞서 그림 4.27에서 250~280mJ/cm^2 정도에서 얻어지지만 이 에너지 구간은 공정 윈도우가 너무 좁아서 재

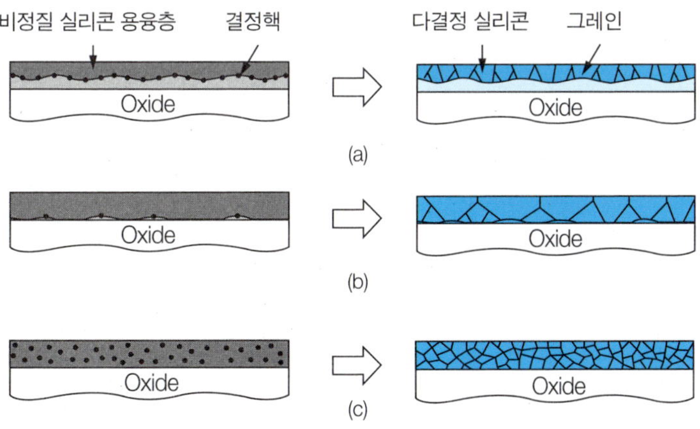

그림 4.28 엑시머 레이저의 에너지 밀도에 따른 용융 과정과 결정화 과정의 모식도, (a) 150~250mJ/cm^2 구간, (b) 250~280mJ/cm^2 구간, (c) 280mJ/cm^2 이상 구간

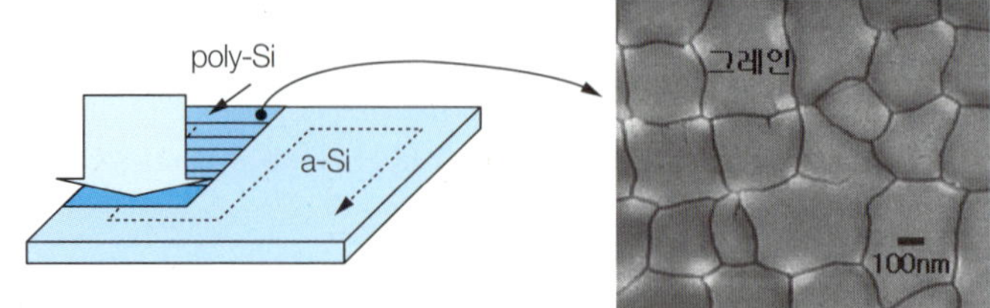

그림 4.29 엑시머 레이저의 스캐닝을 통한 결정화 공정 모식도와 결정화된 다결정 실리콘 표면의 전자 현미경 이미지

현성이 떨어지고 그레인의 크기 산포가 매우 심한 단점이 있어서 양산에 적용하기는 어렵다. 따라서, 이보다는 낮은 에너지 밀도에서 엑시머 레이저 어닐링 공정을 수행한다. 통상 엑시머 레이저 빔의 단면 형상은 기다란 직사각형 형태로서 빔의 폭(단변)은 1mm 내외이다. 따라서, 유리 기판의 전면적을 다결정 실리콘으로 결정화시키기 위해서는 그림 4.29와 같이 엑시머 레이저 빔을 이동하면서 스캐닝해 주어야 한다. 이 때 빔의 이동 간격을 빔의 폭보다 작게하여 특정 영역은 수십번 이상의 레이저 빔을 조사받게 되어 용융 및 고상화 과정을 수십 번 겪게 된다. 다결정 실리콘의 용융점이 비정질 실리콘의 용융점보다 높기 때문에 최초의 레이저 조사에 의해 다결정 실리콘으로 결정화된 박막은 이어지는 레이저 조사에 의해 용융되는 깊이가 최초의 용융 깊이보다는 깊어지지 않는다. 대신 여러 차례의 레이저 조사에 의해 크기가 작은 그레인들이 합쳐지는 효과가 생기기 때문에 그레인의 크기가 커질 수 있다. 이러한 스캐닝 시 반복적인 레이저 조사에 의해 수천 Å 정도 크기의 그레인을 갖는 다결정 실리콘 박막을 제작할 수 있다.

4.4.3 다결정 실리콘 TFT

다결정 실리콘 TFT의 단면 구조를 비정질 실리콘 TFT와 비교하여 그림 4.30에 나타내었다. 다결정 실리콘 TFT는 실리콘층 위에 게이트가 형성되는 top-gate 구조를 주로 채용한다. 주된 이유는 엑시머 레이저 어닐링으로 결정화를 하면 박막의 하부보다는 상부의 결정 상태가 더 우수하기 때문에 채널이 박막 상부에 형성되도록 하는 것이 유리하기 때문이다. 다결정 실리콘 TFT에서도 소오스와 드레인 사이에 채널이 형성될 부분에 소오스와 드레인과 반대 type의 도핑을 하지 않아도 된다. MOSFET의 경우는 벌크에 도핑을 해서 소오스와 드레인에 p−n 접합을 형성하지 않으면, trun-off가 잘 되지 않는 문제가 발생한다고 앞서 설명하였다. 그러나 다결정 실리콘 박막의 두께는 통상 1000~1500Å 정도여서

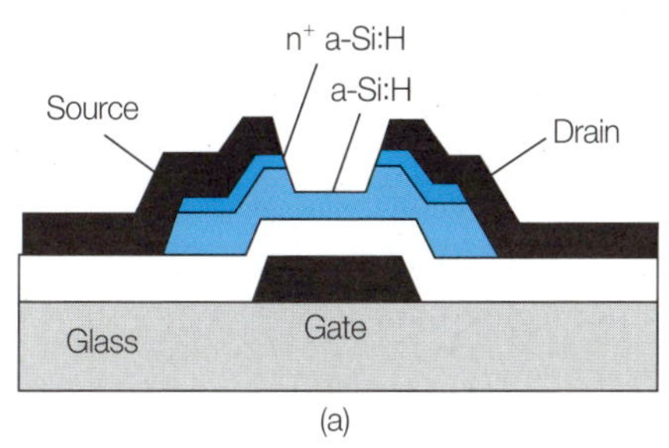

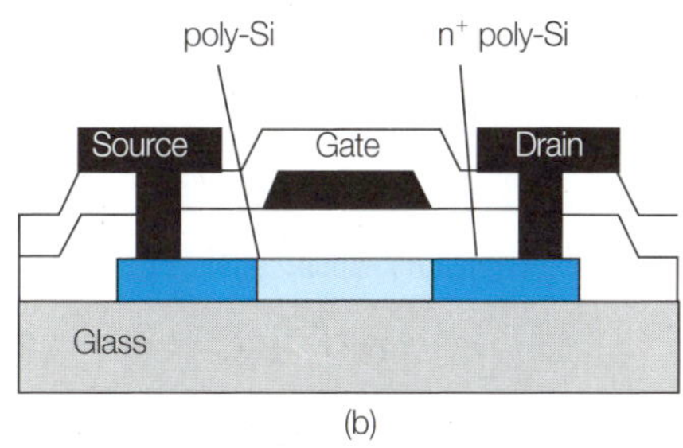

그림 4.30 (a) 비정질 실리콘 TFT의 단면 구조, (b) n형 다결정 실리콘 TFT의 단면 구조

MOSFET의 실리콘 벌크층보다 두께가 현저히 얇기 때문에 이동할 수 있는 캐리어의 총량이 적고, 또한 박막의 두께가 얇기 때문에 turn-off를 시키기 위해 게이트에 음전압을 인가하면 박막 전체에 정공이 유도되어 p형 실리콘이 되어 소오스와 드레인, 특히 드레인에 누설전류의 억제 기능을 하는 p−n 접합이 형성되기 때문이다.

그림 4.31은 다결정 실리콘 TFT의 게이트에 음전압이 가해진 경우의 밴드 다이어그램이다. 아래의 밴드 다이어그램은 앞서의 밴드 다이어그램과는 달리 수평 방향 경로로, 즉 소오스로부터 다결정 실리콘(특히 절연막과의 계면 근처)을 지나 드레인까지의 경로로 그린 것이다. 이렇게 밴드 다이어그램을 그린 경우 다결정 실리콘의 그레인 경계부의 영향을 잘 보여 줄 수 있다. 다결정 실리콘 TFT의 게이트에 음전압이 가해진 경우 그레인 내부는 정공의 밀도가 증가하는데 그레인 경계부 근처의 정공은 그레인 경계부에 트랩되어 그레인 경계부의 dangling bond를 D^+ 이온화 상태로 변화시킨다. 이 D^+ 이온의 양이 증가하여 그레인 내부와 그레인 경계부 사이에 전위 차이가 충분히 증가하면 더 이상 정

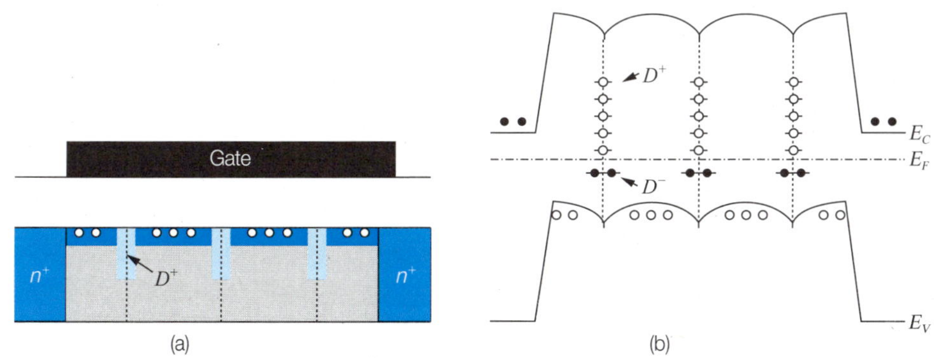

그림 4.31 다결정 실리콘 TFT의 게이트에 음전압이 가해진 경우의 (a) 단면 구조, (b) 밴드 다이어그램

공의 그레인 경계부로의 확산은 멈추게 된다. 따라서 그림 4.31에서 보듯이 그레인 경계부에서 정공에 대한 에너지 장벽, 다시 말해 전위 장벽이 형성된다. 이 전위 장벽은 정공의 이동을 방해하는 역할을 하게 된다. 게이트에 음전압이 인가된 경우 n형 다결정 실리콘 TFT는 turn-off 상태가 되는데 드레인 전압에 대한 정공의 이동은 그레인 경계부의 전위 장벽 때문에 전류가 차단되는 것이 아니라 그림 4.31에서 보듯이 드레인 쪽의 p−n 접합에 형성된 역바이어스 때문에 차단되는 것이다. 따라서, 게이트에 음전압이 인가된 경우 그레인 경계부에 형성된 정공에 대한 전위 장벽은 그리 중요한 것이 아니다.

그림 4.32는 게이트에 문턱전압 이하의 양전압이 인가된 경우의 밴드 다이어그램이다. 다결정 실리콘에 도핑이 되어 있지 않기 때문에 문턱전압의 의미는 게이트의 전압을 증가시킬 때 그레인 내부의 밴드의 휨이 발생하지 않아도(실제로 약간의 밴드 휨의 증가는 있어야 하지만) 전자가 증가할 수 있는 상태가 되기 위해 게이트에 인가되어야 하는 최소 전압으로 정의되어야 한다. 이 상태에서 그레인 내부의 페르미 레벨과 E_c와의 차이는 대략 0.2~0.3eV 정도의 값이 된다. 이 상태에 도달하는 데 있어서 그레인 경계 및 그레인의 크기가 중요하게 작용한다. 양의 게이트 전압에 의해 다결정 실리콘에는 전자 밀도가 증가하는데 그레인 경계 근처에 유도된 전자가 그레인 경계부에 트랩되어 그레인 경계부의 dangling bond를 D^-이온화 상태로 변화시키게 된다. 점차 그레인 중심부의 전자들까지도 일부 그레인 경계부까지 확산하여 트랩되면서 D^-이온의 양이 증가하여 전자에 대한 전위 장벽이 충분히 형성되면 더 이상 전자의 그레인 경계부로의 확산은 멈추게 된다. 따라서, 그레인 경계부의 dangling bond가 대부분 D^-로 이온화되기 전까지는 그레인 내부의 전자 밀도가 충분히 높아질 수 없다. 따라서 문턱전압이 그레인 경계가 없을 때보다 증가하게 되며, 그레인의 크기가 작을수록 문턱전압의 증가량은 더 높아지게 된다.

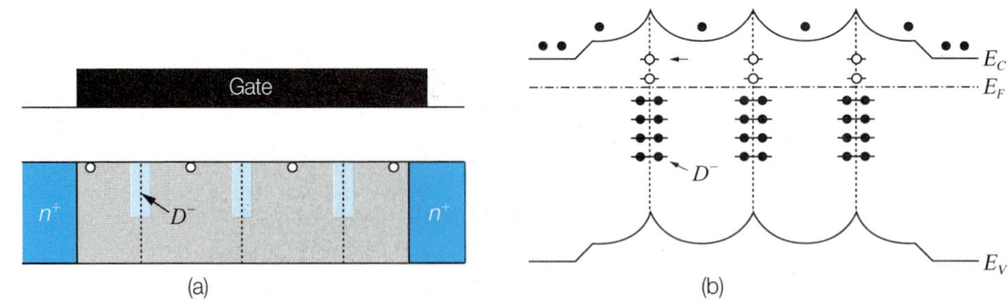

그림 4.32 다결정 실리콘 TFT의 게이트에 문턱전압 이하의 양전압이 가해진 경우의 (a) 단면 구조, (b) 밴드 다이어그램

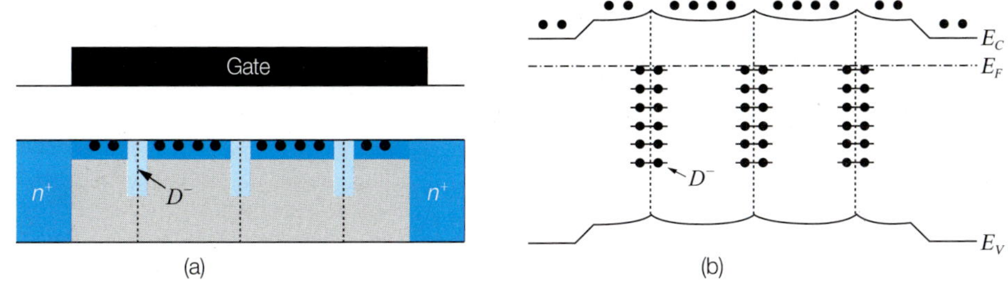

그림 4.33 다결정 실리콘 TFT의 게이트에 문턱전압 이상의 양전압이 가해진 경우의 (a) 단면 구조, (b) 밴드 다이어그램

그림 4.33은 게이트에 문턱전압 이상의 양전압이 인가된 경우의 밴드 다이어그램이다. 그레인 내부의 증가된 전자 밀도로 인해 그레인 경계의 dangling bond를 대부분 이온화시키고도 남은 충분한 전자 밀도로써 채널이 형성되어 있는 상태이다. 그레인 내부의 증가된 전자 밀도로 인해 그레인 경계부에 형성되는 전위 장벽도 문턱전압 이하의 상태보다 많이 낮아지게 된다. 이 상태에서 드레인 전압을 인가하게 되면 소오스에서 드레인으로 전자가 이동함에 있어서 전자는 그레인 경계부에 잔류하고 있는 전위장벽을 넘어야 한다. 단결정 실리콘 MOSFET의 경우 그레인 경계가 없기 때문에 V_{DS}는 모두 그레인 내부의 전자 이동 속도를 증가시키는 데 작용하지만, 다결정 실리콘 TFT의 경우 그레인 경계가 존재하기 때문에 V_{DS}의 일부는 전자가 전위장벽을 넘어갈 수 있도록 하는데 일부 소모되고 나머지 전압이 그레인 내부의 전자 이동 속도를 증가시키는 데 작용한다. 따라서 다결정 실리콘 TFT의 전계효과이동도는 MOSFET보다 낮은 특징이 있다 그러나 비정질 실리콘 TFT의 전계효과이동도보다는 월등히 높은 특징이 있다.

4.5 금속산화물 반도체 TFT

비정질 실리콘 TFT의 단점과 다결정 실리콘 TFT의 단점을 극복하기 위해 새로운 반도체 재료로 각광받고 있는 산화물 반도체 재료에 대해 설명하고 산화물 반도체 TFT의 특성에 대해 설명한다.

4.5.1 금속산화물 반도체

앞서 살펴본 TFT의 반도체층 재료는 실리콘을 기반으로 한 비정질 실리콘과 다결정 실리콘이었다. 비정질 실리콘 TFT는 비정질 구조에 기인한 높은 문턱전압과 낮은 전계효과이동도를 갖는 특징이 있었고, 다결정 실리콘 TFT는 비정질 실리콘 TFT에 비해 문턱전압이 낮고 전계효과이동도가 월등히 높은 특징이 있었다. 다결정 실리콘 TFT의 특성이 우수하지만 엑시머 레이저 어닐링으로 결정화 시에 엑시머 레이저의 에너지 편차에 의해 1개의 패널 내에서도 다결정 실리콘 TFT들의 문턱전압과 전계효과이동도는 큰 편차를 나타낸다. 이유는 엑시머 레이저의 에너지에 따라 다결정 실리콘의 그레인 크기가 큰 편차를 갖기 때문이다. 따라서, 비정질 실리콘보다는 문턱전압과 전계효과이동도가 우수하고 다결정 실리콘처럼 패널 내에서의 특성 편차가 적은 반도체 재료에 대한 요구가 지속적으로 있었다. 이에 따라 금속산화물 반도체를 이용하여 TFT를 제작하기 위한 연구와 시도가 활발히 진행 중이다.

현재까지 금속산화물 중에서 반도체 특성을 나타내는 것으로 보고된 물질로는 ZnO, ZnSnO(ZTO), InZnO(IZO), InGaZnO(IGZO) 등이 있으며 보다 안정하고 우수한 특성을 나타내는 금속산화물 반도체 물질을 찾는 연구도 활발히 진행되고 있다. 이러한 물질 중에서 대표적인 금속산화물 반도체인 ZnO의 경우 3.4eV의 밴드갭을 지니고 있으며, 그림 4.34 (a)와 같이 wurtzite 구조를 갖는다. ZnO는 박막 성장 중이나 열처리 시 산소농도를 변화시키면 전기전도도가 변화하는 특성을 나타낸다. 통상 그림 4.34 (b)에서 보여주고 있는 나타낸 박막 내의 산소 결함(oxygen vacancy) 밀도가 증가하면 conduction 밴드의 전자 밀도가 증가하는 n형 반도체 특성을 나타내는 것으로 보고되고 있다. 또한 그림 4.34 (c)에서 보여주고 있는 박막에 포함된 수소도 캐리어인 전자를 생성하는 것으로 보

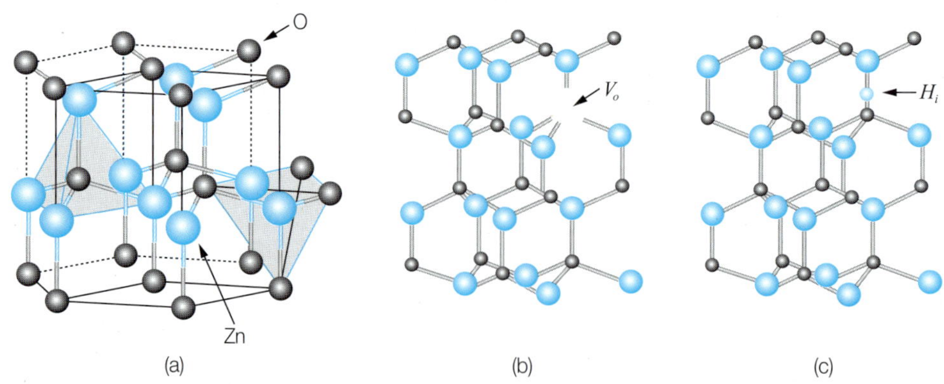

그림 4.34 (a) 결정 상태의 ZnO 원자 결합 모형, (b) oxygen vacancy, (c) interstitial site에 있는 수소

고되고 있다. 따라서 금속산화물 반도체의 특성을 정밀하게 제어하기 위해서는 박막 증착 시 형성되는 oxygen vacancy의 밀도를 정확하고 재현성 있게 제어해야 하며, 박막 증착 시 혹은 후속공정에서 유입되는 수소 농도를 제어하는 것이 매우 중요하다.

한편 일본 동경공업대학의 Hosono 교수는 산화물 반도체의 캐리어 농도를 보다 정확하게 제어하면서 높은 이동도를 나타내는 물질을 개발하기 위한 연구를 진행해 왔으며, In_2O_3-Ga_2O_3-ZnO 삼성분계의 물질을 제안하였다. 2003년 단결정 $InGaO_3(ZnO)_5$를 반도체층으로 이용하여 80cm^2/Vs 정도의 이동도를 나타낸다는 것을 보고하였으며, 2004년 비정질 InGaZnO (IGZO)를 이용하여 플렉시블 기판 위에 8.3cm^2/Vs 의 이동도를 지니는 TFT를 성공적으로 제조하였다는 보고를 하였다. 특히 Hosono 교수는 IGZO 산화물 반도체의 경우 비정질 구조를 지니고 있지만 기존의 Si과는 달리 높은 이동도를 나타낼 수 있다고 보고하였다. 공유결합을 하고 있는 기존의 실리콘 반도체에서는 단결정이나 다결정을 지닐 경우에는 높은 이동도를 나타내나, 비정질 구조를 지닐 경우에는 결합 길이 및 결합각의 편차 및 dangling bond가 밴드갭 내에 국재 상태로 작용하여 높은 문턱전압과 낮은 전계효과이동도를 나타낸다. 그러나 IGZO의 경우에는 이온 결합이 주를 이루고 있으며 금속의 5s 궤도가 비정질 구조를 지닐 때에도 서로 이어져 있기 때문에 이동도가 기존의 실리콘의 경우와 같이 결정성에 따라 심하게 저하되지 않는다. 아래 그림 4.35는 이에 대한 원리를 설명하고 있는 그림이다.

금속산화물 반도체 물질들은 스퍼터, ALD(Atomic Layer Deposition) 및 PLD (Pulsed Laser Deposition) 등의 방법으로 증착될 수 있다. 특히 스퍼터를 사용할 경우 타깃의 제조 방법을 변화시켜 박막의 조성을 제어할 수 있고, RF 파워 대신 DC 파워를 사용하여 증착이 가능하며, 이는 기존의 ITO 증착 장비를 이용하여 산화물 반도체층을 증착할 수 있다는 것을 의미한다. 따라서 특성 확보만 적절히 이루어진다면 기존의 비정질 실리콘 TFT용 양산 설비들을 이용하여 산화물 반도체 TFT를 제작할 수 있다는 장점이 있다.

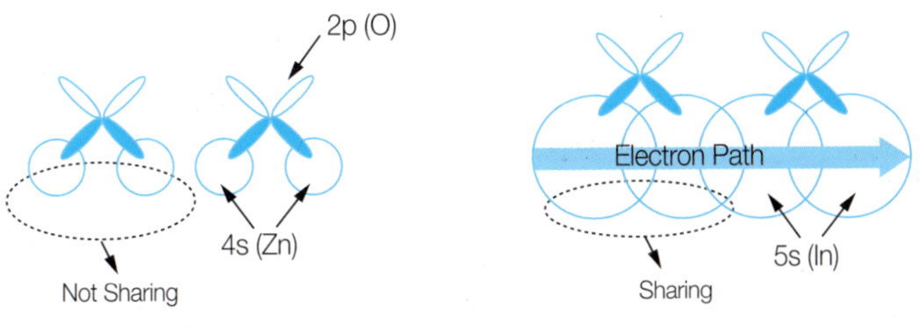

그림 4.35 (a) ZnO에서 Zn 4s 궤도의 중첩 모형, (b) In_2O_3에서 In 5s 궤도의 중첩 모형

4.5.2 금속산화물 반도체 TFT

금속산화물 반도체 TFT는 기존의 비정질 실리콘 TFT의 구조와 매우 유사하게 소오스와 드레인 전극, 반도체층, 게이트 절연막, 게이트 전극으로 이루어져 있다. 이러한 금속산화물 반도체 TFT는 top-gate 구조와 bottom-gate 구조로 모두 제작될 수 있다. 그림 4.36 (a)에 나타낸 top-gate 구조를 지니는 TFT의 경우, 에천트 등 약액에 취약한 반도체층이 소오스와 드레인 전극을 패터닝한 뒤에 형성되기 때문에 기존의 노광 공정 및 습식 식각 공정을 이용한 소자 제작이 용이하다. 그리고 top-gate 구조를 지니는 TFT의 경우, 게이트 절연막 및 게이트 전극이 산화물 반도체층을 보호하고 있기 때문에 passivation 공정 시 소자 특성 변화가 적으므로, 게이트 형성 시까지의 특성이 후속 공정이 완료된 후의 특성과 유사하다. 따라서 소자 특성에 가장 큰 영향을 미치는 요인으로는 반도체층의 증착 조건과 게이트 절연막의 증착 조건이라고 할 수 있다.

그림 4.36 (b)와 같은 bottom-gate 구조를 지니는 TFT의 경우 반도체층이 소오스와 드레인 전극보다 먼저 형성되기 때문에 소오스와 드레인 전극의 패터닝 공정 시 일반적인 습식 식각 공정을 진행하기 위해서는 산화물 반도체층과 소오스와 드레인 전극 간에 선택비가 높은 에천트를 사용해야 한다. 그러나 산화물 반도체층이 대부분의 산과 염기에 쉽게 식각되거나 손상을 받기 때문에 에천트의 개발이 용이하지 않다는 단점이 있다. 또한 건식 식각 공정을 사용할 경우 산화물 반도체의 back-channel이 플라즈마에 손상을 받아 특성이 저하될 수 있다는 단점이 있다. 물론 이러한 특성 저하는 후속 열처리를 통하여 개선될 수 있으나, 특성 저하를 최소화하기 위해서는 etch-stopper 층을 사용하는 방법도 있다. 또한 bottom-gate 구조를 지니는 TFT의 경우 산화물 반도체층이 가장 위쪽에 위치하기 때문에 그 위에 passivation 층의 막질에 소자의 특성이 쉽게 변화될 수 있다. 따라서 passivation 층의 증착 조건도 소자 특성에 영향을 미치게 된다. 한편 기존의 비정질 실리

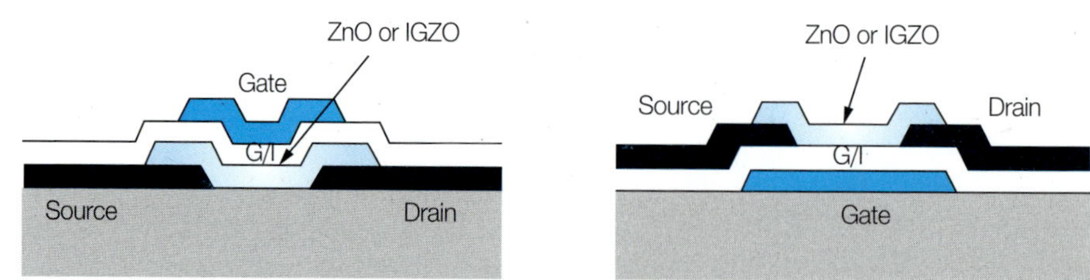

그림 4.36 (a) bottom-gate 구조의 금속산화물 반도체 TFT 단면 구조, (b) top-gate 구조의 금속산화물 반도체 TFT 단면 구조

콘 TFT의 양산 설비는 대부분 bottom-gate 구조로 구축되어 있으며, 그에 따른 장비 활용성 및 공정 중 필요한 포토 마스크 갯수 최소화 측면에서는 bottom-gate 구조가 top-gate 구조에 비해 유리하다고 할 수 있다.

연습 문제

1. 실리콘의 정공 밀도(p)와 전자 밀도(n)는 도판트의 type 및 도핑 정도에 따라 달라진다. 그러나 정공 밀도와 전자 밀도의 곱은 도핑과 무관하게 항상 일정한데, 이것을 아래 electron 농도와 hole의 농도를 구하는 식을 이용하여 증명하라.

$$p = n_i \exp\left(\frac{E_i - E_F}{kT}\right), \quad n = n_i \exp\left(\frac{E_F - E_i}{kT}\right)$$

2. 아래 그림의 p−n 접합이 평형상태에 도달했을 때, 공핍영역(W)에 포함되는 ①영역과 ②영역에 존재하는 알짜 전하의 극성과 발생원인에 대해 각각 설명하라.

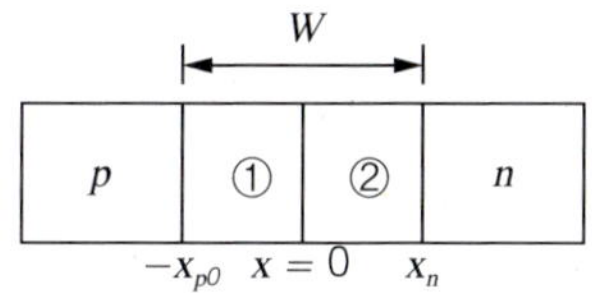

3. 아래 MOS 커패시터는 구조는 동일하지만 인가된 전압의 극성이 반대이다. 두 가지 경우에서 더 적은 량의 전하가 저장되는 것은 (1)과 (2) 중 어느 것인지 이유를 설명하라.

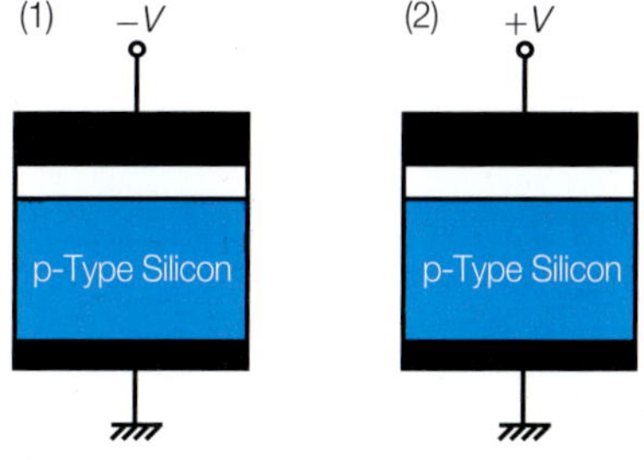

4. 벌크 실리콘의 도핑이 p형인 MOS 커패시터에서 상부 전극에 양전압을 인가하여 밴드 휨($q\phi_s$)이 발생했을 때 공핍영역의 깊이(W)는 아래 식 (1)과 같다. 벌크 실리콘의 페르미 레벨(E_F)과 진성 페르미 레벨(E_i)의 차이를 $q\phi_F$라 할 때 문턱전압(V_{th})의 크기는 식 (2)와 같게 됨을 근사적으로 유도하라.

(1) $W = \left(\frac{2\epsilon_s \phi_s}{q N_a}\right)^{\frac{1}{2}}$　　ϵ_s: 실리콘 유전상수, N_a : 3족 도판트 밀도

(2) $V_{th} = \dfrac{2\sqrt{\varepsilon_s q N_a \phi_F}}{C_{ox}} + 2\phi_F$

5. 아래 그림의 가로축은 비정질 실리콘의 밴드갭을 나타낸다. 비정질 실리콘의 dangling bond의 이온화 상태가 변화하는 에너지 레벨이 아래 그림에 점선으로 표시되어 있다. 페르미 레벨이 각각 ①, ②, ③ 영역에 있을 때 dangling bond의 이온화 상태를 설명하라.

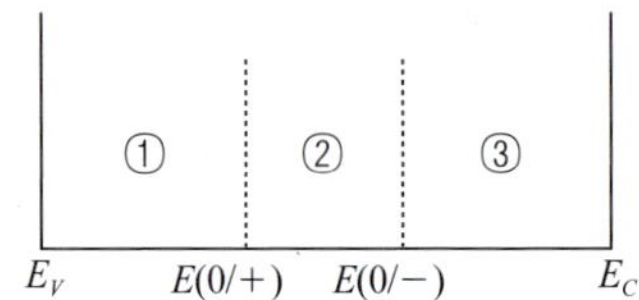

6. 동일한 구조로 매일 제작되는 비정질 실리콘 TFT가 어느 날 갑자기 문턱전압이 높아진 것을 발견했다면 1차적으로 의심되는 원인은 무엇이며 비정질 실리콘 TFT의 제작 단계 중 어느 공정에서 문제가 발생한 것으로 의심할 수 있는지 설명하라.

7. 엑시머 레이저 어닐링으로 제작되는 다결정 실리콘 TFT를 bottom-gate 구조로 제작하면 top-gate 구조로 제작한 경우에 비해 전기적 특성이 어떻게 달라질 것인지를 문턱전압과 전계효과이동도 관점에서 설명하라.

CHAPTER 05

Photolithography 공정

박막트랜지스터 액정 디스플레이(TFT LCD) 어레이(array) 제조 공정에서 유리기판 위에 박막을 증착하고, 포토(photolithography) 공정을 통해 마스크(mask)의 패턴(pattern)을 박막 위에 코팅(coating)된 감광제(photoresist)에 전사시킨 후, 식각(Etch) 공정에서 감광제가 없는 부분만 선택적으로 식각하고, 스트립(strip) 공정에서 감광제를 제거함으로써 원하는 박막 패턴을 얻을 수 있다. 본 장에서는 포토 공정을 이루고 있는 요소들에 대해서 알아본다.

5.1 개요

포토 공정의 기본 개념, 장비 구성, 마스크의 물리적 의미와 공정적 의미에 대해 알아본다.

5.1.1 포토 공정(photolithography process)

박막(thin film) 위에 감광제(PR, Photoresist)를 코팅(coating)하고 마스크(mask)의 패턴(pattern)을 감광제에 노광(exposure)시키고, 현상(develop) 공정을 통해 감광제의 빛을 받은 부분과 받지 않은 부분의 현상액(developer)에 대한 용해도(dissolution rate) 차이에 의해서 선택적으로 감광제를 남도록 함으로써, 마스크 패턴을 감광제 위에 전사시키는 것이 포토 공정의 기본 개념이다.

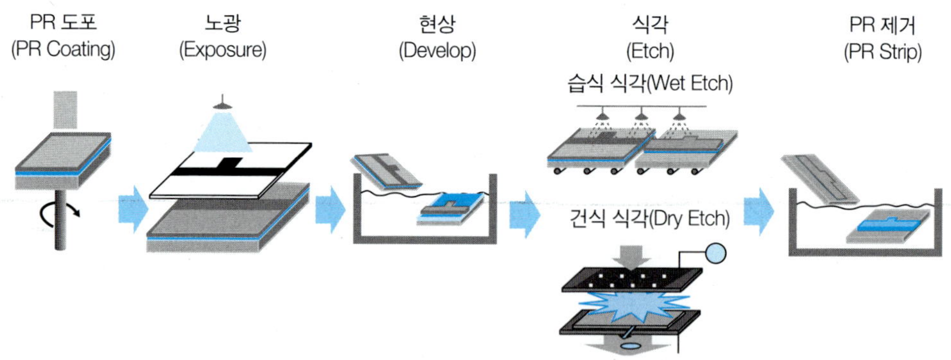

그림 5.1 포토 공정의 기본 개념도

5.1.2 포토 장비 구성

포토 공정은 코팅, 노광, 현상 공정의 기본적인 세 부분으로 나눌 수 있으며, 각각의 공정을 수행하는 코터, 노광기, 현상기를 독립적인 형태(stand alone type)로 분리 구성하기도 하고, 연속적인 형태(in-line type)로 구성하기도 한다. 연속적인 형태로 구성하는 방법이 일반적이며, 각각의 장비 유닛(unit)들이 연속적인 하나의 집합적인 장비 형태를 이루고 있는 것을 트랙(track)이라 한다. 트랙을 구성할 때, 각각의 장비 유닛들의 수는 공정 시간(tact time)을 고려하여 결정된다. 즉, 공정 시간이 긴 스텝의 장비 수를 늘려서 전체적인 공정 시간을 낮출 수 있도록 장비를 구성한다. 예를 들어, 노광기에서 유리기판 한 장의 공정 시간이 100초이고 현상기에서의 공정 시간이 300초라면, 노광기와 현상기 장비 수를 1:3으로 구성하여 전체 공정 시간을 100초에 맞춤으로써 유닛들의 쉬는 시간(idle time)과 병목 현상(bottle neck)을 줄일 수 있다.

5.1.3 마스크

마스크는 설계된 패턴들을 박막 위의 감광제에 전사시키기 위해서 사용되는 원판을 의미한다. 마치 하나의 필름을 현상하여 같은 이미지를 갖는 여러 장의 사진을 인화하듯이, 마스크를 이용하여 대량의 기판에 패턴을 전사시키는 것이다. 따라서, 포토 공정을 진행하기 위해서는 우선적으로 각 레이어(layer)에 해당하는 패턴들을 지닌 마스크가 구비되어야 하며, 자체의 마스크샵(mask shop)이나 마스크 전문 업체를 통해 제조한다(소형 마스크의 경우 레티클(reticle)이라 불리기도 한다). 일반적으로 마스크를 제조하는 방법은 어레이 제조 공정과 비슷하게 블랭크(blank) 마스크 위에 크롬(chrome)을 증착하고, 감광제를 코팅한 후, 설계된 이미지를 감광제에 전사하고, 식각과 스트립을 통해 완성한다. 여기서, 설계 이미지를 감광제에 전사할 때, 레이저(laser)나 E-Beam(Electron Beam)을 통해서 직접 그리는 방식(direct writing)을 사용한다는 점이 어레이(array) 제조 공정과의 차이점이라고 할 수 있다. 블랭크 마스크는 노광되는 빛의 투과율이 높고, 열팽창 계수가 적으며, 화학적, 기계적 강도가 높아야 한다. 블랭크 마스크로 쓰이는 재료로는 쿼츠(quartz), 소다라임(soda lime), 퓨즈드 실리카(fused silica) 등이 있다. 마스크의 불량은 대량의 기판 불량을 유발하기 때문에 매우 치명적이므로, 마스크 불량 검사(inspection)를 철저히 할 필요가 있다. 마스크 제조 후 출고 전의 검사뿐만이 아니라, 출고된 마스크를 사용해 기판에 전사한 후에 기판의 패턴 검사를 통해서도 마스크의 불량 여부를 확인

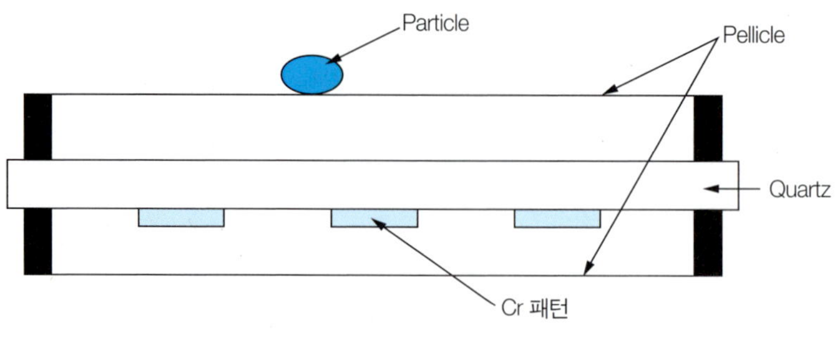

그림 5.2 펠리클(pellicle)의 역할

하여야만 한다. 이를 마스크 체크(mask check)라 하며 포토 공정 이전에 선행되어야 하는 중요한 일이다. 또한 마스크 패턴 자체의 불량이 없더라도, 이후에 파티클(particle)이 마스크의 표면에 붙는 것을 방지하기 위해, 마스크 외곽부에 지주를 세우고 그 위에 펠리클(pellicle)이라는 얇은 랩과 같은 보호막을 씌운다. 펠리클은 마스크 표면의 보호막 역할뿐만이 아니라, 펠리클 표면에 파티클이 붙더라도 노광할 때 초점거리 밖에 있게 되므로 파티클 모양이 기판에 전사되는 것을 막아주는 역할도 한다.

5.1.4 마스크의 공정적 의미

앞 절에서는 물리적인 의미의 마스크에 대해서 설명을 하였다. 그러나, 어레이 제조 공정에서 마스크는 공정적인 의미로도 쓰인다. 한 번의 마스크(one mask) 공정이라 함은 한 번의 기본적인 순환 공정, 즉, 박막 증착 공정(thin film deposition), 포토 공정(photolithography), 식각 공정(etch)을 의미한다. 박막 증착 공정의 경우는 여러 층의 박막을 연속적으로 증착할 수 있으며, 식각 공정의 경우 여러 층의 박막을 연속으로 식각할 수가 있지만, 포토 공정의 경우에는 연속적으로 감광제를 코팅하고 패턴을 전사하는 경우는 없기 때문에 기본적인 순환 공정을 포토 공정의 회수를 기준으로 생각할 수 있다. 예를 들어 TN(twisted nematic) 모드 LCD의 경우 일반적으로 게이트(gate), 액티브(active), 소스드레인(source/drain), 패시베이션(passivation), 픽셀전극(pixel electrode)에 해당하는 5번의 포토 공정이 필요하기 때문에 이를 간단히 5마스크 공정이라 부른다. 최근에는 제조 단가를 줄이기 위해 포토 공정의 수를 줄이는 연구들이 진행되었다. 예를 들어 액티브와 소스드레인을 한 번의 포토 공정으로 형성하는 4마스크 기술이 개발되었으며, 추가적으로 패시베이션과 픽셀 전극을 한 번의 포토 공정으로 형성하여 3마스크로 제조하는 기술이 개발되고 있다.

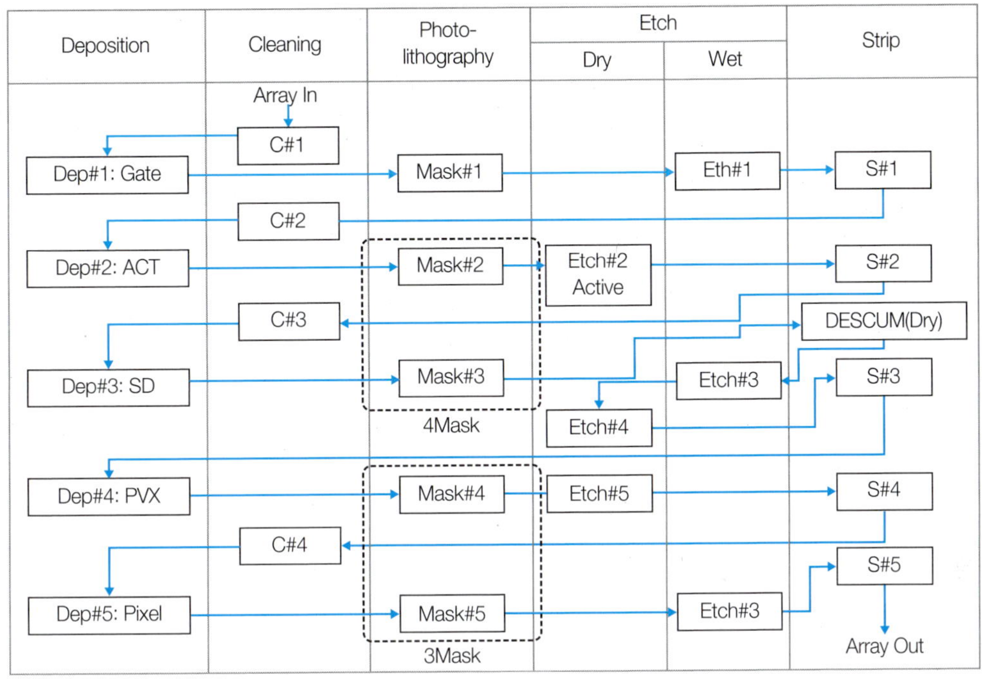

그림 5.3 5마스크 공정 흐름도

5.2 트랙(track) 공정

실질적인 포토 공정 순서를 따라 트랙 장비에서 이루어지는 각각의 세부 공정 방법에 대해 알아본다.

5.2.1 세정(cleaning) 및 디하이드레이션 베이크(dehydration bake) 공정

트랙 공정의 첫 단계로서 유리기판 위에 박막을 증 착한 후 포토 공정으로 이송 과정 중에 발생할 수 있는 각종 파티클(particle)을 제거하는 공정이다. 코팅, 노광, 현상 공정 모두가 파티클에 매우 취약하기 때문에 파티클에 의해 패턴 불량이 발생할 가능성이 매우 높다. 디아이 워터(deionized water)를 이용하여 유리기판의 위아래 면에 존재하는 파티클을 제거하며, 세정력을 높이기 위해 브러쉬(brush), 메가소닉(mega sonic), 제트 노즐(jet nozzle) 등을 선택적으로 사용할 수 있다. 세정 후, 장비 타입에 따라 스핀 드라이(spin dry) 또는 에어 나이프(air knife)를 통해 유리기판에 남아있는 디아이 워터를 1차적으로

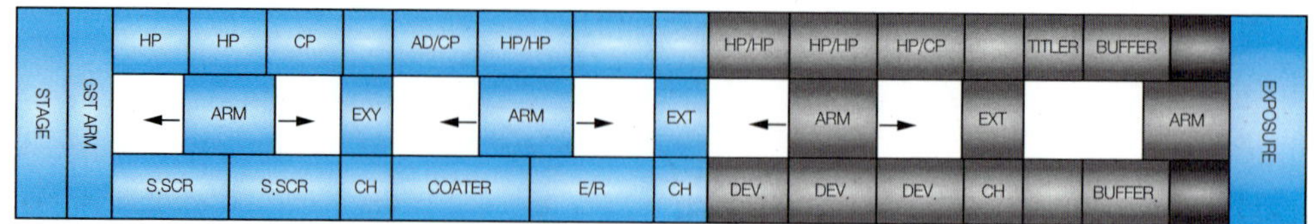

그림 5.4 In-line type 트랙 모식도

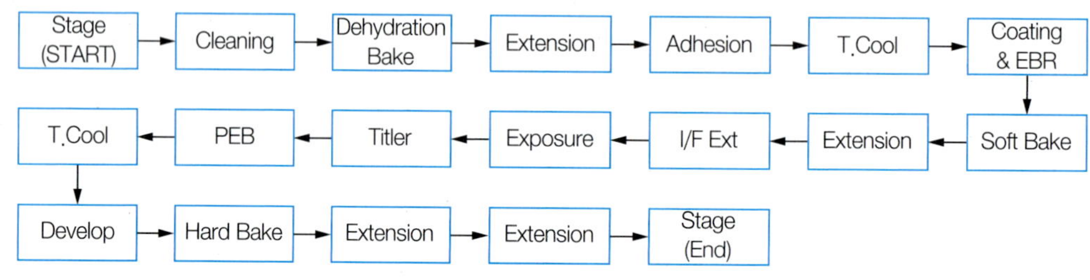

그림 5.5 트랙 공정 흐름도

제거한다. 이후, 핫플레이트(hot plate) 위에서 근접(proximity) 가열함으로써 유리기판 표면에 미세하게 남아 있는 디아이 워터를 완전히 제거하며, 이를 디하이드레이션 베이크(dehydration bake)라고 한다.

5.2.2 접착력 향상(adhesion promotion) 공정

감광제(photoresist)를 코팅하기 전에 감광제와 박막의 접착력을 높임으로써 이후 공정에서 감광제가 벗겨지는 현상(peeling)을 방지하고 후속 식각(etch) 공정에서 언더컷(undercut)이 심하게 나타나는 것을 방지하기 위해 접착력 향상 공정을 한다. 언더컷이란 감광제 패턴의 가장 자리에서 하부 물질이 과도하게 식각되는 현상을 의미하며, 특히 습식 식각(wet etch) 공정으로 진행되는 금속의 경우에 많이 나타난다. 언더컷이 심할 경우, 미세 패턴의 구현이 어려우며, 식각된 패턴의 크기 균일성(CD uniformity)이 저하된다. 일반적으로 감광제는 유기용매가 대부분을 차지하고 있으므로 친수성(hydrophilic) 박막과의 접착력이 나쁘기 때문에, 친수성 박막의 표면을 소수성(hydrophobic)으로 개질하는 작업이 필요하다. 친수성과 소수성은 물의 접촉각(wetting angle or contact angle)을 측정하면 알 수 있다. 유리기판을 핫플레이트(hot plate)에 근접 가열시키면서, 기

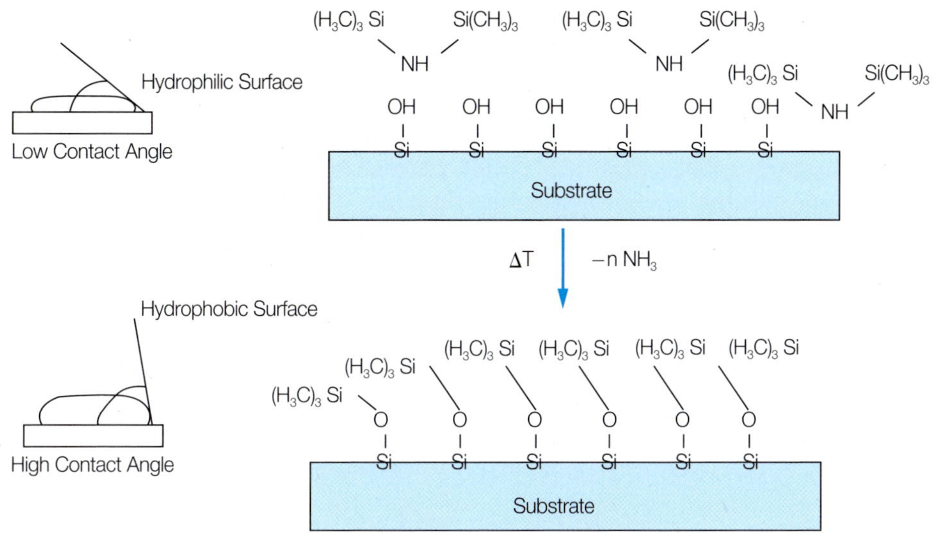

그림 5.6 HMDS 처리 메카니즘(mechanism)

화(vaporized)된 HMDS(hexamethyldisilazane, $[(CH_3)_3Si]_2NH$)를 기판 표면에 처리(priming) 하면, Si과 3개의 CH_3가 결합되어 있는 상태로 유리기판과 결합하여 비극성이 되기 때문에 표면을 소수성으로 바꿀 수 있다. 일정 접촉각 이상으로는 접착력 향상 효과가 증가 되지 않고 오히려 파티클의 원인이 될 수 있으므로 주의가 필요하다.

5.2.3 감광제 코팅(photoresist coating) 공정

기판 전체에 균일한 두께의 감광제를 코팅하여야 한다. 유리기판의 크기에 따라서 감광제 코팅의 방법이 달라진다. 4세대 이하 크기(730mm × 920mm)의 소형 유리기판은 주로 스핀 코팅(spin coating) 방법을 이용한다. 그러나, 5세대 이상 크기(1,100mm × 1,250mm)의 대형 유리기판부터는 유리기판을 회전시키는 자체가 어렵고, 회전에 의해 기판 전면에 균일한 두께를 얻기 힘들며, 회전 공정에 의한 기판 파손의 위험 부담이 있기 때문에 스핀리스 코팅(spin-less coating) 방법을 이용한다. 코팅 균일성(uniformity)에 영향을 주는 요소들로서 감광제의 점성(viscosity), 고형분 함유도, 유기용제(solvent)의 휘발성(volatility) 등이 있다.

5.2.3.1 스핀 코팅(spin coating)

소형 유리기판에 사용하는 방법으로, 기판의 중앙부에 노즐(nozzle)을 통하여 일정량의 감광제를 적하(dispense) 시킨 후, 회전 공정을 통해 감광제를 기판에 균일하게 코팅한다. 회전 속도(rpm), 회전 가속도, 회전 시간에 의해 감광제 막의 두께와 균일성을 제어하며, 일반적으로 2단계 이상의 속도 구간을 갖도록 설정한다. 1단계에서는 감광제 적하 후에 저속으로 회전시켜서 감광제를 기판 전면에 퍼뜨리고, 2단계 이상에서는 고속으로 회전시켜서 원하는 두께와 균일성을 갖도록 만든다. 회전 속도가 증가할수록 감광제의 코팅 두께가 얇아진다. 레이어에 따라서 1.0~3.0μm의 감광제 두께를 형성하며, 두께 균일성은 보통 2% 이내를 유지한다. 중앙에 적하된 감광제는 코팅에 기여한 양을 제외한 대부분이 회전 공정 중에 원심력에 의해 유리기판 밖으로 버려지게 되며 일부는 유리기판 뒷면에 묻는다. 유리기판의 외곽(edge)과 뒷면에 묻은 감광제는 이후 공정에서 장비를 오염시키고 파티클의 원인이 될 수 있으므로, EBR(Edge Bead Removal) 공정에서 씬너(thinner)를 사용하여 유리기판의 외곽과 뒷면에 묻은 감광제를 제거한다.

5.2.3.2 스핀리스 코팅(spin-less coating)

대형 유리기판에서 사용하는 방법으로 회전 공정 없이 가늘고 긴 슬릿(slit) 모양의 노즐을 통해 감광제를 토출하면서 유리기판 전면을 이동(scan)하는 방식이다. 노즐의 토출량과 이동 속도에 의해서 감광제의 두께와 균일성이 결정된다. 스핀리스 코팅 방식은 회전 공정이 없어 유리기판 외부로 버려지는 감광제가 없으므로, 스핀 코팅 방식에 비해서 감광제의 사용량을 감소시킬 수 있으며, EBR(Edge Bead Removal) 공정도 필요가 없어지게 되므로 제조 원가 감소 효과와 장비 크기의 축소 효과가 있다.

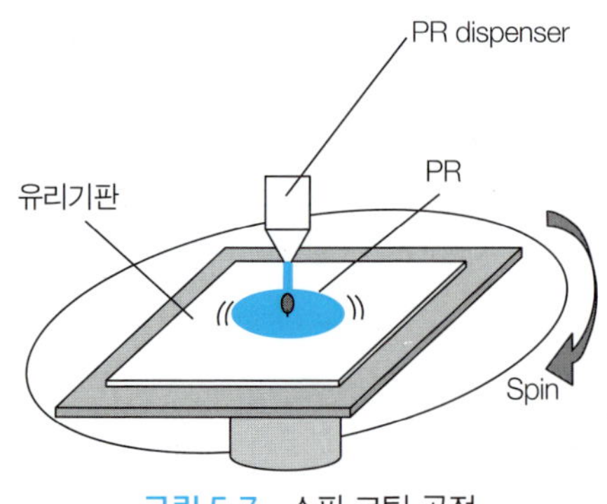

그림 5.7 스핀 코팅 공정

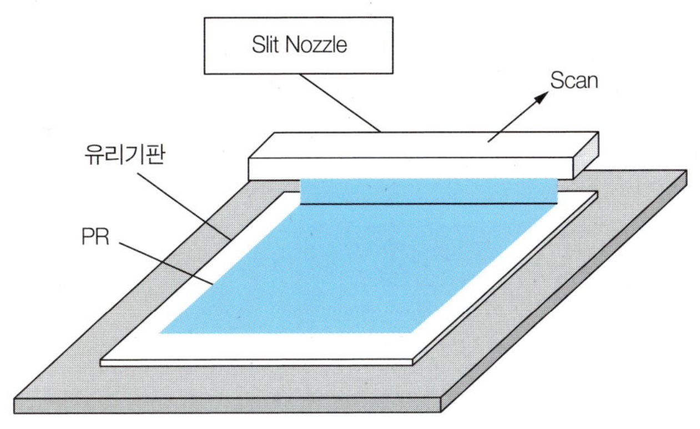

그림 5.8 스핀리스 코팅 공정

5.2.4 소프트 베이크(soft bake) 공정

기판을 핫플레이트(hot plate)에 근접 가열시켜서, 감광제 코팅 후 감광제 내에 남아 있는 잔류 유기용제(solvent)를 제거하고, 감광제와 기판의 접착력을 향상시킨다. 처리 온도가 낮거나 처리 시간이 부족한 경우에는 감광제의 벗겨짐(peeling)이 발생하여 패턴이 유실될 수 있고, 후속 식각(etch) 공정에서 언더컷(undercut)이 심하게 나타날 수 있으며, 현상액에 대한 내구성이 작아져서 현상 속도가 증가할 수 있다. 반대로 처리 온도가 높거나 처리 시간이 과도한 경우에는 감광제의 고분자(polymer) 사이의 결합력이 강해져서, 노광 시간이 증가하거나, 심할 경우는 현상이 완전히 되지 않고 일부 감광제가 잔류하는 스컴(scum) 현상이 발생할 수도 있다.

5.2.5 노광(exposure) 공정

마스크의 패턴을 기판 위에 코팅된 감광제에 노광시켜서, 빛을 받은 감광제가 광반응을 일으키도록 한다. 마스크 패턴을 정확한 크기와 정확한 위치에 노광시키는 것이 중요하다. 마스크를 정확한 위치에 정렬(align)하고, 마스크를 통과한 자외선을 광학계를 통해 감광제에 조사한다. 일반적으로 자외선은 g-line(436nm), h-line(405nm), i-line(365nm)이 나오는 복합 파장의 광원을 사용한다. 감광제의 종류와 코팅 두께에 따라 조사하는 자외선의 에너지를 조절한다. 현상(develop) 공정이 고정되어 있을 경우에, 충분한 광반응을 통해 감광제를 현상할 수 있는 최소의 노광 에너지를 쓰레스홀드 에너지(Eth, threshold energy)라 하며, 원하는 크기의 패턴을 정확하게 형성할 수 있는 노광 에너지를

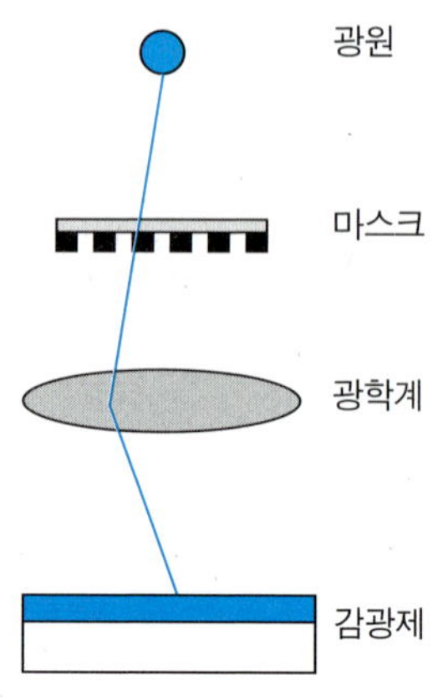

그림 5.9 노광 공정 개념도

옵티멈 에너지(Eop, optimum energy)라 한다. 따라서, 노광 공정에서는 반드시 쓰레스홀드 에너지 이상의 옵티멈 에너지로 진행하여야 한다. 쓰레스홀드 에너지 이하로 노광을 하면, 포지티브(positive) 감광제의 경우에는 감광제가 남는 스컴 현상이 발생할 수 있으며, 네가티브(negative) 감광제의 경우에는 감광제의 벗겨짐(peeling) 현상이 발생할 수 있다. 옵티멈 에너지 근처에서 노광 에너지를 조절함으로써 패턴의 크기를 미세하게 조절할 수 있다. 일반적으로 어레이 제조 공정의 최소 선폭은 약 3~4μm 이다. 패턴이 형성되지 않는 유리기판의 외곽부는 마스크를 사용하지 않는 주변 노광(edge exposure) 장비를 이용하여 광반응을 일으킨다.

5.2.6 타이틀링(titling) 공정

어레이 공정의 경우는 기판을 컷팅(cutting)하지 않고 진행하지만, 셀(cell) 공정의 경우는 기판을 컷팅해서 사용하는 경우가 많이 때문에, 공정 추적(tracing)이 가능할 수 있도록 기판과 그 내부에 있는 각각의 판넬(panel)에 고유의 이름을 부여한다. 일반적으로 시인성이 좋은 메탈(metal) 위에 형성되고, 첫 번째 레이어인 게이트(gate) 레이어를 진행할 때, 타이틀러(titler) 장비를 이용하여 기판 및 각각의 판넬에 고유의 이름을 노광한다.

5.2.7 PEB(post exposure bake) 공정

단파장(monochrome)의 광원으로 노광할 때, 감광제 위에 입사하는 빛과 하부막에 의해

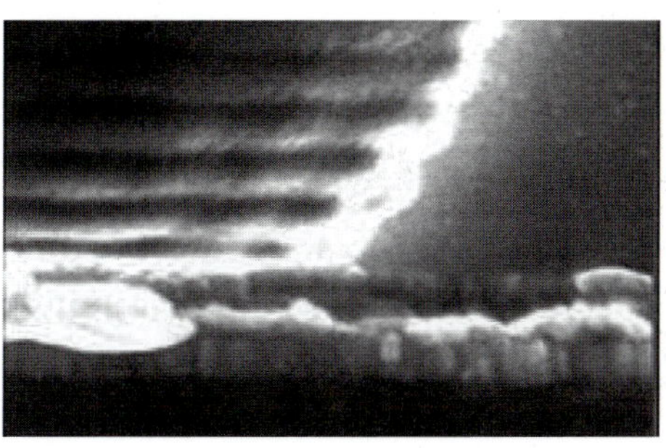

그림 5.10 감광제에 형성된 정상파(standing wave)의 형상

서 반사되는 빛이 간섭(interference) 현상을 일으켜서 정상파(standing wave)가 형성될 수 있으며, 이는 현상 후에 감광제에 정상파의 형상을 남기게 된다. 복합 파장(broad band)의 광원을 사용하면 이러한 정상파 효과(standing wave effect)를 방지할 수 있다. 어레이 제조 공정에 사용되는 노광기의 경우, g-line(436nm), h-line(405nm), i-line(365nm)이 나오는 복합 파장의 광원을 사용하고 있다. 현상 시간을 늘리는 것도 정상파 효과를 방지할 수 있다. 다른 방법으로는 현상하기 전, 노광 후 베이크(post exposure bake) 공정을 통해 감광제 내의 광반응 성분(PAC, Photo Active Compound)을 확산(diffusion)시킴으로서 정상파 현상을 방지할 수 있다. 또한 노광 후 베이크 공정에 의해 감광제가 현상액에 대한 내구성을 증가시켜 용해도를 낮출 수 있기 때문에 현상 후에 패턴 크기의 균일성을 증가시킬 수 있다. 그러나 소프트 베이크와 마찬가지로 처리 온도가 높거나 처리 시간이 과도한 경우에는 감광제의 고분자 사이의 결합력이 강해져서 노광 시간이 증가하거나, 심할 경우는 현상이 완전히 되지 않고 일부 감광제가 잔류하는 스컴 현상이 발생할 수도 있다. 노광 후 베이크 공정은 필수적인 공정은 아니며 필요에 따라 선택적으로 적용한다.

5.2.8 현상(develop) 공정

감광제의 노광부와 비노광부의 현상액(developer)에 대한 용해도(dissolution rate) 차이에 의해서 선택적으로 감광제를 남도록 함으로써 패턴을 형성한다. 일반적으로 현상액(developer)으로는 TMAH(Tetramethyl Ammonium Hydroxide, $(CH_3)_4NOH$) 2.38% 수용액을 사용한다. 현상 방법으로는 딥(dip), 스프레이(spray), 퍼들(puddle) 방식이 있다. 딥 방식은 현상액이 들어있는 배쓰(bath) 내에 기판을 담궈 두거나 컨베이어로(conveyer)로 이송시키는 방법이다. 스프레이 방식은 컨베이어로 이송되는 기판 위에 현상액을 분사

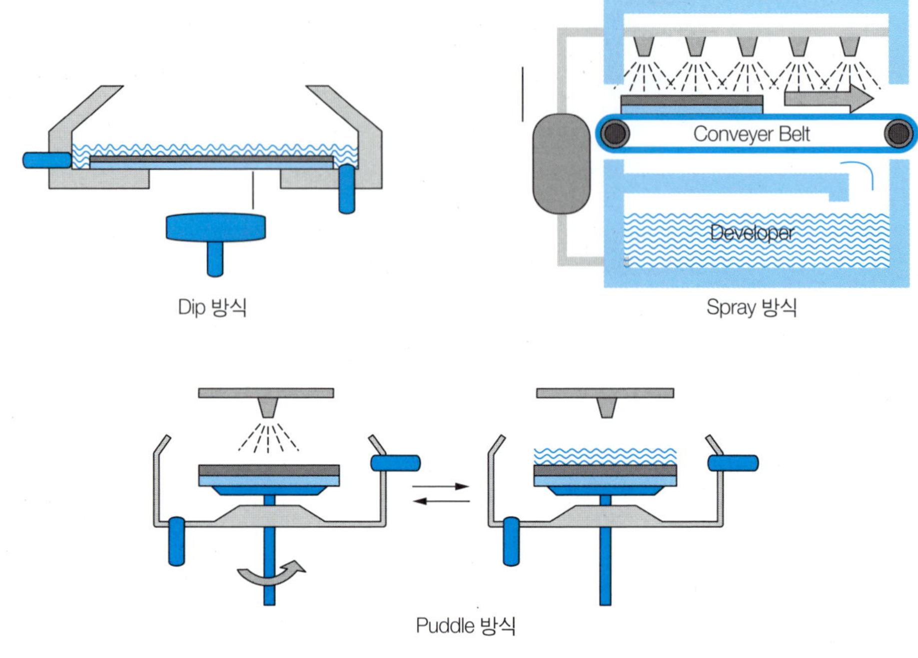

그림 5.11 여러 가지 현상 방법

하는 방법이다. 퍼들 방식은 기판 위에 현상액을 분사하고 일정 시간 동안 유지시키는 방법이다. 딥과 스프레이 방식은 현상액을 재사용(recycling) 하는 반면, 퍼들 방식은 현상액을 재사용하지 않는다. 현상이 끝난 후에는 감광제 표면에 잔류하는 현상액을 제거하기 위해 디아이 워터(DI water)를 사용하여 린싱(rinsing)을 실시하고, 최종적으로 스핀 드라이(spin dry) 또는 에어 나이프(air knife)를 이용하여 디아이 워터를 제거한다.

5.2.9 하드 베이크(hard bake) 공정

현상이 완료된 후, 기판을 핫플레이트(hot plate)에 근접 가열시켜서, 감광제 표면 및 내부에 흡수된 수분과 내부에 남아 있는 잔류 용제(solvent)를 완전히 제거하고 감광제의 고분자(polymer) 사이의 결합력을 강화(cross-link)시킴으로써, 패턴의 안정화와 이후 식각 공정에 대한 내구성을 향상시킨다. 또한 감광제를 써멀 리플로우(thermal reflow) 시켜서 패턴의 경사각(taper angle)을 조절함으로써, 이후 건식 식각(dry etch) 공정에서 박막의 프로파일(profile) 조절을 용이할 수 있도록 한다. 하드 베이크의 처리 온도에 따라서 패턴의 경사각을 변화시킬 수 있다.

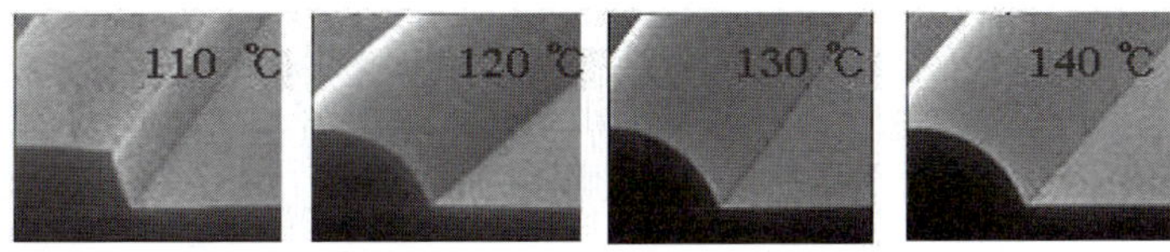

그림 5.12 하드 베이크 온도에 따른 패턴의 경사각

5.3 검사(inspection)

포토 공정을 통해 전사된 패턴의 정확성을 확인하기 위해 행해지는 검사 항목 및 불량 유형들과 대책에 대해 알아본다.

5.3.1 CD(critical dimension)

감광제에 전사된 패턴의 정확한 크기를 의미하며, 각 레이어에서 기준이 되는 모양의 크기를 측정한다. 각 레이어 별로 설계 단계에서부터 정해진 크기 값이 있으며, 최종적으로 설계치를 만족해야 한다. CD에는 포토 공정 후에 측정하는 DI(Develop Inspection) CD와 식각 공정 후에 측정하는 FI(Final Inspection) CD가 있다. DI CD는 박막 위에 감광제 패턴의 크기를 의미하고, FI CD는 식각 공정을 통해 박막의 패턴을 형성하고 스트립 공정을 통해 감광제를 제거한 후, 최종으로 남아있는 박막의 패턴 크기를 의미한다. 따라서, DI CD와 FI CD 사이에는 식각 바이어스(etch bias) 만큼의 차이가 난다. CD 측정 장비에 각 레이어별로 측정해야 할 패턴의 모양과 위치를 저장시켜 놓고, 기판 위의 여러 지점을 측정하여, 평균값(average)과 표준편차(standard deviation)를 관리한다. DI CD에 영향을 주는 요소로는 감광제 코팅, 소프트 베이크, 노광량(exposure dose), PEB(Post Exposure Bake), 현상(develop) 공정 등이 있으며, CD 평균값의 변화량을 보정해야 할 경우에 노광량의 조절을 통해 이루어지는 것이 일반적이다.

5.3.2 패턴 검사(pattern inspection)

어레이 판넬(array panel)의 내부에는 빨간색(red), 녹색(green), 파란색(blue)에 해당하는 화소(pixel)의 반복으로 이루어져 있으며, 외각부에는 신호를 넣어주기 위한 배선부의 팬아웃(fan out)과 드라이브(drive) IC를 본딩(bonding)하기 위한 패드(pad)들로 이

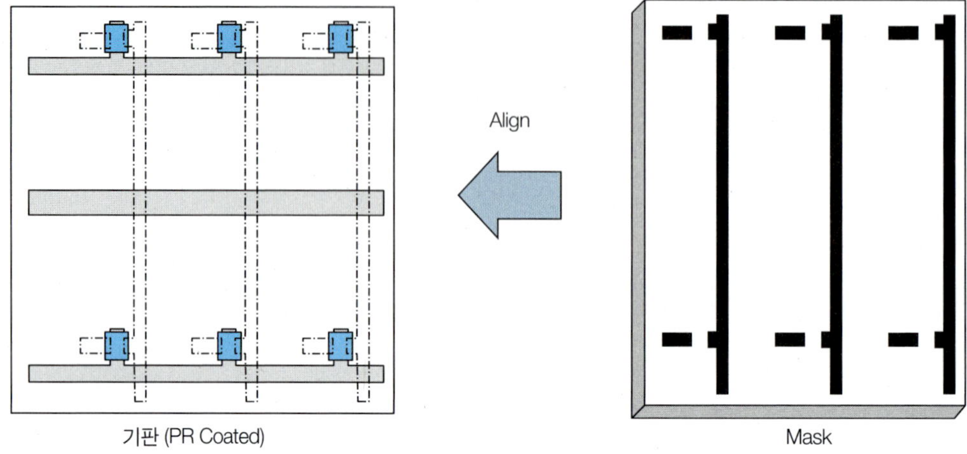

그림 5.13 Overlay 개념도

루어져 있다. 패턴 검사 장비는 반복되는 화소의 패턴과 다르게 생긴 화소 패턴을 찾아냄으로써, 화소 불량(pixel defect) 및 게이트(gate) 또는 소스드레인(source drain) 신호선(signal line)의 단선(open) 및 합선(short) 등을 검출할 수 있다. 또한, 모든 기판의 패턴에 반복적으로 같은 위치에 같은 모양으로 나타나는 패턴 불량을 찾아냄으로써 마스크의 불량을 발견할 수 있다.

5.3.3 Overlay와 Stitch

Overlay는 레이어와 레이어(layer to layer) 사이의 정렬 정밀도를 의미한다. 즉, 상부 레이어가 하부 레이어에 대해 상대적으로 놓여야 할 위치에 정확히 놓여 있는 정도를 측정한다. Stitch는 하나의 레이어 내에서 샷과 샷(shot to shot) 사이의 정렬 정밀도를 의미한다. 어레이 제조 공정은 4~5 마스크 공정으로 진행되며 각각의 레이어에서 Overlay와 Stitch의 정밀한 제어가 매우 중요하기 때문에, 기판의 판넬과 판넬 사이 등 실제 패턴에 영향을 주지 않는 여유 공간에 Overlay와 Stitch를 측정할 수 있는 버니어(vernier)를 삽입하여, 현미경을 통해 육안으로 측정하거나 장비를 이용하여 자동으로 측정한다. Overlay와 Stitch는 어레이 공정, 특히 고온 증착 공정 중에 유리기판의 변형에 의해 발생하거나, 노광장비 자체의 정밀도 오차에 의해 발생한다. 유리기판의 변형에 대한 노광기의 보상(compensation) 능력과 정밀도(accuracy)에 의해 영향을 받는다.

5.3.4 육안 및 현미경 검사

그 외에 육안 및 현미경 검사를 통해 얼룩(discolor), 주변 노광(edge exposure), 타이틀링(titling)의 정확성 등을 확인한다.

5.3.5 불량 유형의 원인과 대책

앞에서 살펴본 것과 같은 포토 공정 후 검사를 통해서 발견되는 불량들에 의해 식각 공정을 진행할 수 없는 경우, 식각 공정 없이 스트립 공정을 진행하여 불량이 존재하는 감광제 패턴을 완전히 제거하고, 포토 공정을 재진행한다. 이를 리웍(rework)이라 한다. 리웍 후 포토 공정을 재진행할 경우에는 앞서 발생한 불량의 원인을 파악하여 불량이 재발생하지 않도록 하는 것이 중요하다. 포토 공정에서 주로 발생하는 불량 유형의 원인과 대책에 대해 알아보자.

5.3.5.1 반복 불량(repeating defect)

모든 기판의 패턴 상에 반복적으로 같은 위치에 같은 모양으로 나타나는 패턴 불량으로서 마스크의 제작 오류 또는 마스크 위에 파티클(particle)에 의해 오염이 발생할 경우 나타나는 현상이다. 마스크의 제작 오류라면 마스크를 재제작해야 하며, 마스크가 오염이 되었다면 마스크 세정 또는 펠리클(pellicle) 교체 등을 통해 오염을 제거하여야 한다.

5.3.5.2 CD(critical dimension) 불량

감광제에 전사된 패턴의 크기가 관리하는 평균값(average)과 표준편차(standard deviation)를 벗어나는 불량이다. CD 평균값이 관리치를 벗어날 경우에는 노광량(exposure dose)의 조절을 통해 비교적 쉽게 보정할 수 있다. 그러나, 표준편차가 관리치(spec.)를 벗어나는 경우에는 모든 공정의 균일성(uniformity)을 검사할 필요가 있다. 즉, 감광제 코팅 두께 균일성, 베이크 장비의 온도 균일성, 노광기의 조도 균일성, 현상기의 위치별 균일성 등을 살펴보고 각각의 공정 균일성을 높여 주어야 한다. 각 공정의 균일성 확보가 어려울 경우, 또 다른 방법으로는 노광 공정에서 위치에 따른 CD 차이를 확인하고 보정 노광량을 계산하여 위치별로 개별적인 노광량을 줌으로서 CD 균일성을 향상시킬 수 있다.

5.3.5.2 Overlay와 Stitch 불량

Overlay와 Stitch가 관리치를 벗어나는 불량으로서 샷무라(shot mura), 플리커(flicker), 크로스 토크(cross talk) 또는 개구율(aperture ratio) 감소의 원인이 된다. 고온 증착 공정 중에 유리기판의 변형이 커지거나, 노광장비 자체의 정밀도 오차가 커질 경우에 발생한다. 일정한 방향으로 지속적인 오차가 발생하면, 인위적으로 보정량(offset)을 줌으로써 Overlay와 Stitch를 개선할 수 있다.

5.3.5.3 얼룩(discolor)

유리기판 위의 부분적인 얼룩으로 보이는 불량으로서, 얼룩 내부를 살펴보면 패턴 형성이 정상적이지 못하다. 노광기의 스테이지(stage) 위에 파티클이 존재하고 그 위에 기판이 놓여지는 경우, 그 부분에서 초점이 맞지 않는 경우 얼룩이 발생한다. 이때는 노광기 스테이지 세정을 통해 파티클을 제거한다. 현상 후에 린싱(rinsing)이 불량할 경우 감광제 찌꺼기(residue)가 제거되지 않고 남는 경우에도 발생한다. 이때는 린싱의 시간 및 속도를 변경하여 감광제 찌꺼기를 완전히 제거한다. 또한 베이크 장비의 온도 균일성이 나쁠 경우, 얼룩이 발생할 수 있으므로 베이크 장비를 체크하여 온도 균일성을 높여 주어야 한다.

5.3.5.4 감광제 코팅(PR coating) 불량

감광제를 코팅하는 공정에서 스피드 보트(speed boat), 핀홀(pin hole), 감광제 벗겨짐(PR peeling), 씬너 어택(thinner attack)의 불량이 발생할 수 있다. 스피드 보트 현상은 마치 물 위에 보트가 지나가면서 보트 뒤에 삼각형 모양의 물결을 남기는 것과 비슷하다. 기판 표면에 파티클이 존재하면, 스핀 공정의 원심력에 의해 코팅되던 감광제가 파티클에 의해 방해를 받고 파티클 뒷부분에 감광제가 정상적으로 코팅이 되지 않는 스피드 보트 현상이 발생하므로, 코팅 전 세정 공정을 강화해서 파티클을 제거해야 한다. 또는 감광제 적하량이 부족하거나 적하 위치가 중심에서 벗어날 경우에도 발생하므로 적하량을 늘리거나 적하 위치를 조절함으로써 스피드 보트 현상을 방지할 수 있다. 핀홀 현상은 코팅된 감광제 내부에 작은 홀들이 존재하여 이후 식각 공정에서 드러나게 되면, 홀 하부에 있는 패턴이 식각될 수 있다. 핀홀을 방지하기 위해서는 필터(filter)를 교체하거나 감광제 퍼지(PR purge)를 통해 핀홀을 걸러 주거나, 감광제의 두께를 높임으로서 핀홀이 겉으로 드러나는 것을 방지할 수 있다. 감광제 벗겨짐 현상은 기판과 감광제의 접착력(adhesion) 불량에 의해 발생하므로, HMDS 처리, 베이크 공정 조절을 통해 접착력을 향상시켜야 한

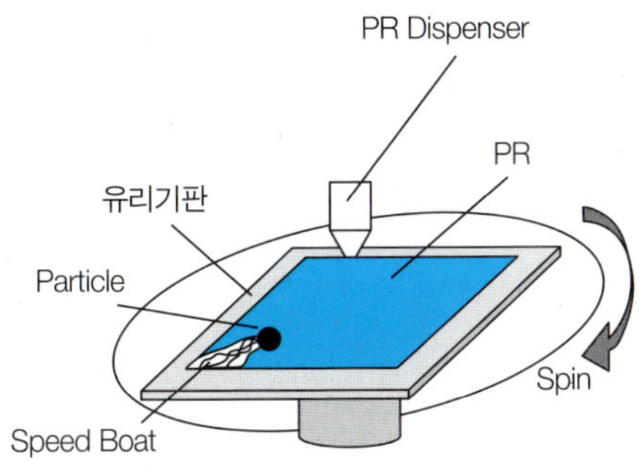

그림 5.14 스피드 보트 현상

다. 기판 외곽 및 뒷면의 감광제를 제거하기 위한 EBR(edge beed removal) 공정 중에 씬너가 기판 내부로 들어와 감광제에 어택을 주는 경우가 발생하기도 하며, 이때는 씬너의 유량, 배기(exhaust) 압력 조절 및 위치 조정을 통해서 씬너 어택을 방지한다.

5.4 노광(exposure)

5.4.1 노광기(exposure system)

마스크의 패턴을 기판 위에 코팅된 감광제에 정확한 크기와 정확한 위치에 노광시키는 장비이다. 마스크를 정확한 위치에 정렬(align)하고, 마스크를 통과한 자외선을 광학계를 통해 감광제에 조사하는데, 이때 마스크와 광학계에 따라서 노광하는 방식이 달라진다. 일반적으로 노광하는 방식에 의해서 노광기는 스텝퍼(stepper), 얼라이너(aligner), 프록시미티(proximity) 방식의 세 가지로 분류된다.

5.4.1.1 스텝퍼(stepper) 방식

광학계가 렌즈(lens)로 구성되어 있는 방식이며, 렌즈 크기의 한계가 있기 때문에 한 번에 노광할 수 있는 면적에 제한이 있다. 일반적으로 한 번에 노광할 수 있는 면적은 Φ200 mm 이하이며, 마스크는 6~7인치(inch) 크기를 사용한다. 스텝퍼 방식에서 사용하는 소형 마스크를 레티클(reticle)이라 부르기도 한다. 따라서, 마스크의 크기가 판넬의 크기보다 작기 때문에 판넬을 공간적으로 분할하여 각 위치에 해당하는 패턴을 가진 마스크를 사용해서 노광을 한다. 이 방식은 렌즈를 사용하기 때문에 다른 방식의 장비보다 해상도

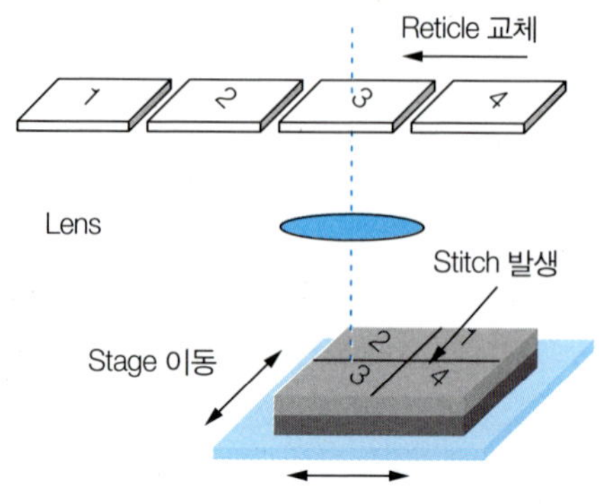

그림 5.15 스텝퍼 방식

를 높이기가 용이하며, 판넬을 분할해서 노광하므로 위치별로 기판 변형에 대한 보정을 할 수 있고 위치별로 노광량을 조절할 수 있는 장점이 있다. 그러나, 판넬을 분할해서 노광하기 때문에 위치별로 Overlay가 달라질 수 있으며, 또한 한 레이어 내에서 Stitch가 발생하는 문제점이 있다. 4세대 이상 기판(730mm × 920mm)에서는 분할하는 샷(shot) 수가 많아져서 공정 시간(tact time)이 길어지고 Stitch가 많아지는 단점이 있기 때문에 스텝퍼 방식은 사용이 제한적이다. 그러나 고해상도(high resolution)를 구현하기에 용이하므로 저온 폴리 실리콘(low temperature polycrystalline silicon, LTPS) 공정과 같이 고해상도를 요구하는 노광에서는 계속해서 사용되고 있다.

5.4.1.2 얼라이너(aligner) 방식

광학계가 미러(mirror)로 구성되거나, 또는 렌즈 크기의 한계가 있기 때문에 여러 개의 렌즈 배열(lens array)로 구성되어 있는 방식이다. 광원으로부터 나오는 빛을 슬릿(slit) 모양으로 만들고, 광학계 상부에 있는 마스크와 하부에 있는 기판을 동시에 이동(scan)시키면서 노광을 한다. 그래서 스캐너(scanner)라고 부르기도 한다. 일반적으로 마스크의 크기가 판넬의 크기와 같거나 크기 때문에 판넬을 공간적으로 분할하여 노광하지 않아도 된다. 따라서 이 방식은 판넬을 분할하지 않고 노광하므로 판넬 내부에 Stitch가 존재하지 않는다. 그러나 위치별로 기판 변형에 대한 보정 능력이 낮으며, 위치별로 노광량을 조절하기가 어렵다. 4세대 이상 기판(730mm × 920mm)에서는 공정 시간이 짧고, Stitch가 없는 장점이 있어서 주로 얼라이너 방식을 사용한다. 마스크 사이즈가 크기 때문에 마스크 제조 비용이 높고, 마스크 핸들링(handling)에 유의해야 한다.

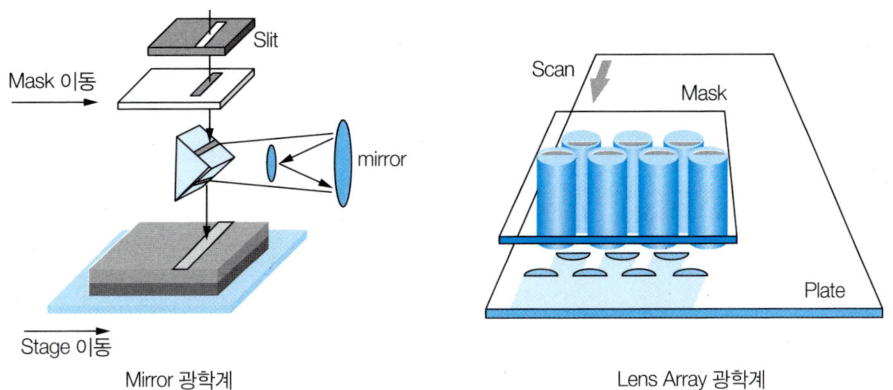

그림 5.16 얼라이너 방식

5.4.1.3 프록시미티(proximity) 방식

광학계가 없는 방식으로 마스크와 기판을 수백에서 수십 마이크로미터까지 가까이 근접(proximity) 시킨 후에 판넬 전체를 한 번에 일괄 노광하는 방식이다. 렌즈나 미러 같은 광학계를 사용하지 않기 때문에 해상도가 떨어지지만 한 번에 판넬 전체를 노광할 수 있기 때문에 공정 시간이 짧고, 장비 구성이 간단하며, 다른 방식의 장비에 비해 장비 가격도 낮다. 어레이 제조 공정에서는 3~4μm의 해상도가 요구되지만 프록시미티 방식의 해상도는 10μm 정도 이므로 어레이 제조 공정에서는 사용하지 않으며, 주로 컬러필터(color filter) 제조의 노광 공정에 사용된다.

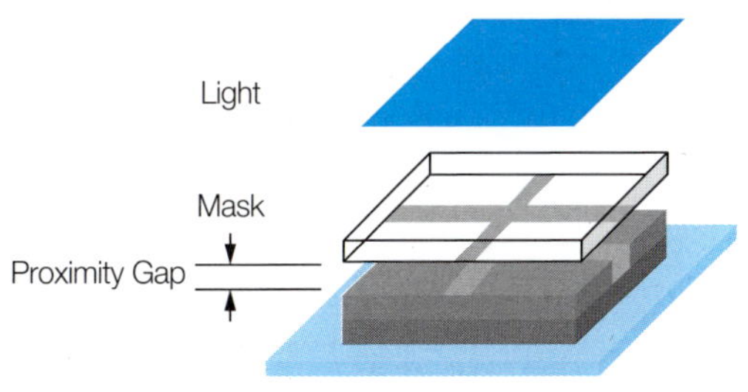

그림 5.17 프록시미티 방식

5.4.2 해상도와 초점심도

5.4.2.1 해상도(resolution)

광원으로부터 나온 빛은 마스크의 패턴을 통과하면서 회절(diffraction) 현상을 일으킨다. 마스크를 지나온 빛은 0차광, 1차광, 2차광, …, n차광으로 회절된다. 마스크의 이미지를 구현하기 위해서는 광학계를 통해 최소한 회절 된 빛의 1차광까지는 다시 모을 수 있어야 한다. 광학계가 회절된 빛을 받아들일 수 있는 각도를 수치화한 것을 개구수(N.A., Numerical Aperture)라 정의한다. 패턴의 크기가 작을수록 회절되는 각도는 커지기 때문에, 광학계의 개구수에 따라서 1차광을 받아들일 수 있는 패턴의 크기가 한정되게 된다. 따라서, 해상도(resolution)는 최소한 1차광을 받아들일 수 있는 최소 선폭의 크기를 의미하며, 해상도가 좋을수록 더 작은 패턴들을 구현할 수 있다.

5.4.2.2 초점심도(DOF, Depth Of Focus)

광학계를 구성하고 있는 렌즈들이 상(image)을 맺는, 즉, 마스크의 패턴이 정확하게 구현

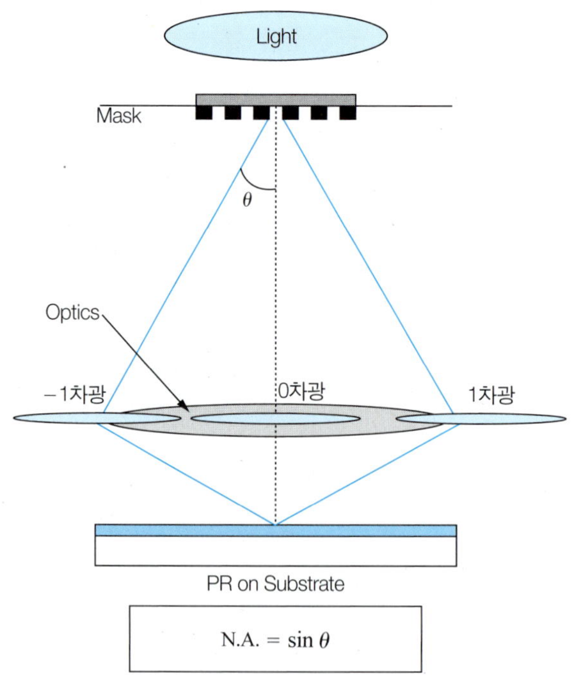

그림 5.18 회절 현상과 개구수

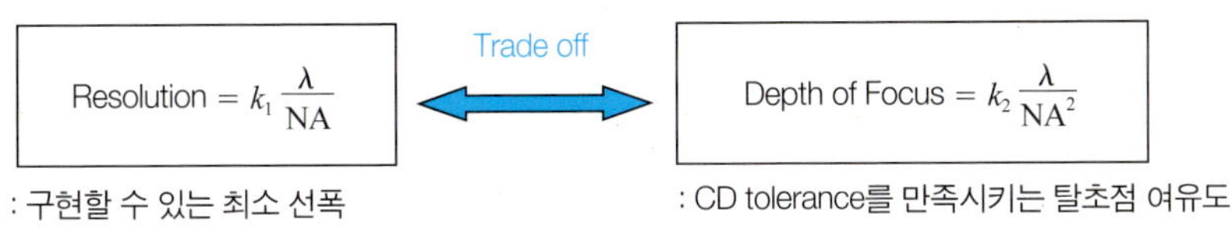

그림 5.19 해상도와 초점심도의 관계

되는 초점(focus)거리가 존재한다. 이러한 초점거리를 벗어남에 따라 마스크의 패턴이 점점 흐려져서 어느 순간에는 정확한 패턴을 구현할 수 없게 된다. 따라서, 초점 거리로부터 벗어날 경우에도 이미지를 구현할 수 있는 탈초점(out-focus) 여유도(tolerance)를 초점심도라 한다. 기판이 점점 커지고, 노광 시 기판의 이동 속도가 증가함에 따라서, 정확한 초점거리를 유지하기가 힘들기 때문에 초점심도가 클수록 공정 안정성과 마진(margin)을 확보하는 데 유리하다.

5.4.2.3 해상도와 초점심도의 관계

해상도와 초점심도는 서로 트레이드 오프(trade off) 관계에 있다. 즉, 해상도가 좋아지면 초점심도가 나빠지게 되고, 반대로 초점심도가 좋아지면 해상도가 나빠진다. 따라서, 구현하고자 하는 패턴의 크기와 공정 안정성 및 마진을 고려해서 적절한 해상도와 초점심도를 갖도록 광학계를 구성하는 것이 중요하다.

5.4.3 고해상도(high resolution) 구현

소형 모바일(mobile) 제품에서는 기존의 드라이브 IC를 외부에 본딩하는 것을 대체해서, 저온 폴리 실리콘(LTPS)의 높은 이동도(mobility)를 이용하여 주변 회로(peripheral circuit)를 기판 위에 집적(integration)하고 있다. 이 때 주변의 제한된 영역 내에 높은 구동 스피드로 동작하기 위해서는 기존의 3~4μm 해상도보다 좋은 고해상도 즉, 1.5μm 이하의 해상도가 요구된다. 해상도를 구성하는 식에서 볼 수 있듯이 광원의 파장(wavelength), 개구수(N.A., Numerical Aperture), 공정 상수(k_1, process factor)에 따라서 해상도가 결정되며, 이 세 가지 요소들을 개선하여 해상도를 향상시킬 수 있다.

5.4.3.1 파장(wavelength, λ)

낮은 파장을 이용한다. 아모포스 실리콘(amorphous silicon) 공정에서는 해상도보다는

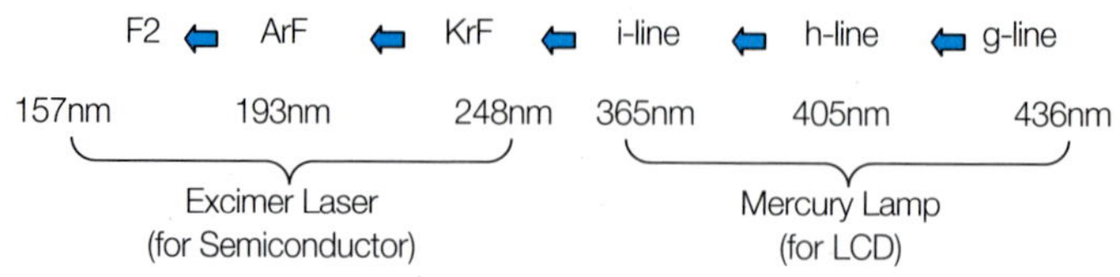

그림 5.20 광원의 파장 분류

공정 효율을 높이기 위해 g-line(436nm), h-line(405nm), i-line(365nm)의 복합 파장을 사용하고 있으며, 반도체 공정에서는 고해상도를 구현하기 위해 엑시머 레이저(excimer laser)를 도입하였다. 현재 LCD 제조 공정에서는 엑시머 레이저를 사용하는 노광기는 도입되어 있지 않기 때문에, 초고압 수은등(mercury lamp)에서 발생하는 가장 낮은 파장인 i-line(365nm)을 단파장으로 사용하여 고해상도를 구현하고 있다.

5.4.3.2 개구수(N.A., Numerical Aperture)

높은 개구수의 렌즈를 사용한다. 아모포스 실리콘 공정에서는 넓은 면적을 노광하기 위해 보통 0.1 이하의 개구수를 사용하고 있으며, 반도체 공정에서는 해상도 향상을 목적으로 0.5 이상의 개구수를 사용하고 있다. 따라서, 해상도를 향상시키면서도 공정 효율을 높이려면, 높은 개구수를 가지면서 동시에 노광 면적(field area)이 커야 한다.

5.4.3.3 공정상수(k_1, process factor)

파장과 개구수는 장비적인 관점에서 해상도를 향상시킨다면 공정상수는 공정 관점에서 해상도를 향상시킬 수 있다. 파장과 개구수는 물리학적으로 정해지는 수치이지만 결국 이미지는 감광제 위에 구현되기 때문에 트랙(track) 공정에 의해서 해상도가 영향을 받는다. 감광제 코팅, 베이크, 현상 공정 등을 최적화함으로써 공정상수를 낮추고 해상도를 향상시킬 수 있다. 또한 고해상도 공정에서도 기판이 커짐에 따라서 위치별 균일성이 매우 중요해지며, 균일성은 주로 트랙 공정의 최적화에 의해 구현된다.

5.4.4 기판 변형 보상(compensation)

Overlay와 Stitch의 정밀도는 노광 공정에서 매우 중요한 부분이며, 정밀하게 제어되지 못할 경우 여러 가지 불량이 생기는 원인이 된다고 앞 절에서 설명하였다. Overlay와 Stitch는 특히 고온 증착 공정 중에 유리기판의 변형에 의해 발생하거나, 노광장비 자체의

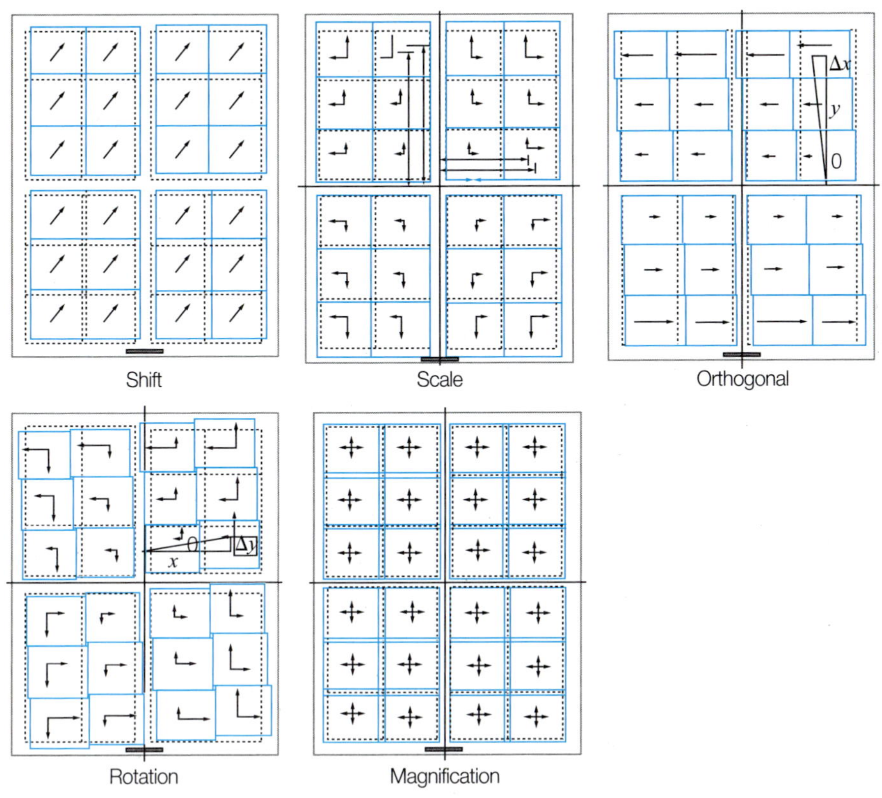

그림 5.21 기판 변형의 유형

정밀도 오차에 의해 발생한다. 이러한 변형으로는 이동(shift), 스케일(scale), 찌그러짐(orthogonal), 회전(rotation), 배율(magnification) 등이 있다. 첫 번째 레이어에서 기판의 정해진 좌표에 노광기에서 인식할 수 있는 키(key)를 여러 곳에 형성한다. 이후 레이어 노광 공정 시, 첫 번째 레이어에서 형성되었던 키들의 위치를 읽고, 원래 키 좌표와의 변동값(deviation)을 계산한다. 이 변동값들로부터 각각의 변형(이동, 스케일, 찌그러짐, 회전, 배율)의 보정값(offset)들을 추출하고, 이 보정값을 반영한 위치와 배율 보상을 통해 노광을 진행함으로써 overlay와 stitch를 정밀하게 제어한다.

5.4.5 기판 변형 계산

키의 원래 좌표값 (x, y)와 기판 변형으로 인해 변동한 좌표값 $X = x + \Delta x, Y = y + \Delta y$으

로부터 각각의 변형(스케일, 회전, 찌그러짐, 이동) 값들은 다음의 행렬식으로 표현할 수 있다.

$$\begin{pmatrix} X_i \\ Y_i \end{pmatrix} = \begin{pmatrix} 1+\gamma_x & 0 \\ 0 & 1+\gamma_y \end{pmatrix} \begin{pmatrix} \cos\theta & -\sin\theta \\ \sin\theta & \cos\theta \end{pmatrix} \begin{pmatrix} 1 & -\tan\omega \\ 0 & 1 \end{pmatrix} \begin{pmatrix} x_i \\ y_i \end{pmatrix} + \begin{pmatrix} S_x \\ S_y \end{pmatrix} + \begin{pmatrix} \varepsilon x_i \\ \varepsilon y_i \end{pmatrix}$$

γ: scale θ: rotaion ω: orthogonal S: shift ε: error

위 식을 정리하면 다음과 같이 간단하게 나타낼 수 있다.

$$\begin{pmatrix} \Delta x_i \\ \Delta y_i \end{pmatrix} = \begin{pmatrix} \gamma_x & -(\theta+\omega) \\ \theta & \gamma_y \end{pmatrix} \begin{pmatrix} x_i \\ y_i \end{pmatrix} + \begin{pmatrix} S_x \\ S_y \end{pmatrix} + \begin{pmatrix} \varepsilon x_i \\ \varepsilon y_i \end{pmatrix}$$

여기서, 키(key)의 개수(n)에 해당하는 만큼의 (x, y), $(\Delta x, \Delta y)$ 데이터를 얻을 수 있으며, 최소자승법(least square method)을 이용하여 각각의 변형값을 구한다.

위 식을 변형값에 대한 행렬로 표현하면 다음과 같다.

$$\begin{pmatrix} x_1 & y_1 & 1 \\ x_2 & y_2 & 1 \\ \cdot & \cdot & \cdot \\ \cdot & \cdot & \cdot \\ x_{n-1} & y_{n-1} & 1 \\ x_n & y_n & 1 \end{pmatrix} \begin{pmatrix} \gamma_x & \theta \\ -(\theta+\omega) & \gamma_y \\ S_x & S_y \end{pmatrix} = \begin{pmatrix} \Delta x_1 & \Delta y_1 \\ \Delta x_2 & \Delta y_1 \\ \cdot & \cdot \\ \cdot & \cdot \\ \Delta x_{n-1} & \Delta y_{n-1} \\ \Delta x_n & \Delta y_n \end{pmatrix}$$

$AX = B$ 행렬에서, A의 전치행렬(transposed matrix) A^T를 이용하여 $X = (A^T A)^{-1} A^T B$ 관계를 통해 위 식을 풀어 변형값을 구하면 다음과 같다.

$$\begin{pmatrix} \gamma_x & \theta \\ -(\theta+\omega) & \gamma_y \\ S_x & S_y \end{pmatrix} = \begin{pmatrix} \sum x_i^2 & \sum x_i y_i & \sum x_i \\ \sum x_i y_i & \sum y_i^2 & \sum y_i \\ \sum x_i & \sum y_i & \sum 1 \end{pmatrix}^{-1} \begin{pmatrix} \sum x_i \Delta x_i & \sum x_i \Delta y_i \\ \sum y_i \Delta x_i & \sum y_i \Delta y_i \\ \sum \Delta x_i & \sum \Delta y_i \end{pmatrix}$$

이렇게 구한 기판 변형의 보정값(offset)들을 반영하여 노광을 진행함으로써 Overlay와 Stitch를 정밀하게 제어한다.

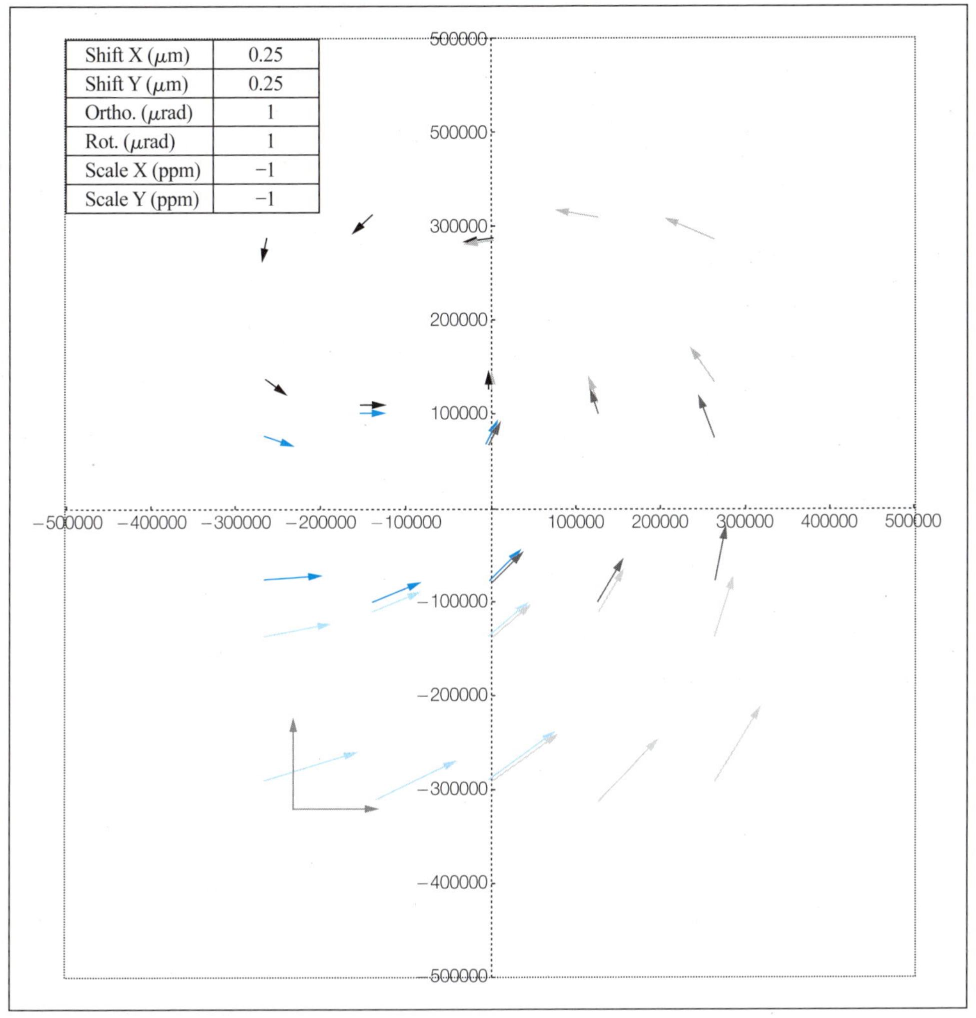

그림 5.22 복합적인 기판 변형 발생

5.5 감광제(PR, photoresist)

5.5.1 분류

감광제는 크게 포지티브(positive)와 네가티브(negative)로 분류된다. 포지티브 감광제의 경우 빛을 조사받은 영역이 현상액(developer)에서 쉽게 용해(dissolution)되기 때문에 마스크와 똑같은 패턴이 형성된다. 이와 반대로, 네가티브 감광제의 경우는 빛을 조사받은

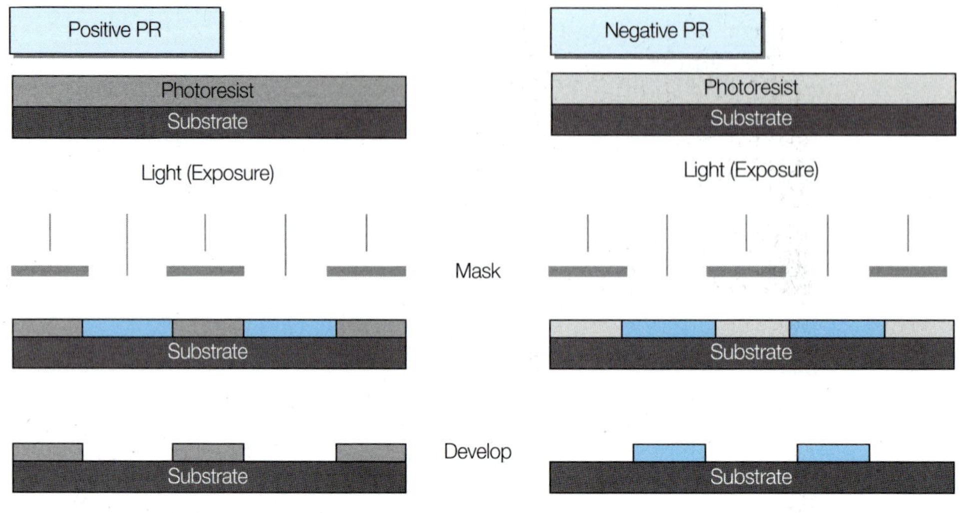

그림 5.23 감광제의 분류

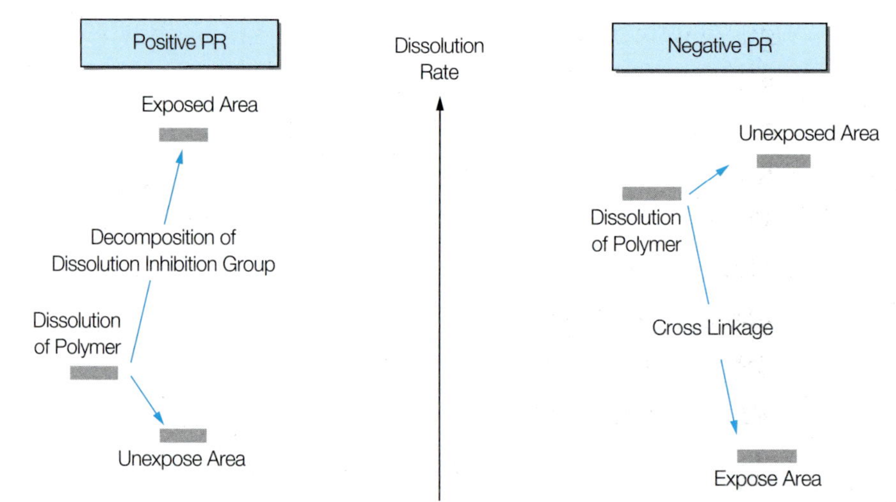

그림 5.24 광반응에 따른 용해도 차이

영역이 현상액에 용해되지 않기 때문에 마스크와 반대의 패턴이 형성된다. 또한, 감광제는 구성 성분에 따라서 1-성분계(1-component)와 2-성분(2-component)계로 나뉜다. 1-성분계는 자체적으로 광반응성을 가지고 있는 고분자로 이루어져 있으며, 2-성분계는 고분자와 광반응 성분(sensitizer)으로 이루어져 있다. 포지티브 감광제는 주로 어레이(array) 공

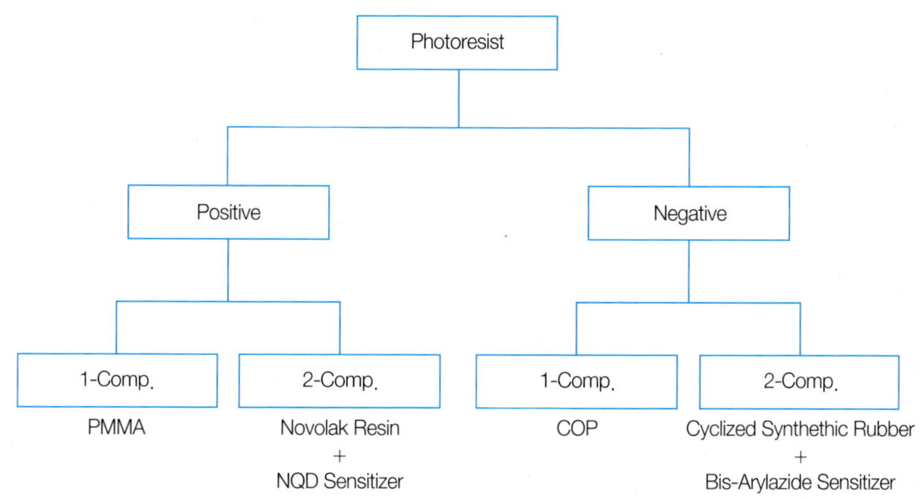

그림 5.25 성분계에 따른 감광제의 분류

정에 사용되고, 네가티브 감광제는 주로 컬러 필터(color filter) 공정에 사용된다. 이후의 설명들은 어레이 공정에 사용되는 2-성분계 포지티브 감광제에 초점을 맞추어 알아본다.

5.5.2 성분(component)

5.5.2.1 Resin

포토 공정이 완료된 후에 최종적으로 남아있는 패턴의 주 골격을 이루고 있으며 고형분의 대부분을 차지하는 고분자 성분이다. 감광제의 포토 스피드와 잔막율, 내열성을 좌우하는 주요 성분이다. 포지티브 감광제에 주로 사용되는 Novolak 계열 Resin은 내화학성이 좋기 때문에 후속 습식 식각 공정에서도 내산성이 뛰어나다. Tg(Glass Transition temperature)는 90~100°C 이며, 130°C 이상으로 가열해야 가교(cross-link) 반응이 일어난다. Resin은 유기용매(solvent)에 용해되며, 또한 TMAH 알칼리 수용액에서도 용해된다.

5.5.2.2 PAC(Photo Active Compound)

광반응 성분인 PAC은 NQD(Naphthoquinonediazide)와 Ballast의 에스테르화(esterification) 반응에 의해서 생성된다. NQD는 빛과 반응하여 수용액에 용해됨으로써 용해도 차이를 일으키는 성분이다.

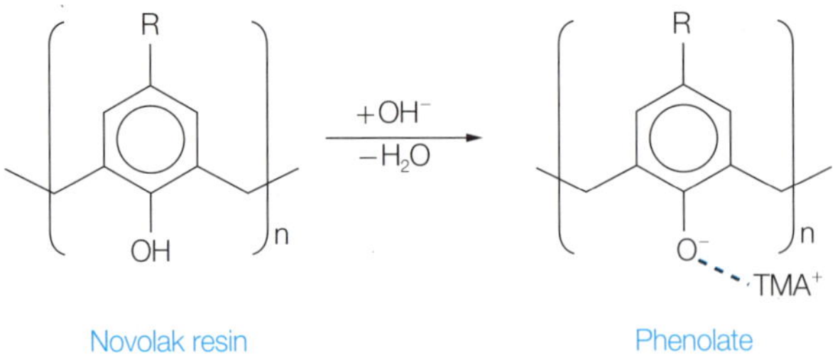

그림 5.26 TMAH 수용액에서의 Novolak Resin의 용해 반응

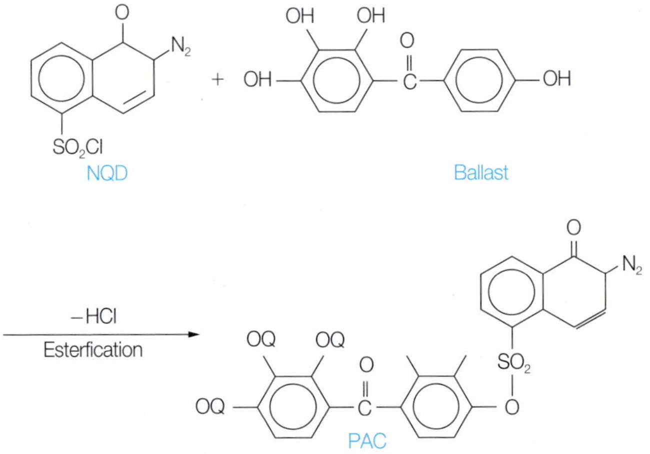

그림 5.27 PAC 생성 반응

5.5.2.3 유기용매(solvent)

Resin과 PAC을 용해시켜 용액(solution) 상태로 만들어서 코팅이 가능하게 한다. 유기용매의 종류에 따라서 코팅성에 영향을 주며, 베이크 공정 등을 통해 포토 공정이 완료된 후에는 모두 제거된다. 주로 사용되는 유기용매로는 PGMEA(Propylene Glycol Mono Methyl Ether Acetate), PGME(Propylene Glycol Methyl Ether), EEP, EL, MMP, n-BA(normal Butyl Acetate) 등이 있다.

5.5.2.4 첨가제(additives)

코팅성을 향상시키기 위해 계면활성제(surfactant)와 접착성을 향상시키기 위한 접착 향상제(adhesion promoter) 및 하부 막에 의한 반사광을 막기 위한 염료 등의 첨가제를 넣는다.

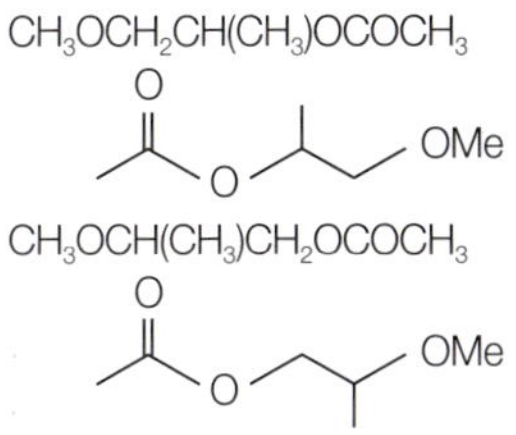
$CH_3OCH_2CH(CH_3)OCOCH_3$
O
OMe
O
$CH_3OCH(CH_3)CH_2OCOCH_3$
O
OMe
O

PGMEA

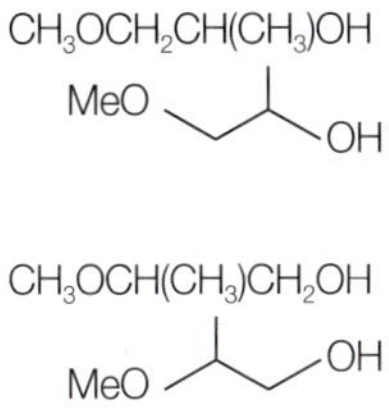
$CH_3OCH_2CH(CH_3)OH$
MeO
OH
$CH_3OCH(CH_3)CH_2OH$
OH
MeO

PGME

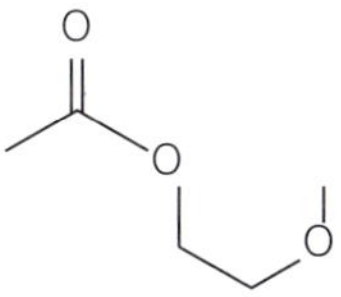
O
O
O

MMP

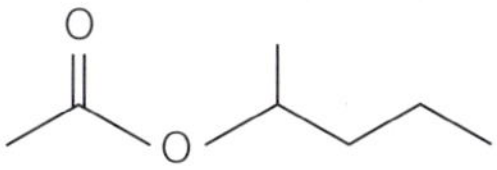
O
O

nBA

Solvent	Boiling Point(°C)	Viscosity (cp, 20°C)	Surface Tension	Vaporization Speed
PGMEA	146	1.17	26	0.34
PGME	118	1.90	28	0.71
EL	154	2.70	34	0.22
MMP	145	1.06	34	0.35
EEP	170	1.00	25	0.12
nBA	124	0.74	25	0.98

그림 5.28 유기용매의 종류와 물성

5.5.3 광반응(photolysis)과 용해도(dissolution rate)

포지티브 감광제의 PAC이 빛을 받으면 광반응이 일어난다. PAC은 기본적으로는 유기용매에는 용해되고 수용액에는 용해되지 않지만, NQD 성분이 빛과 반응하여 광반응을 통해 수용액에 용해되는 카복실산(carboxylic acid)이 생성된다. 빛을 받지 않은 감광제는 현상액 내에서 Chemical Interaction, Physical Interaction, Accumulation, Percolation Cluster에 의해 Resin이 용해되는 것을 막는 방해자(inhibitor) 역할을 한다. 따라서 광반응을 통해 빛을 받은 부분과 받지 않은 부분의 현상액에 대한 용해도 차이를 이용하여 패턴을 구현한다.

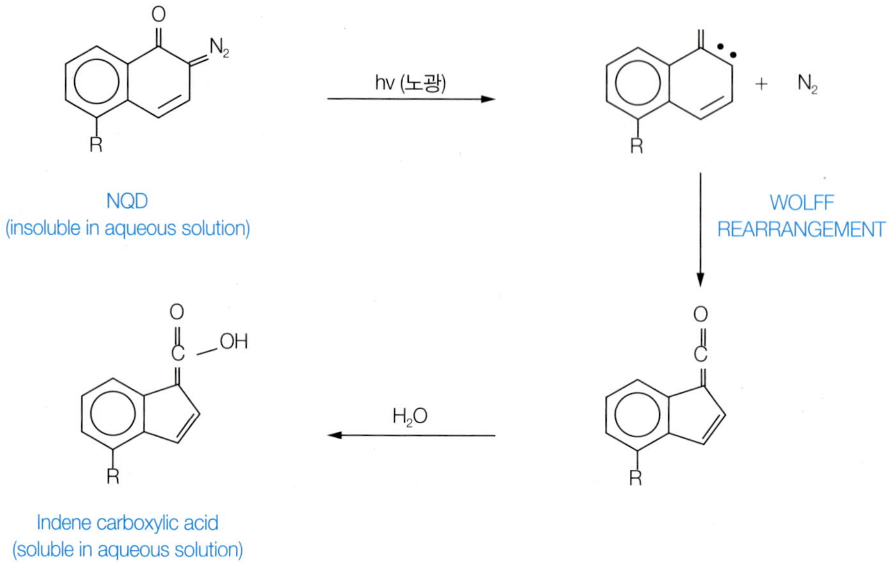

그림 5.29 광반응

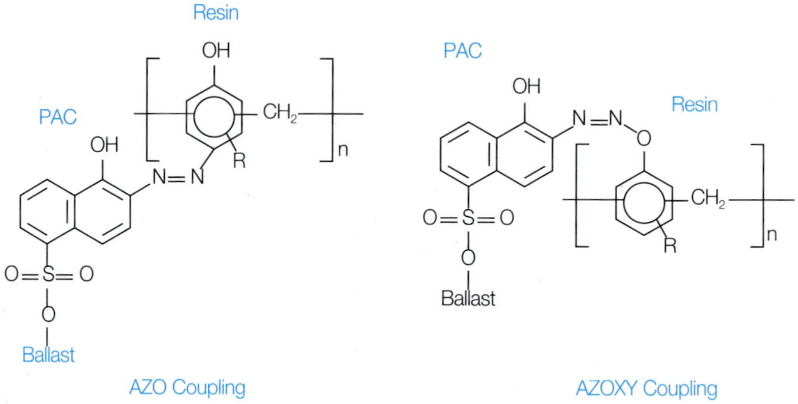

그림 5.30 Chemical Interaction

5.5.4 특성(characteristics)

5.5.4.1 감도(sensitivity)

빛에 대해 반응하는 민감성 정도를 의미하며, 감도가 클수록 광분해 에너지가 증가하여 포토 스피드(photo speed)가 느려지므로 공정 시간이 길어진다.

5.5.4.2 포토 스피드(photo speed)

원하는 CD 구현을 위한 노광 에너지를 의미하며, 포토 스피드가 빠를수록 공정 시간이 단축되어 생산성이 증가하지만, 너무 빠르면 공정 마진(margin)이 부족하여 CD가 불안정해질 수 있다.

5.5.4.3 해상도(resolution)

노광기(exposure system)에서 구현할 수 있는 해상도 외에 감광제 자체에서 구현 가능한 최소 패턴의 크기를 의미한다.

5.5.4.4 Contrast

노광부와 비노광부의 현상액에 대한 용해도의 차이를 의미한다. Contrast Curve(γ-curve)에서 구할 수 있는데, Curve는 노광량에 따라 일정 현상 시간 동안 감소되는 감광제의 두께로 나타난다.

5.5.4.5 잔막율(retention ratio)

다크 에로젼(dark erosion)이라고도 하며, 빛을 받지 않은 비노광부가 현상액에서 용해되는 비율을 의미하며, CD 균일성에 영향을 미친다.

5.5.4.6 내열성(thermal stability)

베이크 공정, 건식 식각 공정, 이온 주입(ion mass doping) 공정 등의 고온 공정이 진행되므로 내열 특성이 요구된다.

5.5.4.7 내화학성(chemical stability)

습식 공정 등에 견딜 수 있는 내화학성, 내산성이 요구된다.

5.5.4.8 접착성(adhesion)

모든 종류의 기판에 좋은 접착력이 요구되며, 일반적으로 Resin과 연관성이 있다.

5.5.4.9 PAC의 영향

PAC의 농도가 증가하면 빛에 반응하는 성분이 증가하므로, 필요한 노광 에너지가 증가한다. 따라서 포토 스피드가 낮아지지만 감도(sensitivity)와 Contrast는 증가한다. 또한 내열성은 낮아지지만 잔막율은 향상된다. PAC의 에스테르화도(degree of esterification)의 증가에 의해 포토 스피드는 낮아지지만 감도, Contrast, 내열성, 잔막율은 향상된다.

5.5.4.10 Resin 분자량의 영향

Resin의 분자량이 증가할수록 용해 속도가 느려지므로 포토 스피드가 감소한다. 또한 감도와 Contrast가 낮아지지만 내열성과 잔막율은 향상된다.

5.5.5 유기 절연막(organic resin)

일반적으로 감광제는 식각 공정이 끝난 후 스트립 공정을 통해 제거된다. 그러나, 유기 절연막은 감광제처럼 포토 공정이 가능하지만, 포토 공정 후에 제거하지 않고 영구적인 막으로 사용되는 차이점이 있다. 따라서, 유기 절연막은 영구막으로 사용되기 때문에 내열성, 내화학성, 투과율(transmittance) 등이 좋아야 한다. 유기 절연막은 유전상수(dielectric constant)가 작고, 코팅 공정을 통해 두꺼운(1~4μm) 막을 얻을 수 있기 때문에, 데이터 신호선(data line)과 픽셀 전극(pixel electrode) 사이의 커플링 커패시턴스(coupling capacitance)의 영향을 줄여서 픽셀 전극의 면적을 넓힐 수 있으므로 고개구율(high aperture ratio) 제품의 제조에 사용되며, 이 때 투과율을 높이기 위해 포토 공정 후에 광표백(photo bleaching)을 통해 남아있는 PAC을 모두 광반응시키고 내열성 및 내화학성을 증가시키기 위해 컨백션 오븐(convection oven)에서 200~250°C로 큐어링(curing)을 실시한다. 유기 절연막의 써멀 리플로우(thermal reflow)를 이용하여 반사판 하부에 요철(embossing)을 형성하여 빛을 여러 각도로 균일하게 반사할 수 있으므로, 반사형(reflective) 또는 반투과(transflective) 제품의 제조에도 사용된다. 또한, 유기발광다이오드(OLED, Organic Light Emitting Diode)를 제조할 때, 평탄화와 뱅크(bank) 공정에도 사용되고 있다.

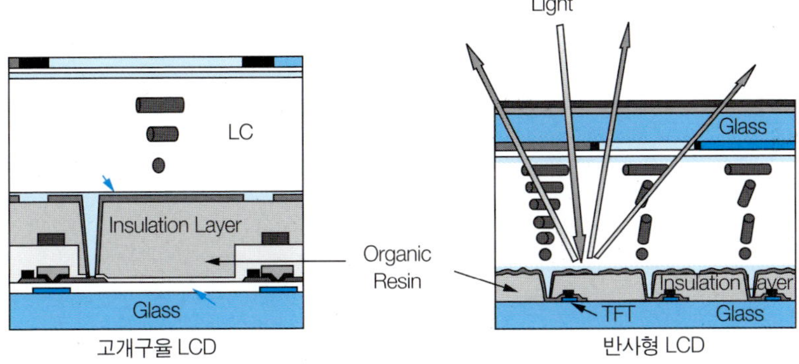

그림 5.31 유기 절연막의 용도

5.6 광학 시뮬레이션(Optics Simulation)

빛은 입자(particle)의 성질과 파동(wave)의 성질을 동시에 가지고 있으며, 광학 시뮬레이션을 이해하기 위한 빛의 파동성에 대해 알아본다.

5.6.1 회절(Diffraction)과 간섭(Interference)

빛의 대표적인 파동성으로 회절과 간섭이 있다. 입자는 진행 경로에 장애물 또는 틈(slit)이 있으면 그 틈을 지나 직선으로 진행하지만, 파동은 틈을 지나는 직선 경로뿐 아니라 그 주변의 일정 범위까지 파가 전달되며, 이러한 현상이 회절이다. 회절은 틈이 좁을수록 파장(wavelength)이 길수록 더 많이 일어난다.

매질 내의 같은 점에 둘 이상의 파동이 만날 때, 각 파동 진폭(amplitude)의 대수합이 그것들을 합성한 파의 진폭이 되는 파동의 중첩 현상이 간섭이다. 파장과 진폭이 같은 두 파동이 만나서 마루와 마루 또는 골과 골이 일치하는 경우에 보강간섭(constructive interference)이 일어나고, 마루와 골이 일치하여 파동의 진폭(amplitude)이 0이 되는 경우에 상쇄간섭(destructive interference)이 일어난다. 보강간섭과 상쇄간섭으로 일정한 무늬가 보이는 것이 간섭무늬(interference fringe)이다.

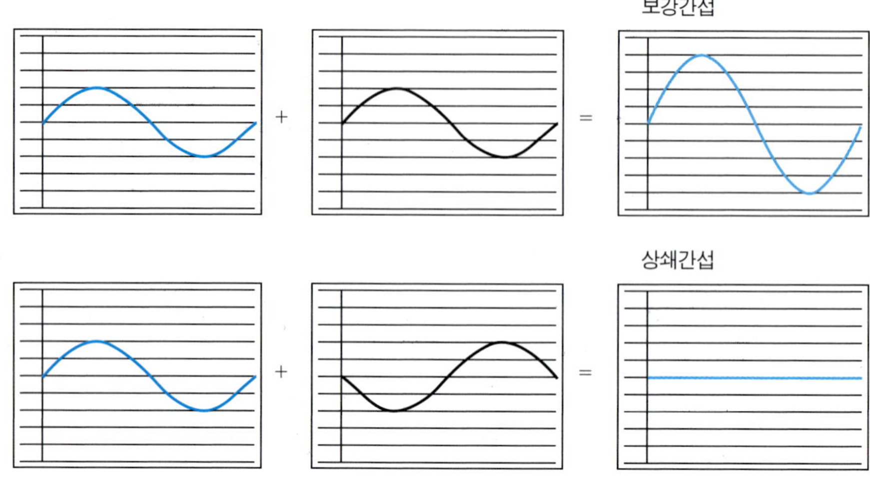

그림 5.32 보강간섭과 상쇄간섭

Thomas Young의 단일 슬릿(single slit), 이중 슬릿(double slit) 실험은 회절과 간섭 현상을 잘 보여준다.

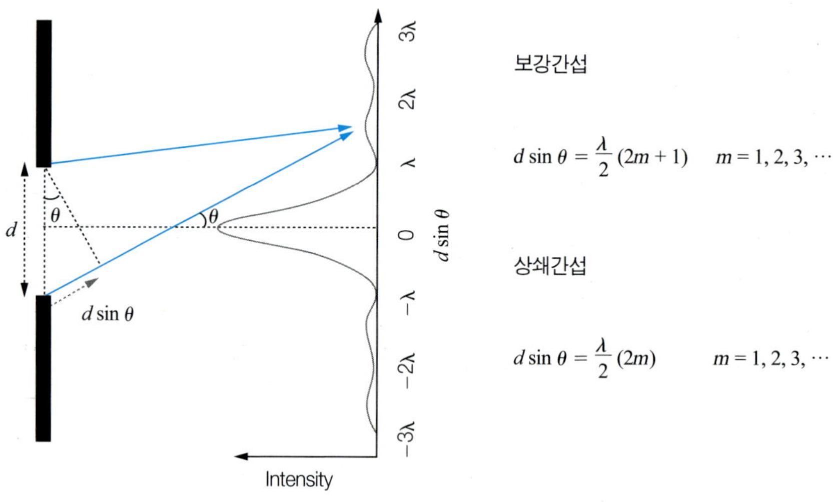

그림 5.33 단일 슬릿에서의 회절과 간섭 현상

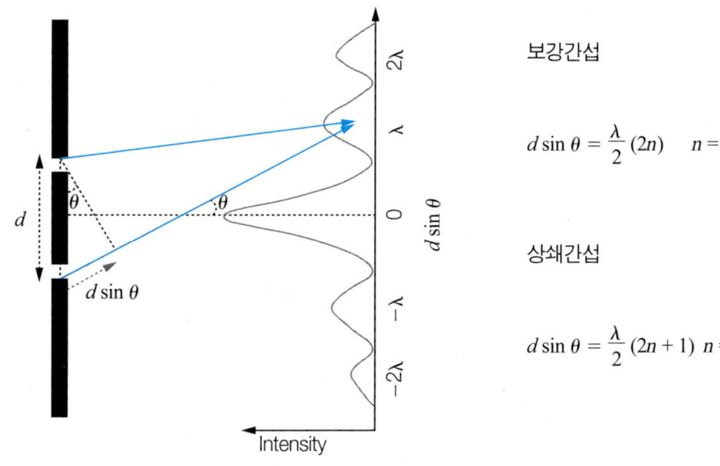

그림 5.34 이중 슬릿에서의 회절과 간섭 현상

5.6.2 파동(wave)

임의의 방향으로 진행하는 파동은 일반적으로 복소 지수(complex exponential) 형태의 식으로 표현할 수 있으며, 이렇게 복소 지수식으로 표현하는 것이 삼각함수 형태의 식으로 표현하는 것보다 수학적으로 다루기가 쉽다.

$$U(\vec{r}, t) = A_0 e^{i(\vec{k}\cdot\vec{r} - \omega t + \varphi)}$$

Euler 공식을 이용하여 전개하고, 실수부를 취하면 삼각함수(sine 또는 cosine 함수)의 형태로 나타낼 수 있다.

$$U(\vec{r}, t) = A_0 \cos(\vec{k}\cdot\vec{r} - \omega t + \varphi) + iA_0 \sin(\vec{k}\cdot\vec{r} - \omega t + \varphi)$$
$$\mathrm{Re}[U(\vec{r}, t)] = A(\vec{r}, t) = A_0 \cos(\vec{k}\cdot\vec{r} - \omega t + \varphi)$$

이를 양의 x-방향으로 진행하는 일차원 파동으로 표현하면 다음과 같다.

$$A(x, t) = A_0 \cos(kx - \omega t + \varphi)$$

A_0: amplitude(진폭)
k: wavenumber(파수)
ω: angular frequency(각주파수)
φ: phase(위상)
x: space coordinate(공간축)
t: time coordinate(시간축)

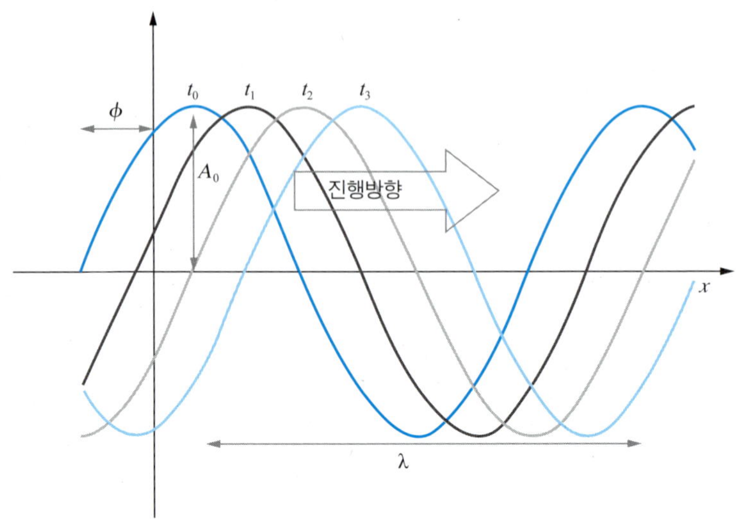

그림 5.35 시간에 따른 파동의 진행

파동의 파장, 주파수, 주기, 속도는 다음의 관계식으로부터 구한다.

$$\lambda(\text{wavelength, 파장}) = \frac{2\pi}{k}$$

$$f(\text{frequency, 주파수}) = \frac{1}{T(\text{period, 주기})} = \frac{\omega}{2\pi}$$

$$v(\text{phasfe velocity, 속도}) = f\lambda = \frac{\omega}{k}$$

5.6.3 이미지 형성(image formation)

빛이 투명한 패턴과 불투명한 패턴으로 이루어진 마스크를 투과할 때, 앞절에서 설명한 바와 같이 파동의 회절 현상이 발생한다. 이 때 회절된 빛의 강도와 분포는 마스크로부터 떨어진 거리(z), 파동의 파장(λ)과 마스크 패턴의 크기(W)에 영향을 받는다. $W^2/\lambda z > 1$인 영역은 Fresnel(또는 near field) 회절이 지배적이고, $W^2/\lambda z < 1$인 영역은 Fraunhofer(또는 far field) 회절이 지배적이다. 광학계가 없는 프록시미티(proximity) 방식의 노광이 Fresnel 회절 영역에 해당하고, 광학계를 이용하는 프로젝션(projection) 노광 방식은 Fraunhofer 회절 영역에 해당한다.

프로젝션 노광 방식은 광학계(objective lens)를 이용하여 마스크를 투과하면서 회절된

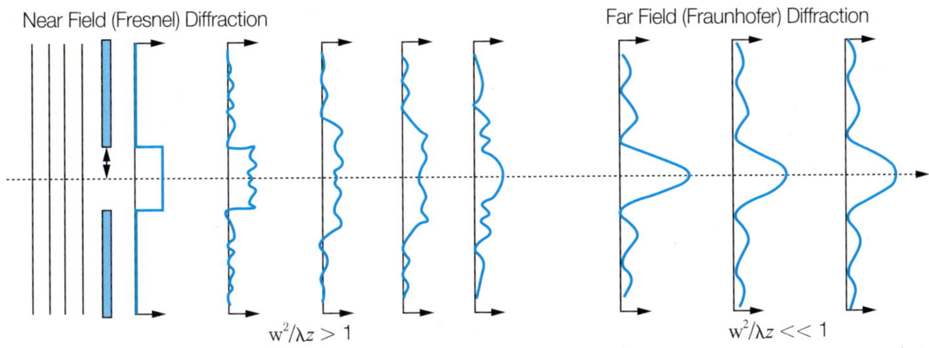

그림 5.36 Fresnel 회절과 Fraunhofer 회절

빛을 모아서 이미지 면(image plane)에 마스크 패턴을 재구성한다. 푸리에 시리즈(Fourier series)와 스칼라(scalar) 회절 이론을 통해 광학 시뮬레이션을 수행함으로써, 에어리얼 이미지(aerial image)와 공간 강도 분포(spatial intensity profile)를 예측할 수 있다.

광학계에 입사되는 회절 패턴 $M(x', y')$은 Fraunhofer 회절 적분(diffraction integral)으로 주어진다.

$$M(x', y') = \int_{-\infty}^{\infty}\int_{-\infty}^{\infty} m(x, y)e^{-2\pi i(f_x x + f_y y)}dxdy$$

여기서 $fx = x'/(z\lambda)$, $fy = y'/(z\lambda)$는 회절 패턴의 공간 주파수(spatial frequency)이고, $m(x, y)$는 마스크 패턴의 투과 여부에 따라, 1(투과)과 0(비투과)을 갖는다. 위 식은 마스크 패턴을 푸리에 변환(Fourier transform)한 형태와 같아지므로 다음과 같이 표현할 수 있다.

$$M(f_x, f_y) = \mathcal{F}\{m(x, y)\}$$

따라서, 이미지가 형성되는 기판(image plane)에서의 전기장(electric field)은 유한한 개구수(numerical aperture)를 갖는 광학계에 모인 회절 패턴의 푸리에 역변환(inverse Fourier transform)을 통해서 구할 수 있다.

$$E(x, y) = \mathcal{F}^{-1}\{M(f_x, f_y)P(f_x, f_y)\}$$

여기서, P는 퓨필(pupil) 또는 개구(aperture) 함수로서, 개구 안에 들어오면 1, 그렇지 않으면 0의 값을 갖는다.

만약 빛이 하나의 점광원(light source)이 아니라 여러 각도에서 조사(illumination)되면 위 식은 다음과 같이 적용된다.

$$E(x, y, f_x', f_y') = \mathcal{F}^{-1}\{M(f_x - f_x', f_y - f_y')P(f_x, f_y)\}$$

여기서, $f'x, f'y$ 는 공간 주파수의 변화(shift)이다.

마침내 에어리얼 이미지와 공간 강도 분포는 전기장 E로부터 다음과 같이 구할 수 있다.

$$I(x, y) = |E(x, y)|^2$$

5.6.4 공간 강도 분포(spatial intensity profile)와 에어리얼 이미지(aerial image)

빛은 마스크를 투과하면서 회절되고, 이 중에서 프로젝션 광학계의 개구수(NA, numerical aperture)에 해당하는 회절된 빛들이 광학계를 통해 이미지 면(image plane) 위에 모여서 재구성되어 공간 강도 분포와 에어리얼 이미지를 형성한다. 마스크의 투명한 패턴 하부에는 빛의 최대 강도(I_{Max}, maximum intensity)가 나타나고, 불투명한 패턴 하부에는 최소 강도(I_{Min}, minimum intensity)가 나타나는 공간 강도 분포를 이룬다.

최대 강도와 최소 강도의 관계는 다음과 같은 변조(modulation)로 표현할 수 있다.

$$M = \frac{I_{Max} - I_{Min}}{I_{Max} + I_{Min}}$$

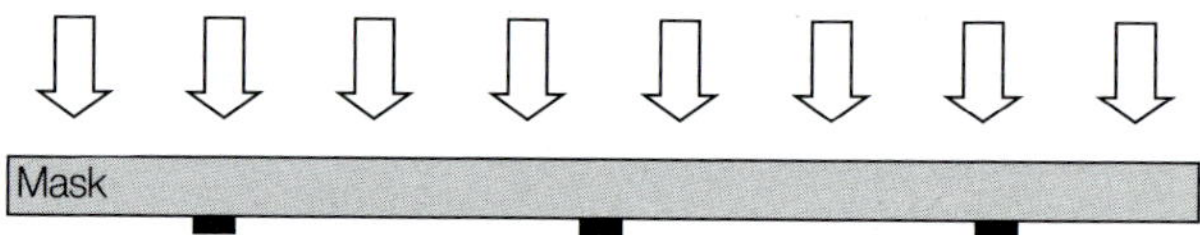

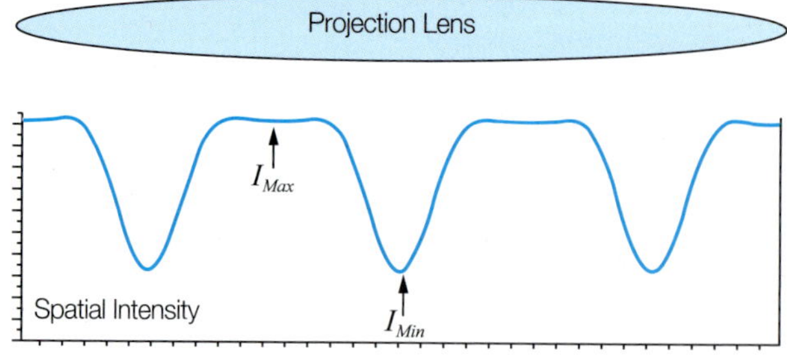

그림 5.37 프로젝션 광학계와 공간 강도 분포

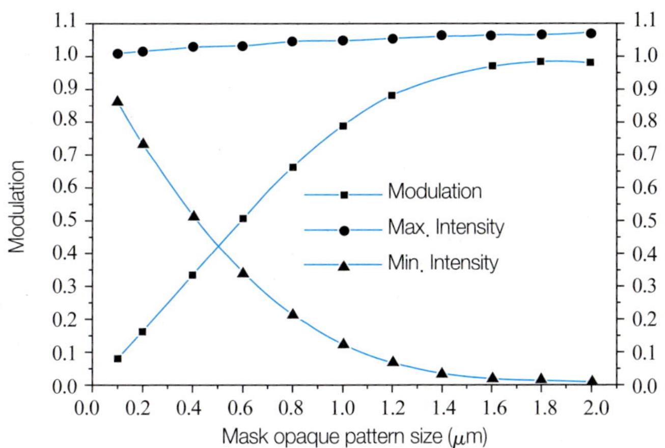

그림 5.38 불투명 패턴 크기에 따른 변조(파장=308nm, NA=0.12)

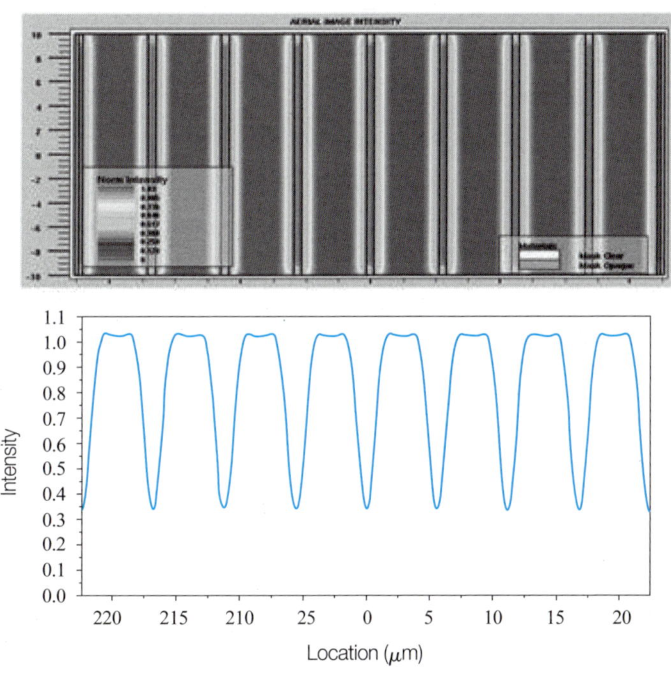

그림 5.39 0.6μm 불투명 패턴의 에어리얼 이미지와 공간 강도 분포

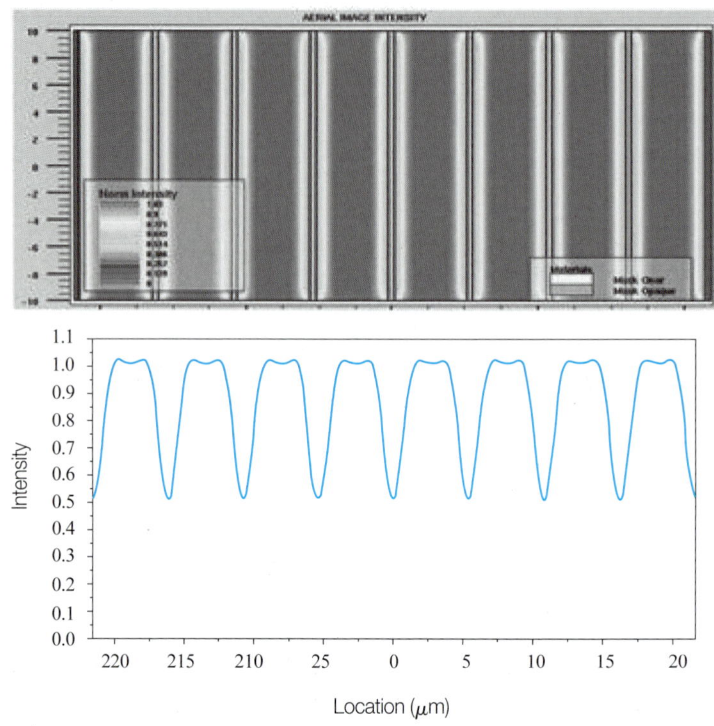

그림 5.40 0.4 μm 불투명 패턴의 에어리얼 이미지와 공간 강도 분포

광학계의 해상도(resolution) 보다 큰 불투명 패턴 하부에서는 최소 강도(I_{Min})가 0이 되고, 변조(modulation) 값은 1이 된다. 그러나 해상도보다 작은 불투명 패턴의 경우는 회절되는 빛이 유한한 개구수를 갖는 광학계를 통해 제한적으로 모이기 때문에 최소 강도(I_{Min})가 0보다 큰 값을 갖게 되고 변조 값은 1보다 작은 값을 갖게 된다. 불투명 패턴의 크기가 작아질수록, 최소 강도(I_{Min})는 더욱 증가하고, 변조 값은 더욱 작아진다.

상용툴(commercial tool)을 이용하여 5.6.3절에서 유도한 식을 계산함으로써, 광학 시뮬레이션을 수행하여 마스크 패턴에 따른 에어리얼 이미지와 공간 강도 분포를 예측할 수 있다.

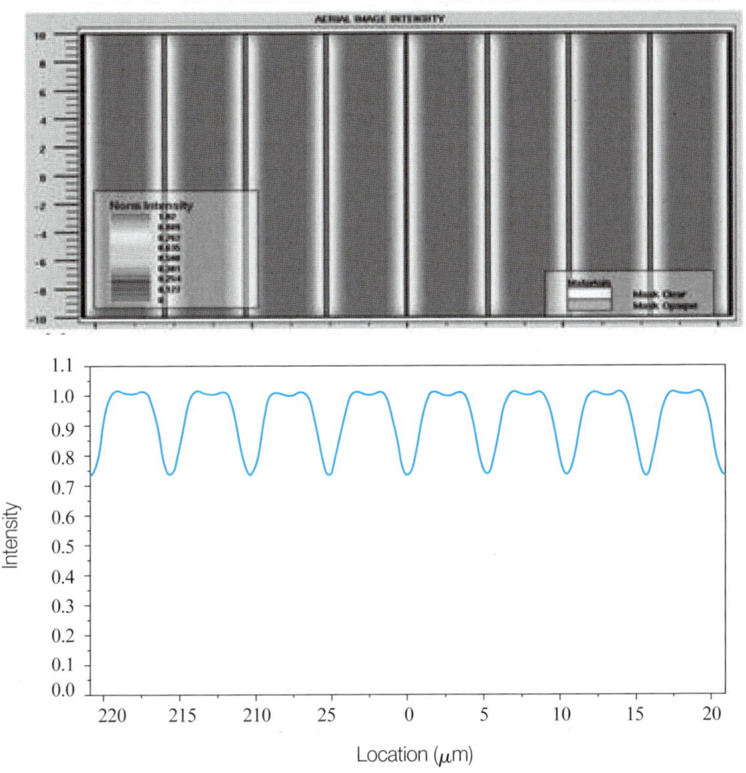

그림 5.41 0.2μm 불투명 패턴의 에어리얼 이미지와 공간 강도 분포

5.7 새로운 리소그래피(new lithography)

디스플레이의 대형화, 고화질화가 진행됨에 따라 포토리소그래피(photolithography) 공정에서도 저비용(low cost), 대면적(large area), 고생산성(high throughput), 미세 패턴(fine pattern)이 요구되며, 이러한 요구를 충족시키기 위해 기존의 광학 기반 포토리소그래피 공정을 대체하기 위해 연구되고 있는 새로운 리소그래피 방법들을 알아본다.

5.7.1 나노 임프린팅 리소그래피(nano imprinting lithography)

기판 위에 레지스트(resist)를 코팅(coating)하고, 마스크 패턴에 해당하는 물리적인 요철 패턴을 가진 몰드(mold)를 물리적인 힘을 가해 레지스트 위에 눌러 찍은 후 몰드를 제거함으로서 패턴을 형성한다. 포토리소그래피에서는 광원의 파장(wavelength, λ)과 광학계의 개구수(numerical aperture, NA)에 의해서 해상도(resolution, $R = k_1 * \lambda/\mathrm{NA}$)가 결정되지만, 이 방법은 몰드의 해상도가 기판의 패턴에 그대로 전사된다. 따라서, 몰드의 패턴을 고해상도로 제작할 수 있으면, 기판에 고해상도 패턴을 구현할 수 있다. 몰드의 제작은 기존의 증착, 포토, 에치 공정을 이용하여 제작하고, 제작된 몰드는 반복하여 임프린팅에 사용한다.

5.7.2 마스크리스 디지털 리소그래피(maskless digital lithography)

광원으로부터 조사된 빛을 디지털 마이크로-미러 디바이스(digital micro-mirror device, DMD) 배열(array)을 이용하여 광경로를 조절하여 선택적으로 노광과 비노광을 하는 방법이다. 이 방법은 각각의 DMD에 마스크 패턴에 해당하는 디지털 신호를 인가하기 때문에 포토리소그래피에서 사용하는 기존의 마스크가 필요 없고 마스크 패턴을 디지털 신호만으로 쉽게 변경할 수 있기 때문에, 고가의 마스크 제작 비용을 획기적으로 줄일 수 있다.

5.7.3 레이저 패터닝(laser patterning)

박막을 증착한 후, 마스크를 이용하여 레이저를 조사함으로써 선택적으로 박막을 증발

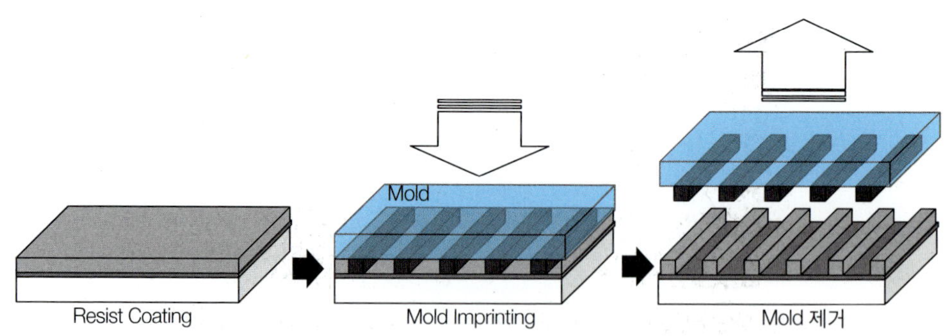

그림 5.42 나노 임프린팅 리소그래피 개념도

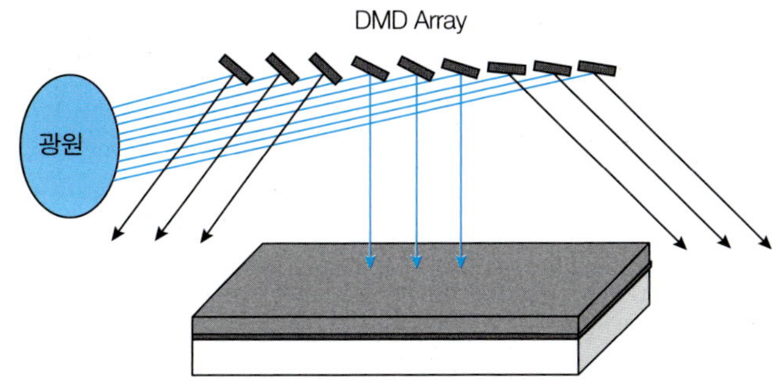

그림 5.43 마스크리스 디지털 리소그래피 개념도

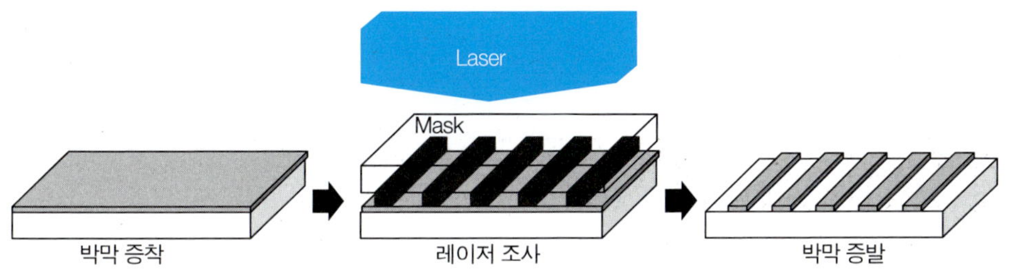

그림 5.44 레이저 패터닝 개념도

(ablation)시켜 직접적으로 패턴을 형성한다. 이 방법은 포토레지스트(photoresist)의 코팅(coating) 및 현상(develop) 공정이 필요 없고, 또한 에치(etch) 공정을 동시에 수행하기 때문에 공정을 단축할 수 있다.

연습문제

1. Overlay는 레이어와 레이어(layer to layer) 사이의 정렬 정밀도를 의미한다. 즉, 상부 레이어가 하부 레이어에 대해 상대적으로 놓여야 할 위치에 정확히 놓여 있는 정도를 측정하여 기판 변형으로 인한 변동값을 구하여 변형을 보정할 수 있다.
   (가) 키의 원래 좌표값 (x, y)와 기판 변형으로 인해 좌표의 변동값 $(\Delta x, \Delta y)$으로부터 각각의 변형(스케일, 회전, 찌그러짐, 이동) 값들은 다음의 행렬식으로 표현됨을 보여라.

$$\begin{pmatrix} \Delta x_i \\ \Delta y_i \end{pmatrix} = \begin{pmatrix} \gamma_x & -(\theta+\omega) \\ \theta & \gamma_y \end{pmatrix} \begin{pmatrix} x_i \\ y_i \end{pmatrix} + \begin{pmatrix} S_x \\ S_y \end{pmatrix} + \begin{pmatrix} \varepsilon x_i \\ \varepsilon y_i \end{pmatrix}$$

(나) 4개의 키 좌표값 (x, y)와 좌표의 변동값$(\Delta x, \Delta y)$이 다음과 같을 때, 변형(스케일, 회전, 찌그러짐, 이동) 값들을 구하라(단위:μm).

x	y	Δx	Δy
200000	300000	−0.55	0.15
−200000	300000	−0.15	−0.25
−200000	−300000	1.05	0.35
200000	−300000	0.65	0.75

2. Young의 슬릿 실험을 통해 회절과 간섭 현상을 관찰할 수 있다.
   (가) 단일 슬릿 실험에서의 보강간섭과 상쇄간섭이 일어나는 조건을 구하라.
   (나) 이중 슬릿 실험에서의 보강간섭과 상쇄간섭이 일어나는 조건을 구하라.

3. 다음과 같은 파동이 있다.

$$A(x, t) = \cos\left(2x - t + \frac{\pi}{4}\right)$$

   (가) 시간에 따른 파동의 모양과 진행 방향을 그려라.
   (나) 파동의 진폭, 파수, 각주파수, 위상을 구하라.
   (다) 파동의 파장, 주파수, 주기, 속도를 구하라.

4. 빛(파동)이 슬릿을 통과할 파동의 회절 현상이 발생한다. 이때, 회절된 빛의 강도와 분포에 따라 Fresnel(near field) 회절과 Fraunhofer(far field) 회절로 나뉜다.
   (가) 두 영역을 나누는 기준을 기술하라.
   (나) 각 영역에 해당하는 노광 방식을 설명하라.
   (다) 각 영역에서의 해상도를 구하라.

5. 기존의 광학 기반의 리소그래피를 대체할 수 있는 자신만의 새로운 리소그래피 방법을 자유롭게 생각해 보라.

CHAPTER 06

PECVD

Plasma Enhanced Chemical Vapor Deposition(PECVD) 기술은 넓은 면적에 비교적 저렴한 비용으로 낮은 온도에서 반도체 및 유전체 박막을 증착할 수 있어 디스플레이 소자, 태양전지 등에 널리 사용되고 있다. PECVD는 기본적으로 중성 또는 플라즈마 상태의 분자나 이온들이 운반되어 기판 위에 화학반응을 통해 박막 층을 형성하는 것이다.

화학적으로 안정한 원료 기체가 기판 위에서 화학적 반응을 일으키기 위해서는 활성을 지닌 반응기(radical)로 바뀌어야 하는데, 이에 필요한 에너지를 열 또는 플라즈마를 이용하는 방법을 많이 사용한다.

6.1 CVD와 PVD의 비교

스퍼터링과 같은 Physical Vapor Deposition(PVD)에서는 반응성 스퍼터링을 제외하고는 원료 물질의 화학적 조성이 변하지 않고 그대로 박막으로 증착된다. 스퍼터링 이외에도 고체 상태인 원료 물질을 기화시키는 방법으로는 열, 전자빔, 광자(빛) 등을 사용하는 방법을 사용한다. PVD에서는 화학적 반응을 거치지 않으므로 원료 물질로부터 기화되어 직선으로 도달할 수 있는(line-of-sight transport) 곳에만 박막이 증착된다. 따라서 기판 표면에 이전 공정에서 형성된 요철 형태의 패턴이 존재하는 경우에는, 마주보고 있는 면에는 증착이 잘 되지만, 그렇지 않은 면에는 증착이 잘 되지 않는다. 또한 기판 위 소자의 구조상 턱이 져 있는 곳에서는 모서리(corner)나 옆면 (sidewall) 등에 잘 증착이 되지 않는데, 이로 말미암아 박막에 균열이 생길 수도 있다.

이처럼 PVD에서는 원료 물질이 기판에 얼마나 잘 전달되느냐가 중요하므로 도중에 원자 또는 분자들끼리 서로 부딪혀 산란되거나 응결되지 않도록 평균 자유 행로(mean free path)을 크게 해 주어야 하므로 대개 낮은 압력(또는 고진공)에서 공정이 이루어진다.

반면 CVD에서는 원료가 되는 가스들이 기판 표면에 도달하더라도 화학 반응을 일으켜야만 박막으로 성장할 수가 있다. 즉, 기판에 도달한 반응기들은 바로 기판 표면에 달라붙어 응결되는 것이 아니라 표면에서 돌아다니면서 다양한 화학 반응을 일으키게 된다. 이 중에서 반응의 결과가 기체 상태인 화합물을 만들게 되면 기판에서 떨어져 나오게 되며, 기판 표면에 견고한 3차원 그물망 구조(network)를 형성할 수 있는 특정한 화학 반응에 의해서만이 고체 상태의 박막이 성장된다.

6.2 PECVD 기본 구조

디스플레이 제조 공정에서 PECVD에 의해 제작되는 박막에는 amorphous silicon (a-Si), silicon nitride (SiN_x), silicon oxide (SiO_x) 등이 있다. PECVD의 가장 큰 특징 중 하나는 원료 기체를 해리하는 데 필요한 에너지를 열에너지가 아닌 전기장으로부터 얻기 때문에 기판 온도를 400°C 이하로 비교적 낮게 유지할 수 있다는 점이다. 그런데, 이 정도 온도 범위에서는 기판 위에 도달한 반응기들이 규칙적으로 재배열하는 데 필요한 표면 이동도(surface mobility)를 가지지 못하기 때문에 대개 원자 배열이 불규칙한 비정질 형태로 성장하기 쉬우며, 화합물의 경우에는 정확한 화학양론적 조성(stoichiometric composition)을 갖지 못하므로 조성비를 나타내는 아랫첨자를 숫자 대신 x로 표기한다.

디스플레이 구동용 박막 트랜지스터를 제조하는 데 있어서는 반도체 층의 경우 비정질(amorphous) 또는 다결정(polycrystalline) 실리콘(silicon)을 사용하고, 절연체 층의 경우 질화막(nitride), 산화막(oxide) 등 실리콘을 기반으로 한 화합물을 사용하므로 공통적으로 Si을 공급할 수 있는 silane(SiH_4)이 원료 기체로서 사용된다. SiH_4에 다른 dopant 원소를 포함하는 기체를 혼합하면(PH_3, B_2H_6 등), n-type 또는 p-type으로 도판트(dopant)된 실리콘계열 박막을 얻을 수 있고, H_2를 다량 혼합하면 부분적으로 결정성을 띠는 microcrystalline silicon(μc-Si) 박막을 얻을 수 있다.

SiH_4는 플라즈마를 발생시키지 않더라도 450°C 이상에서는 자연적으로 해리되며, 다결정 실리콘이나 에피탁시(epitaxial) 실리콘 등은 900°C 이상의 고온에서 SiH_4를 분해시켜 증착한다. 550°C 이하에서는 비정질 실리콘이 형성되는데, 이 때 형성된 박막에는 수소가 거의 포함되어 있지 않다. 그런데 이렇게 형성된 비정질 실리콘은 내부에 결합하지 못하고 남은 미결합(dangling bond)을 매우 많이 포함하고 있고, 이들이 전자를 임의로 포획, 또는 방출하므로 반도체 전자 소자로 사용하기에는 부적당하다. 따라서 수소를 첨가하여 결합하게 함으로써 전기적으로 작용을 못하게 해야 하며 이러한 박막을 수화비정질 실리콘(hydrogenated amorphous silicon, a-Si:H)라 한다. 이러한 박막이 수소를 지니고 있으려면 400°C 이하의 낮은 공정 온도가 필요하고 열 대신 SiH_4 분자를 분해시킬 수 있는 다른 에너지가 필요한데, 이 역할을 플라즈마가 수행하게 된다.

그림 6.1은 PECVD 장비의 개략도이다. 대개 원료 기체를 공급하는 가스배관, 기판을 거치하고 가열하는 하부 전극, 챔버 내 압력을 조절하고 원료 기체를 외부로 빼내는 펌핑 시스템, 플라즈마를 발생시키는 데 필요한 고주파의 전기장을 공급하는 상부전극으로 연결되는 파워 등으로 구성되어 있다.

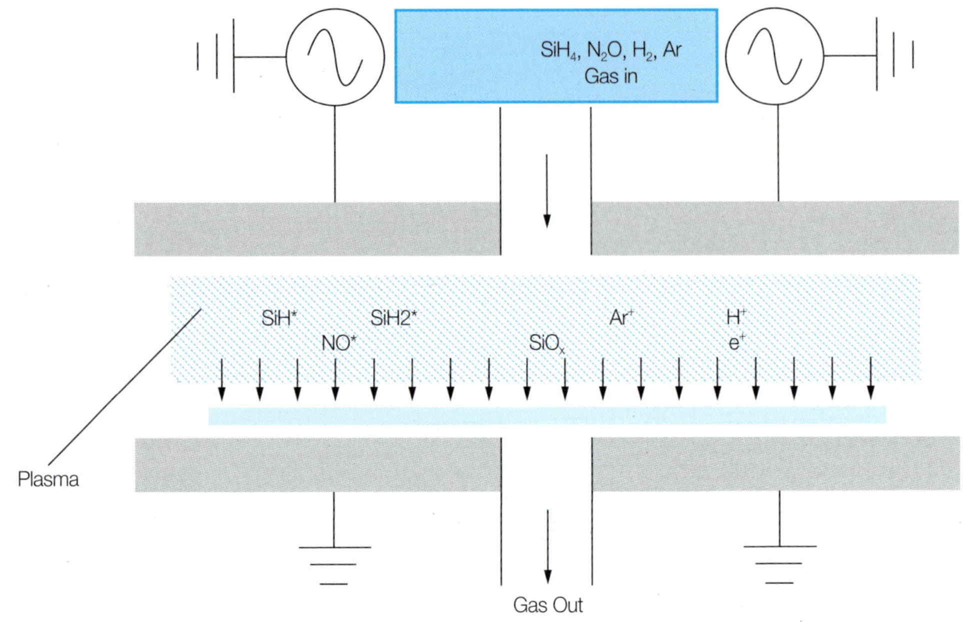

그림 6.1 PECVD System의 개략도

PECVD에서 주로 사용되는 방전 방법은 평행한 전극판에 RF(Radio Frequency)를 걸어주는 방식을 사용한다. 이러한 CCP(Capacitively Coupled Plasma) 방전 중에서 주로 상부에 전력을 인가하는 PE mode를 주로 사용한다. 이 때에 하부 전극은 접지를 하게 된다. 통상적으로 전력을 공급하는 주파수는 13.56MHz를 많이 사용하며, 필요에 따라 다른 주파수를 사용하기도 한다. 챔버 내의 압력은 0.1~1torr 범위에서 유지된다.

PECVD의 구조는 비교적 간단하지만, 양호한 박막을 얻기 위해서는 여러 가지의 공정 인자들을 잘 제어해 주어야 한다. 챔버 내의 압력은 기체 분자들이 서로 충돌하기까지의 평균 자유 행로(mean free path)을 결정하므로, 반응이 기판 표면에서 일어나는지 기체 기판에 도달하지 않고 챔버 중간에서 일어나는지에 영향을 미친다. 반응기들이 기판에 도달하기 전 기체 중에서 고체화 반응하게 되면 가루 형태의 고체가 형성되어 오염의 원인이 된다. 기체의 유량(flow rate)은 중성기체가 챔버 안에서 머무는 시간(residence time)을 결정한다. RF 전력은 플라즈마 밀도의 형성에 영향을 미치므로 증착률(growth rate)에 영향을 준다. 기판의 온도는 박막의 성장 표면에서의 열에너지를 공급함으로써 영향을 준다.

6.3 증착 메커니즘

a-Si:H의 경우를 예로 들어 PECVD의 박막 성장 원리를 살펴보자. 가속된 전자들이 SiH_4 기체 분자들과 충돌하면 이온화만 일어나는 것이 아니라 기체 분자들 내의 전자들을 더 높은 에너지 준위로 여기시키거나 기체 분자들을 더 높은 상태의 진동(vibrational energy state) 또는 회전(rotational energy state) 상태로 여기시킨다. 보다 직접적으로 박막 증착에 기여하는 것은 기체 분자가 중성 활성종으로 분해되는 것이다. 아래의 반응들을 예로 들 수 있다.

$$SiH_4 \rightarrow SiH_2 + H_2$$
$$SiH_4 \rightarrow SiH_3 + H$$
$$SiH_4 \rightarrow Si + 2H_2$$

일반적인 PECVD 공정압력에서 기체 분자 및 활성종들의 평균 자유행로가 챔버 크기보다 월등히 작으므로 기판에 도달하기 전까지 서로 충돌하여 큰 분자들을 형성하기도 한다. 몇 가지 예를 들면

$$SiH_4 + SiH_2 \rightarrow Si_2H_6$$
$$Si_2H_6 + SiH_2 \rightarrow Si_3H_8$$

등의 반응이 일어날 수 있다. 이러한 경향은 강한 RF power가 인가되었을 때 더욱 심해져서 박막 형태로 기판에 증착되는 대신 챔버 중간에서 입자(particle) 형태로 형성되기도 한다.

박막의 성장은 위의 두 과정에 다음의 두 가지 과정이 조합되어 일어난다. 첫째는 성장 표면에서의 활성종 또는 중성 분자들의 흡착이다. 이 중 가장 중요한 활성종은 SiH_3 형태인 것으로 알려져 있다. 둘째는 표면으로부터의 원자 또는 분자의 방출이다. 원료 기체에 포함된 수소의 대부분은 이러한 과정을 통해서 H_2의 형태로 기판에서부터 방출되며, 또 약하게 결합된 활성종들도 표면으로부터 탈착된다. 그림 6.2에 성장 표면에서 일어나는 몇 가지 과정들을 도식화하였다.

만일 성장 표면의 결합들이 모두 Si-H 의 형태로 존재한다면 이는 상당히 안정적인 결합이므로, SiH_3 활성종이 가서 달라붙을 수 없게 되고 따라서 Si 끼리의 연쇄적인 결합은 형성될 수 없다. 그러므로 표면에서 수소가 제거되는 과정이 반드시 필요하다. 수소는 기

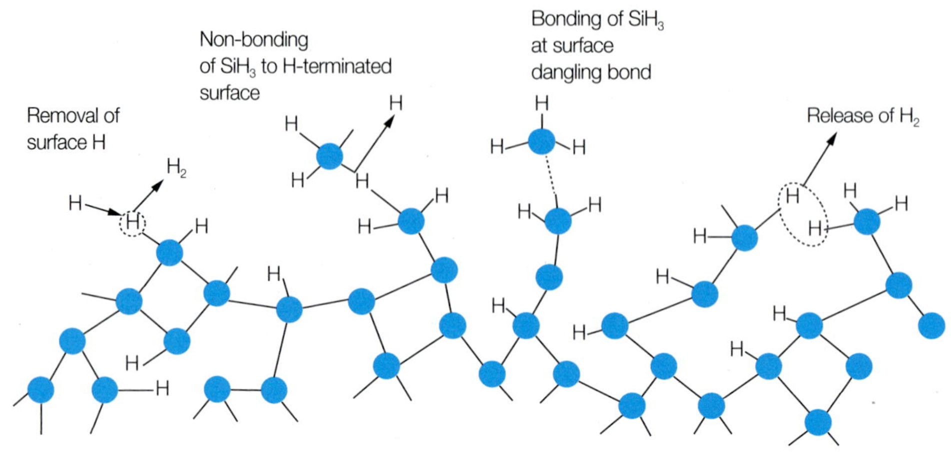

그림 6.2 a-Si:H 박막의 성장 표면에서 일어나는 표면 반응 과정들

판으로부터 열에너지를 공급받아 원자 형태 또는 분자 형태로 방출되거나, 활성종과 결합하여 기체 상태로 방출될 수 있다. 예를 들면

$$\equiv \mathrm{Si}-\mathrm{H}+\mathrm{SiH_3} \rightarrow \equiv \mathrm{Si}-+\mathrm{SiH_4}$$
$$\equiv \mathrm{Si}-\mathrm{H}+\mathrm{H} \rightarrow \equiv \mathrm{Si}-+\mathrm{H_2}$$

등의 반응이 일어날 수 있다. 여기서 $\equiv \mathrm{Si}-$는 실리콘 원자들의 연쇄적인 3차원 연결에 결합되어 있는 원자를 가리킨다.

그림 6.3에 PECVD 공정으로 a-Si:H 박막을 증착할 때 공정 변수에 따른 기본적인 특성들을 나타내었다. 박막 내의 수소 함유량은 8~40 atomic%로서 그림 6.3 (a)에서 보듯이 기판 온도가 증가함에 따라 감소한다. 수소 함유량은 RF power 및 원료 기체의 조성과도 관계가 있다. 그림 6.3 (b)는 Argon에 SiH_4를 5% 희석하여 증착한 경우이다. a-Si:H 박막의 결함 중 전기적으로 가장 중요한 남은 미결합(dangling bond)의 밀도 역시 기판 온도 및 RF power에 따라 변화하며, 10^3 이상의 매우 큰 변화폭을 보인다. 전자 소자로 사용할 수 있기 위해서는 기판 온도는 200~300°C 로 유지하고 RF power는 가능한 한 낮추어야 한다. 순수한 SiH_4 기체만을 원료로 사용했을 때, 박막 성장률은 1~10Å/sec 정도로서, RF power가 증가할수록 박막 성장률은 커진다. 원료 기체의 희석비가 크거나 RF power가 지나치게 높으면 SiH_4가 반응에 모두 소진되어 버리는 공핍효과(depletion effect)가 나타나며, 이때의 박막은 특성이 나빠지게 되므로 주의해야 한다.

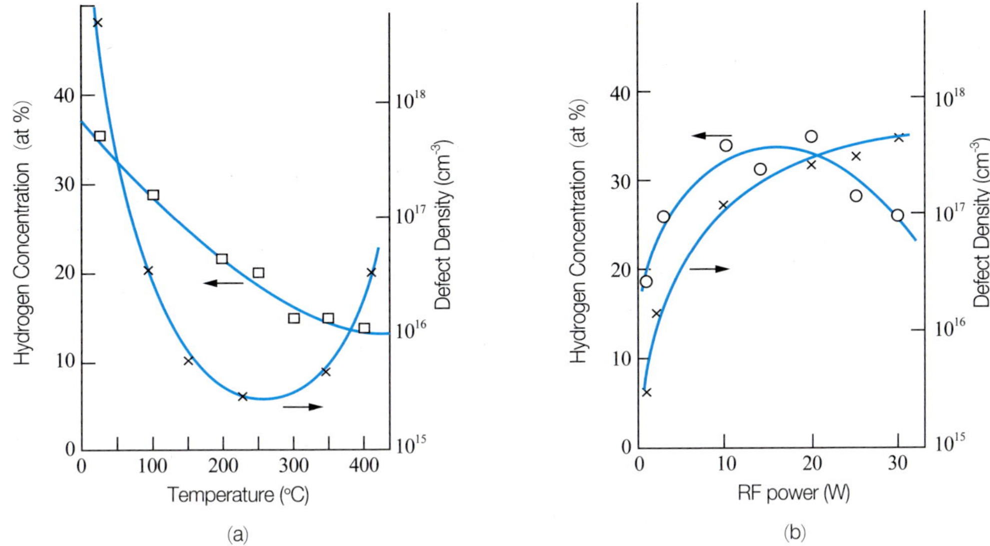

그림 6.3 Process parameter의 변화에 따른 a-Si:H 박막 내 수소 함유량 및 dangling bond density의 변화: (a) 기판 온도에 따른 변화, (b) RF power에 따른 변화

6.4 유전체 박막의 증착

SiO_2 박막은 SiH_4와 N_2O를 반응시켜 증착할 수 있으며, SiN_x:H 박막은 SiH_4와 NH_3 또는 N_2를 반응시켜 증착한다. PECVD 내에서 일어나는 주요 반응식은

$$SiH_4 + 4N_2O \rightarrow SiO_2 + 4N_2 + 2H_2O$$
$$SiH_4 + NH_3 \rightarrow SiNH + 3H_2$$
$$2SiH_4 + N_2 \rightarrow 2SiNH + 3H_2$$

등이다. 증착된 박막의 정확한 조성 및 미세 구조는 증착 조건에 따라 크게 달라진다.

a-Si:H의 경우와 마찬가지로 PECVD로 증착한 유전체 박막들은 10~35% 정도의 수소를 함유하고 있다. SiN_x:H의 경우 전자 소자에 사용되는 박막의 수소 함유량은 약 20~25% 정도이다. 수소는 실리콘 및 질소 원자에 각각 Si-H 및 N-H 형태로 결합되어 있

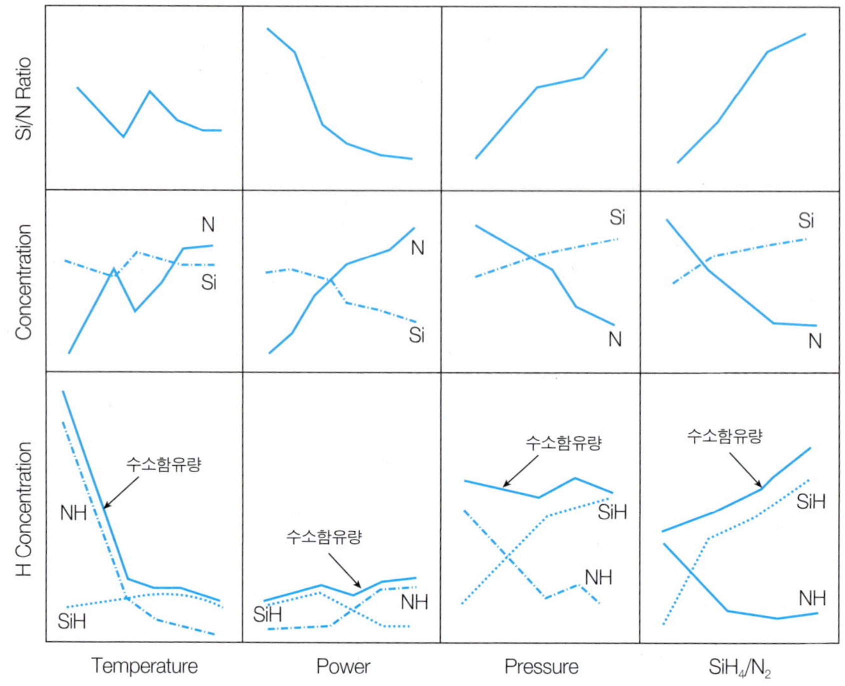

그림 6.4 증착 조건에 따른 PECVD nitride 박막 조성의 변화

다. 그림 6.4에 PECVD 공정 조건에 따른 SiN_x:H의 조성 변화를 나타내었다. Si-H 및 N-H 의 상대적인 농도는 증착 조건에 따라 크게 변화하며, Si/N 비율도 화학양론 조성(stoichiometric composition)인 0.75가 아니라, 대개는 Si가 상대적으로 더 많아서 약 1.7까지 변화한다.

그림 6.5는 PECVD 증착 조건에 따른 SiO_2의 수소 함유량의 변화를 나타낸다. 수소는 실리콘에는 Si-H의 형태로, 산소에는 Si-OH 및 H_2O의 형태로 결합되어 있다. 어떤 형태의 결합이 더 많은지는 증착 조건에 따라 달라지지만, 전체 수소 함유량은 약 2~9% 범위에 있다.

이와 같은 조성 및 결합 형태의 변화는 박막의 물성에 큰 영향을 미친다. 구체적인 공정 조건에 따라 PECVD SiNx의 굴절률은 1.8~2.6, 비저항은 10^5~10^{21}ohm · cm, 절연파괴는 10^6~10^7V/cm 범위에서 변화한다. 그림 6.6에 PECVD로 증착한 SiN_x의 조성에 따른 굴절률 및 비저항의 변화를 나타내었다.

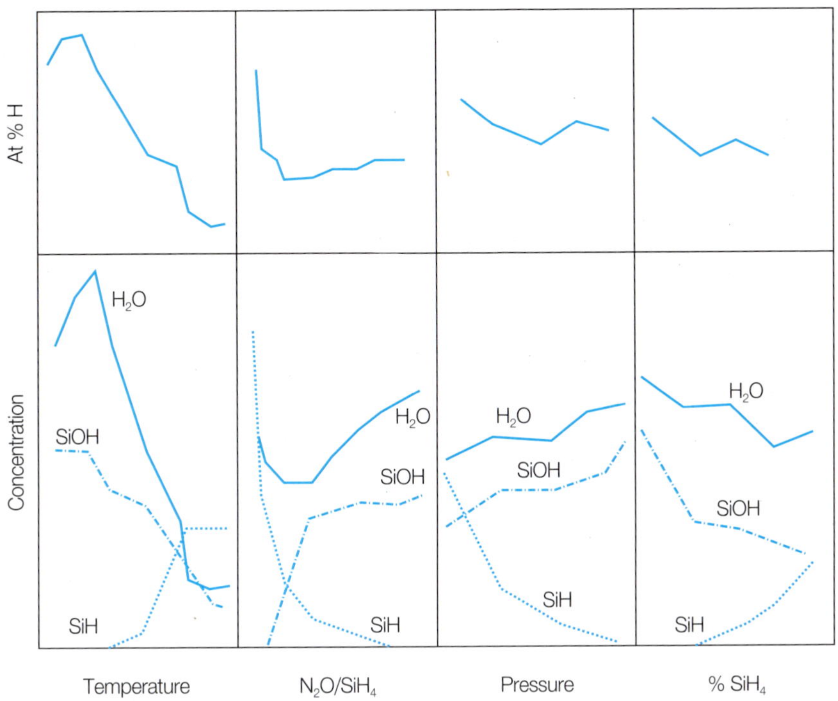

그림 6.5 증착 조건에 따른 PECVD SiO_2의 수소 함유량 및 hydrogen group의 농도 변화

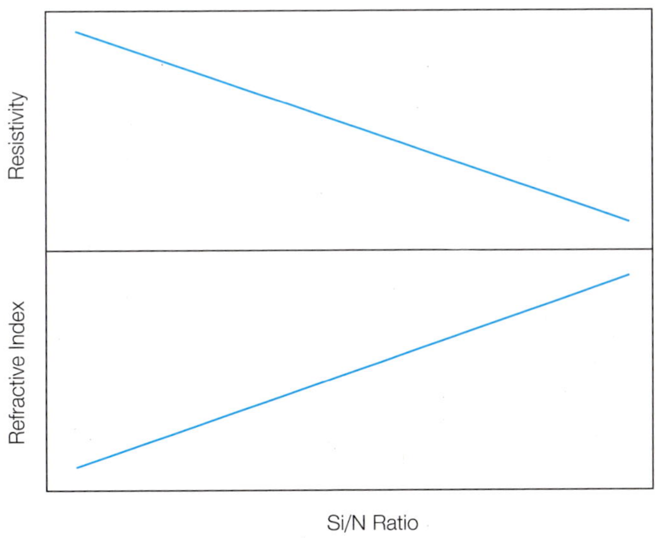

그림 6.6 PECVD silicon nitride 박막의 조성이 resistivity 및 refractive index에 미치는 영향

응력(Stress)은 박막 공정에 있어 가장 중요한 특성 중 하나이다. 잔류 내부 응력에 의한 크랙(crack)이 일어나지 않기 위해서는 응력이 10^9dyne/cm^2 이하이어야 하는데, 이를 달성하기 위해서는 공정이 매우 세심하게 제어되어야 한다. 응력은 박막의 조성뿐 아니라 각각의 원자 주위에 존재하는 결합 형태에 의해서도 크게 달라질 수 있다. 기판 온도, 증착률, 이온 충격 등이 박막의 잔류 응력에 큰 영향을 미친다. 그림 6.7 및 6.8에 PECVD로 증착한 SiN_x의 공정 변수에 따른 여러 가지 물성의 변화를 나타내었다.

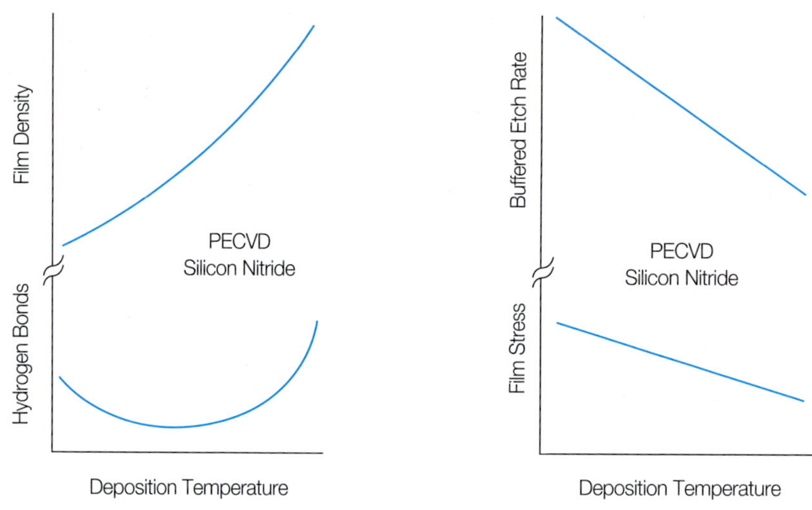

그림 6.7 PECVD nitride의 기판 온도에 따른 물성 변화

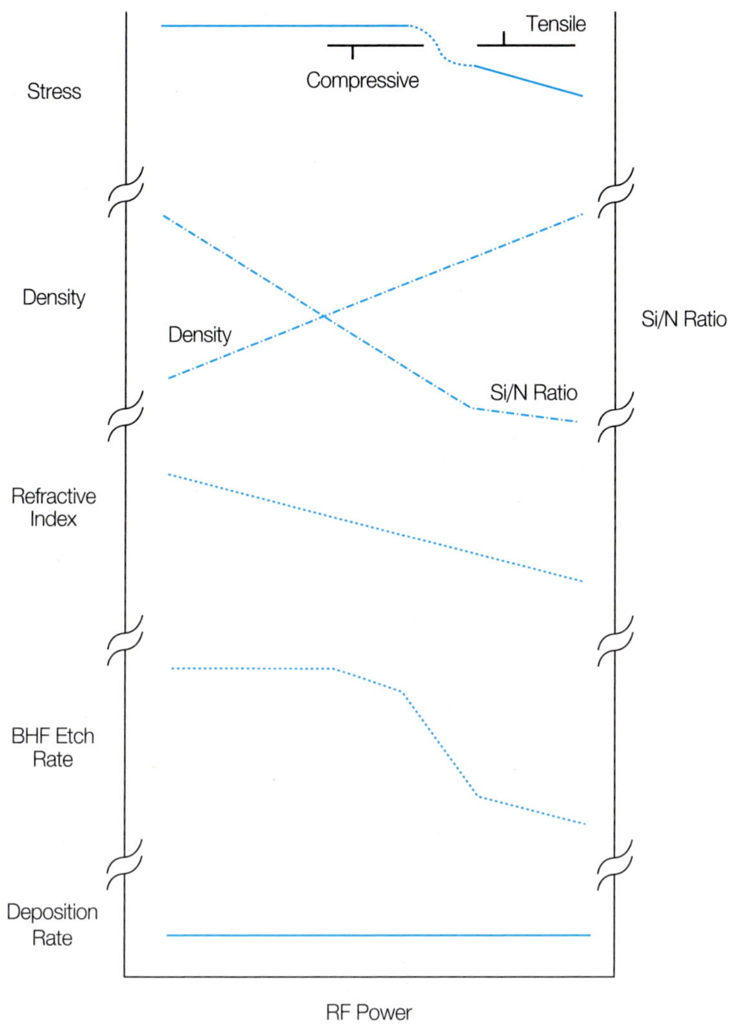

그림 6.8 PECVD nitride의 RF power에 따른 물성 변화

6.5 PECVD 반도체 박막의 Doping

1975년 영국의 Spear와 LeComber는 PECVD 공정에서 boron 또는 phosphorus를 포함하는 기체를 혼합함으로써 a-Si:H 박막을 증착함과 동시에 도핑(doping)을 할 수 있음을 보고하여, PECVD 공정을 통한 a-Si:H 박막의 실용화를 크게 앞당겼다. 그림 6.9에 원료 기체의 혼합비에 따른 박막의 전기전도도 변화를 나타내었다.

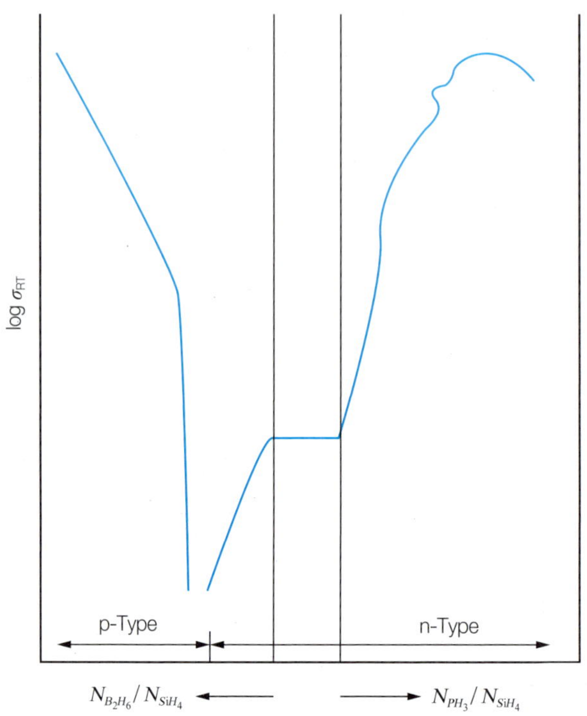

그림 6.9 원료 기체의 혼합비에 따른 박막의 전기전도도 변화

치환형(substitutional doping)은 단결정 실리콘에서는 쉽게 이해할 수 있으나, 비정질 실리콘에서는 오랫동안 이론적으로 불가능하다고 여겨져 왔다. 불규칙적인 배열을 갖는 비정질 구조에서는 모든 원자들이 이웃하는 최인접 원자의 수에 상관없이 최적의 원자가를 가지면서 결합을 하는 것으로 알려져 있다. 따라서 각 원자의 배위수는 완전히 채워진 결합 상태 및 결합에 참여하지 않는 고립전자쌍(lone pair)만을 가지며 반결합상태(anti-bonding state)는 가지지 않게 된다. 그러므로 boron이나 phosphorus가 들어가면 단결정 실리콘에서처럼 4개의 격자 구조의 배위수(coordination number)를 갖는 것이 아니라 최적값인 3개의 배위수를 갖게 된다(그림 6.10 (a)). 그러나, n-type 도핑이 이루어지려면 하나의 전자가 반결합인 전자전도대(conduction band)로 올라가 자유전자가 되어야 하는데 대신 3개의 배위수 및 한 쌍의 고립전자쌍으로 존재하게 되므로 이론적으로는 불순물이 들어갔다 하더라도 전기적으로 활성화되지 않은 상태로 남아있게 된다(그림 6.10 (b)). 따라서 비정질에서의 도핑은 구조의 무질서도로 인해 위에서 언급한 원칙에서 벗어남으

로써 가능해지는 것으로 이해할 수 있으며, 도핑을 위해 주입된 원자들 중 극히 일부분만이 활성화된 미세불순물로 이용될 수 있다(그림 6.10 (c)).

앞에서 설명한 바와 같이 PECVD에서의 기체상태에서의 동시전착(gas phase codeposition)에 의한 도핑 효율은 매우 낮으며, 실험적으로 밖에 구할 수 없다. 이는 다시 기체 상태로 혼합된 미세 불순물 중 실제 박막에 주입되는 효율 및 박막에 포함된 미세 불순물 중 전기적으로 활성화되는 효율로 나누어 생각할 수 있다. 기체 상태로 혼합된 미세 불순물 중 박막 형태로 증착되는 비율은 불순물분포계수(impurity distribution coefficient), d_I로 나타낼 수 있다.

$$d_I = C_s / C_g$$

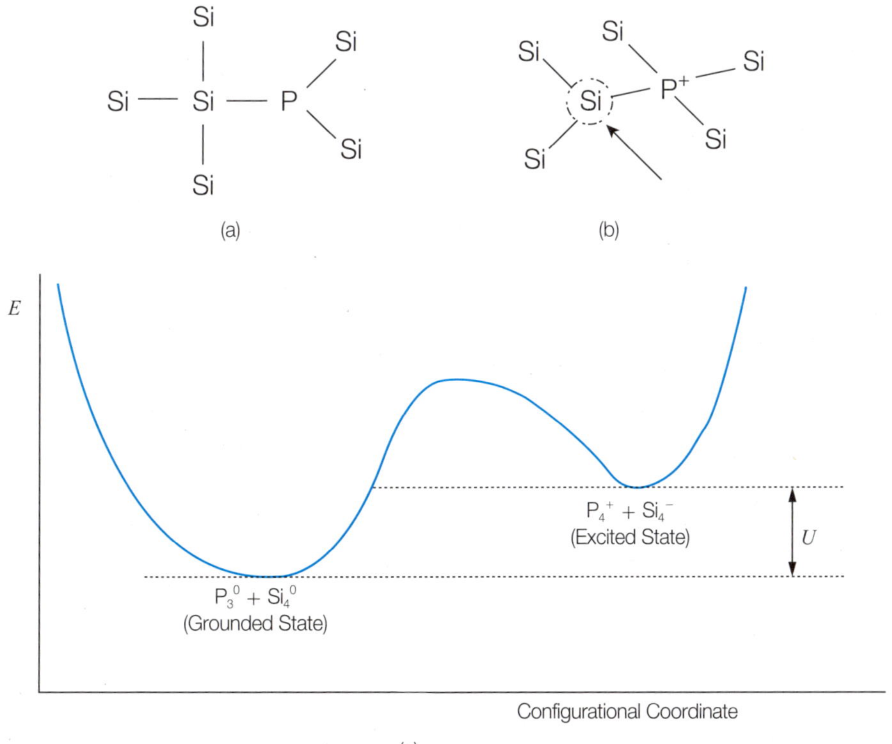

그림 6.10 Amorphous silicon 박막의substitutional doping을 위한 원자 결합. (a) 3차원 continuous random network에서 impurity가 갖는 optimum coordination number에 의한 결합 형태, 전기적으로 활성화되지 않은 상태, (b) Defect를 형성하며 최적값으로부터 벗어난 결합 형태, 전기적으로 활성화된 상태, (c) 위 두 경우에 대한 에너지 다이어그램

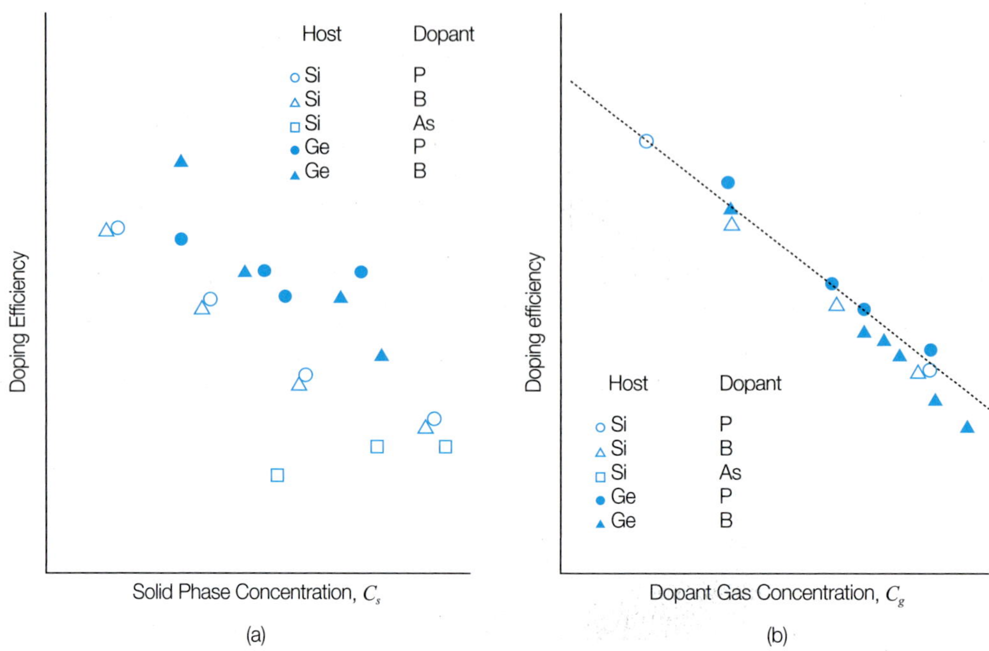

그림 6.11 여러 dopant 원소들에 대한 doping efficiency: (a) solid phase concentration (C_s) 기준, (b) gas phase concentration (C_g) 기준

이 때 C_g는 기체 상태에서의 몰 분율 $[PH_3]/[SiH_4 + PH_3]$, C_s는 박막 내에서의 원자 농도 P/(Si + P)를 각각 나타낸다. d_l 는 대개 1보다 큰 값을 가지며, RF 전력에 의해 달라지고, 대략 C_g의 제곱근에 비례하는 것으로 알려져 있다. 따라서 도핑효율(doping efficiency)은 C_g 또는 C_s를 기준으로 각각 다르게 정의될 수 있으며, 이 둘을 잘 구분하여 사용하여야 한다. 그림 6.11에 여러 가지 미세 불순물 원소들에 대한 도핑 효율을 각각 C_g 및 C_s에 대해 나타내었다.

연습문제

1. 화학반응을 위해 가스 AB를 챔버(chamber)에 넣고 압력을 1Torr, 온도를 300K에 설정했다. 챔버내부에서 일어나는 반응은

$$AB \leftrightarrow A + B$$

가 유일한 반응이라고 하자. 이 반응의 평형 상수($K = \frac{p_A p_B}{p_{AB}}$, p_A, p_B, p_{AB}는 각 가스의 부분압력)는

$$K = 1.8 \times 10^9 p \exp\left(-\frac{2eV}{kT}\right) \qquad [k = 8.6173 \times 10^{-5} eV/K]$$

로 알려져 있다(p는 Torr단위의 압력, k는 볼츠만 상수). p_A, p_B를 구하라.

2. 이상기체로 취급할 수 있는 어떤 기체의 충돌단면적(collision cross section)이 σ이고 기체의 밀도가 n인 경우 평균 자유 행로(mean free path) γ는 다음과 같이 주어진다.

$$\lambda = \frac{1}{\sigma n} = \frac{1}{\sqrt{2}\,\pi d^2 n} \qquad \text{(단, } d\text{는 기체의 지름)}$$

d = 4Å인 기체가 300K, 1Torr의 조건에 있을 때 평균 자유 행로는?

CHAPTER 07

Sputtering

디스플레이에서 전기전도성 금속은 외부의 전기적 신호들을 화소에 인가하는 전기적 배선으로 주로 사용되며, 디스플레이의 질적 요소를 결정하는 매우 중요한 인자이다. 또한 투명전도산화막(transparent conductive oxide film)인 TCO는 디스플레이에서는 없어서는 안 될 중요한 물질중의 하나이다. 대부분의 전도성 물질은 불투명한 데 반하여, 투명전도막은 가시광(visible light)을 통과시키면서 동시에 전기전도도(electric conductivity)가 상당히 높은 물질로써, indium tin oxide (ITO)가 대표적인 물질이다. 이러한 전기전도성 물질을 증착하는 공정은 대부분 PVD(Physical Vapor Deposition)의 하나인 스퍼터링(sputtering)을 사용하여 이루어지고 있다.

7.1 Sputtering의 기초

박막의 제작 방법에는 크게 화학적 방법과 물리적 방법이 있다. 화학적 방법의 대표적인 예는 화학적 증착(CVD, Chemical Vapor Deposition)이 있으며, 물리적 방법(PVD)에는 주로 증발법(evaporation)과 스퍼터링(sputtering)이 있다. 증발법과 스퍼터링의 주요한 차이점은 기판(substrate)에 도달하는 원자들의 운동에너지에 있다. 즉 증발법의 경우 가열된 보트(boat)에서 나오는 증발된 원자가 약 0.2eV 정도의 에너지를 가지는 반면, 스퍼터링의 경우 스퍼터된 원자는 보통 수 eV의 에너지를 가진다. 그러므로 박막의 접착력(adhesion)이 크고 기판 표면의 결정학적 구조 등의 변화가 증착에 있어서 제어해야 할 중요한 요소가 아닌 경우 스퍼터링이 선호되고 있다.

스퍼터링을 전극의 수에 따라 구분할 경우 타깃(target)과 기판으로 이루어진 이극(diode) 스퍼터링, 타깃과 기판 사이에 바이어스를 걸어주는 삼극(triode) 스퍼터링으로 구분할 수 있다. 전극에 인가하는 전압소스에 따라 구분할 경우에는 DC(Direct Current), RF(Radio Frequency), 이온빔(ion beam) 스퍼터링으로 구분할 수 있으며, 또한 스퍼터링 속도와 증착효율을 증가시키기 위해 타깃의 후면에 자석을 사용한 자기장을 걸어주는 마그네트론 스퍼터링 등이 있다.

7.1.1 스퍼터링의 원리

스퍼터링은 불활성 기체의 양이온이 전압의 경사에 의해 큰 운동에너지를 가지고서 박막으로 입히고자 하는 물질을 부착한 타깃을 때림으로써 그 물질이 스퍼터되어 기판에 증착되는 과정으로 그림 7.1은 스퍼터링 장치의 개략도이다. 전위의 관점에서 타깃은 음의 전위(cathode), 진공 챔버는 접지가 되고, 기판은 챔버와 동일하게 접지시키거나 띄우기(floating)도 한다.

스퍼터링은 가능한 한 낮은 압력에서 공정을 진행하며, 여러 가지 잔류 기체에 의한 박막의 오염을 피하기 위해서 초기 압력이 10^{-6}torr 이하의 기본 진공도를 설정한다. 기본 진공 상황에서 약 10^{-3}torr~10^{-1}torr 정도로 공정에 사용할 가스를 넣어주고 글로우 방전(glow discharge)을 만들어서 스퍼터링을 형성한다. 이 때 반응성 스퍼터링(reactive sputtering)을 제외하고는 불활성 기체를 사용하며 아르곤(Ar)을 주로 쓴다.

플라즈마가 형성된 상태에서 이온들이(Ar^+) 음전위의 타깃과 충돌하면 운동량 전이가 일어난다. 이로 인해 타깃의 구성물질의 원자나 분자가 파여나가(eroded) 타깃에서 떨어져 나오게 되며, 타깃의 반대편에 놓인 기판에 달라붙으면서 박막이 형성되게 된다. 이온이 타깃에 충돌할 때 원자나 분자뿐만 아니라 2차 전자(secondary electron)들이나 2차 이온(secondary ion)들도 나오지만 상대적으로 그 비율이 작다. 스퍼터링에서 이온이 타킷에 충돌할 때의 에너지는 약 10~5,000eV의 범위를 갖는다.

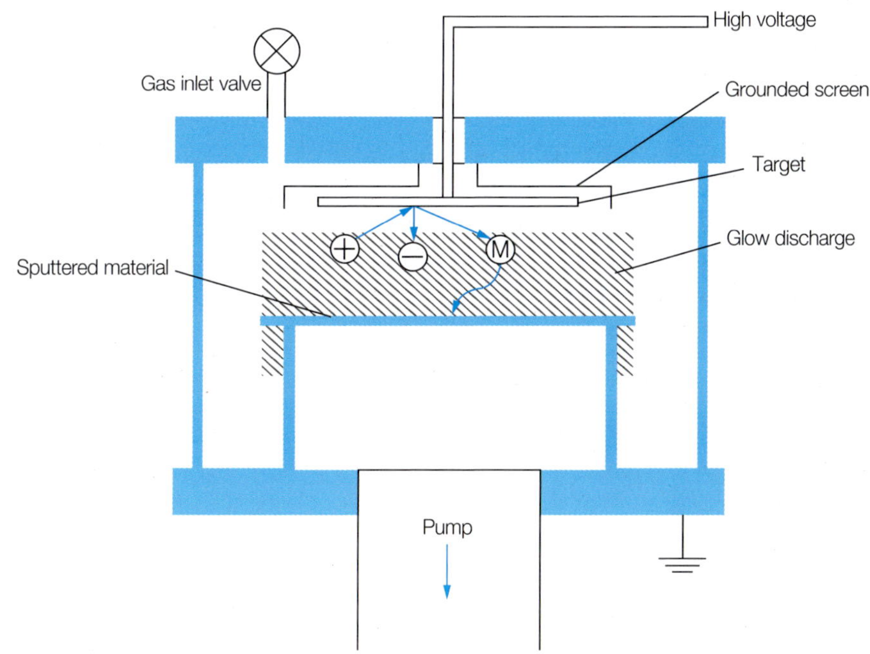

그림 7.1 다이오드 스퍼터링 장치의 개략도

7.1.2 DC 글로우 방전

DC 글로우 방전은 낮은 가스압력과 DC 전원의 높은 임피던스를 필요로 하며, 아래 그림 7.2와 같은 특성을 가지고 일어난다. 전압이 처음 가해질 때 매우 작은 전류가 흐르며, 이 전류는 거의 일정하다. 전압이 증가함에 따라 충분한 에너지가 전하(전자와 이온들)에 주어지고, 이들이 더 많은 이온들과 2차 전자들을 만들어내어 전류가 지속적으로 증가한다. 전기장이 충분해서 전자가 이온화 반응을 만들 수 있을 만큼 가속이 되면, 연쇄반응에 의해 전자와 이온이 급격하게 생성된다. 이 영역이 타운센드 방전(townsend discharge)영역이다.

계속하여 이온이 타깃을 때리고 2차 전자를 방출시키며 2차 전자가 중성의 아르곤 원자와 충돌하여 더 많은 이온들을 만들어낸다. 방출된 전자의 수와 생성된 이온이 만들어낸 2차 전자의 수가 같을 경우 방전은 스스로 유지된다. 이러한 전압을 지나게 되면, 전압이 떨어지면서 전류가 증가한다(unstable region). 전류가 작은 영역에서는 전압이 거의 일정한 값을 가지게 된다(normal glow discharge). 전류가 큰 영역에서는 전압이 전류의 증가에 따라 증가하면서 방전이 전극을 뒤덮게 된다(abnormal glow discharge). 직류방전을 사용하는 스퍼터링에서는 이 영역의 방전을 사용한다. 더 높은 전류에서는 전압이 급격히 떨어진다(arc discharge). 방전을 개시하기 위한 전압(V)은 가스의 압력(p), 전극

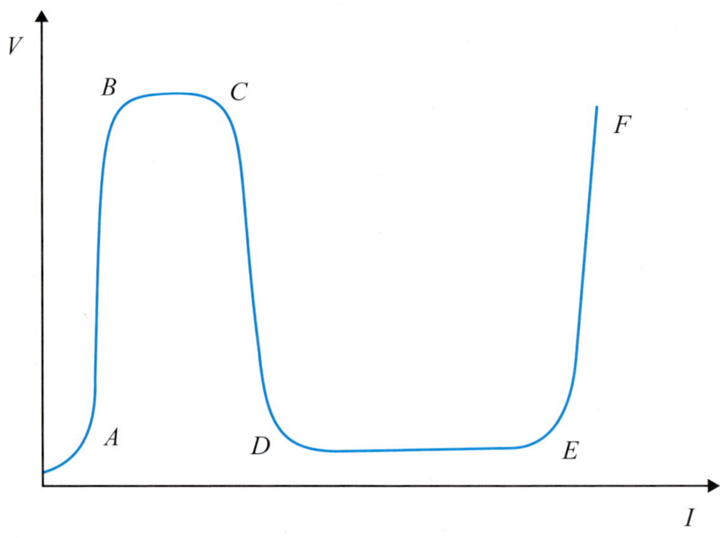

그림 7.2 DC 전압에 의한 방전

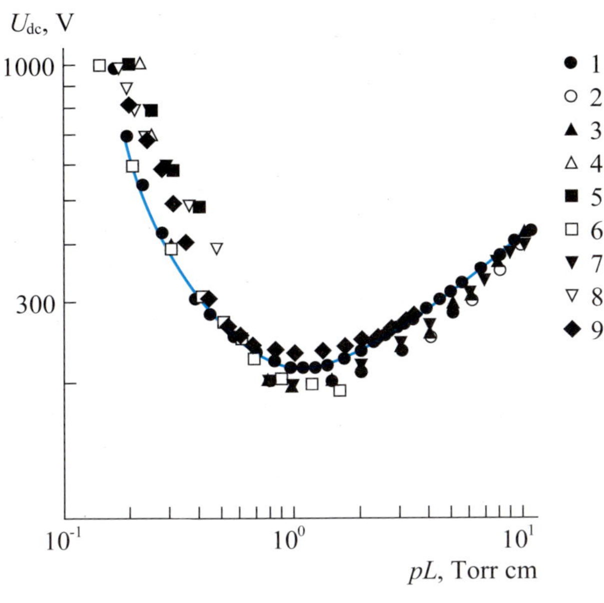

그림 7.3 Paschen curve

간 거리(d)를 이용하여 아래와 같이 표현할 수 있다.

$$V = a\frac{pd}{\ln(pd)+b}$$

단, a, b는 가스에 의존하는 상수이다.

이러한 방전전압, 가스압력과 전극 간 거리의 관계를 Paschen law라고 한다.

7.1.3 마그네트론 스퍼터링

직류전류만 사용한 간단한 다이오드 스퍼터링은 불활성 기체의 수 퍼센트 미만으로 이온화가 일어나는 비교적 효율이 낮은 이온화 소스이다. 평면 마그네트론(planar magnetron)은 자기장과 전기장에 의해 전자를 타깃 주위에 가두어 전자의 집적도를 크게 하여 가스의 이온화 효율(ionization efficiency)을 높이고 스퍼터링 속도를 증가시키기 위해 고안된 스퍼터링 방식이다. 직류 글로우 방전에서 이온화 효율을 증가시키기 위한 방법으로는 원통형 마그네트론(cylinderical magnetron), 원형 마그네트론(circular magnetron) 등 다양한 변형된 형태 등이 사용되고 있다. 이온화된 입자의 비율이 높을수록 필요한 압력이 낮아지게 되며 동시에 타깃의 식각률(erosion rate)과 박막의 증착률(deposition rate)이 증가된다.

7.1.4 RF 스퍼터링

부도체를 타깃으로 사용하는 경우, 직류전압을 이용하여 스퍼터링하는 것이 불가능하다. 두 전극 사이에 방전 가스를 넣고 타깃으로 절연체를 쓰고 DC 플라즈마를 띄우는 경우를 생각해보자. 절연체에 (−) 전압을 인가하면, 이 전극에 접한 절연체 표면은 (+) 전압이 유도되며 또한 반대의 절연체 표면에는 다시 (−) 전압이 유도가 된다. 처음에는 플라즈마가 생성이 되고, 절연체 타깃 표면에는 전압 분포가 형성되어 플라즈마 내부의 (+) 이온들이 타깃쪽으로 충돌한다. 이 이온 충돌로 인하여 절연체 표면의 (−) 전하를 중성화시키며 유도된 (−) 전하를 없애게 된다. 이렇게 되면 절연체 표면에 유도되었던 전압의 감소로 전압차가 줄어들게 된다. 따라서 전하에 에너지를 전달할 전기장이 감소하므로 플라즈마가 유지되지 못하고 소멸되게 된다.

절연체를 포함하는 경우에 플라즈마를 계속적으로 유지시키려면 절연체 표면에 축전된 전하를 제거하여야 한다. 이를 위해 AC 전원을 사용하게 된다. AC 파장의 주기는 절연체 표면에 전하가 축적되는 시간보다 빨라야 하므로 높은 주파수의 전력을 사용한다.

RF 스퍼터링은 도체나 부도체 상관없이 모든 타깃을 사용할 수 있는 큰 장점이 있으나, 열전도성이 좋지 않은 절연체 타깃을 사용할 경우 부도체의 증착 속도가 제한된다. 금속, 합금, 산화물, 질화물, 탄화물 등의 증착 등에 다양하게 사용된다.

7.1.5 반응성 스퍼터링

반응성 스퍼터링은 불활성 가스(inert gas)인 Ar에 반응성 가스(oxygen, nitogen) 등을 넣어 금속 타깃으로부터 화합물(compound) 물질을 얻는 스퍼터링법을 말한다. 반응성 스퍼터링을 이용하여 얻을 수 있는 화합물과 이에 상응하는 반응성 가스의 사례로는 다음과 같은 것들이 있다.

Oxide (oxygen) - Al_2O_3, In_2O_3, SnO_2, SiO_2, $Ta2O_5$
Nitride (nitrogen, ammonia) - TaN, TiN, AlN, Si_3N_4, CNx
Carbides (methane, acetylene, propane) - TiC, WC, SiC.
Sulfides (H_2S) - CdS, CuS, ZnS

DC 전원을 사용한 반응성 스퍼터링법은 금속 타깃을 사용하므로 세라믹 타깃과는 달리 대면적 타깃의 제조가 용이하고 높은 증착 속도를 쉽게 얻을 수 있다. 반응성 스퍼터링법에서는 산소의 유량을 변화시킴으로써 박막의 조성을 조절할 수 있는데, 산소 유량의 증가에 따른 타깃 표면의 산화로 급격히 공정조건이 바뀌는 천이 영역을 가지는 hysteresis 특성을 보인다(그림 7.4).

먼저 전체 가스 압력을 P, 불활성 가스의 유량(flow rate)을 Q_i라고 하자. 펌핑 스피드가 일정할 때 Q_i가 증가함에 따라 P는 증가한다. 반응성 가스로 N_2를 추가해보자. 반응성 가스의 유량을 Q_r이라고 하면, Q_r이 0에서부터 증가함에도 불구하고 전체 압력은 P_0로 일정하다. 그 이유는 챔버에 들어간 N_2가 바로 금속과 반응하여 사라지기 때문이다. 즉 반응성 가스가 모두 금속과 반응한다면 챔버에 남아있는 N_2가 없게 된다. 그러나 임계치 이상의 N_2를 챔버에 넣어줄 경우 전체 압력은 P_1으로 증가하게 된다. 만약 반응성 스퍼터링이 전혀 일어나지 않는다면, 이때는 P_0에서 P_3로 증가하게 될 것이다. 그 이후의 반응성 가스 유량의 증감은 전체 가스 압력 P의 증감으로 나타나게 된다. 이 상태에서 Q_r이 계속 감소하게 되면 P는 다시 초기의 P_0로 돌아가게 된다.

산소와 같은 반응 가스의 유량이 늘어감에 따라 금속 타깃의 표면과 챔버 벽이 점차 산화물로 변하게 되고 임계치에 다다르게 되면 타깃 표면이 급격히 산화되어 매우 낮은 증착 속도 영역에 도달하게 된다. 다시 산소의 유량을 줄일 경우 챔버 내에 존재하는 산소의 양이 많아 유량 증가 때의 임계치보다 더 낮은 값에서 금속으로 다시 환원된다. 이러한 이력(hysteresis) 현상은 두 개의 안정적인 상태가 존재하고 그 사이에 매우 급변하는 천이(rapid transition) 영역이 있기 때문이다. B 상태에서는 Q_r의 변화에 매우 민감한 반면,

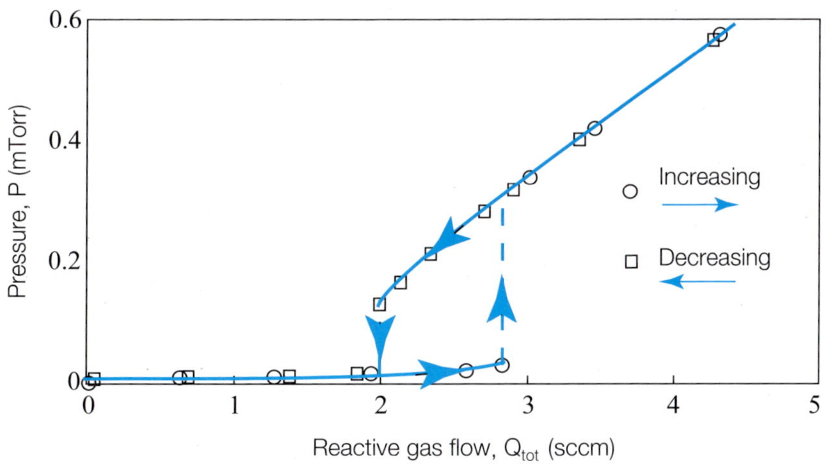

그림 7.4 반응성 스퍼터링 중 일어나는 반응성 가스 유량과 압력의 관계

A 상태는 그렇지 않다.

A 상태의 경우 챔버에 들어간 반응 가스는 모두 박막 형성에 기여한다. 즉 화합물의 일부분이 되며 반응성 가스의 분압이 화합물의 조성 변화에 직접적으로 영향을 미치게 된다. A에서 B로의 천이는 금속 타깃의 표면이 반응성 가스와 반응하여 화합물화되면서 일어난다. 일반적으로 화합물이 되면 전기저항이 증가하기 때문에 같은 전류밀도에서 전압강하는 더 많이 발생하게 된다. 그러므로 음극전압은 화합물이 형성될수록 감소하게 된다(그림 7.5). 음극전압은 증착 속도와 비례관계에 있기 때문에 증착 속도 또한 감소하게 된다.

일반적인 유량 조절 시스템에서는 증착 속도가 높은 금속과 증착 속도가 낮은 산화물의 형성에서 사용한다. 반응성 스퍼터링을 하는 경우 대부분 화학양론적인 막(산화막이나 질화막)을 얻을 수 있고, 금속 타깃을 사용하여 증착할 경우 대개 박막 내의 산소 양이 부족한 금속성 박막이 얻어지고, 산화물 타깃의 경우 타깃 표면이 완전히 산화물로 덮여

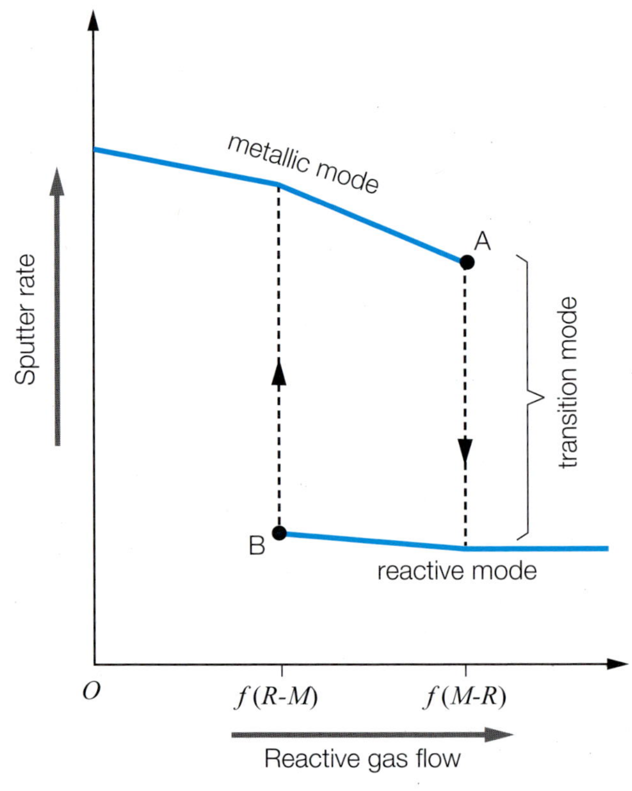

그림 7.5 일정한 discharge current 하에서 반응 가스의 유량과 음극전압 및 증착 속도에 관한 곡선

매우 낮은 증착 속도가 얻어지며 아크가 발생하기 쉬워 막의 품질이 저하되는 문제를 가지고 있다. 천이 영역에서 스퍼터링을 할 경우 그림에서 보는 바와 같이 이력(hysteresis) 구간이 되기 때문에 막의 조성을 예측하기가 쉽지가 않다. 양호한 증착 조건과 안정적인 막의 특성을 위해서는 이력 구간을 없애는 것이 중요하다. 이러한 문제를 해결하기 위해 여러 가지 방법들이 고안되었는데, 우선 장치의 구조를 변경하여 이력 특성이 없도록 해결하는 방법이 있고, 별도의 컨트롤 시스템을 달아 천이 영역에서도 일정한 상태를 유지시키는 방법이 있다. 스퍼터링 장치에서 반응가스인 N_2, O_2 등의 배기 속도를 매우 크게 하면 이력 특성을 없앨 수 있는데 대형 양산 장비에 이러한 방법을 사용하려면 너무 많은 진공 펌프가 필요하게 되어 현실적으로 적용이 힘들다.

컨트롤 시스템을 사용하는 경우 일반적으로 천이 영역에서 스퍼터되는 금속의 양이나 산소의 분압을 실시간으로 측정하여 타깃에 인가되는 파워나 산소의 유량을 변화시킴으로써 기판으로 입사되는 금속과 산소의 양을 일정하게 유지시키는 방법을 사용한다. 이 방법을 사용하면 이력 특성이 없는 S자형의 커브를 얻을 수 있고 천이 영역 내에서도 안정적인 박막 증착이 가능하다.

7.1.6 스퍼터링 효율과 스퍼터링 속도

스퍼터링 효율 *S*는 스퍼터링 과정을 특징짓는 기본적인 지표로써 입사하는 이온당 방출되는 타깃 원자의 수로 나타낸다. 타깃과 입사하는 이온과의 상호작용, 그리고 그 후의 타깃 원자들 간의 상호작용은 일련의 충돌로 취급이 가능하다(그림 7.6).
충돌 모델에서 스퍼터링 효율은 이온에너지가 약 1keV 이하인 경우 다음과 같이 나타내진다.

$$S = \frac{3}{4\pi}\alpha\frac{4m_i m_t}{(m_i + m_t)^2}\frac{E}{U_o} = \beta V$$

여기서 α는 m_t/m_i의 함수, m_i는 이온의 질량, m_t는 타깃 원자의 질량, E는 입사 이온의 에너지, U_o는 타깃 표면 결합에너지, β는 비례상수, V는 인가된 전압을 나타낸다.

이온에너지에 따라 지수함수적으로 스퍼터링 효율이 증가하여 최대값에 이르며, 이온에너지의 어느 범위까지는 변화가 없다가 그 후에 이온에너지가 증가하면 효율은 감소하기 시작한다. 이는 입사하는 이온이 타깃에 선택적으로 주입(implantation)되기 시작하는 것으로 반도체에서 불순물을 도핑하는 데 이용되기도 한다.

박막의 증착률 또는 성장 속도(growth rate)은 스퍼터링 속도에 크게 좌우되며, 플라

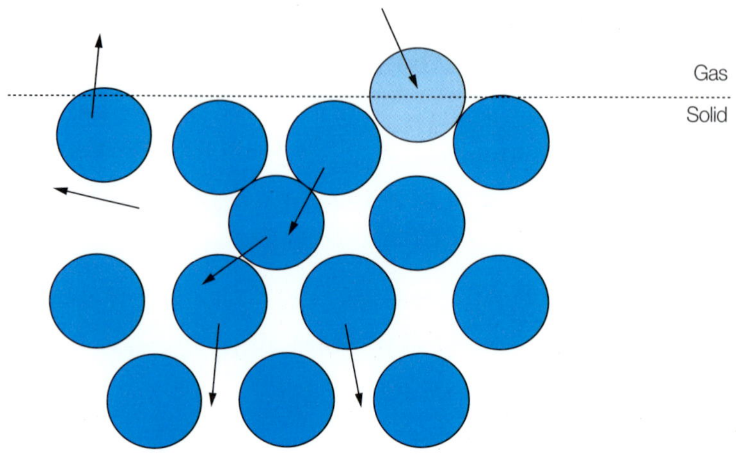

그림 7.6 입사한 이온에 의한 타켓 원자의 방출

즈마 내에서의 산란(scattering) 정도, 그리고 기판에 증착된 후에 발생하는 리스퍼터링(resputtering) 정도에 의해 영향을 받는다.

스퍼터링 속도는 이온의 에너지에 따라 크게 변화하지는 않으나, 아래의 식처럼 타깃으로 입사하는 이온의 수, 즉, 이온전류밀도에 크게 좌우된다.

$$\frac{dN}{A\,dt} = S\frac{I}{e}$$

여기서 A는 타깃의 면적, I는 이온전류, e는 전자의 전하량이다.

마그네트론 스퍼터링의 경우, 스퍼터링 속도가 식각 영역의 면적에 따라 증가한다. 일정한 전압 하에서 아르곤의 압력이 커질 경우, 이온의 수가 증가하게 되므로 음극의 전류밀도가 증가하여 스퍼터링 속도가 커진다. 그러나 약 100mtorr 이상에서는 타깃에 도달하는 이온과 스퍼터링된 원자들의 평균 자유행로가 줄어들며 백스퍼터링(backscattering)의 효과가 커져 박막의 성장 속도가 급격히 감소한다. 따라서 스퍼터링 속도를 높이면서 박막의 성장 속도를 높이기 위해서는 높은 전압, 높은 전류밀도, 좀 더 무거운 질량을 가진 가스의 사용 및 낮은 기체압력과 같은 조건들이 유리하다.

7.2 디스플레이 공정에 사용되는 스퍼터링 물질 및 공정의 특성

배선에 사용되는 전극 물질들인 게이트(gate), 데이터(data), 그리고 화소(pixel)의 전극(electrode) 물질들은 전도성 박막으로 구성되며 스퍼터링을 사용하여 형성한다. 스퍼터링에 사용되는 물질들의 일반적인 특성에 대해서 알아보고, 배선 전극으로 사용될 때의 요구사항 및 배선공정에서 이슈가 되는 것들에 대해서 알아보도록 한다.

7.2.1 금속배선 물질들의 물리적 화학적 특성

배선 물질로 사용되는 대표적인 금속 물질들에는 다음의 표 7.1과 같은 것들이 있다. Ta, Cr, and Mo는 다루기 힘든 금속들로써 Body-Centered-Cubic(BCC) 구조를 가지고 있다. 이들 금속은 대부분 잘 긁히지 않고, 열에 강하며, 부식에 강하다. 그 외의 물질들로는 Al, Ag, Cu 등이 있다. 이 물질들은 Face-Centered-Cubic(FCC) 구조를 가지고 있다. 이 세 금속들은 FCC라는 공통점 이외에 잘 긁히고, 열에 약하며, 또한 부식도 잘 일어난다.

상기 언급한 두 계열을 배선 물질로 사용할 때 가장 큰 특성의 차이는 전기저항이다. Ta, Cr, Mo는 다소 높은 전기저항을 가지고 있으며, Al, Ag, 그리고 Cu는 대표적으로 저항이 낮은 저저항 배선이다.

잘 긁히지 않고, 열에 강하고, 부식에 강한 금속들(Ta, Cr, Mo)은 Al, Ag, Cu에 비해서 가공성이 좋다. 이러한 이유로 상당히 높은 전기적 저항을 가졌음에도 불구하고 초창기 디스플레이 소자를 형성하는 데 자주 사용되었다.

박막 상태(μm 이하)와 벌크상태(수 μm이상)의 전기저항(resistivity)은 표에서 보는 바와 같이 크게 차이가 난다. 대부분 박막 상태의 전기저항이 더 높음을 알 수 있다. 보통 박막 상태가 벌크상태에 비해서 많은 결정 결함을 가지고 있고 이러한 결정 결함들이 전자들의 이동을 방해하는 요소로 작용하여 그 결과 전자의 이동성을 떨어뜨리기 때문이다.

표 7.1에서 언급한 chemical-durability는 화학적 내식성을 의미하는데, 금속배선의 패터닝 공정 이후의 후속 공정(후속 막의 습식식각, PR 제거공정, 포토 공정 등)에 사용되는 화학물질에 대한 내식성을 나타낸다. Etchability는 가공이 쉽고 어려운 정도를 나타내는 척도이다. 예를 들어 Al이나 Mo는 일반적으로 내식성이 매우 취약하므로 화학적 내식(chemical-durability)성은 매우 나쁜 편이다. 하지만, Al이나 Mo 자체를 습식식각할 때에는 이러한 내식성이 오히려 가공하기 쉬운 장점이 되기도 한다. Ag나 Cu의 경우 적합

표 7.1 TFT 배선에 사용되는 물질들의 물리적 화학적 특성

Properties		Materials					
		Ta	Cr	Mo, (Mo alloy)	Al, (Al alloy)	Ag	Cu
Crystal Structure		bcc	bcc	bcc	fcc	fcc	fcc
Resistivity($\mu\Omega\cdot$cm)	Bulk	5.5	12.7	5.5	2.7	1.6	1.7
	Film	25	18~20	12~20	4~10	2~4	2~4
Contact(to Si, ITO)		G	G	G	NG	NG	NG
Adihesion		G	G	F	G	NG	NG
Heat-Resistance		G	G	G	NG	NG	NG
Chemical-Durability		G	G	NG	NG	NG	NG
Etchability		G (dry)	G (wet)	G (wet/dry)	G (wet)	NG	NG

G: Good, F: Fari, NG: Not good

한 습식식각 물질을 개발하기 어렵고 식각 공정에서 기타 문제들이 발생하기도 한다.

7.2.1.1 Cr

크롬은 잘 알려진 박막 도전체 물질이다. 크롬의 전기저항(resistivity)은 대략 $20\mu\Omega\cdot$cm 정도이며 이것은 TFT-LCD의 크기가 15인치까지 유용한 배선저항이다. 크롬배선은 유리와의 접착력이 뛰어나며, 열에 대하여 매우 안정적이다. 크롬은 습식식각을 통하여 패터닝하게 되는데, 식각 후 배선의 옆면이 하부평면과 이루는 각도가 매우 큰 것으로 알려져 있다. 이러한 문제는 습식식각 장비를 통한 공정의 조정이나 합금 물질을 위에 덧입히는 방식으로 조절하기도 한다. 스퍼터링으로 증착된 Cr 배선은 매우 높은 인장장력(tensile stress)을 가진다. 이러한 높은 인장장력은 하부막이나 유리기판에 크랙(crack)을 유발하기도 한다. Cr의 높은 인장장력을 줄이기 위해서 Ar 대신 Ne처럼 가벼운 스퍼터링 가스를 채택하기도 한다.

스퍼터링으로 증착된 Cr은 ITO/Cr와 n^+a-Si/Cr처럼 계면 사이에 매우 낮은 접촉저항

(contact resistance)을 가지고 있기 때문에 단일 배선인 데이터 배선 등에 사용될 수 있는 이점이 있다. 반면 Al이나 Cu의 경우 접촉저항이 매우 높기 때문에 ITO나 n^+a-Si에 접촉을 시키기 위해서는 다른 물질을 덧대어서 사용해야만 한다. 이러한 배선 구조를 다중 배선 구조(multi-layered structure) 또는 클래드 배선(clad-line)이라고 한다. 예를 들면 Al의 경우 게이트 배선막으로 사용할 경우에는 Mo/Al/Glass 구조를 사용하기도 하며, 데이터 배선으로 사용 시에는 Mo/Al/Mo 등의 삼중구조를 많이 사용한다.

7.2.1.2 Mo

Mo는 Cr에 비해서는 전기적 저항이 상대적으로 낮다. 따라서 Cr보다는 더 큰 사이즈의 TFT용 배선으로 사용 가능하다. Mo도 Cr과 마찬가지로 ITO나 n^+a-Si에 대한 접촉저항 특성이 좋기 때문에 다중 배선 구조가 아닌 단일 배선으로 사용하기 용이하다. 그러나, Cr에 비해서 접착력 특성이 좋지 않으며 화학적 내성이 내화 금속임에도 불구하고 상당히 떨어진다. 이러한 취약한 내식성은 후속 ITO 습식식각 공정에서 주로 배선 단락 등의 결함(failure)으로 나타나기도 한다. 내식성을 향상하기 위하여 W 등을 첨가하여 사용하기도 하지만, 이 경우 합금으로 인한 전기전도도가 많이 감소하기 때문에 신중히 고려되어야만 한다. Mo-W alloy의 경우 15~20$\mu\Omega\cdot$cm 정도의 전기저항을 가지고 있는 것으로 알려져 있다.

7.2.1.3 Al

Al과 Al alloy들은 저저항배선으로 주로 사용되는 매우 중요한 물질들이다. 표 7.1에서 4~10로 넓은 영역의 전기저항을 갖는 것으로 나온 이유는 여러 가지 합금이 첨가되어 사용되는 경우가 많기 때문이다. 첨가되는 합금의 종류와 양에 따라서 전기저항이 달라진다. 일반적으로 합금이 첨가되는 양이 많아질수록 전기저항은 올라간다(그림 7.7). 금속의 전도도는 주로 전자와 격자와의 산란 현상(electron-phonon scattering)으로 설명할 수 있다. 격자의 주기성이 떨어질수록, 불순물(합금)이 많을수록, 온도가 높을수록 전자와 격자의 산란 현상이 잘 발생하므로 전자의 이동도가 감소하게 된다. 알루미늄은 유리와의 접합성이 매우 좋으며, 습식식각 물질에 잘 녹기 때문에 패터닝이 쉬운 장점들이 있는 반면, 다른 물질과의 접촉 저항이 나쁘고, 열에 약하며, 화학적 내식성이 떨어지는 단점들도 가지고 있다.

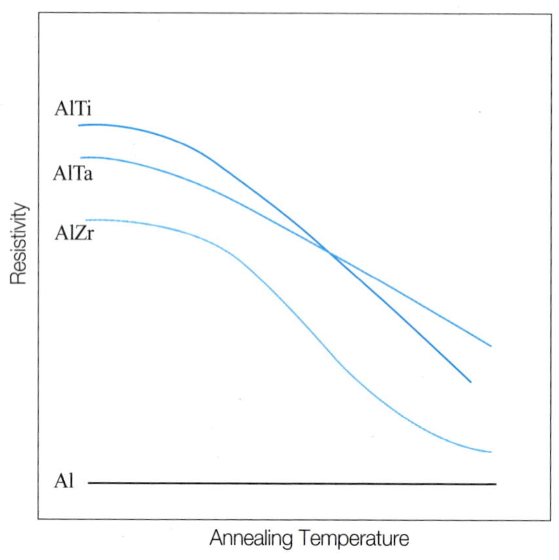

그림 7.7 Al alloy 박막의 열처리 온도에 따른 전기저항의 변화

7.2.1.4 Cu

Cu는 Al 배선보다 낮은 저항을 갖는 배선 물질이다. Cu는 접착력(adhesion)과 내화학성이 취약한 것으로 알려져 있다.

7.2.2 Al 배선

TFT에서 gate 배선의 특성으로 요구되는 것들은 다음과 같이 요약할 수 있다. ① 낮은 전기저항(resistivity), ② 높은 열적 안정성(thermal stability), ③ 쉬운 가공성(taper angle 포함), ④ 유리기판과의 높은 접합성(adhesion)

표 7.1에 나와 있는 내화 금속들(Cr, Ta, Mo, Ti)은 첫 번째 조건인 낮은 전기저항을 제외하고 모든 조건을 만족시키고 있다. 그러나 TFT가 대형화, 고화질화됨에 따라 낮은 전기저항이 첫 번째 요구조건이 되었으며, 내화 금속박막들은 게이트 배선 물질로 사용하기 어려워졌다.

Al 계열의 배선에서 대표적인 문제는 hillock 현상이다(그림 7.8). Hillock 발생은 수율 저하를 가져오는 공정상의 문제일 뿐만 아니라, 사용 가능한 수명에도 영향을 미친다. 알루미늄의 hillock은 electromigration과 stressmigration 두 가지로 설명 가능하다.

Electromigration 현상이란 박막에서 발견되는 특이한 현상으로, 쉽게 설명하면 전자

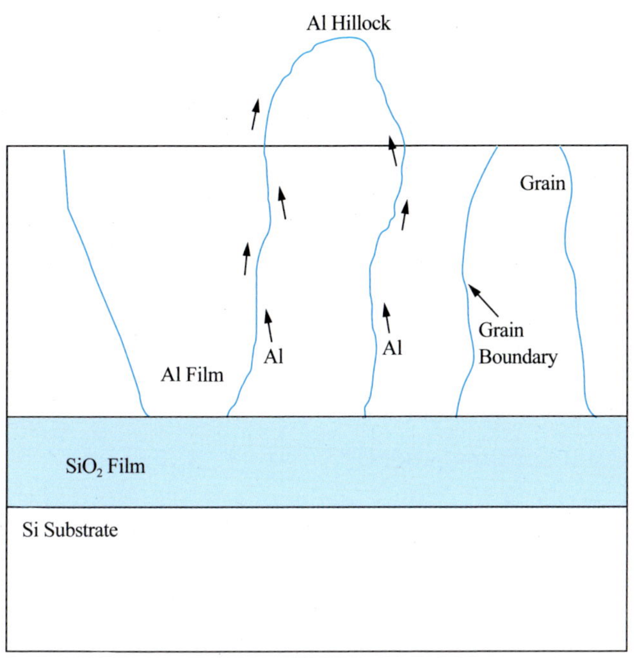

그림 7.8 알루미늄 박막에 걸리는 압축 잔류응력 때문에 발생하는 힐락(hillock)의 개략도. 알루미늄원자의 입계면(grain-boundary)을 통한 확산(diffusion)이 표시되어 있다.

폭풍에 의해서 박막 내 알루미늄 원자가 이동하는 현상이다. 박막은 두께와 폭이 매우 얇기 때문에 소량의 전류도 전류밀도로 환산하면 매우 큰 값을 가지게 된다. 큰 운동량을 가진 전자가 반복해서 알루미늄 원자와 충돌하게 되면 알루미늄 원자가 원래의 위치에서 벗어나 이동(migration)하기 시작한다. 위 과정이 누적될 경우 특정 위치에 쌓인 알루미늄 원자들이 산과 같은 형상을 이루게 되고 이것을 hillock이라고 부른다. 반면 알루미늄이 상대적으로 많이 빠져나간 자리는 void가 형성되는데 이것은 배선 단락의 주요인이 된다(그림 7.9). TFT의 경우 VLSI에 비해서 배선의 폭이 매우 크기 때문에 전류밀도가 상당

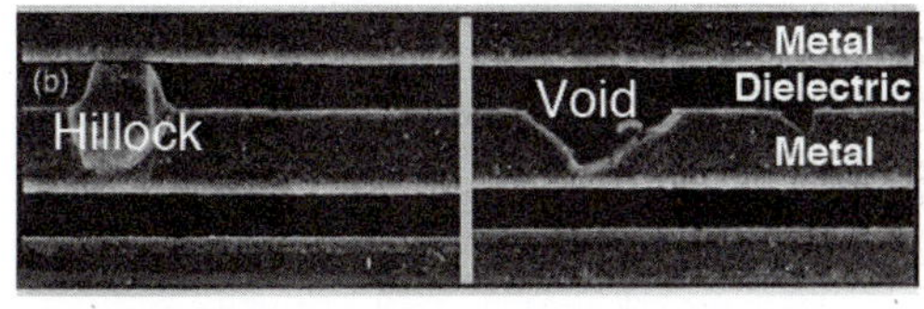

그림 7.9 알루미늄 박막의 hillock에 의한 short과 void에 의한 배선 단락 현상을 보여주는 SEM 단면 사진

히 작다. 그러므로 electromigration에 의한 hillock 형성 가능성이 떨어진다.

Stressmigration이란 박막에 걸리는 응력에 의해서 알루미늄 원자가 이동하는 것을 말한다. 주로 반복되는 공정 온도 변화에 따라 박막에 걸리는 잔류 열응력에 의해서 발생한다. TFT에서 금속 배선 박막은 비금속 물질들(glass, SiNx, a-Si 등)로 둘러싸여 있으며, 이러한 비금속 물질들은 금속에 비해 상대적으로 낮은 CTE(Coefficient of Thermal Expansion)를 갖고 있다(알루미늄: ~20ppm/°C, a-Si: 3~4ppm/°C). 서로 다른 CTE로 인하여 공정 온도가 변하면서 알루미늄 박막에 큰 압축응력으로 작용하게 되며, 이로 인하여 박막 내 알루미늄 원자들은 원래의 자리에서 벗어나 이동하게 된다. 특히 공정 온도가 높은 PECVD 공정 후 hillock이 많이 발생하는데, 이것은 hillock이 알루미늄 원자의 열적확산과정(thermal diffusion process)의 결과라는 것을 반영하고 있다. .

알루미늄 배선에서의 hillock 억제법으로는 알루미늄 박막 위에 전기화학적으로 Al_2O_3를 형성해주는 Al anodizing 방법, Nd와 같은 희토류 원소를 첨가하여 입계면에 석출시킴으로써 알루미늄의 이동을 막는 합금원소의 첨가법, 상부에 Mo와 같은 layer를 덮어줌으로써 hillock을 억제하는 capping layer 방법 등이 있다.

7.2.3 Cu 배선

Cu는 앞서 언급한 바와 같이 유리기판이나 박막에 매우 취약한 접착력(adhesion)을 가지고 있으며, 산에 매우 취약하며 쉽게 부식 및 산화되고, Cu를 식각할 경우 적절한 taper angle을 얻기 어렵다.

Cu는 200°C 부근에서 쉽게 재결정화된다. 이러한 재결정은 낮은 온도에서도 원자의 이동이 용이하다는 것을 의미하며, 이러한 원자의 이동으로 인하여 hillock 발생이나 void가 형성되기 쉬움을 의미한다. 원자의 이동은 박막 두께를 증가시킴에 따라 감소하는 것으로 알려져 있다.

Cu는 절연체로 사용되는 Si, SiO_2, SiNx 등에 쉽게 확산된다. 만일 Cu가 게이트 배선 물질로 사용된다면 이와 같은 확산이 게이트 절연막 내부의 불순물로 작용하여 전기적 특성 저하를 가져오게 된다. 따라서 이러한 문제를 해결하기 위해서 확산을 막는 금속박막을 중간에 사용하기도 한다.

7.2.4 화소전극 ITO

LCD는 백라이트의 빛을 사용하기 때문에, 대부분의 TFT 구조에서는 투명 전극이 필요하다. 전도성을 가지면서 투명한 물질을 Transparent Conductive Oxide(TCO)라고 부른다. TCO로 사용되기 위해서는 $10^{-3}\Omega\cdot cm$ 이하의 전기저항을 가져야 하며, 가시광을 80% 이상은 투과할 수 있어야 한다. Au, Ag, Pt, Cu, Al, 그리고 Cr과 같은 물질을 매우 얇은 금속박막으로 형성하여 TCO로 사용한 적도 있다. 하지만 이러한 물질들의 화학적, 기계적 성능이 떨어지며, TCO로 사용되기에는 투과성이 현저히 떨어진다. 대표적인 TCO 물질로는 In_2O_3, SnO_2, ZnO와 CdO 등이 있다. 이러한 물질의 특징은 에너지 밴드갭(energy bandgap)이 3eV 이상이기 때문에 가시광선 영역의 빛들은 대부분 흡수 없이 투과가 가능하므로 투명하다. 전도성 캐리어(carrier)의 밀도는 대략 10^{18}~$10^{19}/cm^3$ 정도이고 도핑에 의해서 캐리어 밀도가 조절 가능하다.

TFT의 화소전극으로 사용되는 In_2O_3와 SnO_2로 이루어진 ITO는 대표적인 TCO 물질이다. ITO는 90 wt.%의 In_2O_3 +10 wt.%의 SnO_2로 이루어진 타깃을 앞에서 설명한 반응성 스퍼터링(reactive sputtering)으로 증착한다. 이 때 사용하는 가스로는 99% Ar에 1% O_2를 첨가하여 0.1~0.5Pa 범위에서 증착한다. ITO는 비정질(amorphous) 상태에서는 전기전도도가 급격히 떨어지고, 다결정(polycrystalline)이 되었을 때 전기전도도가 향상되기 때문에 대부분 증착공정 시 기판 온도를 200°C 부근으로 올려서 증착하게 된다. 1.0Pa보다 낮은 압력에서 RF 스퍼터링으로 증착된 ITO는 다결정을 가지지만, 1.0Pa보다 높은 압력에서 증착된 ITO 필름은 비정질을 가지는 것으로 알려져 있다. 낮은 압력에서의 결정질화는 기판에 도달하는 In 원자의 높은 운동에너지 때문인 것으로 보인다.

ITO는 낮은 공정 압력 하에서는 압축응력을 보이다가 공정 압력이 증가할수록 인장응력으로 변하는 특성을 보인다. 이는 낮은 압력 하에서는 타깃으로부터 되 튕겨 나온(recoiled) 중성가스나 높은 에너지의 음이온이 기판에 충돌하는 피닝(peening) 현상 때문이다. 이러한 불순물에 의해서 박막의 격자가 팽창되고 압축응력으로 나타나게 된다.

7.2.4.1 Effect of film structure on ITO etch

결정질 ITO의 경우 비저항이 증가할수록 etch rate은 증가하는 것으로 보고되었다.

ITO를 증착할 때 Ar gas 이외에 O_2 gas를 reactive sputtering용으로 집어넣게 되는데, O_2의 분압에 따라서 증착된 필름의 조성이 많이 달라진다. 일반적으로 ITO의 전기전도 원리(conduction mechanism)는 metal interstitial 이론과 oxygen vacancy 이론으로

많이 설명한다. 즉 ITO 내부에 oxygen vacancy가 발생할 경우 가상의 +2 전하가 만들어지게 되고 이것을 중화시키기 위해서 두 개의 음전하(전자)가 추가 생성된다. 이러한 전자들이 ITO에서 전류가 흐르게 만든다. 증착 시 O_2 분압이 증가할수록 ITO 내부의 oxygen vacancy가 줄어들게 되고 그 결과 전자들은 감소하게 되며, 전기전도도는 더욱 감소하게 된다.

Al 계열 배선에서 화소전극으로 ITO를 사용할 때 주로 발생되는 문제점은 하부 배선막인 Al이 강산인 ITO 에천트(etchant)에 노출될 경우 쉽게 부식이 발생하여 배선 단락이 발생하는 것이다. 비정질 ITO는 결정질 ITO에 비해 약산에서도 쉽게 식각되기 때문에 Al 계열 배선과 같이 사용할 수 있다는 것은 장점이 된다.

ITO 증착 시 증착 온도를 상온으로 하거나, H_2O를 넣으면 비정질화되는 것으로 알려져 있다. 비정질화될수록 같은 조건에서 식각 속도는 결정질에 비해서 급격하게 증가한다.

연습문제

1. DC 플라즈마에서 타깃(target) 표면에 도달하는 이온의 플럭스(F)가 걸어준 전압(V)에 대해서 $F \propto V^{3/2}$의 관계가 있다고 알려져 있다. 스퍼터일드(Sputter yield, S)가 이온의 플럭스에 비례할 것이므로 전압을 올렸더니 처음에는 S가 전압의 증가에 따라서 커지다가 나중에는 감소하는 관계를 얻었다. 높은 전압일 때 오히려 S가 줄어드는 이유에 대해서 간단히 설명하시오.

2. 타깃에 입사하는 이온의 플럭스(F), 스퍼터일드(S), 타깃의 면적(A_t), 기판의 면적(A_s)가 주어진 경우 증착률(D)은 다음과 같이 계산된다.

$$D = \frac{S}{n_f} F \frac{A_t}{A_s} \quad \text{(단, } n_f \text{는 증착되는 박막의 밀도)}$$

타깃에 입사하는 Ar^+ 이온의 전류밀도가 1.6 mA/cm^2, 기판의 면적이 타깃 면적의 1.2배, S = 1, 박막의 밀도가 5×10^{22} cm^{-3}인 경우 증착률은 얼마인가?

CHAPTER 08

Wet Etching 공정

TFT-LCD에서 사용되는 wet etch는 전체 TFT 공정에서 차지하는 비중이 큰 편이지만 아직까지 체계적으로 연구된 바가 별로 없다. 그 주된 이유는 반응이 일어나는 에천트의 성분이 기업의 비밀로 간주되어 외부에 발표되는 경우가 거의 없기 때문이다. 그러나 최근 표면공학 및 전기화학의 발전으로 "black magic"으로 불리우는 습식 에천트 및 에치 반응에 대한 연구가 본격적으로 시도되고 있다. 습식 에치법은 건식 에치법에 비해서 다음과 같은 장점을 가지고 있다. 습식의 경우 진공을 사용하는 건식에 비해 장비의 구성 측면에서 간단한 장점이 있다. 이는 LCD의 기판이 대형화가 진행되면서 더욱 유리하게 작용하고 있다. 또한 기판에서의 균일도(glass uniformity)도 건식 장비에 비해서 유리하다고 볼 수 있다.

Wet etch에서의 에칭 속도는 물질에 따라 다르지만 대략 40~80Å/sec 정도로 건식 방식에 비해서 매우 빠르고 에칭 속도의 조절이 매우 간편하다. 특정 물질만 선택적으로 식각할 수 있는 선택비도 dry etch에 비해 상대적으로 뛰어나다. 그러나 wet etch 후 증류수를 사용하는 세정 공정이 충분하지 못한 경우에 etchant가 잔류하여 후속 공정에서 배선의 단선, 얼룩 발생 등과 같은 공정 불량을 유발하는 단점이 있다. 또한 장비가 대면적화됨에 따라 사용되는 에천트와 세정 용수의 양적 급증은 공정 비용의 상승을 불러일으켜 LCD 산업에서 wet etch가 넘어야 할 장벽 중의 하나로 남아있다.

최근 대면적 LCD 제조를 위해서 사용되는 알루미늄과 구리는 wet etch를 진행하기에 매우 까다로운 물질들이다. 이들 물질을 TFT 배선으로 사용하기 위해서는 보다 심도 있는 연구가 필요하다. 본 교재에서는 wet etch의 기본이 되는 전기화학 부식(electrochemical corrosion) 현상을 기본으로 알루미늄 배선 부식의 문제점 및 최근 LCD에서 발생하는 신뢰성에 관한 이슈를 언급하고자 한다.

8.1 전기화학과 부식반응

LCD에서 사용되는 금속박막의 wet etch 기본 반응은 금속 부식 반응이다. 우리 주변에서 흔히 볼 수 있는 금속 부식 현상은 수용액성 부식으로 전기화학 반응이 기본이 되며, 공학적으로나 경제적으로 가장 중요한 유형의 부식이다. 금속의 부식이란 쉽게 풀이하여 말하자면 중성원자인 금속이 전자를 잃고서 이온 형태로 변하는 것을 말한다. 금속이 부식하였을 때 수용액에서는 이온 형태로 존재하게 되지만, 대기 중에서는 금속산화물 형태로 존재하게 된다. 그러므로 부식이라는 말이 비단 수용액에서만 국한된 것이 아님을 주지할 필요가 있다.

8.1.1 전기화학의 기초

물과 같은 극성 매질과 접하고 있는 물질의 표면은 보통 전하를 띤다. 전하의 발생은 물질의 표면에 있는 성분의 이온화, 매질 속에 있는 이온 성분의 물질 표면 흡착, 이온 용해 등과 같은 여러 과정에서 기인한다. 실제 수용액 내에는 전하를 갖는 물질 표면 근처에 많은 수의 이온쌍이 존재한다. 이들 사이에는 전하끼리 서로 끄는 인력과 서로 밀어내는 반발력이 복합적으로 작용하여 그 결과로 물질의 표면 주위에는 표면 전하(surface charge)와 인력이 작용하는 반대 이온(counter ions)들로 이루어진 전기적 이중층(electrical double layer)이 형성하게 된다. 이러한 전기적 이중층은 전자의 전달 현상(electron transfer)에 관여함으로써 금속의 용해 속도(dissolution rate)를 결정하게 된다.

전기적 중성인 금속이 수용액에 들어가면 전위를 가지게 된다. 이 때 금속의 절대적인 전위를 측정하기 힘들기 때문에, 수소의 환원전위를 기준으로 상대적인 전위를 측정할 수 있다. 표준전극으로서 수소전극이 통용되는데 그림 8.1에 도시된 바와 같다. 수소 표준전극은 25°C에서 1N(Normal) 염산(HCl) 용액에 1 기압하의 수소 기체를 통과시킬 때 백금전극에서 일어나고 있는 수소(H_2) 와 수소이온(H^+) 반응이 평형을 이룰때 나타나는 전위를 임의로 영(zero)으로 선정한 것이다. 이와 같이 수소 표준전극을 이용하여 측정한 반전지 전위를 Electromotive Force(EMF)라고 하는데 주요 금속의 반전지 전위를 나타내는 EMF series가 표 8.1에 수록되어 있다.

반전지전위는 금속의 이온화 경향과 상관관계를 가지고 있다. 측정되는 금속의 전위와 전자의 위치에너지는 반비례한다고 생각하면 쉽게 이해가 된다. 즉 금속이 −전위(negative potential)를 가질수록 전자의 위치에너지가 높다. 이 경우 금속은 전자를 쉽게

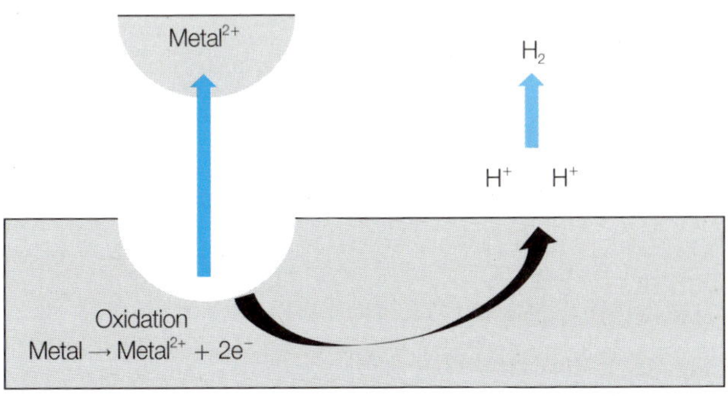

그림 8.1 수용액 내의 금속 부식의 산화 반응과 환원 반응

표 8.1 Standard Electromotive Force Potential

	Reaction	Standard Potential, e8 (volts vs. SHE)
Noble	$Au^{3+} + 3e^- = Au$ $Cl^2 + 2e^- = 2Cl^-$ $O_2 + 4H^+ + 4e^- = 2H_2O$ (pH 0) $Pt^{2+} + 3e^- = Pt$	+1.498 +1.358 +1.229 +1.118
	$NO_3^- + 4H^+ + 3e^- = NO + 2H_2O$ $O_2 + 2H_2O + 4e^- = 4OH^-$(pH 7)[a] $Ag^+ + e^- = Ag$ $Hg_2^{2+} + 2e^- = 2Hg$ $Fe^{3+} + e^- = Fe^{2+}$	+0.957 +0.82 +0.799 +0.799 +0.771
	$O_2 + 2H_2O + 4e^- = 4OH^-$ (pH 14) $Cu^{2+} + 2e^- = Cu$ $Sn^{4+} + 2e^- = Sn^{2+}$	+0.401 +0.342 +0.15
	$2H^+ + 2e^- = H_2$	0.000
	$Pb^{2+} + 2e^- = Pb$ $Sn^{2+} + 2e^- = Sn$ $Ni^{2+} + 2e^- = Ni$	−0.126 −0.138 −0.250
	$Co^{2+} + 2e^- = Co$ $Cd^{2+} + 2e^- = Cd$ $2H_2O + 2e^- = H_2 + 2OH^-$ (pH 7)[a] $Fe^{2+} + 2e^- = Fe$	−0.277 −0.403 −0.413 −0.447
	$Cr^{3+} + 3e^- = Cr$ $Zn^{2+} + 2e^- = Zn$ $2H_2O + 2e^- = H_2 + 2OH^-$ (ph 14)	−0.744 −0.762 −0.828
Active	$Al^{3+} + 3e^- = Al$ $Mg^{2+} + 2e^- = Mg$ $Na^+ + e^- = Na$ $K^+ + e^- = K$	−1.662 −2.372 −2.71 −2.931

[a] Not a standard state but included for reference.
Source: Handbook of Chemistry and Physics, 71st ed., CRC Press, 1991.

내주고 이온화되는 경향이 커진다(산화 반응). 예를 들어 알루미늄과 구리 중 알루미늄의 전위는 −1.6V로 구리(+0.34V)보다 negative하기 때문에 전자(electron)를 쉽게 내주어서 수용액 중에서 금속이온으로 부식이 일어난다. 알루미늄이 내놓은 전자는 수용액 중의 양이온이 받아서 기체로 환원된다(환원 반응). 금속이 수용액 내에서 전자를 내주고 이온이 될 때, 전자는 누가 받아가는가에 관한 것이 양극 반응, 음극 반응이다. 양극 반응(anodic reaction)이란 전자를 주는 반응을 일컫는 것이고 음극 반응(cathodic reaction)

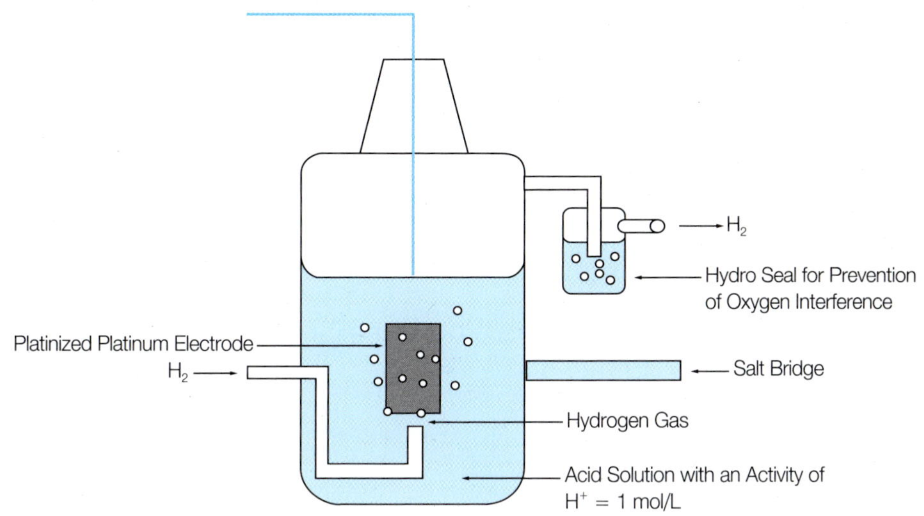

그림 8.2 Standard hydrogen reference electrode

이란 이 전자를 받는 반응을 말한다. 알루미늄이 수용액에서 전자를 줄 경우 수용액 내의 +이온이 무엇이냐에 따라서 받는 주체가 달라진다. 즉 산성 용액에서는 H^+가, 중성 용액과 알카리 용액에서는 H_2O 분자가 전자를 받아서 환원이 된다. 수용액 내에서 금속 +이온이 존재할 경우에는 전자를 받아서 금속원자로 석출이 된다.

수소 환원 반응 $2H^+ + 2e^- \rightarrow H_2$ (Acid Solution)
$2H_2O + 2e^- \rightarrow H_2 + 2OH^-$ (Neutral & Alkali Solution)
용존산소 환원 반응 $O_2 + 4H^+ + 4e^- \rightarrow 2H_2O$(Acid Solution)
$O_2 + 2H_2O + 4e^- \rightarrow 4OH^-$ (Neutral & Alkali Solution)
금속이온 환원 반응 $M^{3+} + e^- \rightarrow M^{2+}$
$M^+ + e^- \rightarrow M$

일반적으로 산성 용액에서는 수소 양이온이 전자를 받아서 수소 기체로 환원된다. 만약 수용액 중에 구리 양이온이 있을 경우에는 자신보다 전자가 많은 알루미늄으로부터 전자를 받아서 석출되는 현상이 발생한다(이 원리가 전기도금 현상이다). 수용액 내 부식에서 일반적으로 수소전극 전위(0Volt)보다 낮은 전위를 갖는 금속(예: Fe, Zn 등)은 쉽게 부식되고, 이보다 높은 전위를 갖는 금속(예: Cu, Ag 등)은 쉽게 부식되지 않는다고 보면 된다.

반전지 전위(E)는 참여하는 이온의 활동도에 의하여 표시되는 Nernst 공식으로 계산이 되며 일반적으로 아래와 같이 표현된다.

$$E = E^{o} + (RT/nF)\ \ln\ (a_{Ox}/a_{Red})$$

E^{o}: 반전지 표준전위

R: 기체상수

T: 절대온도

a_{Ox} and a_{Red}: 산화 및 환원이온 활동도(Activity)

상기 Nernst 공식에 의하면 산화이온 활동도(a_{Ox})가 증가할수록 반전지 전위값(E)이 증가한다. 용액 내 녹아있는 금속이온이 많이 존재할수록 금속이 부식하는 반응은 억제되고 이는 반전지 전위값이 양의 방향(positive)으로 이동(shift)하는 현상으로 나타난다.

8.1.2 전위-pH 도표(Pourbaix diagram)

금속을 물에 넣었을 때 금속은 이온화되면서 부식이 되기도 하지만, 부식되지 않은 조건도 존재할 수 있다. 또한 금속보다는 산화물이 안정적인 조건도 존재할 것이다. 즉 전기화학적인 반응 및 순수한 화학 반응도 발생 가능하다. 이렇게 수많은 반응들은 수용액의 pH 및 가해지는 전압에 의해서 결정된다. 금속을 수용액 내에 넣었을 때 어떤 일들이 일어나는가에 대한 정보를 도식화한 것이 푸베 다이어그램이다. 이 다이어그램은 특정 조건(순수한 물의 25°C)에서의 열역학적인 계산(thermodynamic calculation)에 의해서 그려진 것이기 때문에 속도론(kinetics)에 관한 정보는 얻을 수 없는 단점이 있다. 그러나 각 금속의 푸베 다이어그램(Pourbaix diagram)을 이해하는 것은 주어진 시스템에서 그 금속 부식에 대한 지도를 가지는 것과 같다고 생각할 수 있다.

최근 LCD 배선으로 주로 사용되는 알루미늄과 차세대 배선 물질인 구리에 대한 푸베 다이어그램을 그림 8.3 (a), (b)에 표시하였다. 그림에서 빗금 쳐진 부분은 Al^{3+}나 AlO^{2-} 형태로 녹아나는 조건이다. 빗금 친 부분이 넓을수록 대부분의 조건에서 잘 녹아나는 특성을 가짐을 알 수가 있다.

알루미늄의 경우 높은 산성이나 높은 알카리성 용액에서 모두 녹는 것을 알 수가 있다. 이와 같이 산성 및 염기성에 모두 녹는 금속을 양쪽성(amphoteric) 원소라고 한다. 알루미늄이 염기성 용액에서도 녹아난다는 것은 의미하는 바가 크다. 즉 PR remover인 PR stripper가 대부분 염기성 용액이므로 PR stripping을 하는 공정에서도 알루미늄의 손실

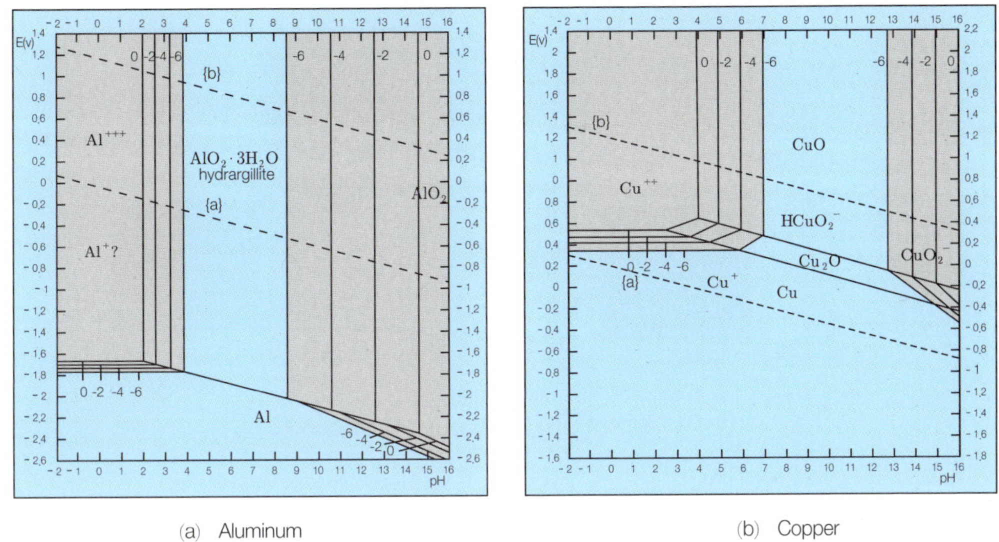

그림 8.3 Pourbaix diagram for aluminum and copper

(loss)이 발생하게 된다. 이 반응은 pixel electrode인 ITO나 IZO와의 galvanic corrosion 현상을 발생시키는 주된 원인이다.

Galvanic corrosion이란 전기화학 전위의 차이가 있는 두 물질을 서로 접촉시켰을 때 일어나는 현상이다. 그림 8.4에서 galvanic corrosion 현상을 살펴보도록 하자. Al의 전위는 몰리브데늄(Mo)보다 음의 값을 갖기 때문에 전자의 에너지가 더 많은 것이라고 볼 수 있다. 그림 8.4 (a)의 경우 두 물질을 contact하기 직전에는 각각의 전위에 해당하는 부식 속도가 존재한다. 두 물질을 contact하면 한 물질 내에 두 개의 전위가 존재할 수 없으므로 하나의 평형전위를 가져야만 한다. 이 평형전위를 galvanic potential이라고 하자. 평형 galvanic potential을 갖기 위해서는 알루미늄이 전자를 더 많이 내줘서 전자에너지가 낮아져야 하고 몰리브데늄은 그 전자를 받아서 전자에너지가 올라가야만 한다. 즉 전자를 더 많이 내줘야하는 알루미늄 측에서는 그림 8.4 (a)의 경우보다 더 많은 양의 알루미늄이 녹아야만 한다. 반면 몰리브데늄의 경우 알루미늄이 전자를 보상해주기 때문에 이온화될 필요가 없게 된다. 극단적으로 몰리브데늄의 경우에는 몰리브데늄이 녹아나는 산화 반응 대신 수소이온이 전자를 받는 환원 반응만이 나타날 수도 있다.

Galvanic corrosion 현상에 의해 전기화학 전위가 상대적으로 낮은 물질의 부식 현상은 촉진되고, 전기화학 전위가 상대적으로 높은 물질은 부식 현상이 억제된다.

예를 들면, 염분이 있는 대기/수분 중에서 알루미늄과 철을 접촉시킬 경우, 알루미늄

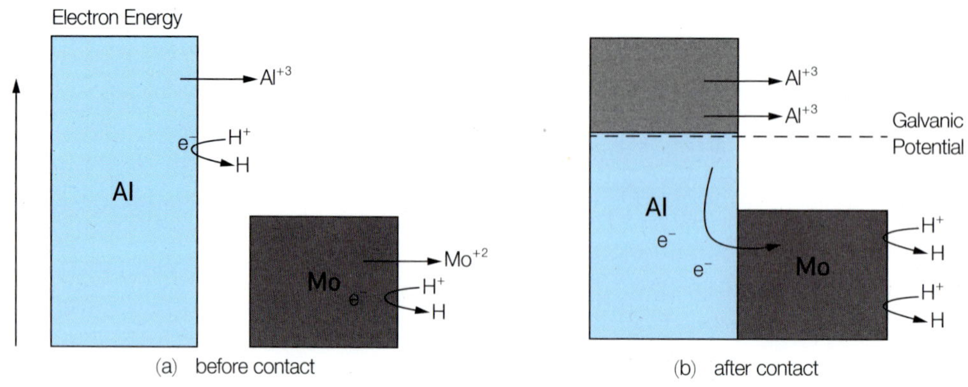

그림 8.4 Al과 Mo의 galvanic coupling corrosion 현상

은 anode로, 철은 cathode로 작용한다. 이때 알루미늄은 galvanic potential에 해당하는 부식 속도(i_{new})가 접촉시키기 전의 부식 속도(i_{old})보다 증가하고 철은 부식속도가 감소하게 된다. 이 현상을 이용해 부식 indicator로 사용하기도 한다. 선박의 경우 주로 철로 이루어져 있는데, 철의 부식을 억제하기 위해서 알루미늄 강괴를 군데군데 설치해 놓는다. 이는 철 대신 알루미늄이 먼저 녹아나게 하기 위해서이다. 설치해 놓은 알루미늄이 다 녹으면 철의 부식이 일어나므로, 다시 알루미늄 강괴를 교체해주어야 한다.

구리의 경우 앞에서 언급한 바와 같이 산소가 존재하지 않을 경우 잘 녹지 않는 성질을 가지고 있다. 따라서 구리를 wet etch하기 위해서는 수용액에 산소가 존재해야만 한다. 이러한 이유로 과산화수소수(H_2O_2)나 oxidizing acid인 HNO_3를 주 에천트로 사용하기도 한다. 특히 Fe^{3+}를 non-oxidizing acid인 HCl이나 H_2SO_4 용액에 첨가할 경우 부식을 촉진하기도 한다.

8.1.3 분극 현상(polarization phenomena)

부식 현상은 양극 반응과 음극 반응으로 분류해서 관찰할 수 있다. 부식학적 측면에서 보면 이러한 반응들이 어떻게 일어나는가 하는 열역학적 현상도 큰 관심의 대상이 되지만 이러한 현상들이 얼마나 빨리 진행되는가, 즉 부식 현상의 진행 속도에 영향을 주는 동력학적 요인들에 대한 관심도 크다. 이 요인들은 화학 반응에서와 같이 물리적 또는 화학적 현상에 근거한다.

분극이 발생하는 이유는 anodic(양극), cathodic(음극) 반응에 상관없이 계면에서의 반응 속도가 느린 것이 분극의 원인이 된다.

8.1.3.1 **음극 분극**(cathodic polarization)

음극 반응에서 외부에서 공급된 전자는 용액 속의 이온(M^+)과 만나 M으로 환원된다.

$$M^+ + e \rightarrow M$$

이때 계면에서의 반응 속도가 느리다면 외부에서 공급된 전자의 반응으로 인해 다 소모되지 못하고 금속 내부에 축적되어 potential이 평형 전위에서 음의 방향으로 이동하게 된다.

8.1.3.2 **양극 분극**(anodic polarisation)

양극 반응에서 외부에서 가해진 positive potential은 금속으로부터 전자를 빼앗아, 금속 내부에 전자결핍(electron deficiency) 현상을 일으킨다. 결핍된 전자를 공급하기 위하여 금속은 용해되어 전자를 공급하는 산화 반응이 일어난다.

$$M \rightarrow M^+ + e$$

이 때 계면에서의 반응 속도가 느리다면 결핍된 전자가 충분히 공급되지 못해 금속의 전위는 평형전위보다 양의 방향으로 이동하게 된다.

8.1.4 분극의 분류

분극은 계면에서의 반응 속도가 느려 발생된다. 계면에서의 반응 속도가 느려지는 이유는 다음과 같이 설명할 수 있다. 만약 M^+ 이온이 계면으로 이동하여 M으로 환원된다면 다음과 같은 순서로 진행될 것이다.

(1) M^+ 이온이 계면으로 이동
(2) 계면으로 이동한 M^+ 이온이 계면에서 전자를 만나 M으로 환원되는 반응

(1)에 해당되는 속도가 늦어 전체 반응 속도가 느려지는 경우를 농도 분극, (2)에 의해 전체 반응 속도가 느려지는 경우를 활성화 분극이라한다.

8.1.4.1 **활성화 분극**(activation polarisation)

활성화 분극은 계면에서의 전자 반응 속도가 느릴 때 발생되는 분극 현상이다. 예를 들면

계면에서 수소가 발생되기 위해서는 먼저 수소이온이 계면으로 이동되어야 하며, 이동된 수소이온이 다음과 같이 반응 (1), (2)나 (1), (3)의 일련의 반응 조합들을 통하여 수소 기체로 방출된다.

$H^+ + e^- \leftrightarrow H_{ads}$	(1): Tafel reaction
$H_{ads} + H_{ads} \rightarrow H_2$	(2): Volmer recation
$H_{ads} + H^+ + e^- \rightarrow H_2$(bubble)	(3): Heyrovski reaction

(1)번 반응은 수소이온이 전자를 받는 전기화학 반응이고

(2)번 반응은 금속 표면 위 흡착된 수소원자들의 재결합(recombination)에 의해서 수소 기체가 발생하는 반응이다.

(3)번 반응은 흡착된 수소원자를 매개로 수소이온의 환원 반응을 나타내는 전기화학 반응이다.

이때 위 세 가지 반응들 중 하나의 반응 속도가 늦어지면서 계면 전체의 반응 속도가 느려지는 현상이 발생한다. 각각의 반응식에 관련된 활성화 에너지들이 존재하며 관련된 반응 속도는 활성화 에너지의 크기와 밀접한 관련이 있다. 특히 전자 이동의 반응에서는 외부에서 인가하는 전압의 크기에 따라서 활성화 에너지의 크기가 변할 수 있으며 이는 전류가 외부에서 가해주는 전압에 지수 함수적으로 변하는 특성으로 나타나진다. 이와 같은 전기화학 반응의 전류-전압 상관관계는 아래와 같이 나타날 수 있다.

전자 이동의 활성화 분극은 다음과 같이 외부에서 가해주는 전압(분극 η)과 log전류가 비례하는 관계에 있다. i_0는 분극이 0일 때의 평형전류 값을 나타낸다. 이때 이 비례상수를 Tafel constant라고 하며, 일반적으로 $RT/(1-\alpha)nF$ 로 나타내어진다. 이때 R은 기체상수(8.314J/mol.K), T는 온도(kelvin), α는 symmetric transfer coefficient로써 활성화 에너지 peak가 전극으로부터 떨어져있는 정도를 나타내고 있다(통상적으로 0.5의 값을 가진다고 보고 있다). n은 전기화학 반응의 전자반응 개수, F는 faraday constant로써 96480C/mol값을 가지고 있다.

$$\eta_a = \beta_a \log\left(\frac{i_a}{i_0}\right)$$

$$\eta_c = \beta_c \log\left(\frac{i_c}{i_0}\right)$$

8.1.4.2 주어진 식으로부터

위 식 (1)부터 (3)까지 어떤 반응이 전체 속도를 지배하는 율속단계(rate determining step)이 되는냐에 따라서 측정되는 분극 곡선의 기울기(tafel slope)가 달라진다.

가령 예를 들어 Tafel reaction이 전체 반응 속도를 결정하는 단계일 경우에는 tafel slope이 120mV/dec, Volmer reaction이 율속단계일 경우에는 30mV/dec, Heyrovski reaction이 지배하는 경우에는 40mV/dec가 된다.

일반적으로 수소 발생 과전압이 낮은 영역에서는 40mV/dec인 Heyrovski reaction이 율속단계가 되며, 수소 발생 과전압이 높은 영역에서는 120mV/dec인 Tafel reaction이 율속단계가 된다.

8.1.4.3 농도 분극(concentration polarization)

용액 내부로부터 계면으로 이동하는 이온의 이동속도가 느린 경우, 계면 근처에서 다음과 같은 이온 고갈 현상이 발생될 수 있다.

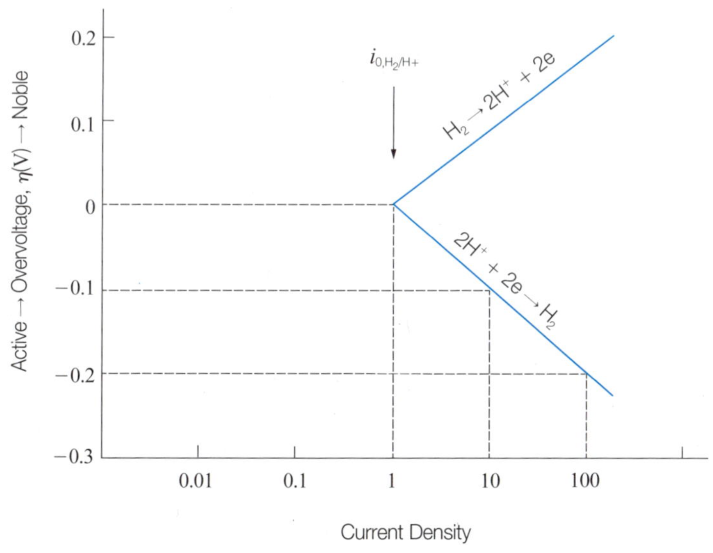

그림 8.5 타펠 거동을 보여주는 활성화 과전압

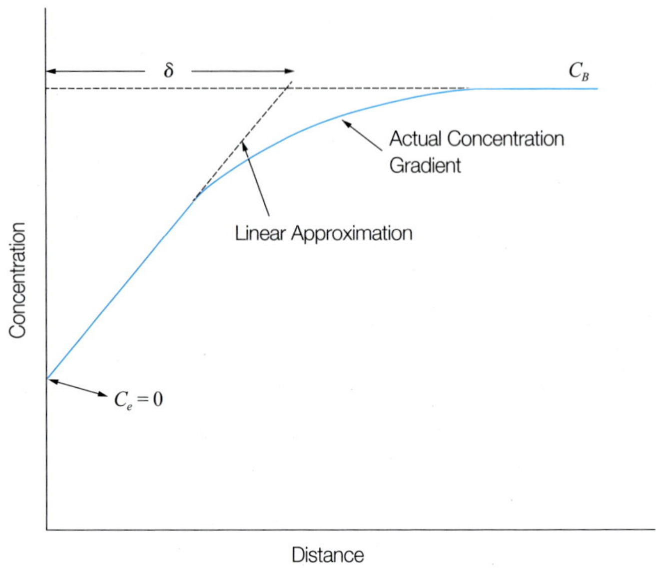

그림 8.6 농도 분극에 의해서 지배되는 표면 근처 용액에서의 H^+이온의 농도

이때 아래 식에서 보여주는 것처럼, 이온의 농도는 potential에 비례하므로 감소된 이온의 농도에 의해 평형전위로부터 전위가 감소하는 방향으로 이동하는 현상이 관찰된다. 이때 이동된 전위에서 평형(가역)전위를 뺀 값을 농도 분극이라 한다.

$$e_{H^+/H_2} = e^0_{H^+/H_2} + \left(\frac{2.3RT}{nF}\right)\log\frac{(H^+)^2}{p_{H_2}}$$

8.1.4.4 혼합 분극(mixed polarization)

음극 및 양극에서 관찰되는 분극은 농도 및 활성화 분극의 혼합 형태로 나타난다. 따라서 전체 음극 및 양극 분극은 다음과 같이 표현된다. 아래식에서 i_c, i_L은 음극 전류밀도, 음극 한계 전류 밀도를 나타낸다.

전체 음극 분극 = 활성화 분극(음극) + 농도 분극(음극)

$$\eta_{T,c} = \beta_c \log\left(\frac{i_c}{i_0}\right) + \left(\frac{2.3RT}{nF}\right)\log\left[1 - \frac{i_c}{i_L}\right]$$

8.2 혼합전위이론(mixed potential theory)

혼합전위이론에 따르면 산화로 발생되는 전자는 환원으로 소모되는 전자와 같아야 한다. 이를 충족시키기 위해서 두 반응은 같은 전위에서 일어나야 하나, 초기 두 반응의 전위는 다르다($\varepsilon_{Zn/Zn^{2+}} = -0.763$, $\varepsilon_{H_2/H^+} = 0$). 혼합전위이론을 충족시키기 위하여 두 반응의 전위는 분극 현상으로 같아지며 이때 만나는 점이 부식전위와 부식전류를 형성한다(부식전류가 크다는 것은 금속이 녹는 속도가 크다는 것이며 결국 속도론과 관련됨).

혼합전위이론을 이용하면 갈바닉 커플전극들의 반응도 이해할 수 있다. 그림 8.8은 알루미늄과 몰리브데늄 박막이 인산초산질산 혼합 에천트(Phosphoric acid + Acetic acid + Nitric acid : PAN etchant) 내에서의 분극 거동을 개략적으로 나타낸 그림이다.

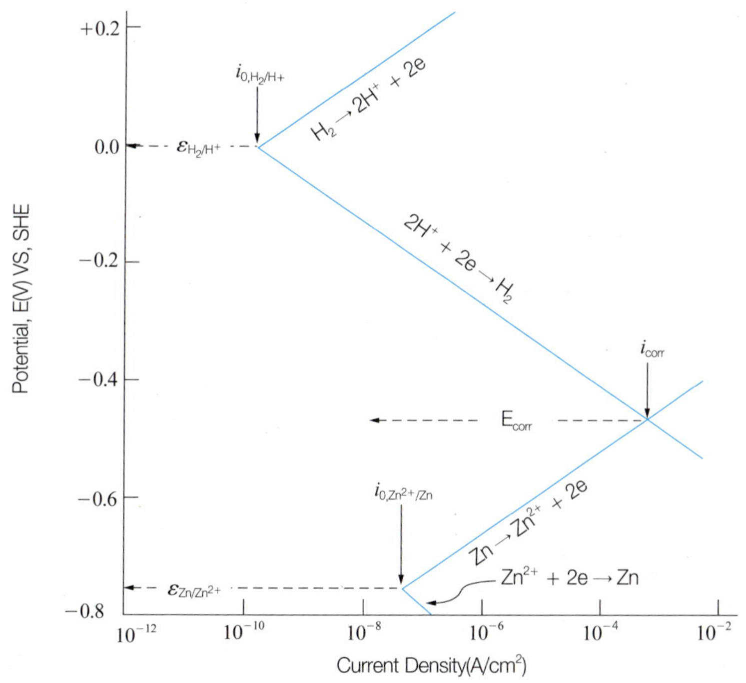

그림 8.7 산 용액에 놓여 있는 아연의 양극 반전지 반응과 음극 반전지 반응의 분극으로 인해 혼합전위 E_{corr}와 부식 속도 i_{corr}이 결정된다.

단일막 상태에서 몰리브데늄은 PAN(인산초산질산 혼합 알루미늄 에천트) 용액에서 알루미늄보다 더 빠른 에칭 속도로 녹아난다. 하지만 두 금속이 전기적으로 연결될 경우 앞서 설명한 갈바닉 현상에 의해서 몰리브데늄의 에칭 속도는 크게 저하되고($b \rightarrow d$), 알루미늄의 에칭 속도($a \rightarrow c$)는 빠르게 증가한다.

몰리브데늄 단일막의 에칭 속도는 몰리브데늄 박막의 $Mo \rightarrow Mo^{2+} + 2e^-$ 양극산화 반응과 $2H^+ + 2e^- \rightarrow H_2$의 수소환원 반응이 만나는 b점에서 결정된다. 또한 몰리브데늄의 전위는 산화 및 환원 반응이 교차되는 지점이 된다. 알루미늄 단일막의 에칭 속도와 전위도 동일한 원리에 의해서 a지점 및 교차점에서 결정된다.

그러나 두 박막이 전기적으로 연결되면 알루미늄과 몰리브데늄의 산화 반응 및 환원 반응들이 더해지는 e지점에서 새로운 부식전위를 갖게 된다. 이때 결합된 상태의 두 금속 박막들의 에칭 속도는 결합되기 전의 단일막이였을 때 대비해서 새로운 값을 가지게 된다. e지점에서 수평선을 그어서 몰리브데늄의 산화 곡선과 만나는 점(d)이 갈바닉 반응에

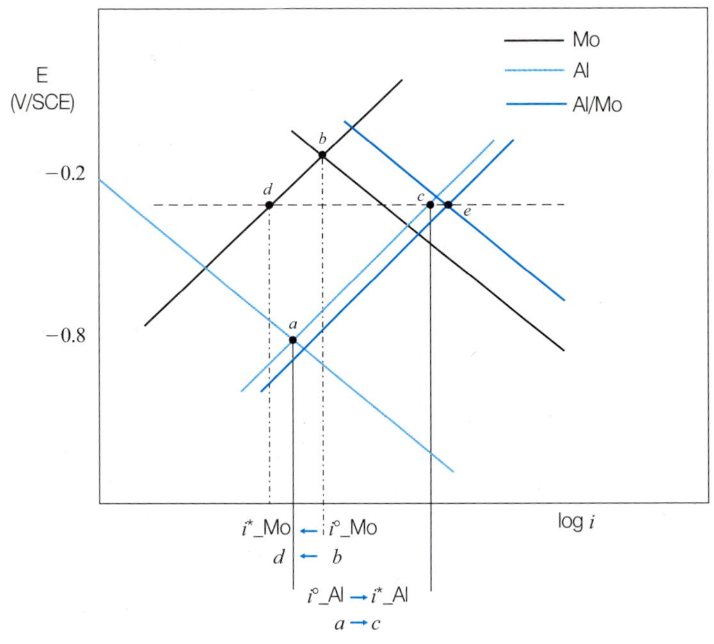

그림 8.8 알루미늄과 몰리브데늄의 PAN 용액 내 전기화학적 부식거동.

의해 부식 반응이 억제된 몰리브데늄의 새로운 에칭 속도가 되며, 알루미늄의 산화 곡선과 만나는 점(c)이 갈바닉 반응에 의해 식각 속도가 높아진 알루미늄의 새로운 에칭 속도가 된다. 따라서 두 금속이 이와 같은 갈바닉 반응을 일으킬 경우, 몰리브데늄은 알루미늄에 의해서 에칭 속도가 억제가 되고, 알루미늄은 몰리브데늄에 의해서 에칭 속도가 촉진된다. 극단적인 경우, 상부 몰리브데늄은 에칭 속도가 느려져서 남아있고, 하부 알루미늄만 과도하게 식각되어 undercut이 발생하는 현상이 일어나게 된다.

하지만, 알루미늄과 몰리브데늄이 결합되었을때, 모든 용액에서 동일하게 몰리브데늄이 cathode가 되고 알루미늄이 anode가 되지 않는다는 것에 주의할 필요가 있다. 에천트 용액 조성에 따라 그리고 특히 용액 내 산화제 유무에 따라서 cathode로 작용하는 금속이 둘 중에서 결정된다.

그림 8.9는 실제 인산계열 용액 내에서 알루미늄 및 순수 몰리브데늄과 몰리브데늄 알로이의 산화/환원 곡선을 측정한 데이터이다. 특히 고농도 인산의 경우 금속의 산화 곡선에서 특징적인 부분이 있는데, 그림에서 A로 명시된 부분은 전형적인 부동태 산화 피막(passivation layer)을 나타내고 있다.

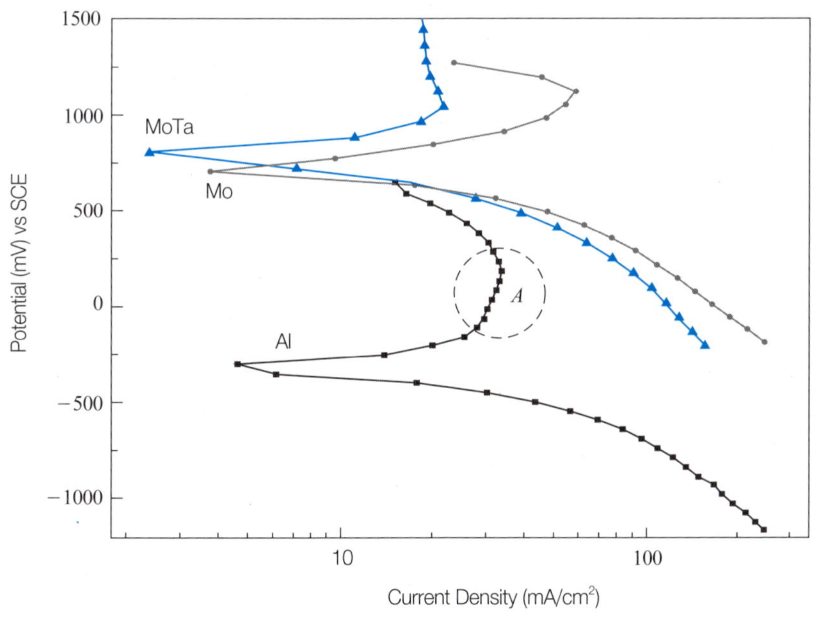

그림 8.9 실제 인산 용액에서 측정한 알루미늄과 몰리브데늄 및 몰리브데늄 알로이(MoTa)의 전기화학적 거동

8.2.1 Pixel Electrode ITO Patterning

Pixel electrode인 ITO는 금속 물질들(Al, Mo, Cr)과는 다른 에칭 메카니즘을 가진다. 대부분의 금속 wet etching이 전자가 반응에 관여하는 전기화학적인 부식 반응인데 비하여, ITO는 화학 반응이 주된 반응이다. ITO 에칭 메카니즘을 살펴보면 에칭의 활성종은 HCl 용액 내에서 H^+와 Cl^-로 해리되지 않은 HCl이다. 반응식은 다음과 같다.

$$In_2O_3 + 6HCl \rightarrow 2In^{3+} + 6Cl^- + 3H_2O$$

할로겐종(Cl, F, Br등)을 포함한 산 용액에서의 ITO의 거동은 InP의 거동과 비슷하다. Notten et al.은 InP를 할로겐을 포함한 산 용액에 넣으면 H-X와 In-P가 각각 분해되어 In-X, P-H 결합을 한다. 이 반응의 부산물인 InX_3는 다시 용액 내부에서 분해가 되고 PH_3가스가 발생한다. 이와 비슷하게 ITO를 할로겐종이 함유된 산 용액에 넣으면 InX_3와 H_2O가 부산물로 생성이 된다(그림 8.10).

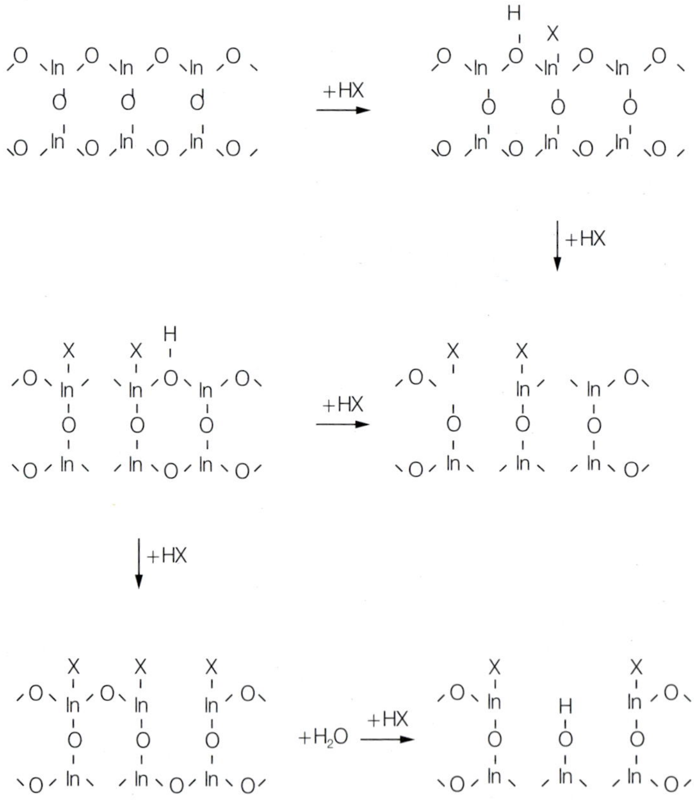

그림 8.10 HX 용액에서의 ITO의 반응

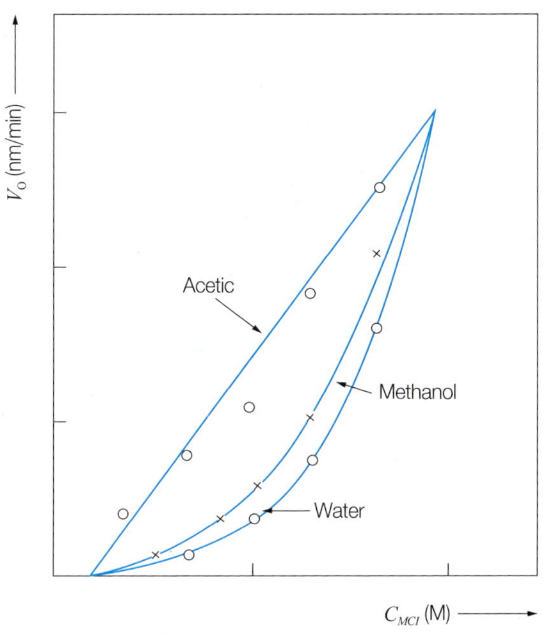

그림 8.11 Solvent 종류에 따른 ITO의 etch rate의 변화

ITO 에치 반응은 금속박막의 에치 반응과 달리 반응물의 확산 속도에 영향을 받지 않는다. ITO의 반응은 대략 70kJ/mol의 활성화 에너지(activation energy)를 필요로 하는 것으로 알려져 있다. 이와 같이 높은 활성화 에너지는 In-O의 결합을 끊는 데 필요한 것이다. 그러므로 ITO 에칭 속도는 spray mode과 같은 방법으로 용액 내 mass transport를 증가시킬 경우에도 변화하지 않는다.

ITO를 에치하기 위해서는 HCl이 해리되지 않은 상태로 존재하는 것이 유리하다. HCl의 해리도는 주 용액에 따라서 다르다. 물의 경우 dissociation constant가 10^3인 데 비하여 acetic acid의 경우 2.8×10^{-9}이다. 그러므로 acetic acid를 사용하는 것이 etch rate을 향상시키는 데 효과적이다. Acetic acid를 solvent로 사용한 경우 염산에 선형적으로 비례해서 etch rate이 증가함을 알 수 있다(그림 8.11).

ITO는 aluminum을 data 배선으로 사용하고자 할 때 각별한 주의가 따른다.

첫째, ITO를 wet etch할 때 사용되는 etchant가 강산이고, 염소이온을 함유하기 때문에 ITO 하부의 데이터 배선에 치명적인 부식을 야기할 수 있기 때문이다. 이를 방지하기 위해서 약산에서 패터닝이 가능한 IZO(Indium zinc oxide)나 amorphous ITO를 이용하고자 하는 시도가 이루어지고 있다.

둘째, ITO를 wet patterning 후 PR stripping을 할 때, 약알카리성을 띤 PR stripper 용액 내에서 알루미늄은 양극으로 작용하고, ITO는 음극으로 작용하여 전기화학적인 galvanic corrosion 현상이 발생한다.

$In_2O_3 + 3H_2O + 6e^- \rightarrow 2In + 6OH^-$ ITO의 음극 반응(ITO의 유실)

$Al + 4OH^- \rightarrow AlO_2^- + 2H_2O + 3e^-$ Al의 양극 반응(Al의 유실)

양극으로 작용하는 물질의 부식이 촉진되고 음극으로 작용하는 물질의 부식이 억제되는 기존 galvanic 반응과 다른 점은 음극 반응에 의해서 ITO도 유실(loss)이 생긴다는 것이다. 반응식은 다음과 같으며, 이때 ITO는 산화물이 음극 반응에 의해 환원되어 유실이 발생한다. 부산물의 색깔은 검은색을 띄는 것이 보통이다.

8.3 Wet Etchant와 첨가제의 역할

Wet etch에 사용되는 etchant는 LCD 제조회사나 공정 방식에 따라서 다르다. 특히 wet chemical은 그 회사의 기술적 노하우에 해당하기 때문에 구체적인 조성 및 함량은 밝혀진 바가 거의 없다. 더불어 wet etchant에 들어가는 첨가제의 경우, 수 ppm의 작은 함량의 변화가 taper angle이나 etch uniformity에 큰 영향을 미치게 된다. 이 장에서는 이미 대부분의 조성이 알려진 알루미늄 에천트를 기본으로 wet chemical들의 역할에 대해서 언급하고자 한다.

대부분의 산업에서 알루미늄의 에천트는 인산을 기본으로 하고 있다. 80°C 이상의 고농도의 인산에 알루미늄을 넣으면 수소가 발생하면서 매우 밝고 결정립계가 보이지 않는 형태로 에치가 이루어진다. 적당한 양의 질산이 첨가될 경우 금속 표면이 거울면과 같이 매끈하게 에치가 이루어진다. 이는 질산이 알루미늄의 표면에 얇은 oxide 산화막을 형성하기 때문인 것으로 보고된 바 있다. 인산-질산 에천트에 구리를 소량 첨가할 경우에도 거울면 형성에 큰 영향을 미치는 것으로 알려져 있다.

일반적으로 Al etchant로는 PAN(Phosphoric Acid, nitric acid 와 acetic acid의 혼합물)을 사용한다. 질산은 산화제로 사용된다.

대표적인 PAN계열의 etchant의 조성비는 다음 표 8.2에 나와 있다.

표 8.2에서 보는 바와 같이 Mo용 etchant에서는 주 base인 인산에 질산, 초산, water의 비율이 Al용 etchant보다 더 많이 첨가됨을 알 수 있다.

표 8.2 Al과 Mo etching에 사용되는 PAN solution의 조성표

Metals	Volume ratio of reagents in PAN solution			
	H_3PO_4	HNO_3	CH_3COOH	H_2O
Al	4	1	4	1
Al	741	73	0	185
Al	20	2	0	5
Al	152	5	12	30
Al	16	1	1	2
Mo	5	3	0	2
Mo	38	15	30	75
Mo	38	15	25	75

8.3.1 인산의 역할

인산은 주 에천트로 많이 사용이 되고 있으며, 점도가 매우 높은 용액이다. 대부분의 금속이 염소이온을 함유한 용액에서 부식이 활발하게 일어남에도 불구하고 인산을 사용하는 이유는 uniform한 부식 반응을 일으키기 위해서이다. 에천트에 염소이온이 함유될 경우 균일한 패터닝 대신 pitting corrosion과 같은 불균일한 부식 현상이 발생하게 된다. 인산은 SiO_2와는 반응하지 않지만, SiN과는 반응을 일으키는 것으로 알려져 있다.

8.3.2 질산의 역할

LCD wet etch에서 질산의 역할은 taper angle을 좌우하는 중요한 factor로 인식이 되고 있으나 아직까지 그 작용 메카니즘에 대한 설명은 불분명하다. 질산의 비율이 증가함에 따라 taper angle은 낮아지는 경향이 있는데, 이는 질산이 금속과 PR 사이의 adhesion을 떨어뜨리기 때문이라고 여겨지고 있다. 실제로 질산 농도가 20% 이상 함유될 경우 PR lifting 현상이 발생하는 것으로 알려져 있다. 그러나, 질산의 역할이 PR과 금속의 접착력에 영향을 미치는 것보다는 금속 표면에 부동태 피막 형성을 촉진하는 것이라고 보는 것이 더 설득력이 있다. 즉 NO_3^-가 금속 표면에 부동태 피막 형성을 촉진함으로써 반응 속도를 떨어뜨려서 taper angle이 낮아질 수도 있다. 특히 알루미늄의 경우 질산 용액에서 잘 녹지 않는 현상이 이를 뒷받침하고 있다.

8.3.3 초산의 역할

초산은 대부분 pH buffer solution으로 사용이 된다. 즉 부식 반응이 진행되면 극심한 수소 기체의 발생($H^+ + 2e^- \rightarrow H_2\uparrow$; H^+ 이온의 결핍)으로 인하여 금속 표면의 pH가 국부적으로 심하게 변화하게 된다. 수산은 쉽게 H^+를 내어줌으로써 에천트 내의 pH를 일정하게 유지하는 역할을 하는 것으로 알려져 있다.

8.3.4 첨가제의 역할

첨가제는 균일한 부식 반응을 촉진하기 위해서 넣는 억제제(inhibitor)가 대부분이다. 억제제는 대부분 부식하는 금속 표면에 흡착(adsorb)함으로써 음극 반응이나 양극 반응을 막는 역할을 하게 된다. 억제제의 영향은 전기적 이중층의 변화, 금속의 반응성 억제, 다른 전기화학 반응 유도 및 물리적인 장벽(barrier)를 형성하는 것으로 설명할 수 있다.

흡착하는 억제제는 금속 표면을 모두 뒤덮지는 않는다. 그러나 전기화학적으로 활성화된 영역에 선택적으로 흡착됨으로써 양극 반응과 음극 반응을 억제하는 역할을 하게 된다. 흡착하는 억제제의 양에 따라서 부식 속도는 달라진다. 전위를 변화시키며 부식전류를 측정하는 동전위곡선 실험(potentiodynamic experiments)에 의하면 첨가제의 유무가 Tafel slope를 변화시키지 않음을 관찰할 수 있다. 이것은 금속 부식의 반응에는 별다른 차이가 없음을 내포하고 있다.

금속은 금속이온으로 바로 녹아나지 않고 중간 단계를 거쳐서 부식이 진행된다. 유기물 inhibitor를 첨가할 경우 금속-유기물 착염 형태(MeOH)의 중간 단계가 발생하고 이것은 양극 Tafel slope의 변화를 유발한다. 아세틸렌 유도체(acetylenic derivatives)나 긴 alkyl chain을 가지는 유기물 복합체(organic compound)는 두께를 가지는 유기 보호피막을 형성한다. 이러한 피막은 chemisorptoin bond나 π electron interaction, lateral interaction에 의해서 형성이 된다. 이 피막은 반응 이온이 금속 표면에 도달하는 것을 막음으로써 부식반응을 억제하게 된다. 이러한 종류의 부식억제 반응은 물질 전달(mass transport)을 막는 것이기 때문에 동전위곡선 실험에서 확산 분극(concentration polarization) 현상이 나타나거나, 음극 Tafel slope의 변화에 의해서 확인할 수 있다.

8.3.5 계면활성제의 역할

습식 에칭은 주로 무기산이나 무기물의 수용액을 에칭 용액으로 사용하는데, 대개 사용되는 resist layer가 고분자이므로 에칭 용액의 기판에 대한 접촉이 문제가 된다. 특히 에칭 용액이 PR 패터닝 사이로 잘 스며들지 않을 경우 즉 기판에 대한 접촉이 나쁠 경우는 미세패턴 에칭이 어렵다. 또 에칭 도중 발생한 기체가 기판에 붙어 있을 경우에는 이 기체가 resist layer로 작용하여 기체 아래 부분의 에칭이 안되는 경우(unetch)도 발생한다. 이런 문제점을 없애고 균일하고 완전한 에칭을 위해서는 에칭 용액과 기판에 대한 밀착이 필수적이다. 계면활성제는 분자 내에 친수성기와 소수성기를 동시에 가지는 물질로서 계면의 계면장력을 낮추어 주는 물질이다. 이를 위해 소량의 계면활성제를 에칭 용액에 첨가하게 된다. 이는 계면활성제가 에칭 용액과 기판 사이의 계면장력을 낮추어 젖음성(wettability)를 향상시킬 수 있기 때문이다. 특히 에칭에 요구되는 계면활성제는 젖음성을 향상시키는 것 이외에 몇 가지 성질이 더 요구되는데, 첫째, 첨가된 계면활성제가 에칭 용액과 반응을 일으키지 않으며 안정해야 한다. 둘째, 소자의 안정성을 위해서는 계면활성제 내의 금속이온 함량이 적어야한다. 셋째, 계면활성제가 에칭용액의 에칭속도를 떨어뜨려서는 안된다. 넷째, 계면활성제와 에칭용액의 분리현상(침전, 부유물 등)이 없어야 한다.

수용액에 계면활성제가 첨가되면 그 용액의 표면장력은 낮아지다가 어느 농도이상에서는 표면장력의 감소가 미미해지게 되는데 이 농도를 임계 미셀 농도(critical micelle concentration)이라고 한다. 계면활성제는 친수성의 종류에 따라 음이온, 양이온, 비이온, 양쪽성 이온(zwitter ion) 계면활성제로 나누어지고, 소수성기의 종류에 따라 탄화수소(hydrocarbon)계 계면활성제와 불화탄소(fluorocarbon)계 계면활성제 등으로 나누어 볼 수 있다. 일반적으로 불화탄소계 계면활성제는 더 낮은 표면장력, 열적 화학적 안정성 측면에서 탄화수소계 계면활성제보다 더 성능이 우수하다. 이는 강한 C-F 결합에 기인한 것이다.

8.4 Wet Etch in LCD

LCD wet etch에서 중요한 factor로 taper angle이 있다. 그림 8.14는 TFT의 단면을 나타낸 그림이다. Gate 배선 위에 g-SiN 보호 피막 및 Data line과 보호피막이 적층되어 있다. 여기서 gate가 glass와 이루는 각을 taper angle이라고 정의한다. Taper angle이 낮을수록 상부에 적층되는 막이 안정적이다(50° 미만). Taper angle이 높을 경우나, 역 taper angle(90° 이상)을 가지는 경우 적층되는 data line의 단선이나 g-SiN의 pin-hole을 통하여 gate와 data의 short 발생과 같은 불량이 다수 발생된다.

8.4.1 습식 에칭 공정 관리 포인트

TFT에서 금속이나 pixel electrode를 습식 에칭할 때, 정량적으로는 etch rate, CD(Critical Dimension), Skew 및 taper angle 및 etch rate uniformity를 관리하는 것이 일반적이다.

정성적으로는 에칭 후 외관의 얼룩이나 금속박막의 잔사 등을 관리해야 한다.

아래 그림은 에칭 후 PR과 에칭된 금속막간의 상관관계를 보여주는 그림이다.

일반적으로 skew는 ADI에서 ACI를 뺀 값을 일컫으며, 단위를 um이다. Skew는 작은 값을 가질 수록 양호하다. Skew가 클 경우 설계와 다르게 에칭 후 실제 배선의 면적이 줄어듦으로써 의도하지 않게 배선저항이 증가하게 된다. 특히 중소형의 고정세 디스플레이에 사용되는 금속배선의 경우 개구율 향상을 위해서 배선이 차지하는 면적을 줄여야만 하며, 배선 skew의 철저한 관리가 더욱 필요해지고 있다.

에칭 uniformity는 %로 표현하고 있으며, 일반적으로 (Max − Min)*100/(2*average) 식을 통해서 계산할 수 있다. 에칭 uniformity는 낮을수록 좋으며, 대면적 기판일수록 상하좌우 물질대류 현상이 다르기 때문에 etching uniformity이 나빠지는 단점이 있다.

에칭 후 금속박막의 잔사 현상은 최근 구리 배선의 하부 배선에서 많이 발생하고 있으며, 주된 요인은 아직 명확하게 규명되지 않았지만, 주로 에천트의 조성에 영향을 받는 것으로 알려져 있다.

에칭 후 금속 배선의 잔사 현상은 아래 그림과 같이 일반적인 광학현미경 고배율에서도 관찰이 가능하지만, TFT의 채널 부위에서의 잔사는 off current를 증가시키는 중요한 불량이 되므로, 고배율 SEM을 이용하거나, 성분 분석이 가능한 XPS, SIMS, EPMA 등을 이용하여 분석할 수 있다. Kwon 등은 GIZO 채널을 덮고 있는 molybdenum 배선을

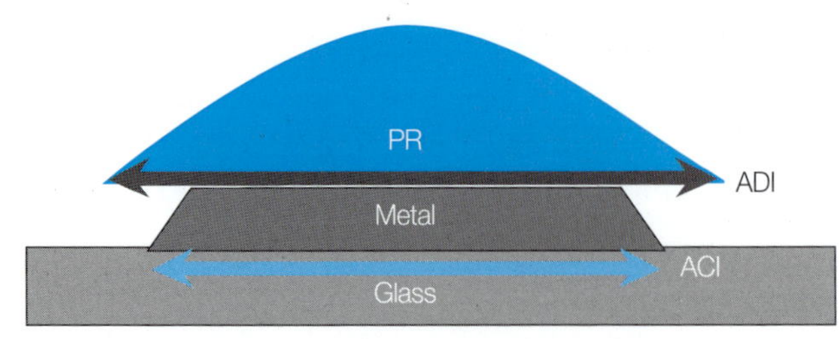

그림 8.12 습식 에칭 시 ADI, ACI의 정의

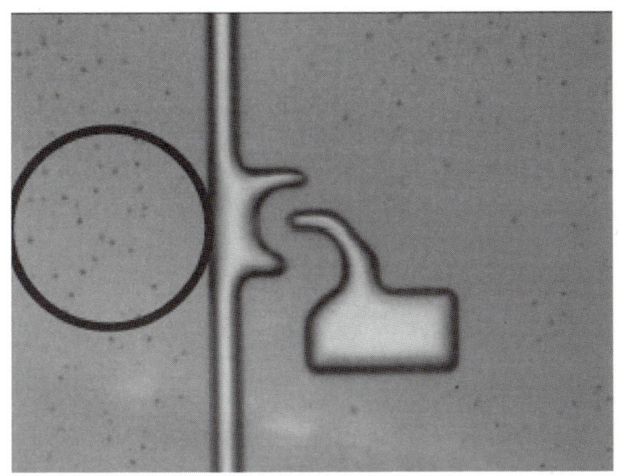

그림 8.13 금속 배선 에칭 후 남아있는 금속 잔사들 광학사진(사진에서 검은 점으로 표시)

dry etching한 후 발생하는 molybdenum compound 잔사에 의해서 off current가 증가하는 것을 보고한 바 있다.

8.4.2 Taper Angle Control

8.4.2.1 Wet Etch 공정 Control

일반적으로 etch rate이 낮을수록 taper angle은 낮아지게 된다. 즉 etchant의 온도를 낮출수록 반응 속도가 낮아지고 이는 taper angle을 눕게 한다. 반대로 spray mode를 사용할 경우 반응물(reactant) 반응과 생성물(by-product)의 물질 전달 속도가 빨라지므로 전체 etch rate의 향상을 가져온다. 이 결과 taper angle은 높아진다. PR과 금속박막의 접합력도 taper angle에 영향을 미친다. 즉 PR과 금속박막의 접합력이 약할수록 이 경계면에서의 에치(lateral etch)가 활발해짐에 따라 taper angle이 낮아지게 된다. PR hard bake(130℃)를 해주면 taper angle이 커지게 되고 O_2 plasma ashing을 해줄 경우 taper angle이 작아진다.

8.4.2.2 Etchant 조성 변화

PAN etchant에 NH_4F를 첨가하거나 HNO_3 양을 조절하여 Al gate의 taper angle의 변화를 가져올 수 있는 것으로 알려져 있다. Cr의 taper angle은 에치 직전의 bake-time과 HNO_3의 농도 조절로 control한다.

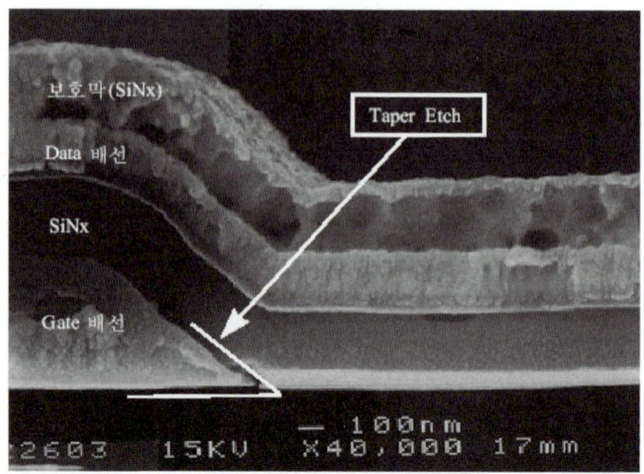

그림 8.14 TFT 단면사진과 gate taper angle의 정의

8.4.2.3 Galvanic 부식 이용

Cr의 경우 Cr-Mo alloy와 Cr 간의 galvanic 현상을 역이용하여 taper angle을 조절하기도 한다. 보통 galvanic coupling 현상은 Al/Mo couple처럼 역 taper를 발생시키는 주원인이 되기도 하지만, 적절한 조건 하에서는 gate taper angle을 최적화시킬 수 있는 좋은 방안이 되기도 한다. 보통 Cr-Mo alloy는 열역학적으로 solid-solution을 이룰 수 없지만, alloy 형태의 target으로 sputtering할 경우 Cr-Mo 조성의 film을 얻을 수 있다. 단일막 상태로의 etch 속도는 Cr-Mo alloy가 Cr에 비해서 매우 낮지만, 두 film을 적층한 상태로 etch rate을 측정할 경우, galvanic 현상에 의해서 Cr-Mo가 anode가 되고 Cr이 cathode가 된다. 그 결과 상부층의 Cr-Mo의 etch 속도가 급격히 증가하게 되고 50° 미만의 taper angle을 얻을 수 있다. 반면 Al/Mo 적층 구조에서는 하부층에 있는 Al이 anode가 되고 상부층에 있는 Mo가 cathode가 됨에 따라, 오히려 Mo의 etch 속도가 galvanic 현상에 의해서 저하되게 된다. 그 결과 Al/Mo couple의 경우는 역 taper가 쉽게 발생한다. 이러한 galvanic 현상은 Cu/Mo gate-line에도 적용될 수 있음을 숙지해야만 한다.

8.4.3 Wet Etching of Al, Cr and Mo

Al, Cr 그리고 Mo는 wet etch가 가능하다. Ti, Ta, W 등은 pH7 이하에서 안정한 oxide를 표면에 형성하기 때문에 wet etch가 어렵다. 물론, 질산이 첨가된 HF에서는 상기 금속들을 patterning할 수 있다. 그러나, HF는 glass 기판과 PECVD로 증착한 절연막들

(SiNx, SiO_2) 등도 동시에 식각하기 때문에 사용하는 데 주의해야만 한다.

8.4.3.1 Aluminum

LCD가 대면적화됨에 따라 RC delay에 의한 신호왜곡 현상이 발생한다. 이를 해결하기 위한 가장 좋은 방법은 배선 물질의 저항을 줄이는 것이다. 차세대 저저항 배선 물질로는 알루미늄, 은, 구리 등이 있으며, 이중 알루미늄은 은이나 구리에 비해 비교적 패터닝이 쉽고 유리에 대한 접착력이 좋은 이점이 있기 때문에 널리 사용되어지고 있다. 그러나 알루미늄은 다음과 같은 특성으로 인한 단점도 가지고 있다.

첫째, 알루미늄은 양쪽성 원소이다. 즉 강산과 강염기에 모두 녹아나는 특성을 가지고 있다. 앞서 언급한 바와 같이 염기에서 녹아나는 특성은 photo lithography 공정에서의 현상액에서나 PR stripper에서도 상당량의 알루미늄이 유실되는 현상이 발생된다.

둘째, 알루미늄의 전기화학적 전위는 매우 낮다. 알루미늄이 상부에 ITO나 Mo 등 전위가 높은 물질과 접촉할 경우에는 galvanic corrosion 현상이 산성 및 염기성 용액에서도 발생하게 된다.

셋째, 알루미늄은 쉽게 산화한다. 자연계에 존재하는 대부분의 알루미늄은 산소와의 결합력이 뛰어나 표면에 치밀한 알루미늄 산화막(Al_2O_3)을 가지고 있다. 알루미늄의 자연산화피막 형성은 LCD 공정에서 Mo capping layer의 채용과 습식공정 후 stain과 밀접한 관련이 있다.

알루미늄의 자연산화피막은 상온에서의 두께는 대략 50Å 이내지만 절연성이 매우 우수한 dielectric material이기 때문에 ITO pixel electrode와의 직접 접촉으로는 ohmic contact이 불가능하다. 알루미늄 배선에서 상부에 Mo를 채용하는 이유는 hillock을 방지하는 목적도 있지만 ITO와의 ohmic contact을 유지하기 위해서이기도 하다.

습식공정 후 발생하는 얼룩(stain) 등은 알루미늄의 쉬운 산화막 형성 특징과 밀접한 관련이 있다. 습식 에치 전이나 공정 후 dry 공정이 충분하지 못하여 표면에 물방울이 생성되게 되면, 물방울에 들어있는 산소이온과 알루미늄이 반응하여 국부적인 산화피막을 형성하게 된다. 국부적으로 산화피막이 형성된 곳은 산화피막이 없는 곳과 비교하여 반응속도가 느려지게 됨으로써 에치균일도(etch uniformity)를 크게 떨어뜨리게 된다.

앞서 언급한 바와 같이 저저항 물질인 알루미늄은 부득이하게 Mo를 상부나 하부에 채용하는 이중 구조 배선으로 사용할 수 밖에 없다. 이중 배선의 경우 단일 배선에 비해 좋은 taper angle을 얻기가 매우 힘들다. 그 이유는 서로 다른 금속간의 접촉에 의해서 발생하는 galvanic corrosion 현상 때문이다. 그림 8.15는 Al/Mo gate line에서 발생하는

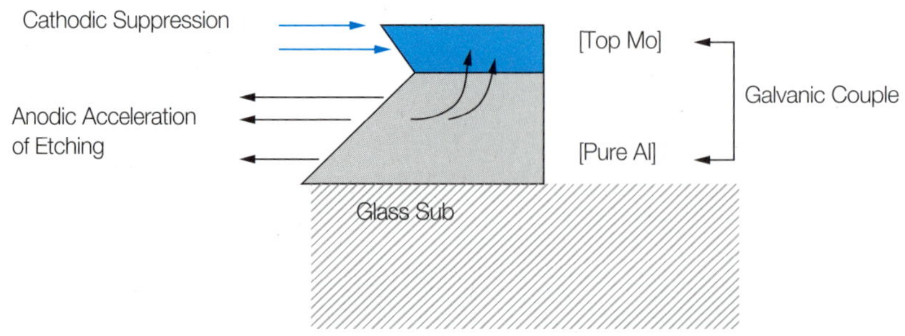

그림 8.15 Galvanic coupling between Al and Mo gate line

galvanic corrosion에 의한 Mo tip 발생 현상을 나타낸 것이다. 그림에서 보듯이 Al과 Mo가 동시에 gate etchant에 노출되면 galvanic corrosion 현상에 의해서 전위가 낮은 알루미늄의 용해 속도가 더욱 증가하고, Mo는 알루미늄이 공급하는 전자에 의해서 용해 속도가 떨어지게 된다. 이 결과 역taper나 Mo tip이라는 현상이 종종 발생하게 되고 step coverage가 나빠져서 data line open 현상이 발생하게 된다.

이 용액에서의 산화, 환원 반응은 식 (1)과 (2)에 나타내었다.

$$Al \rightarrow Al^{3+} + 3e^{-} \tag{1}$$

$$HNO_3 + H^{+} + e^{-} \rightarrow NO_2 + H_2O \tag{2}$$

PAN solution이 아닌 Al etchant로는 $K_3Fe(CN)_6$를 함유한 알카리성 용액이 있다. 이 경우 positive type PR은 damage를 입을 수 있으므로 주의하여야 한다.

특히 HCl이나 $FeCl_3$와 같이 halogen 원소(Cl)를 함유한 wet solution은 Al etch에 사용할 수 없다. 그 이유는 Al_2O_3 native oxide가 halogen 원소에 매우 취약하여 국부적으로 oxide가 파괴된 곳에서 "국부 부식(localized corrosion)"이 일어나기 때문이다.

8.4.3.2 Chrominum

Cr은 환경 규제 대상 물질이지만 TFT 배선으로 자주 사용되고 있다. 그 이유는 Al이나 Mo와 같은 다른 배선 물질에 비해 대부분 강산이 주류인 wet etchant에 상대적으로 안정적이고 공정이 매우 간단하기 때문이다. Cr은 열역학적으로 안정한 물질이다. 특히 Cr은 표면에 생성된 안정한 Cr_2O_3 oxide 때문에 Cr^{2+}나 Cr^{3+}형태의 이온으로 쉽게 녹지 않는다. 매우 높은 potential 영역에서 Cr_2O_3가 Cr(VI)이온으로 녹아난다.

Cr etchant에서는 diammonium cerium(IV) nitrate을 주성분으로 사용한다. 이 물질

은 수용액 내에서 가수분해하여 수소를 내놓으면서 강산을 만들게 된다. 이 용액에서 Ce는 열역학적으로 물(H_2O)을 산화시킨다. 이러한 반응을 억제하기 위해서 perchloric acid나 질산을 첨가하게 된다.

$$Cr + 4H_2O \rightarrow HCrO_4^- + 7H^+ + 6e^- \quad (3)$$

$$Ce(OH)_2^{2+} + 2H^+ + e^- \rightarrow Ce^{3+} + 2H_2O \quad (4)$$

앞에 알루미늄 에천트에서 언급한 $K_3Fe(CN)_6$를 함유한 알카리 용액은 Cr도 녹인다. 농축된 HCl solution도 Cr을 녹이지만 앞서 언급한 바와 같이 국부 부식을 일으키므로 TFT용 wet etchant로는 적합하지 않다.

8.4.3.3 Molybdenum

Mo는 산성 영역에서 MoO_3 형태로 stable한 oxide를 갖지만, pH가 4~6인 중성 영역에서는 $HMoO^{4-}$ 형태로 녹아나게 된다(그림 8.16).

실제 Al etchant인 PAN 용액에서 Mo는 MoO_3를 형성하기 어렵기 때문에 etch가 가능하다. 이 경우 rinsing step에서 Mo가 급격히 녹아날 수 있기 때문에 좋은 taper angle을 유지하기가 어렵다.

그림 8.17은 PAN 용액에서 water가 첨가됨에 따라 Mo의 etch rate이 달라지는 특성

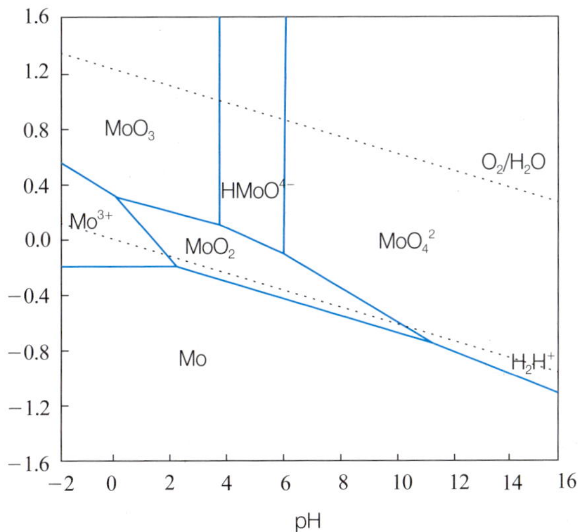

그림 8.16 pH- potential diagram for Mo-water system at 25℃ (after Pourbaix)

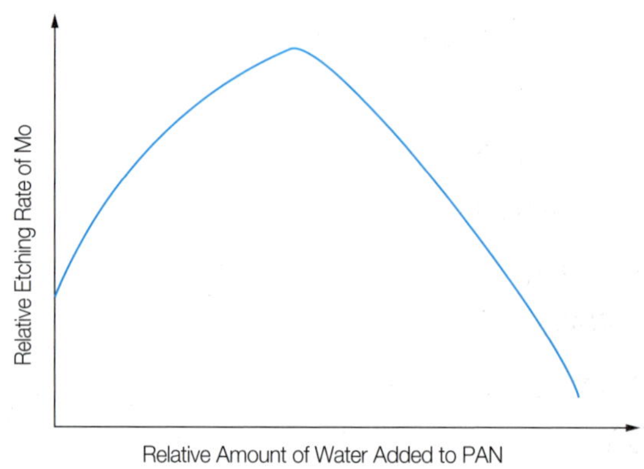

그림 8.17 PAN 용액에 첨가된 물의 양에 따른 Mo 박막의 에칭 속도의 변화

을 보여주고 있다. 이 그림을 통해서 PAN etchant에 들어간 Mo가 적절한 taper 형성을 못하는 이유를 알 수 있다. 그 이유는 rinsing step에서 water가 첨가됨에 따라 표면에 묻어있던 PAN 용액과 반응하여 Mo의 etch 속도가 갑자기 빨라지기 때문이다.

이를 방지하기 위해서는 water가 아닌 다른 용액으로 pre-rinsing을 해주거나, rinsing step에서 물의 양을 기존보다 매우 크게 하여 Mo의 etch 속도를 감소시켜 주어야만 한다. 또한 PAN 용액의 농도가 적절히 조절되어야만 한다.

8.4.4 Corrosion Problems in LCD Industry

최근 portable한 휴대용 디스플레이의 발달은 전자기기의 실외 사용을 증가시키고 있다. 습도와 온도의 변화가 심한 실외에서의 디스플레이 기기 사용은 신뢰성(reliability)의 저하를 초래한다. 특히 디스플레이 배선으로 사용되는 금속박막의 대기 부식(atmospheric corrosion)은 이러한 thin film failure의 일종으로 나타난다.

Display 기기는 온도, 습도 및 전압인가 형태에 따라서 다양한 환경에 노출되어 있다. 특히 높은 습도에서는 얇은 moisture 피막이 display 기기에 생성되기 쉬운데, 이는 금속 배선의 부식을 초래한다. 플라스틱으로 표면을 차단한 경우에도 수분이 침투하기 쉽다. 사실, 플라스틱으로 봉한 전자기기의 부식 양상은 플라스틱 패키지를 하지 않은 것과 거의 동일한 것으로 보고된다. 일단 충분한 수분에 의해서 금속 표면에 얇은 moisture 피막이 형성되면, 이는 전해액에 침지된 금속과 동일한 부식 현상이 일어날 수 있다. 이 때 발

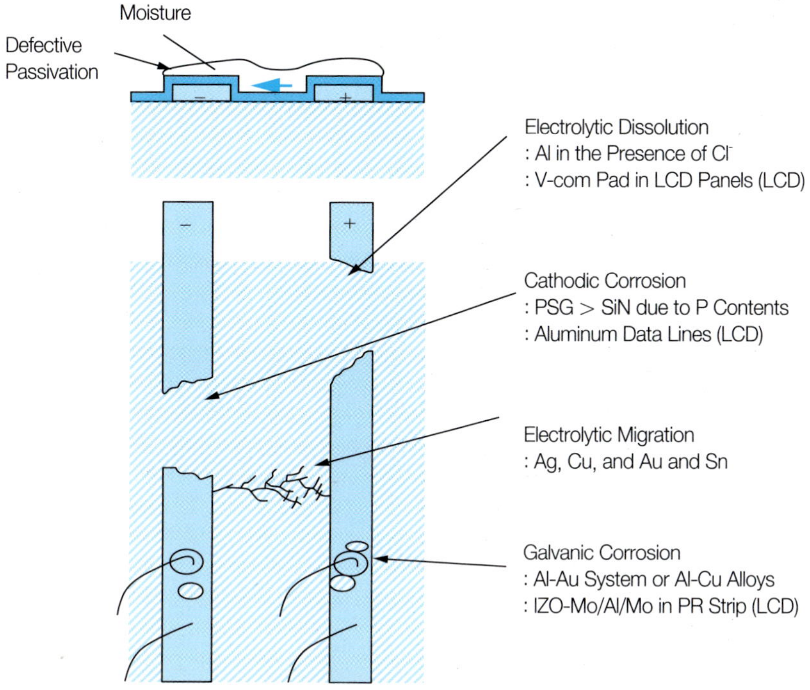

그림 8.18 Corrosion phenomena observed in LCD industry

생하는 부식 형태는 다음과 같이 나눌 수 있다(그림 8.18).

8.4.4.1 전기화학적 용출 반응(electrolytic dissolution)

만일 두 개의 배선 사이에 서로 다른 전압이 인가되고 이 두 배선을 moisture가 감싸고 있다면, 하나의 닫힌회로(closed circuit)가 구성된다. 한 배선에 상대적으로 positive voltage가 인가되면 양극 반응(anodic reaction)이 촉진되고 시간이 지나면 금속 배선의 단선(short)으로 나타난다. 이렇게 외부에서 인가된 전압에 의해서 인위적으로 부식 현상이 촉진되는 것을 전기화학적 용출 반응이라고 한다. 이 현상은 배선이 보호피막(passivation layer)으로 둘러싸여 있을 경우에도 발생된다. 보호피막이 완전할 경우에는 insulating 역할을 하기 때문에 상관없지만, 현실적으로 대부분의 보호피막은 그렇지 못하다. 보호피막은 증착 공정에 따라 step coverage 부위에 수많은 핀홀(pinhole)과 크랙(crack)들이 존재하기 마련이다. 이러한 부식 현상은 이온의 흐름(ionic pathway)이 무엇보다 중요하다. Moisture막에 오염물질이 많을 경우 전도도가 증가하기 때문에 심각하게 발생하게 되며 특히 Cl^-이 존재할 경우에는 국부 부식 현상이 심화되어 수 시간 내에 배선의 단락이 발생한다.

8.4.4.2 음극 부식(cathodic corrosion of aluminum)

음극 부식 메카니즘은 electrolytic dissolution 현상과는 상반되는 것으로써, 양극 반응이 아닌 음극 반응(cathodic reaction)에 의해서 금속 배선이 녹아나는 현상이다. 이것은 주로 Cl^-이 없는 환경에서 발생하기 쉽다. 특히 배선이 알루미늄일 경우, 그리고 인(phosphor)의 함량이 높은 PSG(Phosphosilicate Glass)를 사용할 때 잘 발생한다. P의 함량이 5%를 넘는 PSG가 대기의 습기에 노출될 경우, P가 녹아나면서 매우 전도성이 좋은 moisture막이 형성된다. P가 함유된 용액에서 양극 전압이 인가된 알루미늄 배선은 잘 녹아나지 않지만, 반대편 음극 전압이 인가된 알루미늄 배선 쪽에서는 수소의 환원이 활발하게 일어나게 되고, 이는 순간적으로 높은 pH의 상승을 불러일으킨다. 즉 Al이 NaOH와 같은 강염기성 용액에서 녹아나는 현상이 발생한다.

$$Al + 4OH^- \rightarrow AlO_2^- + 2H_2O + 3e^-$$

최근에는 P의 함량을 줄인 PSG를 사용하거나 SiN를 보호피막으로 사용하고 있다.

TFT-LCD의 경우 aluminum gate line을 사용한 gate line pad 부위에서 이러한 부식이 잘 발견된다. IC chip을 부착하는 부위는 V-com 라인과 주변 라인에 서로 다른 극성의 전압을 인가하게 되는데, 이 때 electrolytic dissolution 현상과 음극 부식 현상이 주로 발생된다.

8.4.4.3 전해도금(electrolytic migration)

전자 재료로는 Ag, Cu, Au 그리고 Sn 등이 주로 사용된다. 이러한 금속들은 주로 electrolytic migration 현상에 의해서 failure가 일어난다. 이 현상은 전류의 급증에 의해 나타나는 electro-migration 현상과는 물리적으로 다른 현상이다. Electrolytic migration 현상이란 전기화학적 용출 현상에 의해 anodic reaction line에서 녹아나온 금속이온이 cathodic reaction에 의해서 음극 배선에 도금되는 현상을 일컫는다. 특히 Ag와 Sn은 수지상(dendritic morphology)으로 잘 성장한다. 수용액 내의 부족한 금속이온들은 물질전달 제한반응(mass-transport limited condition)을 초래하고 이는 dendrite의 성장을 촉진한다.

음극 라인에서 성장을 시작하는 수지상이 양극 라인에 맞닿으면 short가 발생하게 된다.

8.4.4.4 갈바닉 부식(Galvanic corrosion)

앞서 세 경우는 전원을 인가하는 동안에만 발생하는 failure 현상들이지만, galvanic corrosion 현상은 전원이 꺼진 상태에서도 계속 발생한다. 실제로 전원을 인가 시에는 열이 발생하기 때문에 수분의 응결 현상이 발생하기 어렵지만, 전원을 끄면 상대적으로 습도가 높아져서 수분의 응결에 의한 moisture막의 생성이 수월해진다. 전자기기에서는 주로 배선으로 사용되는 Al과 외부전압 인가를 위한 Au wire 사이에서 galvanic coupling이 발생한다.

1) 알루미늄 에천트

알루미늄은 양쪽성 원소로써 PR stripping 시에도 식각될 수 있다. 일반적으로 PR stripper(유기용매)에서 알루미늄은 비교적 안정적이지만, PR stripper에 물이 혼입될 경우 혼합액은 알카리성을 띄게 되며, 이 혼합액에서 알루미늄은 식각될 수 있다. PR stripper에 들어있는 amine은 암모니아의 수소원자를 탄화수소기로 치환한 형태의 화합물로써 물이 반응할 경우, 아민의 nitrogen lone pair 부분에 물의 수소이온이 달라붙게 되고 이 반응에 의해서 알카리성으로 변하게 된다.

2) Ethylamine

$$CH_3CH_2NH_2\ (aq) + H_2O \rightarrow CH_3CH_2NH_3^+ + OH^-\ (aq)$$

산과 염기에 녹는 알루미늄의 경우 이렇게 생성된 OH^-와 반응하여 AlO_2^- 형태로 녹아나게 된다. 또한 이때 상부 금속과의 갈바닉 반응도 알루미늄의 급격한 식각의 원인이 될 수 있다(그림 8.19).

그림 8.19에서 PR stripping 시 물이 혼입될 경우 하부 알루미늄 금속의 급격한 식각으로 비정상적인 taper angle을 보이고 있는 것을 알 수 있다. 이러한 반응을 좀 더 자세히 알아보기 위해서는 PR stripper와 물의 혼합 용액에서의 알루미늄의 전기화학적 부식 거동 및 갈바닉 전류를 측정해 볼 수 있다.

Al-Attack

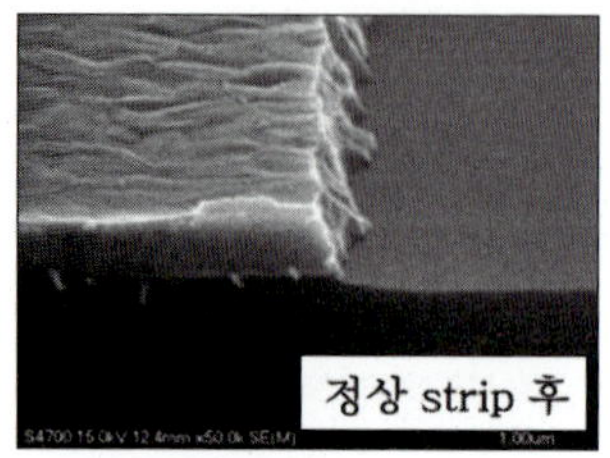

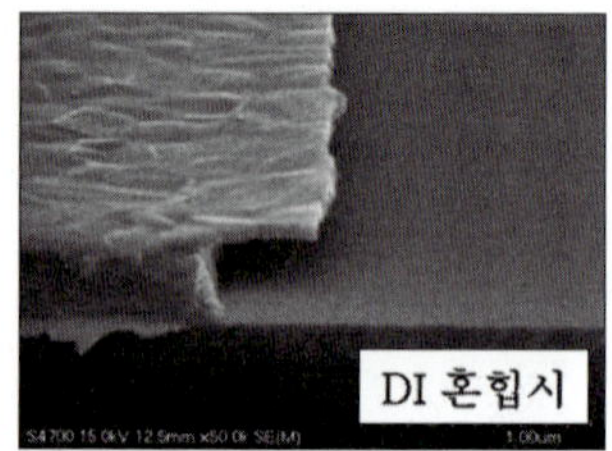

그림 8.19 상부 몰리브데늄/하부 알루미늄 배선의 PR stripping 공정 중 불량 발생

8.4.5 LCD Industry에서의 최근 Wet Etching 이슈

8.4.5.1 세대 이상 대면적 Wet Station에서 일어나는 에칭 속도 불균일 현상

기판 사이즈가 커지면서 glass 자중 및 etchant 용액 무게에 의해 기판 glass의 휨 현상이 발생한다. 수평반송 시 대면적 glass의 중앙 부위가 아래로 휘게 되며 여기에 고인 etchant는 두꺼운 수막을 형성한다. 습식 에칭에서의 속도는 외부 spray 타력에 의한 물질반송(mass transport)에 의해서 좌우된다. 물질반송에 의해서 에칭 속도가 좌우될 경우, 식각될 박막에서의 에칭액 농도는 0에 가깝게 되고 벌크 용액으로 갈수록 용액의 농도가 커지는 농도경사가 생기게 된다. 일반적으로 박막 표면으로부터 벌크 용액의 농도를 가지는 거리를 확산거리 δ(diffusion length)라고 정의하며, 에칭 속도는 이러한 확산거리(diffusion length)에 반비례한다. 두꺼운 수막이 형성된 중앙 부위의 경우, 외부 spray 타력이 충분히 물질대류를 만들 수 없기 때문에 이러한 확산거리가 커지게 되고, 상대적으로 얇은 수막이 형성된 부위에 비해서 에칭 속도가 현저하게 감소하게 된다. 위와 같은 현상을 Puddling 현상이라고 한다.

이를 해결하기 위해서 대일본프린팅에서 내놓은 대안이 경사반송(tilt transfer) 기법이다. 기존의 수평반송에서 벗어나 5° 경사반송을 함으로써 용액이 glass 중앙 부위에 쌓이는 것을 방지한다(그림 8.20). 이러한 방법은 2m size대의 기판에서도 효과적인 것으로 나타나며, etchant가 glass에 머무는 시간이 상대적으로 짧기 때문에 후속 세정 공정에서 etchant를 제거하기 위한 distilled water의 사용량도 현저하게 감소한다.

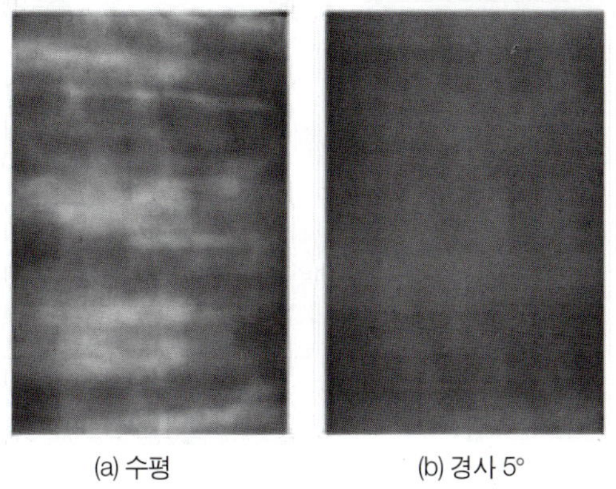

그림 8.20 수평반송과 경사반송에서의 알루미늄 하프 에칭 시 에칭 균일성 차이(출처: 대일본프린팅)

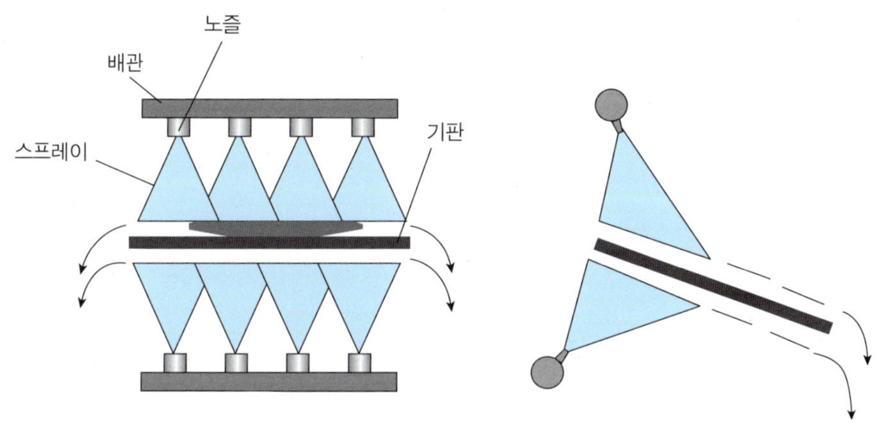

그림 8.21 수평반송과 수직반송의 세척력 차이 (출처: 대일본 프린팅)

전체 glass 기판에서의 균일한 에칭 속도 외에도 경사반송의 이로운 점 중의 하나로 세정액의 감소가 있다(그림 8.21). 그러나 7세대 이후의 거대 기판에서는 경사반송의 경우에도 자중에 의해서 glass 끝 부분이 휘어지는 것으로 알려져 있으며, 이 부분에 수평반송 시의 중앙 부위에 두꺼운 수막이 생성되는 것과 비슷한 현상이 발생하는 것으로 알려져 있다. 이를 Pseudo- puddling 현상이라 한다. 즉 그림에서 보는 바와 같이 etch rate이

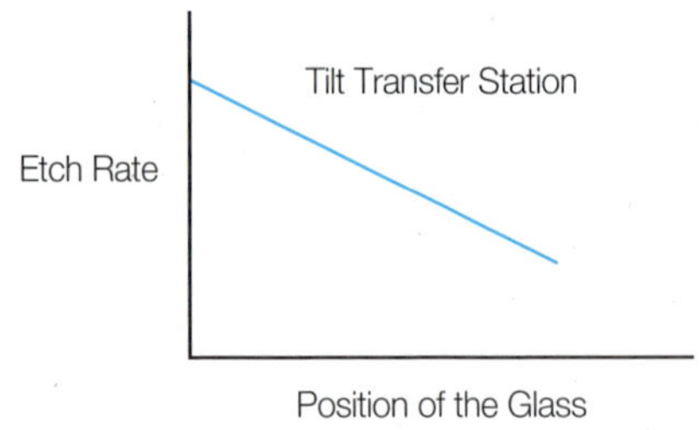

그림 8.22 경사반송에서 glass 높이에 따른 에칭 속도의 변화를 나타낸 모식도

glass 하단부에서 급격하게 감소하는 현상이 발생한다(그림 8.22).

Pseudo-puddling을 방지하기 위한 대안으로 vertical transfer 방식이 제안되었다. 아래 그림은 경사반송과 수직반송에서의 수막 및 확산층의 두께 변화를 나타내는 그림이다(그림 8.23).

Glass에 쌓이는 수막의 두께는 spray 타력에 의한 물질 전달 속도에 큰 영향을 끼치게 된다. Spray 타력이 일정할 때 수막이 두꺼워질수록 기판 표면까지의 mass transport는 느려지게 된다. 즉 주어진 spray 압력에 해당하는 임계수막의 두께가 존재함을 유추해볼 수 있다. 일반적 spray의 압력이 큰 경우에 확산층의 두께는 감소하고 etch rate은 증가한다.

그림 8.23에서 보는 바와 같이 경사반송의 경우 수막의 두께가 glass 위치에 따라서

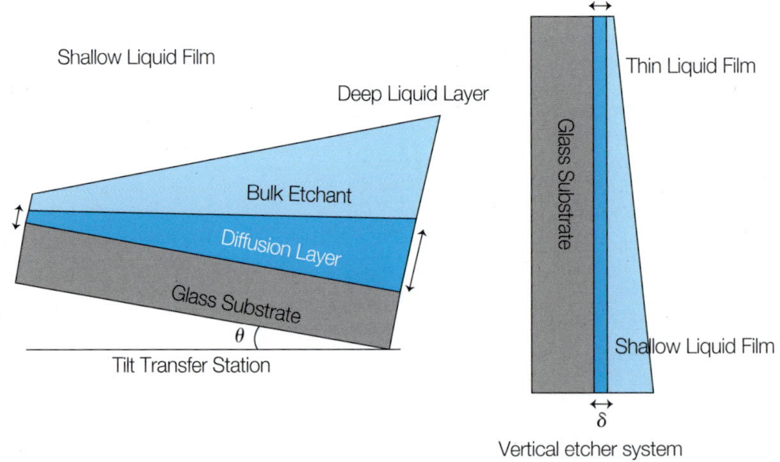

그림 8.23 경사반송과 수직반송(vertical transfer wet station)에서의 수막 및 확산층(diffusion length) 두께 변화를 나타내는 모식도

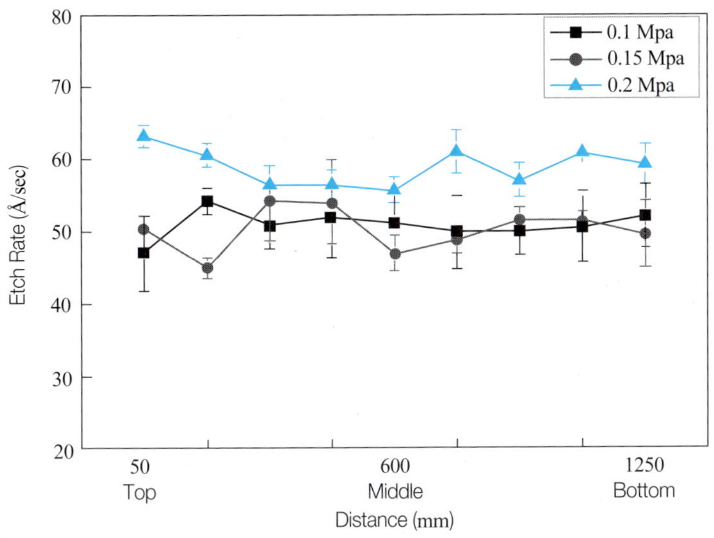

그림 8.24 Vertcial etching spray 압력 변화에 따른 glass 위치별 etch rate의 변화

달라진다. 위에서 언급한 바와 같이 pseudo-pudding 현상이 나타나는 glass 하부의 경우 수막의 두께가 spray 타력이 diffusion layer의 두께에 영향을 미칠 수 없을 정도로 두꺼워짐을 알 수 있다.

이에 반해 수직반송의 경우 중력에 의한 영향으로 에천트 수막의 두께가 glass 하부에서도 비교적 얇은 형태를 유지하게 된다.

실제 vertical etching system에서 알루미늄 2500Å/몰리브데늄 500Å을 인산으로 하프 에칭을 진행한 결과는 아래 그림 8.24와 같으며, 에칭 uniformity가 전반적으로 매우 양호함을 알 수 있다.

8.4.5.2 구리의 경우 에천트로 과수를 사용하는 이유와 구리 배선 패터닝에 있어서 중요 이슈

알루미늄보다 저저항 재료인 구리는 memory 반도체 산업과 LCD 산업에서 배선 재료로 선호되고 있으나, 구리를 배선으로 사용하는 데는 여러 가지 제약점이 따른다. 첫 번째로 구리는 dry etching하여 패터닝 하기가 쉽지 않다. 그 이유는 구리와 plasma 내의 radical 원소가 결합하여 만들어진 화합물($CuCl_2$, $CuCl_3$) 등의 증기압이 낮아서 휘발성이 없기 때문이다. 이로 인하여 낮은 온도에서 dry etching을 진행할 경우 CuCl 화합물이 표면에 쌓이게 된다. 그림 8.25는 이와 같은 현상을 잘 보여주며, CuCl 화합물을 제거하기 위해서 후

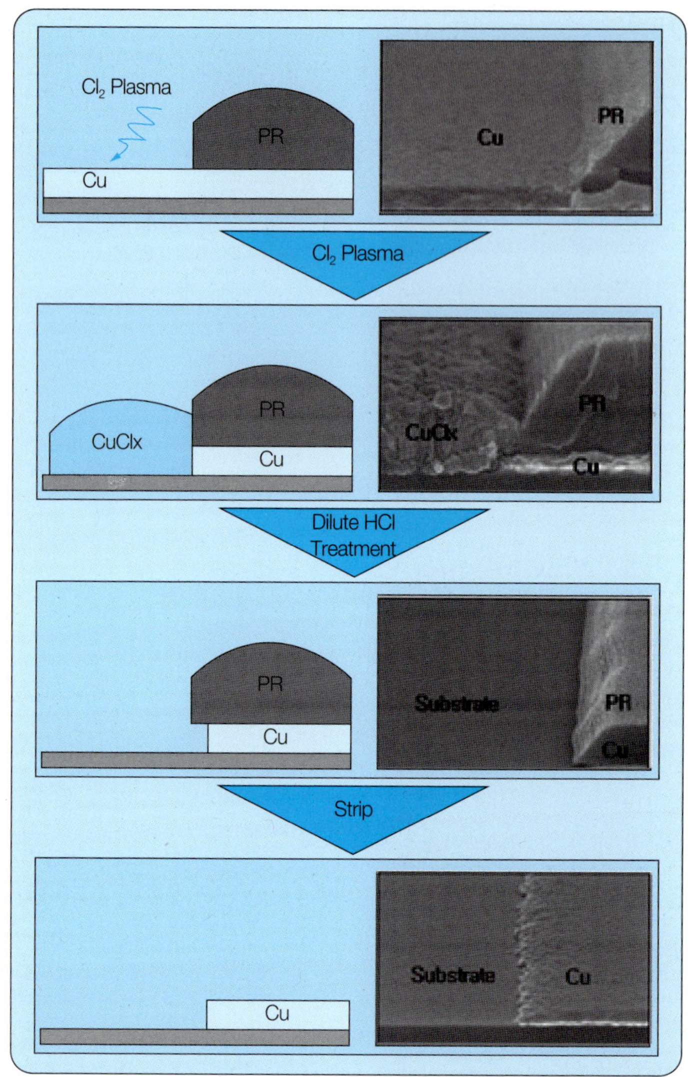

그림 8.25 Dry etching과 wet etching을 이용한 구리 제거 방법(출처: LG Display)

속 공정으로 dilute HCl 용액 처리를 병행해주게 된다. Cu는 습식 에칭 공정은 가능하다.

Memory 반도체 공정에서는 배선의 폭이 매우 중요한 역할을 한다. Wet patterning을 할 경우 등방성 식각성 때문에 배선의 폭이 줄어들게 되며, 그 정도는 대략 1um 내외이다. Sub-micro meter level의 배선을 사용하는 메모리 공정에서는 wet etching 공정을 사용할 수 없다. IBM은 박막 증착 후 패터닝 방식의 기존 메모리 공정을 바꾼 구리 상감 공정(copper damascence process)를 개발하였다. 이는 층간 절연막을 먼저 증착하여 배선이 들어갈 부위를 trench 형태로 patterning한 후, 이 부위를 구리 전기도금(copper electro-plating)을 통하여 채워나가는 방식이다(그림 8.26). 이 경우 도금된 표면은 울퉁불퉁하게 되며, 이를 평탄화하기 위하여 CMP(chemical mechanical polishing) 방법을 사용한다. 그림 8.27은 이러한 방식을 여러층 적용하여 copper interconnector를 형성한 것을 보여주고 있다.

LCD 공정의 경우 wet 공정 시 필연적으로 생기는 Line width의 감소가 memory에 비해서 크기 않기 때문에 wet patterning이 가능하다. 이 때 사용할 수 있는 산화제는 구리보다 환원전위가 높아야만 하므로, 일반적으로 과수, 질산 또는 Fe^{3+}가 함유된 용액을 사용하게 된다.

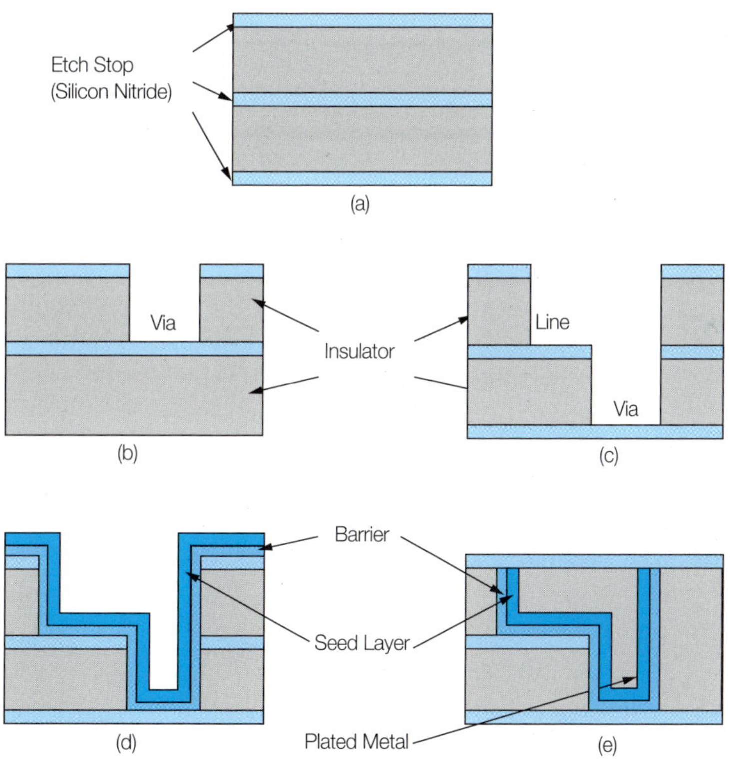

그림 8.26 (a) Insulator deposition, (b) Via definition, (c) Line definition, (d) barrier and seed layer deposition, (e) Plating and CMP (출처: IBM)

그림 8.27 Damascence공정으로 만들어진 구리배선의 SEM image(출처: IMB)

Molybdenum은 구리의 하부막으로 많은 장점이 있으나, 과수 기반으로 에칭을 진행할 시 잔사가 남는 단점이 있다. 이를 제거하기 위해서 HF를 용액에 첨가하는 것으로 알려져 있다. 그러나, HF는 기판인 글래스를 식각하는 문제가 발생한다. 또한 pure molybdenum은 구리와의 galvanic reaction 현상으로 인하여 undercutting이 발생한다(그림 8.28). 이러한 galvanic 현상은 에천트의 종류 및 첨가제의 유무에 따라서 그 경향성이 바뀌기도 한다. 일부 금속 타깃 회사에서는 순수 몰리브데늄의 이러한 단점을 보안하고자 몰리합금계열을 개발하거나 구리합금을 발표하였다. 일반적인 구리합금은 구리/하부막의 이중 구조를 해결하는 좋은 방법이나, 합금원소를 첨가함으로써 배선의 저항이 올라가므로 구리를 사용하고자 하는 원래의 취지에 어긋나게 된다. 구리의 배선 저항을 올리지 않고 성능을 개선하기 위해서는 합금 방식을 solid-solution 방식이 아닌 precipitation 방식으로 하는 것이 좋다. 구리에 고용되는 합금원소는 금속 내 에너지 장벽의 주기성을 파괴하기 때문에 전자가 이러한 합금원소들과 산란이 일어나서 금속의 저항이 높아지게 된다. 구리에 고용되지 않는 Nb이나 Mg 등은 입계면이나 표면에서 석출이 일어나기 때문에 구리의 저항증가에 크게 기여하지 않는 것으로 알려져 있다.

Gate 배선으로 사용되는 구리의 하부막으로 몰리브데늄을 사용하여 이중 구조로 갈 경우, data 배선에서도 동일한 구조를 사용하는 것이 공정 프로세스를 단순화

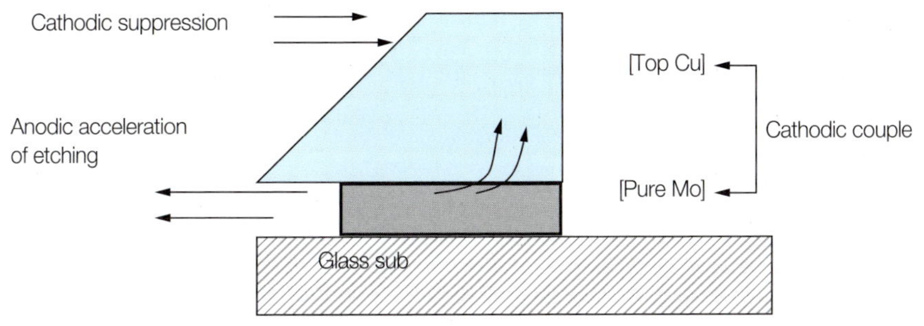

그림 8.28 Cu와 Mo의 galvanic 현상 및 taper 형성 기구

하는 데 도움이 된다. 또한 data line에 사용되는 구리의 하부막 역할은 구리원자의 Si semiconductor 내부로의 확산을 방지하는 diffusion barrier 역할도 하게 된다.

8.4.6 세정공정

8.4.6.1 세정

박막 트랜지스터(thin film transistor)는 서브마이크론(sub micron) 두께의 매우 얇은 박막을 사용하기 때문에 기판에 오염물질의 있는 경우, 증착 공정 중 박막의 핀홀 발생이나 두께 편차, 전기적 기계적 물성 변화 등 박막의 불량 발생 주원인이 된다.

TFT용 glass 세정에는 크기 glass 위 이물질 제거를 위한 초기 세정과 공정 중 부착되는 이물질을 제거하는 세정으로 나눌 수 있으며, 또한 TFT 각 공정 진행 전후에도 이물질 제거를 위해서 세정을 하는 것이 원칙이다.

주로 사용되는 세정 방법에는 전통적으로 물리적 세정과 화학적 세정이 있으며, 최근에는 UV와 플라즈마를 사용하는 건식 세정법도 병용되고 있다.

8.4.6.2 물리적 세정

물리적 세정의 대표적인 방법에는 물리적인 마찰에 의해서 파티클(particle)을 제거하는 브러시(bruch) 세정이 있다. 브러시 세정은 물리적 접촉으로 제거하기 때문에 효과가 높아서 기판에 견고하게 부착된 오염물 제거에 용이하다. 특히 초기 bare glass에 부착된 film 접착제 이물 제거 등 입자성 이물 제거에 효과적이다.

브러시 타입에는 roll brush와 disc brush 타입이 있으며, 최근 기판의 대형화와 함께 기판 전면을 커버할 수 있는 roll brush가 주류를 이루고 있다. 다만 기판 위에 형성된 막에 scratch성 damage가 생기지 않도록 soft한 접촉에 의한 제거 능력의 향상이 필요하다. 일반적으로 브러시에 닿는 시간과 접촉 속도에 의해 부착물의 제거 능력이 변한다.

8.4.6.3 초음파 세정

초음파 세정은 설비 종류, 세정 조건에 상관없이 가장 널리 사용되고 있는 기본적인 세정 방식이다. 초순수 또는 약액에 초음파를 인가하여 기판 표면상의 particle을 제거하는 방식이다.

세정 방식으로 크게 ultrasonic 방식과 megasonic 방식으로 나눌 수 있다.

Ultrasonic 방식은 20~100kHz대, 3um 이상의 큰 파티클 제거에 유용하다. 그러나 과사용 시 대상 피막에 크랙(crack)을 유발할 수 있는 단점이 있다.

Megasonic 방식은 1M Hz대의 주파수를 사용하여, 3um 이하의 sub-micron particle 제거에 효과적이다. 균일한 세정력 및 대상 기판에 대한 약한 damage, 치밀한 패턴에 대한 세정성, 적용 용이성으로 인하여 세정 장비에 널리 사용되고 있다.

8.4.6.4 이유체(aqua air jet) 세정

아쿠아 에어젯 세정은 이유체(二流體) 세정이라고도 하며, 이는 기존의 물만 사용하던 방식에서 벗어나 물과 공기를 적절하게 섞어서 사용하기 때문에 붙여진 이름이다. 파티클에 대한 제거력을 높이기 위해 의도적으로 air를 흡입시켜 고압분사와 함께 air bubble이 터짐을 이용하는 방식이다. 종래의 DI(distilled water) spray와 고압 spray의 경우는 토

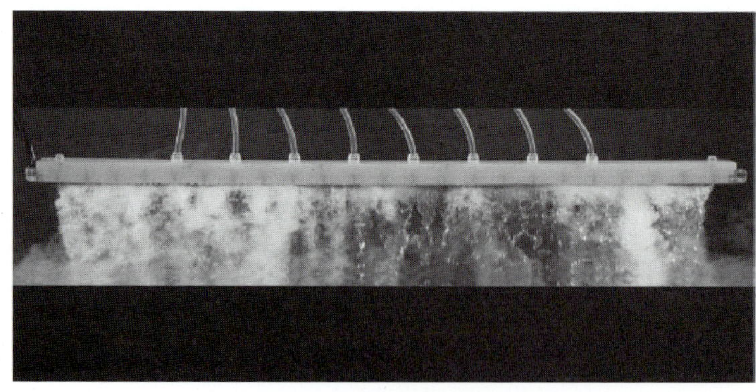

그림 8.29 초음파 세정 장비

표 8.3 TFT-LCD용 세정 방법 및 특징

구분	세정 방법	특징 및 효과
물리적 세정	Brush Scrubbing	▫ 초기 세정과 세정 표면이 견고한 경우 사용 ▫ 입자성 오염물 제거에 효과적
	Water Jet Spray	▫ 세정력은 수압에 비례
	초음파 세정 (M/S, U/S)	▫ 입자성 오염물 제거에 효과적 ▫ 화학적 세정과 병행 사용하여 효과 증대
화학적 세정	유기용제	▫ 다량의 유기 오염물 제거
	희석된 HF	▫ CVD 박막 표면을 etching하여 오염원 동시 제거
	DI Water rinse	▫ 세정 공정이 최종 단계에서 주로 사용
Dry 세정	자외선 오존	▫ 흡착성 유기물 제거 및 adhesion 향상
	Plasma 처리	▫ Ashing 효과, 유기물 분해

출에 의해 타격하는 힘이 강해도 물방울의 입경이 크기 때문에 미세한 부착물의 제거에는 효과가 없었다. 좀 더 세밀한 입경의 물방울을 토출시킬 수 있게 되어 미세한 부착물과 세밀한 패턴의 세정에 효과적인 방법이다. 물방울은 DI 양을 늘리면 입경이 크게 되고, air의 양을 증가시키면 입경이 작아지게 되기 때문에 부착물에 맞춰서 분사조건 최적화하여 효율을 극대화할 수 있다.

그 밖에 glass 초기 세정에 주로 사용되는 유기용제의 경우 bare glass에 부착된 유기 오염물 제거에 매우 효과적이며, 유기용제를 사용하여 유기물을 제거한 글래스 위에 증착된 금속박막은 불순물 함유량이 작아서 전기적 특성이 향상된다.

UV 및 상압 플라즈마를 이용한 전처리 방법은 주로 세정기의 초기에 설치되며 이를 통하여 기판 위 유기물을 보다 효율적으로 제거할 수 있는 것으로 알려져 있다(표 8.3)

8.5.1.5 기판 대형화에 따른 세정 및 건조 공정의 과제

TFT glass 기판이 대형화됨에 따라 다음과 같은 문제가 세정 공정에서 발생하고 있다.

1) Tact vs. 단위 면적당 세정 시간

처리 기판의 사이즈가 대형화됨에 따라 세정 공정에 있어서 종래의 처리 시간(tact time)을 유지하려고 하면, 기판의 이동 속도가 빠르게 되는 만큼 면적당 세정 시간이 짧아지고 있다.

2) 양면 세정

기판의 한쪽 면 세정으로는 어려운 뒷면에 부착된 파티클 제거 등의 양면 세정의 요구가 증가하고 있다.

3) 공간 확보

종래 장치 구성대로 대형화한 경우에는 utility가 증대해서 장치 면적도 확대된다.

4) 세정 균일성

기판의 대형화와 더불어 약액이 중앙부에 남아서 처리의 균일화에 영향을 미치는 약액의 치환성이 문제가 되고 있다.

연습문제

1. 순수 구리를 고농도의 염산 용액에 넣을 경우 가스가 발생하면서 녹아난다. 이는 열역학적으로 가능한가? (표 8.1을 활용하여 판단하라.)
2. 산 용액 내 금속이 activation control 상태일 때 다음 조건들이 변하게 되면 금속의 부식 전위와 부식 속도가 어떻게 바뀌는지 '분극 곡선'을 사용하여 설명하라.
   (a) 양극 산화의 평형 전류밀도가 증가할 때
   (b) 음극 환원 반응의 평형 전류밀도가 증가할 때
   (c) H^+의 농도가 증가할 때
   (d) 양극 반응의 tafel constant가 증가할 때
3. 황산을 저장하는 carbon steel로 만든 탱크에는 anodic protection이라는 방법을 사용하여 방식을 하고 있다. Anodic protection의 의미와 방법을 자세히 설명하라.
4. 어떤 과수 용액에서 구리와 몰리브데늄의 단일막 에칭 속도는 100A/sec, 50A/sec이다. 이때 과수 용액에서 측정된 구리, 몰리브데늄 단일막 전위(vs. SHE)가 0.24V, 0.4V이다.

(a) 예상되는 두 금속의 분극 곡선을 그려라. 단, 구리와 몰리브데늄의 밀도, 몰질량은 다음과 같다.

	Cu	Mo
몰 질량(g/mol)	63.546	95.94
밀도(g/cm^3)	8.96	10.28

(b) 구리의 anodic tafel slope를 예측하라.

(c) 적층된 두 금속 물질을 과수에 노출하였을 때 발생하는 갈바닉 전위 및 전류를 예측하라.

(d) 두 금속 물질이 에칭되었을때 발생할 수 있는 에칭 프로파일을 그려라.

CHAPTER 09

Dry Etching

디스플레이 공정에서 박막의 증착 후에 패턴(pattern) 형성을 위해서는 photolithography 과정을 거치게 되고 원하는 부분을 제외한 나머지 부분을 제거하는 식각 공정을 거친다. 이때, 스퍼터링(sputtering)으로 형성된 금속 박막의 식각은 주로 wet etching을 통하여 하게 되고, PECVD 공정으로 형성되는 g-SiN_x, a-Si, n^+ a-Si, p-SiN_x 박막 등을 식각할 경우 plasma를 사용한 dry etching을 사용하게 된다. Dry etching 공정은 PECVD, 스퍼터링과 함께 플라즈마를 사용하는 공정으로, 주로 진공 상태에서 공정을 진행하게 된다.

9.1 Dry Etching의 개요

9.1.1 Wet Etching과 Dry Etching의 비교

TFT-LCD 제조 공정에서 박막을 식각하는 etching 공정은 크게 wet etching과 dry etching으로 나뉜다. Wet etching의 경우 주로 금속 박막의 식각 공정에 사용되며, dry etching은 비금속의 무기막을 식각하는 데 사용된다.

Wet etching의 경우 액체 상태의 에천트(etchant)에 기판을 노출시키는 데 반해, dry etching의 경우 플라즈마 상태의 챔버(chamber) 내부에 기판을 노출시키게 된다. 일반적으로 wet etching은 식각의 방향성을 가지기 힘들기 때문에 등방성 식각을 하게 되고, dry etching의 경우 공정 조건의 조절을 통하여 식각의 방향성을 조절하여 등방성과 이방성 식각을 할 수 있다.

그림 9.1에 등방성 식각과 이방성 식각의 간략한 개념적 차이를 나타내었다. Wet etching과 달리 dry etching의 경우 등방성 식각(isotropic etching), 방향성 식각(directional etching), 수직 식각(vertical etching)이 모두 가능하다.

디스플레이 패널의 제조 공정에서 통상적으로 사용되는 식각 공정에서 dry etching은 비금속막을 식각하는 공정에 주로 사용한다. dry etching 공정을 사용하여 금속막을 식각

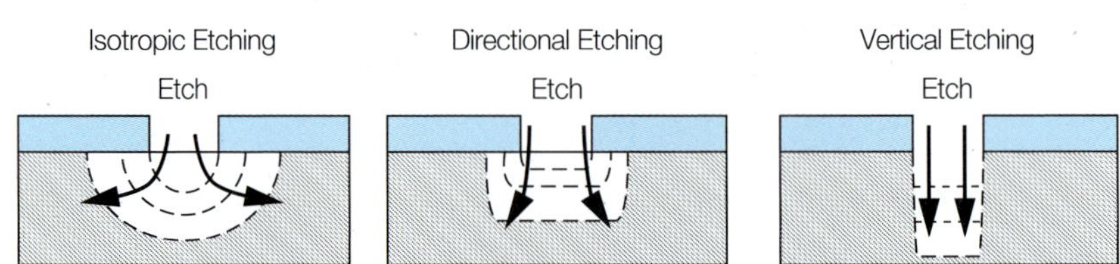

그림 9.1 Isotropic, directional, vertical etching의 비교 개념도

표 9.1 TFT-LCD 공정에서 Dry etching과 Wet etching의 비교

	Etching 방법	
	Dry etching	Wet etching
적용 박막	Si계 무기막, Metal	Metal, 화소 전극
Etchant의 상태	기체	액체
선택비	상대적으로 작다	상대적으로 크다
식각 방향성	등방성, 비등방성 모두 가능	(주로)등방성
미세 가공	가능	불가능

하는 경우가 있으나, 디스플레이 공정에서는 아직은 제한적으로 사용되고 있다. 통상적으로 wet etching은 패턴이 미세한 경우나 수직 형상을 만들기 어렵기 때문에, 반도체 공정에서는 dry etching이 사용되고 있다. 그러나 미세패턴에 제약이 없는 MEMS 등의 공정에서는 wet etching이 사용되고 있다. 이상과 같은 점들을 요약하여 표 9.1에 TFT-LCD 제조 공정에서 사용되는 두 식각 방법의 간략한 비교를 나타내었다.

9.1.2 식각률(etch rate), 선택비(selectivity), 과식각(over-etch)

Dry etching에서 식각률(etch rate)는 식각되는 박막이 분당 얼마의 속도로 식각되었는지를 나타낸다. 수직한 방향으로 식각되는 속도와 수평한 방향으로 식각되는 속도가 있는데, 통상적으로 수직 식각률을 식각률로 취급한다.

그림 9.2처럼 T시간 동안의 식각을 통하여, 식각 전후에 수평 방향으로 L_v만큼의 구조적 변화가 생기고, 수직 방향으로는 L_h만큼의 구조적 변화가 생긴 경우 수평 식각률(ER_h, horizontal etch rate)과 수직식각률(ER_v, vertical etch rate)은 다음과 같이 정의한다.

$$ER_h = \frac{L_h}{T}, \quad ER_v = \frac{L_v}{T}$$

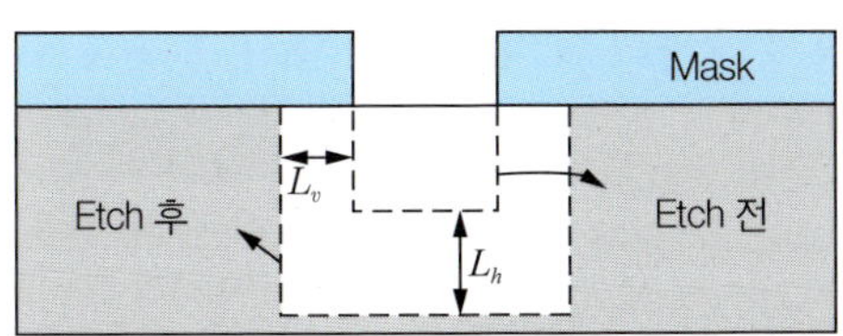

그림 9.2 식각 전후 막의 구조 변화에 따른 식각률 정의

식각률을 표시하는 단위는 공정에 따라 다르지만, 통상적으로 Å/min와 nm/min을 많이 사용한다. 보통의 경우 dry etching에서는 $ER_v \gg ER_h$의 값을 가지게 되며, ER_v를 식각률(etch rate)의 값으로 표현하는 경우가 많다.

특정 공정 조건과 박막에 대해 식각률을 ER이라 하고, 두께(d)의 박막을 제거하려 한다면, 이를 위해 필요한 최소의 시간(t)은 다음과 같이 계산할 수 있다.

$$t = \frac{d}{ER}$$

이는 박막의 두께, 식각률, 패턴의 조밀도 등이 완전하게 균일하게 주어진 상황에서의 시간으로 실제 공정에서의 식각 시간은 이보다는 큰 값을 가지게 된다. 식각 시간을 길게 하는 이유는 여러 가지가 있으며 이 중에서 대표적인 것을 살펴보면, 첫째로, 식각 균일도를 들 수 있다. 식각률은 기판 내에서의 평균값을 대표값으로 사용하기 때문에 기판 내에서 식각률이 작은 영역에서는 시간을 좀 더 늘려서 식각을 해야 전체 영역에 걸친 박막의 식각이 가능해진다.

둘째로, 동일한 기판 내에서도 패턴의 다양성으로 인해 식각되기 위해서 열려있는 영역이 위치별로 부분적으로 서로 다를 수 있다. 이 경우 식각하기 위한 라디칼(radical)이나 이온(ion) 등의 공급이 충분한지 여부와 식각 반응 후 부산물들이 빠져나가기 원할한지 여부 등에 의해 부위별로 식각률이 달라질 수 있다.

그림 9.3은 식각하려는 기판 내의 패턴이 일정하지 않은 경우에 식각률이 위치별로 다른 예를 보여주고 있다. 그림 9.4의 경우에는 챔버 내에서 식각에 참여하는 식각종이 불균일한 경우에 위치별로 식각률이 다르게 날 수 있는 사례이다. 이 경우에는 식각종들의 수평 이동도가 매우 낮은 경우에 주로 발생하는 것으로 대부분 공정 압력이 높은 상황에서 발생한다.

셋째로, 박막의 구조가 입체적이라 동일한 공정 내에서 식각해야 되는 박막의 두께가

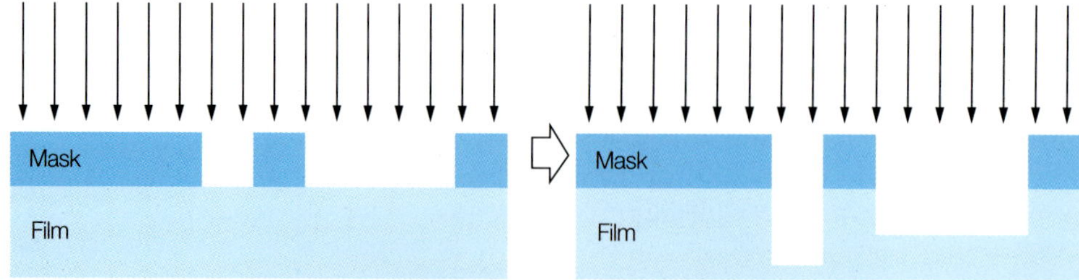

그림 9.3 패턴의 불균일성에 의한 영역별 식각률의 차이 예시

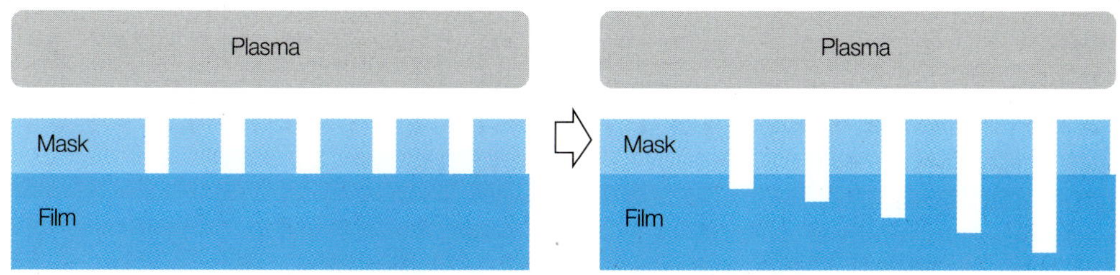

그림 9.4 식각종의 불균일 및 저이동도에 의해 생기는 불균일한 식각의 사례

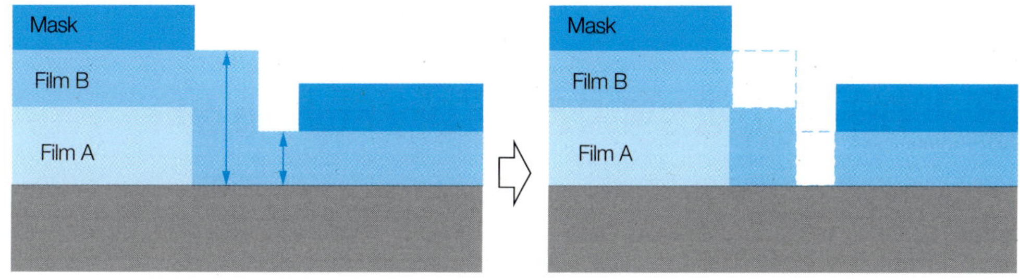

그림 9.5 박막 구조의 입체성에 따른 과식각의 필요 사례

다를 수 있다. 이러한 경우 박막이 두꺼운 부위를 완전히 제거하기 위해서는 이 부위에 초점을 맞추어 식각 시간을 조절하여야 한다.

그림 9.5는 "Film B"를 식각하기 위한 사례로서 박막의 두께가 하부막의 입체성에 의해 달라질 수 있는 사례이다. "Film B"의 위치에 따른 불균일한 두께 때문에 식각에 필요한 최소의 시간 동안 공정을 진행하게 되면 "Film B"가 잔류하는 경우가 발생한다.

이러한 여러 가지의 이유에 의해서 식각 시간을 길게 가져가게 되는 것을 과식각(overetch)이라고 부른다. 과식각은 식각에 필요한 최소의 시간을 기준으로 %로 나타내는 경우가 많다. 예를 들어 식각에 필요한 최소의 시간이 100초이고, 30초의 식각 시간을 추가로 진행했다면 30% overetch라고 표현한다.

그림 9.6처럼 식각 중에 "Film A"와 "Film B"가 동시에 노출되어 있는 경우가 있다. "Film A"는 식각하려는 film이고 "Film B"는 보존되어야 하는 경우라면, "Film A"의 식각률이 "Film B"의 식각률보다 매우 커야만 한다. 이렇게 상대적인 식각률의 비율이 필요한 경우를 나타내기 위해 선택비(selectivity)를 다음과 같이 정의하여 사용한다.

$$\text{Selectivity} = ER(\text{Film A})/ER(\text{Film B})$$

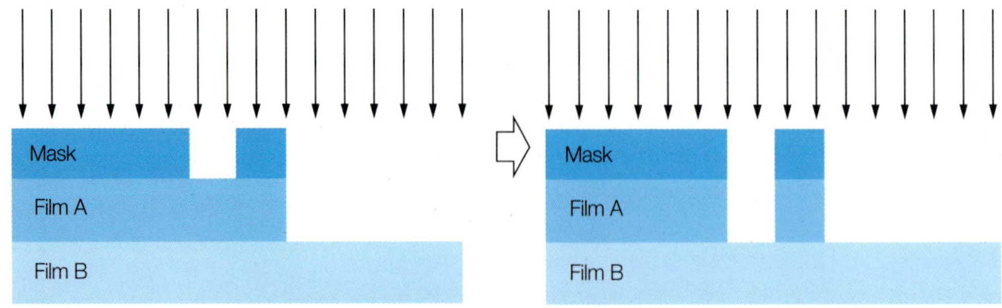

그림 9.6 박막의 선택비 조절이 필요한 사례

9.2 TFT-LCD 공정에 사용되는 Dry Etching 설비

반도체 공정과 유사하게 디스플레이 공정의 dry etching 공정에 사용하는 설비는 대략적으로 Capacitively Coupled Plasma(CCP)와 Inductively Coupled Plasma(ICP)로 나뉠 수 있다.

CCP는 크게 PE(Plasma Etching)와 RIE(Reactive Ion Etching)로 나뉜다. 이 두 가지의 구분은 전력이 인가되는 방향이 기판이 있는 하부측(RIE)인지 아니면 상부측(PE)인지의 차이이다. 기본적인 방전 현상은 유사하며 설비와 공정의 적용에 따라 공정 범위는 달라지게 된다(설비의 이름처럼 reactive ion의 사용이 RIE만 가능한 것은 아니다).

CCP 설비와 다르게 ICP 설비는 플라즈마와 전극이 직접 접해있지는 않으며, 전극과 플라즈마 사이에는 주로 세라믹을 사용하여 분리시킨다. ICP의 경우 플라즈마에 에너지를 전달하는 전기장의 근원이 전류에 의한 유도 자기장이 되며, CCP의 경우는 전기장의

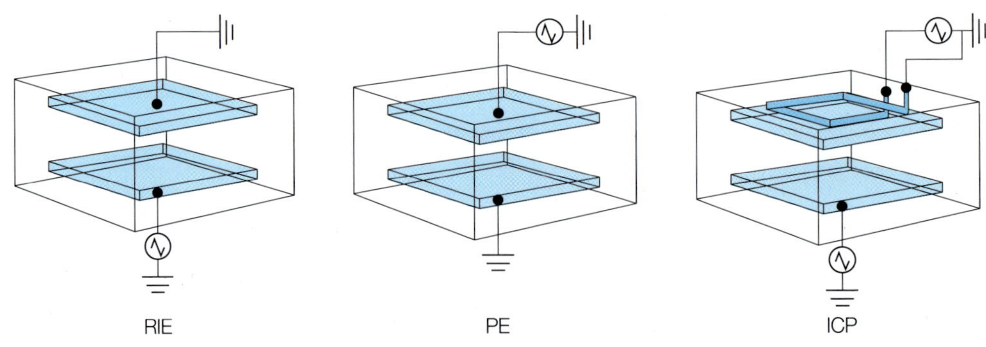

그림 9.7 CCP(RIE와 PE)와 ICP 장비의 개략도

근원이 전하에 의한 전기장이 된다. 따라서 CCP와 ICP의 경우 발생되는 플라즈마의 양상이 다르게 되며, 일반적으로 ICP의 경우가 전하밀도가 높은 것으로 알려져 있다. ICP 장비의 경우 기판이 위치한 하부 전극에 별도의 전력을 인가하기도 하는데, 이는 CCP의 RIE와 유사한 효과를 부가적으로 얻기 위한 목적으로 사용한다.

디스플레이 패널을 만드는 공정에서는 고밀도 플라즈마의 형성에 의한 효율 향상과 함께 기판 전체에 대한 균일도가 매우 중요하다. 디스플레이 패널에서 나오는 불균일한 식각의 결과는 얼룩으로 나올 수도 있기 때문에 균일한 플라즈마와 식각종의 밀도 및 선속(flux)을 확보하는 것이 중요하다. CCP의 경우 ICP에 비해서 밀도가 낮은 플라즈마가 형성되지만 비교적 간단한 구조에서 오는 유지 관리의 유리함을 갖춘 장점이 있다.

디스플레이에 사용하는 유리기판의 크기가 커져감에 따라서 플라즈마의 균일도나 식각률 측면에서 불리한 점을 극복하기 위해서 하부의 전극에 서로 다른 주파수를 갖는 두 종류의 전력을 인가하는 방법을 사용한 설비가 사용되기도 한다. 주로 식각률의 향상을 목적으로 하고 있다. 예를 들어 13.56MHz의 주파수와 3.2MHz의 주파수를 갖는 전력을 동시에 인가하거나 다른 주파수 조합을 선택하여 전력을 가한다. 이때 고주파 영역은 플라즈마의 밀도를 향상시키는 목적으로, 저주파 영역은 기판으로 입사하는 이온들의 선속을 증가시키는 목적으로 사용한다.

CCP를 사용하는 경우에 전력이 인가되는 위치가 전극의 중앙 부위의 한 곳인 경우에 전극의 크기가 커짐에 따라서 전극에 균일한 전압이 인가되지 않을 수도 있기 때문에 이를 해결하기 위한 다양한 방법들이 시도되고 있다.

Dry etch 설비의 가스 주입은 주로 shower head 방식을 사용한다. 공정용 가스가 혼합이 된 상태에서 관을 따라 들어온 뒤 상부의 중앙에서 shower head를 거쳐서 진공 챔버로 들어가는 방식을 주로 사용한다. 장비의 대형화로 유체의 흐름이 불균일해질 수 있기 때문에 이의 해결을 위해서 가스의 배관이 shower head로 연결될 때 여러 부위로 분산시키는 방법을 사용하기도 한다.

9.3 Dry Etching 공정

9.3.1 식각의 기본 원리

플라즈마를 발생시켜서 박막을 식각하는 dry etching 공정은 크게 세 가지의 원리를 사용하여서 식각한다. 첫 번째는 주로 이온에 의한 물리적인 식각이고, 두 번째는 중성 활성종

(radical)에 의한 화학적인 식각이고, 세 번째는 이온과 활성종이 모두 참여한 식각이다.

이온에 의해서 발생하는 물리적인 식각은 스퍼터링의 원리와 비슷하다. 플라즈마 내에서 발생된 이온이 기판으로 오면서 전위차에 의해서 가속되고, 높은 에너지를 가지게 된 이온이 박막에 부딪히게 되면서 물리적인 충돌에 의해서 박막의 원자와 분자의 결합을 끊어서 박막이 식각되는 방법이다. 이 경우는 이온이 기판의 평면에 수직한 방향으로 입사하기 때문에 이방성 식각(anisotropic etching)을 주로 하게 된다.

화학적인 식각은 주로 중성의 활성종에 의해서 발생하게 된다. 이 경우는 순수한 화학적인 반응에 의해서 활성종과 박막 구성 성분이 화학 결합한 뒤에 휘발성(volatile)의 화합물을 생성하고 이 화합물이 박막에서 떨어져 나와서 형성되는 식각이다. 이러한 화학적 식각은 중성종의 운동에너지가 매우 작은 경우 특정한 방향성을 지니지 않기 때문에 등방성 식각(isotropic etching)에 주로 참여하게 된다.

이온과 활성종이 모두 참여하는 식각의 경우에는 높은 식각률을 얻을 수 있는데, 이온의 물리적인 충돌에 의해서 박막의 결합이 약해지기도 하고 이온이 반응성인 경우 박막의 결합을 끊을 수도 있게 된다. 약해진 박막의 결합에 활성종이 오게 되면 화학 결합에 의해 비교적 쉽게 휘발성 물질이 형성되어 박막의 식각이 활발하게 일어나게 된다.

위의 세 가지 방법 중에서 세 번째의 방법이 가장 큰 식각률을 보이는 것으로 알려져 있으며, 첫 번째나 두 번째의 식각률은 세 번째의 식각에 비해 매우 느린 것으로 알려져 있다. 고밀도 플라즈마의 경우 이온의 밀도와 더불어 활성종의 밀도가 높아지기 때문에 식각 반응이 저밀도 플라즈마에 비해서 매우 유리하다. 또한, 공정에 필요한 압력을 낮게 가져갈 수 있으므로 화학 결합물의 휘발에도 유리한 측면이 있다.

플라즈마를 형성하여 식각을 진행하게 되면 이온과 전자의 형성, 활성종의 형성이 거의 우선적으로 발생하게 되며 이온과 활성종은 밀도차에 의한 확산(diffusion)이나 충돌과 외부의 전기장에 의한 표류(drift)에 의해서 기판으로 이동하여 흡착하게 된다. 기판에서 활성종은 이온의 도움을 받거나 자신의 화학적 결합로 박막의 물질과 결합하게 된다. 결합된 화합물은 박막에 흡착되어 있다가 에너지를 얻어서 탈착(desorption)하게 되면서 식각이 진행된다. 이러한 식각 반응의 단계는 순차적이기 때문에 가장 느린 반응이 식각률을 결정하게 된다.

9.3.2 식각 공정 요인들

식각을 통해서 식각률, 선택비, 형상(profile)을 얻기 위해서는 압력, 가스 유동 속도, 가스

비율 등의 여러 가지 공정 요인들을 조절할 필요가 있다.

동일한 조건에서 압력이 증가하게 되면 중성의 활성종이 많아지고 이온의 에너지는 낮아져서 화학적인 식각의 비중이 커지게 되고, 압력이 감소하게 되면 이온의 에너지가 높아지고 이온과 중성 간의 전하 교환이 떨어지게 되기 때문에 물리적인 식각의 비중이 높아지게 된다. 압력에 의해서 식각 반응의 방법이 달라지기 때문에 같은 박막을 식각하더라도 식각의 형상이 바뀌게 된다.

동일한 압력 조건이라 하더라도 가스의 유동 속도(gas flow)를 다르게 조절할 수 있다. 가스의 유동 속도가 너무 빠르게 되면 가스가 펌프를 통해 빠져나가는 속도가 증가하며, 이때 박막에서 반응해야 할 이온이나 활성종도 같이 빠져나가기 때문에 식각 반응을 떨어뜨릴 수 있다. 반대로 가스의 유동 속도가 너무 느린 경우에는 기판 부위에서 소모된 식각종을 대체하여 새로 공급하기 어렵기 때문에 식각 반응이 제한적으로 일어나게 된다. 따라서 최적의 식각률을 얻기 위해서는 적절한 가스 유동 속도가 필요하다.

식각을 위해서 선택하는 가스는 우선적으로 식각에 사용되는 반응을 고려하여 선택하게 된다. 예를 들어서 Si 박막을 식각하기 위해서 쉽게 휘발성을 갖는 SiF_x를 형성하고자 한다면, SF_6나 CF_4 등을 사용하여 플라즈마를 형성한다. 이때 SF_6나 CF_4로부터 분리되는 F 원자의 밀도가 높으면 높을수록 식각이 빠르게 진행될 것이므로 이에 적합한 공정 조건을 설정하여야 한다. 많이 사용하는 방법 중 하나는 SF_6나 CF_4에 O_2를 추가하는 방법이 있다. O_2를 일정량 추가하게 되면, 산소 원자나 분자가 SF_6나 CF_4와 충돌하면서 F를 만들어내는 반응을 촉진시켜서 F 원자의 밀도가 증가하게 된다. 그러나 O_2를 너무 많이 넣어주게 되면 산소 원자나 분자 밀도의 증가로 식각에 참여하는 F 밀도의 감소와 더불어 Si

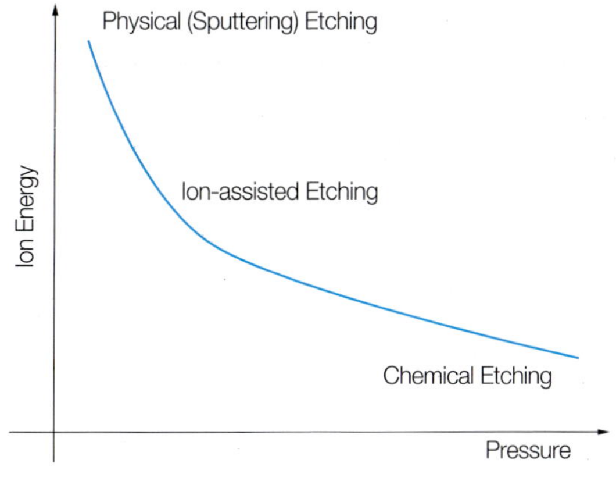

그림 9.8 압력에 따른 식각 반응의 차이

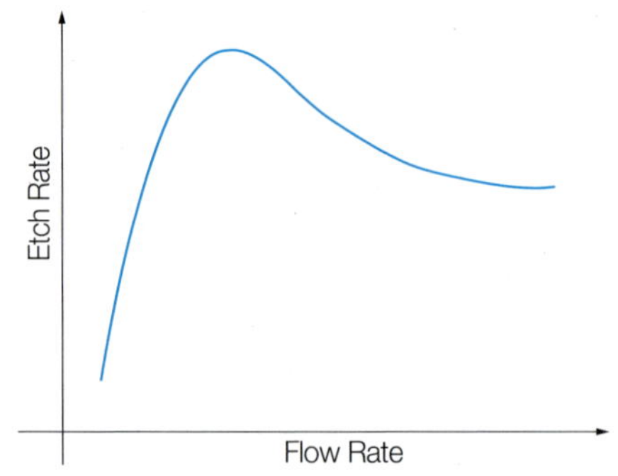

그림 9.9 가스 유동 속도에 따른 식각률의 변화

의 산화막 형성이 식각의 방해로 이어져서 식각률이 떨어지게된다.

9.3.3 End Point Detection

Dry etching 공정의 종료를 산정하기 위한 방안으로 시간을 사용하는 경우에는 증착되는 막질의 균일도와 두께의 균일도 및 재현성이 보장되어야 한다. 그러나 막질에 편차가 있는 경우나 장비의 방전 특성에 미세한 편차가 있는 경우에도 공정의 종료 시점을 알아내기 위한 방안으로 여러 방법이 사용되고 있다. 그 중에서 많이 쓰이는 것은 특정한 원자나 분자의 방출광을 검출하여 사용하는 OES(Optical Emission Spectroscopy) 방법이다.

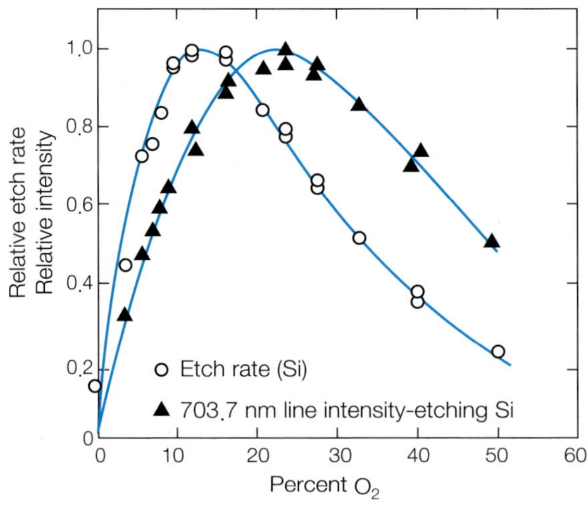

그림 9.10 CF_4/O_2를 사용한 식각에서 산소 비율의 증가에 따른 Si 박막의 식각률 경향

예를 들어 Si 박막을 Fluorine 계열 가스를 사용하여 식각하는 경우에 식각되는 과정에서 SiF가 형성된다. 따라서 챔버 내부의 반응이 평형에 이르면 SiF에서 나오는 방출광의 광량이 평형을 이루게 된다. 방전에 의해 형성된 F의 방출광은 처음에는 방출광의 광량이 크지만 식각에 참여하는 F로 인해서 광량이 줄어들다가 평형을 이루게 될 것이다. 시간이 지나서 박막의 식각이 거의 끝나게 되면 SiF의 양이 줄어들게 될 것이고 따라서 SiF에서 나오는 방출광의 광량도 줄어든다. 반면에 F의 경우 반응에 참여하지 못하는 활성종이 늘어나면서 F에서 나오는 방출광의 광량은 증가하게 된다. 이렇게 특정한 원자나 분자에서 나오는 방출광의 광량 변화가 시작되는 시점을 기준으로 식각 종료의 기준을 정하게 되면 박막의 상태나 장비 내 방전 상태의 미세 편차와 큰 상관없이 식각 공정을 관리할 수 있다.

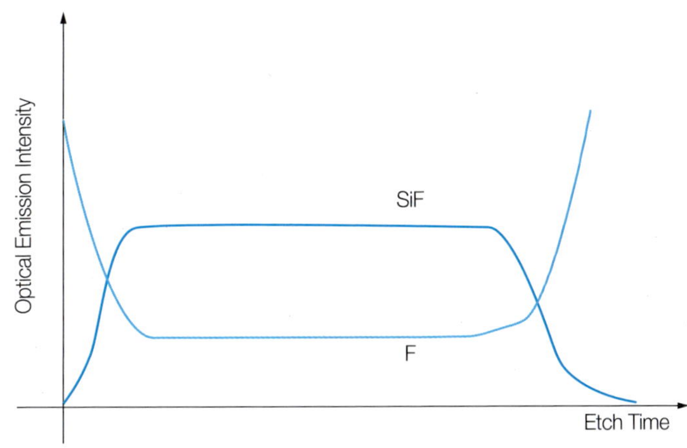

그림 9.11 F를 사용한 Si 식각에서 optical emission의 사례

연습 문제

1. 다음 그림과 같이 양쪽에 전극이 놓여있고 전력이 걸리는 전극에 절연체가 놓여있는 구조를 사용하여 플라즈마를 방전시키고자 한다.

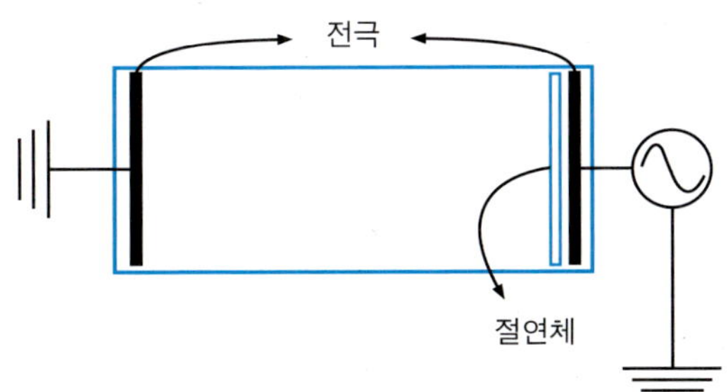

전극에 가한 전압이 1000V이고, 전극에 입사하는 이온의 전류밀도는 1mA/㎠라고 하자. 절연체의 유전율이 $5\epsilon_0$, 절연체의 두께는 0.7mm, 전극과 절연체의 면적은 $4m^2$인 경우 최소 얼마의 주파수를 갖는 교류를 인가해야 플라즈마가 유지될 수 있는가?

2. 중성의 Cl 원자만을 사용하여서 poly-Si을 식각하는 경우 자발적 식각률은 아래와 같이 구할 수 있다고 알려져 있다.

$$ER = k_0 e^{-\frac{E_a}{kT}} Q$$

k_0 : preexponential factor

E_a : 활성화 에너지(activation energy)

T : 기판의 온도

Q : Cl의 플럭스

$k_0 = 2.57 \times 10^{-14}$[Åcm^{2}s/min], $E_a = 0.29$[eV], 기판의 온도는 50°C라고 할 경우 자발적 식각률을 50[Å/min]이상으로 하기 위한 Q[cm^{-2}s^{-1}]의 값은 최소 얼마 이상이어야하는가?

3. 그림과 같이 박막 A(4000Å)와 B(500Å)가 있는 상황에서 박막 A를 마스크로 박막 B를 식각하려고 한다. 박막 A의 식각률은 2000Å/min로 알려져 있고 식각이 완료된 후에 마스크로 보호된 영역은 손상이 없이 박막 B를 식각하려고 한다. 이 경우 박막 B의 식각률은 최소 얼마 이상이 되어야 하는가?

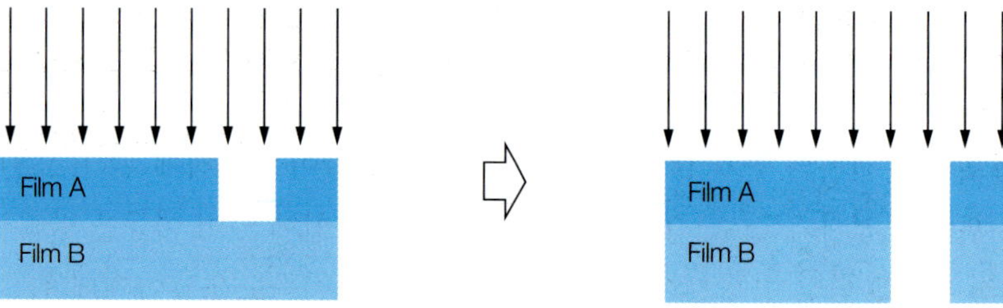

CHAPTER 10

액정 및 모듈 공정

10.1 LCD 공정 개요

일반적으로 LCD 공정은 TFT backplane 공정, color filter 공정, LC cell 공정 및 module 공정으로 크게 4개의 단위 공정으로 구성되며 그림 10.1은 개략적인 LCD 패널의 제조 공정을 나타낸다. TFT backplane 공정은 유리기판을 이용해 반도체 웨이퍼 제조 공정과 유사한 형태로 패턴 형성 과정을 거쳐 TFT-array를 제조하는 공정이며, color filter 공정 또한 이와 유사한 패턴 형성 과정을 통해 R(red), G(green), B(blue)의 color filter 배열을 만드는 공정이다. 이렇게 제조된 TFT 및 color filter 기판에 액정 배향을 형성시킨 후 액정을 주입하고 실제 화면 크기로 절단한 후 편광판을 부착하는 공정을 LC cell 공정이라고 한다. 마지막으로 module 공정은 LC 기본 cell에 구동회로인 PCB(printed circuit board)와 빛을 제공하는 backlight를 결합하는 공정으로 최종 검사를 통해 LCD 모듈 완제품으로 출하된다.

10.2 TFT Backplane 공정

TFT 공정은 기본적으로 반도체 소자 및 전극을 형성하는 공정으로 전형적인 공정 순서는 그림 10.2 (a)와 같다. 일반적으로 gate 전극 생성, gate 절연막 및 a-Si 반도체막 형성, data 전극 생성, SiNx 보호막 및 화소 전극용 contact hole 형성, ITO(Indium Tin Oxide) 투명 화소 전극 형성 등 5단계의 제조 공정을 거치게 되며 각 단계마다 그림 10.2 (b)에 나타낸 것과 같은 패턴 형성 공정이 필요하다. 패턴 공정은 반도체에서 이용되는 것과 유사하게 진

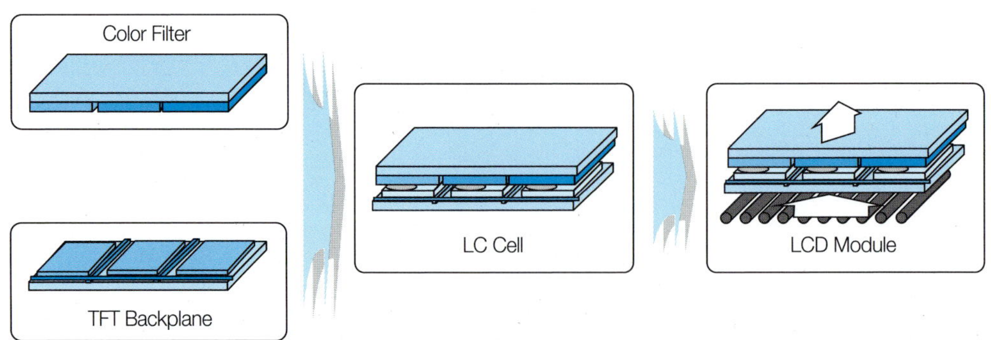

그림 10.1 LCD 전체 공정 모식도

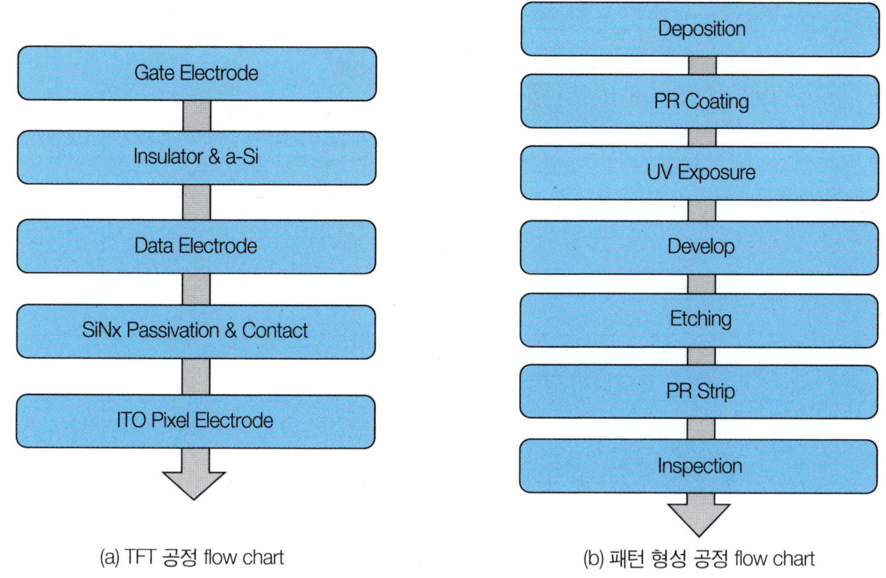

(a) TFT 공정 flow chart

(b) 패턴 형성 공정 flow chart

그림 10.2 TFT backplane 제조 공정 순서도

행되는데, 우선 유리기판에 금속 전극 또는 반도체 a-Si 등을 얇게 도포하는 증착 공정을 거치게 된다. 이 공정의 경우 금속 전극은 sputtering 방식으로, a-Si 반도체 및 SiNx 절연막은 PECVD(Plasma Enhanced Chemical Vapor Deposition) 방식으로 증착되게 된다. 이후 PR(photoresist)의 도포, 노광, 현상 등으로 구성되는 photolithography 공정을 통해 PR 패턴을 형성하고 식각 공정을 통해 증착막을 부분 제거하게 된다. 이 식각 공정의 경우 금속 전극은 습식 식각(wet etching) 방식으로, 반도체 및 절연막은 plasma를 이용한 건식 식각(dry etching) 방식으로 진행된다. PR을 박리시키는 strip 공정을 거쳐 최종 패턴을 형성하고 검사를 통해 패턴 이상 유무를 확인하게 된다.

10.3 Color Filter 공정

TFT-LCD는 OLED나 PDP 디스플레이와 같은 R, G, B color의 자체 발광 소자가 아니라 backlight에서 나오는 빛을 각 화소 단위의 액정 배열로 밝기를 조절하는 수광 소자이므로 color 구현을 위해서는 CF(Color Filter)가 반드시 필요하다. 일반적으로 LCD의 color는 액정 cell을 통과한 backlight의 백색광과 CF의 R, G, B 3원색의 조합으로

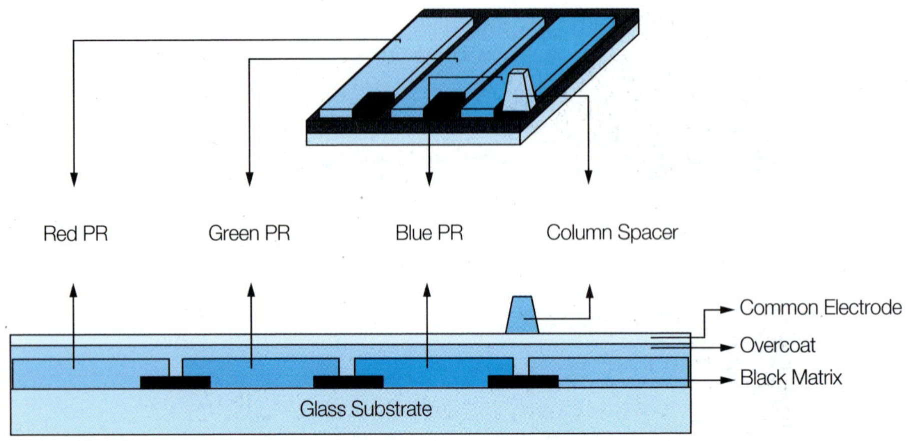

그림 10.3 Color filter 기판의 단면도와 화소 구조

이루어지며 전체 색 재현 영역은 투과율이 조절된 백색광이 화소 단위로 1:1로 배치된 CF 층을 통과해 나온 RGB의 가법 혼색에 의해 결정되게 된다. 일반적인 CF 기판의 단면도와 화소 구조는 그림 10.3과 같다. CF 기판은 기본적으로 backlight광을 차단하는 BM(Black Matrix), 색상을 구현하는 RGB color 패턴, RGB 화소 간 단차를 완화시키는 평탄화막인 OC(overcoat), 전압인가를 위한 ITO 공통 전극, cell gap을 유지하는 CS(Column Spacer)로 구성된다.

CF의 color 배열 방식에 따라 공정성, 색 재현 영역, 휘도 등이 차이가 나며, 그림 10.4와 같이 RGB stripe 배열, RGBW pentile 배열, RGBY stripe 배열 방식 등이 있다. RGB stripe 방식은 직선 배열로 인해 설계 및 CF 제조 공정이 간단하여 대부분의 LCD에서 사용되고 있다. RGBW pentile 방식은 RGB 방식의 화소당 3개의 subpixel이 아닌 2개 화소당 4개의 RGBW subpixel로 구성되어 기존 대비 휘도는 향상되나, white subpixel로 인해 색 재현 영역이 좁아지고 각 화소마다 패턴이 구분되게 형성해야 하므로 공정이 복잡해지는 단점이 있다. RGBY stripe 방식은 pentile 방식의 단점을 개선한 배열로 yellow subpixel로 인해 색 재현 영역이 넓어지고 backlight 빛의 이용 효율이 높아져 휘도가 향상되며 stripe 패턴으로 인해 공정성도 용이한 장점이 있다.

CF 제조 공정은 패턴 형성 방법에 따라 크게 photolithography 방식과 ink-jet printing 방식이 있으며 color filter의 상하 기판 배치 방법에 따라 COA(Color filter On Array)와 BOA(Black matrix On Array) 등의 고개구율 CF 공정 등이 있다. 각 공정별 제작 방식 및 구조 차이점 등에 대해 다음에서 다루기로 한다.

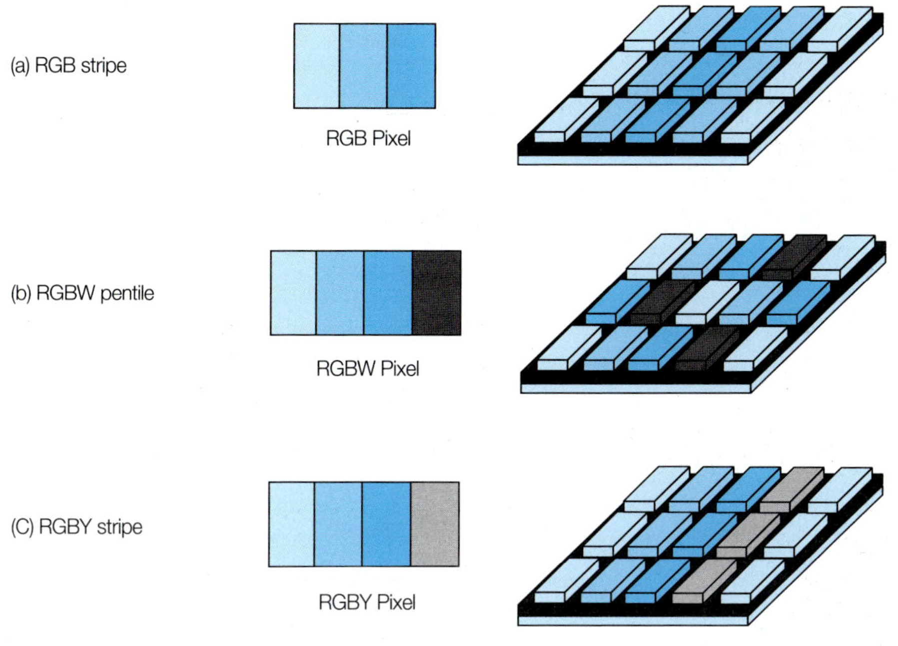

그림 10.4 Color filter 배열 방식

10.3.1 CF Photolithography 공정

Photolithography 공정은 대표적인 CF 생산 방식으로 일반적으로 저반사 Cr 또는 유기 BM을 이용한 BM 패턴 형성, RGB color filter층 패턴 형성, 평탄화막인 OC층 형성, ITO 공통 전극 형성, CS 패턴 형성 단계로 이루어지며 전체 공정 진행도는 그림 10.5와 같다.

BM은 CF 제작의 처음 단계로 RGB 화소의 경계에 위치하여 color 간의 빛을 구분하고 화소 전극 이외 영역의 빛을 차단하여 LCD 패널의 명암비(contrast ratio)를 증가시키는 역할을 한다. 또한 외부광에 의한 TFT의 직접적인 광 조사를 차단하여 광 누설(photo-leakage) 전류 발생을 억제하는 역할도 한다. BM의 재질로는 저반사 Cr/CrOx 이중 금속 박막 또는 carbon black 계열의 유기 재료가 주로 쓰이며, optical density가 4.0 이상이다. Glass 기판을 세정한 후 BM을 증착하게 되는데, Cr/CrOx의 경우 sputtering 방법으로 약 0.2μm 두께로 증착하고 유기 BM의 경우 약 1.0μm로 slit coating 방법으로 도포한다. 그 후 BM pattern mask를 이용해 TFT 패턴 형성 공정과 유사하게 photolithography 방

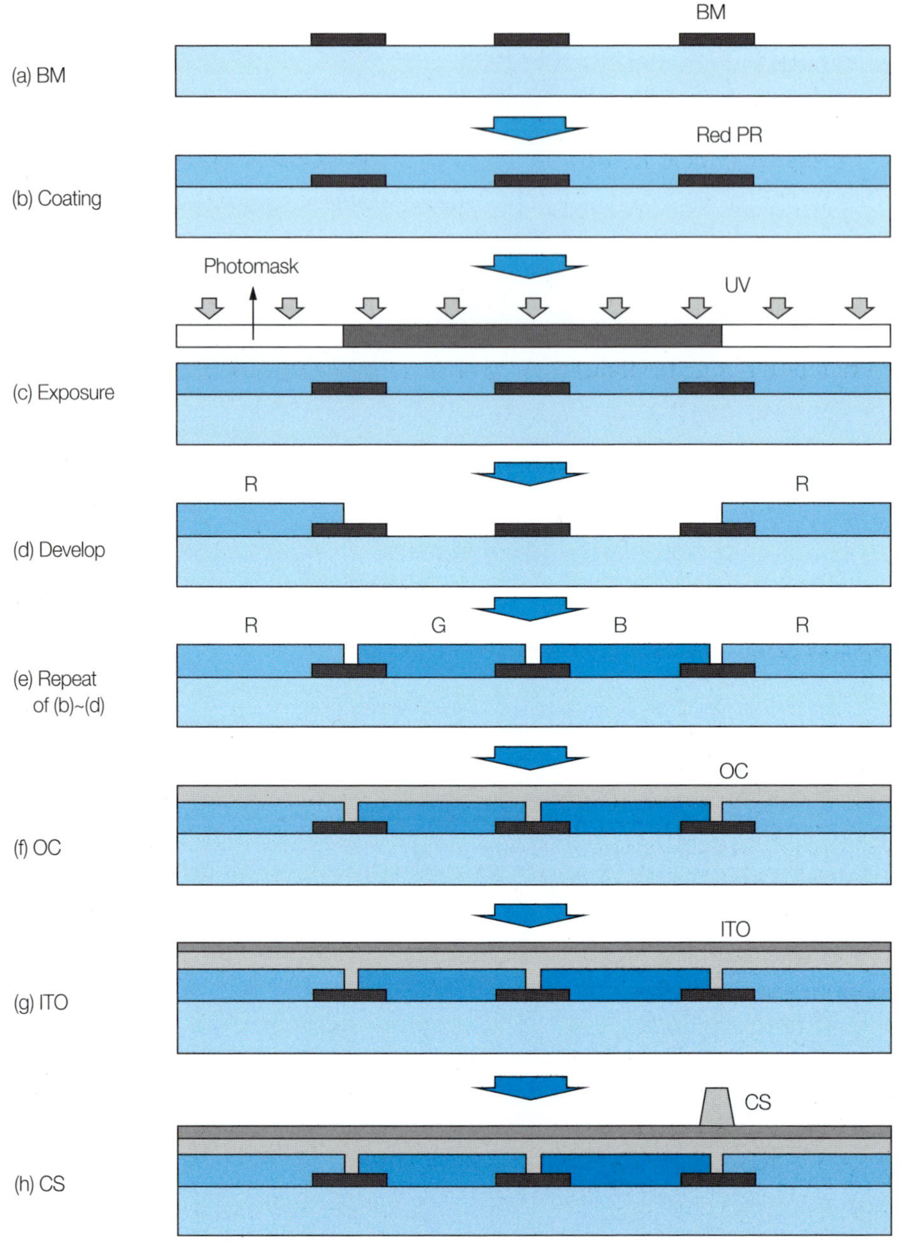

그림 10.5 CF photolithography 전체 공정도

법으로 진행하게 되는데, etching을 진행하는 금속 BM과 달리 유기 BM의 경우에는 노광 후 현상만 하고 열경화 공정을 거쳐 패턴을 형성하는 차이점이 있다.

BM 패턴 형성 후 색상 구현을 위한 RGB 패턴은 안료(pigment) 또는 염료(dye)가 함유된 PR을 이용해 photolithography 방법으로 형성하며 동일한 mask를 사용하여 보통 R, G, B 순서로 화소 pitch만큼 shift시켜 노광하여 진행한다. 이때 TFT에 비해 CF 패턴의 정밀도가 상대적으로 낮기 때문에 proximity 노광 장치가 주로 사용된다. CF 재료는 일반적으로 negative PR로 pigment CF가 주로 사용되며 입자 크기가 작을수록 투명도가 높고 우수한 분산 특성을 나타낸다. Dye CF의 경우 입자가 작고 균일하며 뛰어난 분산성으로 인해 패널 투과율을 향상시키는 효과는 있으나, 낮은 열안정성으로 인해 저온으로 후속 공정 진행이 필요하다. Color PR 도포는 slit coating 방식이 많이 사용되며 mask를 사용하여 노광하면 노광된 영역에서 가교 반응이 일어나 develop 시 제거되지 않으며, 이를 post bake로 완전 경화시켜 red color 패턴을 완성하게 된다. 이와 같은 공정을 red 패턴이 형성된 기판에 2회 반복하여 green과 blue 패턴을 완성한다.

ITO 공통 전극 형성 전에 RGB 패턴 평탄화 및 액정 쪽으로의 CF impurity 용출 억제를 위해 아크릴 수지 또는 폴리이미드 수지를 사용해 평탄화막인 overcoat층을 형성한다. 패턴 없이 기판 전면에 slit coating 후 열경화시켜 형성하며 제조 cost를 낮추기 위해 생략하기도 한다.

TFT 기판에 형성된 화소 전극과 함께 LC cell 구동에 필요한 ITO 공통 전극 형성은 OC층 형성 후 이루어진다. 투과성과 전도성이 우수한 ITO 전극 재료는 sputtering 방법으로 증착되며 공통 전압이 전 화면에 동일하게 인가될 수 있도록 면 저항은 작으면서 두께가 일정해야 하며 패널 투과율을 최대화하기 위해 약 0.15μm의 두께로 형성된다. TN(Twisted Nematic) 모드는 별도의 ITO 패턴 형성 과정이 불필요하지만, PVA(Patterned Vertical Alignment) 모드의 경우 상하 전극 간의 fringe-field 생성을 위해 photolithography 방법으로 패턴 형성을 하게 된다. IPS(In-Plane Switching) 모드는 원리적으로 공통 전극을 화소 전극과 함께 TFT 기판에 동일 층으로 설치하기 때문에 CF 기판에는 ITO 전극이 불필요하나 CF 기판 접촉에 의한 정전기 대전 방지를 위해 CF 기판 후면에 ITO를 설치하기도 한다.

CF의 마지막 공정으로 LC cell의 gap 유지를 위한 column spacer는 각 화소에 일정한 간격으로 BM 위쪽의 특정 위치에 배치되며 photolithography 방법으로 OC와 유사한 아크릴 수지를 사용하여 형성된다. LC cell 공정에서 이용되는 beads spacer 방식 대비 spacer에 의한 빛샘 유발이 없어 명암비가 증가하는 장점이 있다. 이와 같이 만들어진 CF 기판은 최종 검사 과정을 거쳐 TFT 기판과 함께 LC cell 공정으로 투입된다.

10.3.2 CF Inkjet Printing 공정

기존의 CF photolithography 제작 공정은 R, G, B 각각 패턴 형성 과정을 반복하여 시간 및 비용이 많이 소모되는 단점이 있어 이를 극복하기 위한 기술이 CF inkjet printing 방식이다. 그림 10.6과 같이 Inkjet 방식은 plasma 표면 처리, inkjet printing, 열 처리의 3단계 공정으로 기존 대비 공정 시간이 대폭 단축되고 mask가 불필요하다. BM은 광 차단 이외에 color ink의 wall 기능도 해야 하므로 기존 대비 층 두께가 증가하게 된다. BM wall 패턴 형성 후 color ink의 wetting성 향상을 위해 표면을 plasma로 처리하고 piezo 방식의 고해상도 inkjet 장비를 이용해 미세 nozzle을 통해 color ink 용액을 수~수십 pico liter의 방울로 화소 영역에 분사하여 채우게 된다. 최종적으로 기판 건조 후 완전 경화시켜 RGB color 패턴을 형성하며 그 후 OC, ITO, CS 공정은 기존과 동일하게 진행된다. 미세 패턴에 대한 inkjet 공정 제어 향상을 위해서는 ink 재료의 분사 특성, Inkjet head 장비, 기판에 대한 Ink의 계면 특성 등을 고려해야 한다.

10.3.3 고개구율 Color Filter 공정

일반적으로 CF는 LCD 패널의 상판에 위치하지만 패널 투과율 향상을 위한 고개구율 화소 구조의 경우 하판 TFT array 위에 color filter를 형성하기도 한다. COA(Color Filter

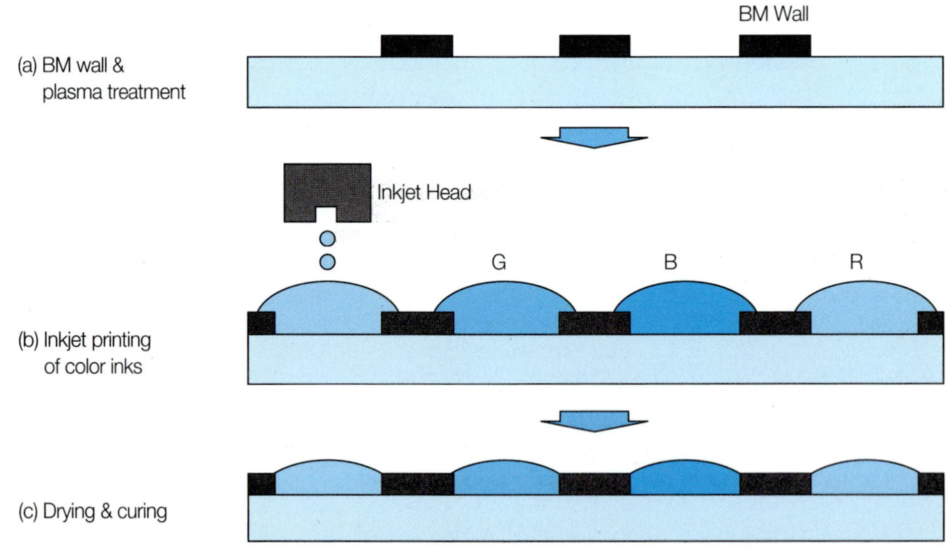

그림 10.6 CF inkjet printing 공정도

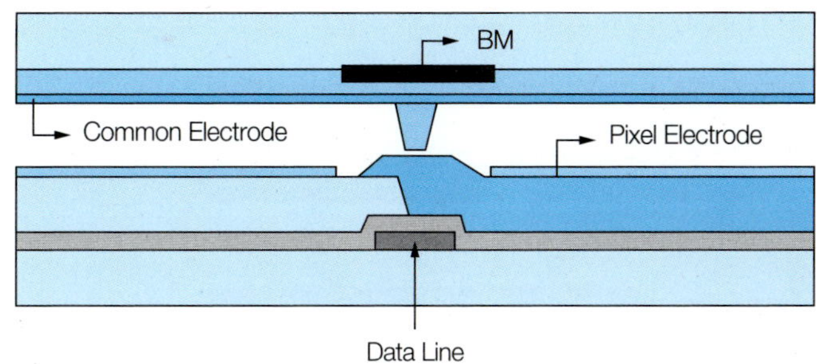

그림 10.7 고개구율 COA 구조 단면도

on Array) 구조가 가장 대표적으로 그림 10.7과 같이 화소 전극 아래에 절연층으로 CF를 배치한 구조로 화소 전극과 데이터 배선 간의 전기적 간섭이 최소화되어 화소 전극을 데이터 배선 가까이 확장하는 고개구율 화소 설계가 가능하다. 보통 CF층의 두께는 절연 효과를 위해 3~4μm 이상이 되어야 하며 TFT 기판에 RGB층을 형성하기 때문에 기존 대비 TFT 공정 동선이 길어지게 된다. 개구율이 증가되는 장점 이외에 상하 기판 mis-alignment에 의한 color mixing이 발생하지 않기 때문에 상하 기판 공정 마진이 우수하다. BOA(Black matrix On Array) 구조는 COA 구조에서 BM을 TFT 하판에 설치한 구조로 상하 기판 mis-alignment와 무관하게 고개구율을 확보할 수 있는 장점이 있다.

10.4 LC Cell 공정

TFT-LCD 패널의 투과광 조절을 위해서는 상하 기판에 부착된 편광판과 LC cell 내에 배열된 액정이 필수적이다. 그림 10.8과 같이 하판 편광판을 통과한 빛은 액정층을 지나면서 액정 방향자를 따라 회전하게 되는데, 이때 화소 전극에 인가된 전압 크기에 따라 액정의 회전 정도가 변하기 때문에 투과광의 세기 조절이 가능하게 되며 이로 인해 계조(gray scale) 표현이 이루어지게 된다. LC cell 공정은 액정을 주입해 액정 배향을 생성시키고 편광 성능을 부여하는 일련의 공정으로 크게 LC 배향 공정, 상하 기판 접합을 위한 seal 공정, LC 주입 공정, 화면 단위로 절단하는 scribe 공정, polarizer 공정으로 구성되며 그림 10.9는 개략적인 LC cell의 제조 공정을 나타낸다. LC cell 제조 공정은 액정 모드에 따라 상이한 공정 flow를 나타내므로 액정 모드와 제조 공정은 매우 밀접히 연계돼 있으며, 각 단위 공정에서 모드에 따른 공정 차이점 및 신규 모드에 의한 신공정들을 다음에서 다루기로 한다.

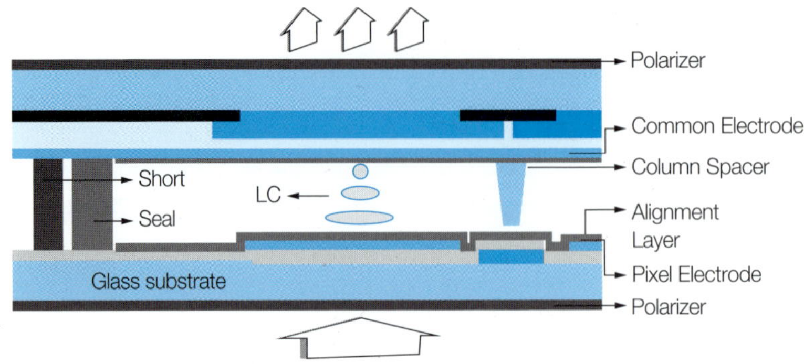

그림 10.8 LC cell 구조 단면도

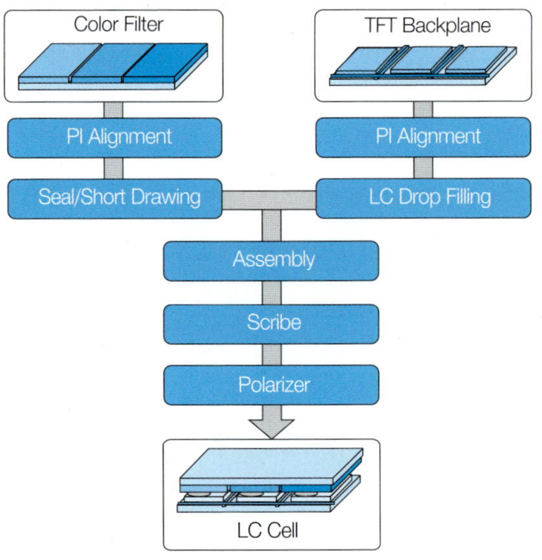

그림 10.9 LC cell 제조 공정도

10.4.1 LC 배향 공정

배향막은 LC cell 내 전압 인가 전에 액정 분자의 초기 배열을 결정해 주는 역할을 하며, 액정과 직접적으로 접촉하고 있어 액정 내 존재하는 이온 불순물의 trap 장소가 되기 때문에 잔류 DC, VHR(Voltage Holding Ratio) 등의 전기적 특성이 우수해야 한다. 일반적으로 PI(polyimide) 고분자를 주성분으로 하고 있으며 rubbing 또는 광배향

(photoalignment) 등의 배향막 표면 처리 과정을 거친 뒤에 액정 배향 기능을 갖게 된다. LC 배향 공정은 일반적으로 배향막을 화면 영역에만 도포하고 소성하는 printing 공정과 액정 배향을 형성하는 배향 공정으로 구성되며, 형성된 배향막의 두께 및 배향 균일도에 따라 얼룩 등의 화면 화질이 결정되기 때문에 LC cell 공정에서 매우 중요하다.

액정 광학 모드에 따라 초기 배향 상태가 차이가 나는데, TN 모드의 경우 4~8°의 pre-tilt angle로 액정분자가 상하 직교한 방향으로 기판에 수평 배열되어 있으며 IPS 모드에서는 2° 이하의 낮은 pre-tilt angle로 상하 평행한 방향으로 수평 배향된 특징을 가진다. VA 모드는 거의 90°에 가깝게 액정분자가 기판면에 수직하게 배향되어 있어 별도의 rubbing 공정이 불필요하나, TN과 IPS 모드는 수평 배향을 위해 반드시 rubbing 공정이 필요하다.

배향막 재료는 우수한 내열성, 내화학성, 배향 안정성, 도포성, 높은 VHR, 낮은 잔류 DC 특성으로 인해 polyimide계 고분자가 대표적으로 사용되며 그 용액은 polyamic acid 또는 polyimide 고분자 고형분과 butyl cellosolve 및 NMP(N-Methyl-2-Pyrrolidone) 등의 용매로 구성된다. 배향막의 도포성은 고형분 농도 및 용액 점도 등에 의해 결정되며 일반적인 고형분의 농도는 4~8% 정도이다.

배향막 printing 공정은 glass 기판 세정, 배향막 print, 배향막 건조(pre-bake) 및 소성(post-bake) 공정 순으로 진행되며, 그림 10.10과 같이 배향막 도포 공정의 경우 roll printing과 inkjet printing 방식이 있다. Roll printing 방법은 roller에 장착된 수지판(resin printing plate)에 배향막 용액이 공급되고 이 배향막이 도포된 수지판이 이동하는 TFT 및 CF 기판과 접촉할 때 그 수지판의 패턴이 기판으로 전사되면서 printing되는 방식으로 가장 많이 이용되는 기법이나 배향막 용액 소모량이 많고 기판 대형화 시 roller 및 수지판 대응이 어려운 단점이 있다. 이에 반해 inkjet printing 방법은 piezo 방식의 inkjet 장비를 사용해 미세 nozzle을 통해 배향막 ink 용액을 수십 pico liter의 방울로 화면 영역에 분사하여 printing하는 방식으로 용액 사용량이 적고 수지판이 불필요하며 대형 기판에도 적용할 수 있는 장점이 있다. 배향막 인쇄 시 배향막의 절연 특성으로 인해 패널 외곽 영역의 bonding pad부 및 short 영역에는 배향막이 형성되지 않도록 주의해야 하며 보통 0.05~0.1μm의 두께로 도포된다. 인쇄 후 배향막의 용매를 증발시키기 위해 건조(pre-cure) 공정을 진행하며 imide화 반응 진행 및 완전 건조를 위해 소성(post-cure) 과정을 거친다.

일반적인 배향 공정인 rubbing 방법은 그림 10.11 (a)에 나타낸 것과 같이 rayon 또는 cotton 섬유 재질의 rubbing roll을 이용해 배향막 표면을 마찰하면 나노미터 깊이의

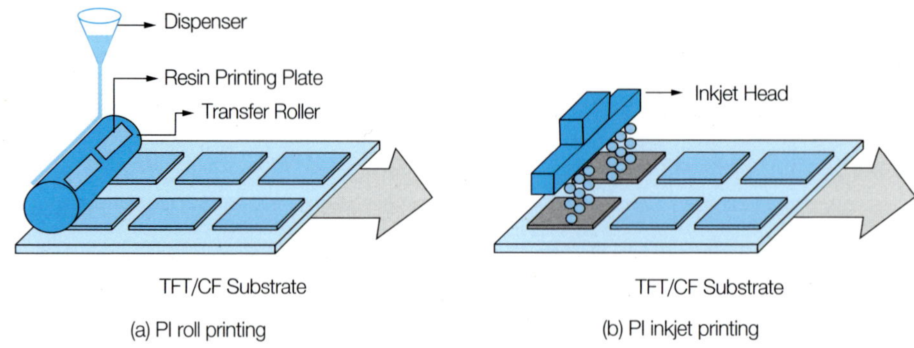

그림 10.10 배향막 print 장치

groove가 형성되고 rubbing 방향으로 재배열된 배향막 고분자 사슬에 의해 액정 분자가 배향되게 된다. 국부적인 배향 불량은 화면 얼룩을 유발하기 때문에 배향 얼룩 최소화 및 배향력 극대화를 위한 중요 공정 변수로는 rubbing 횟수 및 depth, roller 반경 및 회전수, 기판 이동속도 등이 있으며 기판 rubbing 후 발생된 배향막 debris를 세정을 통해 깨끗이 제거해야 한다.

광배향 방식은 비접촉식 배향 방법으로 그림 10.11 (b)와 같이 편광된 UV를 광배향막(photopolymer)에 조사하게 되면 광반응에 의한 고분자 사슬 정렬로 인해 액정 분자 배

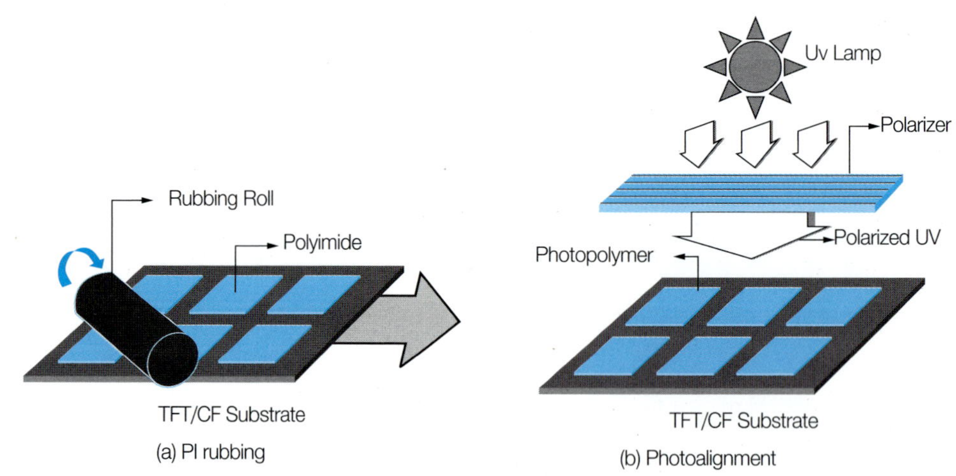

그림 10.11 배향막 배향 방식

열이 유도되는 최신 방법이다. 접촉에 의한 scratch 불량 발생이 없고 photo mask를 이용해 화소 내 선택적 광조사를 하면 배향 화소 분할(muti-domain)이 가능해 광시야각을 확보할 수 있는 장점이 있으나, 편광 광학계로 인해 설비가 복잡하고 광배향막의 장기 안정성을 확보해야 하는 단점이 있다. 광배향 방법은 IPS 및 TN 모드에서는 수평 배향 유도를 위해 사용되며 VA 모드의 경우 전압 인가 시 액정 방향자 제어 향상 목적으로 최소한의 pre-tilt를 주기 위해 이용된다. 광배향막의 광반응 종류에 따라 *cis-trans* 이성질화를 유도하는 광이성질화 방식, 고분자 사슬의 비등방적 분해를 일으키는 광분해 방식, 광반응기들의 결합 반응을 이용하는 광경화 방식 등이 있다.

10.4.2 Seal 공정

Seal 공정은 일반적으로 그림 10.12와 같이 TFT 및 CF 기판을 접합하는 seal 재료를 도포하는 공정과 CF 기판의 공통 전극과 TFT 기판의 공통 전압 단자를 연결하는 short 재료를 도포하는 공정으로 구성된다. Seal 재료는 acrylate-epoxy 수지, 광개시제, 열경화제, 유/무기 filler, silane coupling제 등의 유 · 기 혼합물로, LC 주입 후 UV 광경화 및 열경화 혼합 공정을 통해 높은 접착력을 형성하게 된다. Seal 패턴은 그림 10.8과 같이 화면 영역의 외곽부에 형성되며 패널 테두리의 cell gap 유지를 위해 glass fiber 또는 유기 spacer를 seal제와 혼합하여 적용하게 된다. 원판 glass 단위의 LC 공정 진행 중 상하 기판의 mis-alignment를 최소화하기 위해 화면 영역 이외의 glass dummy 영역에 seal 패턴을 추가로 형성하기도 한다. Seal 도포 시 drawing 속도, dispenser nozzle 크기 및 기

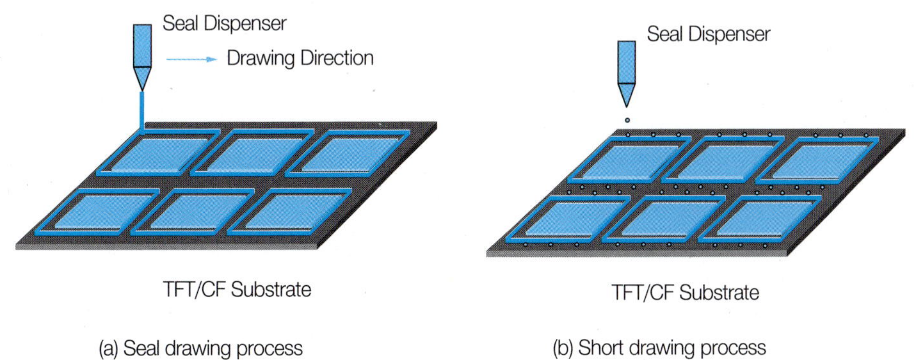

그림 10.12 Seal 공정 모식도

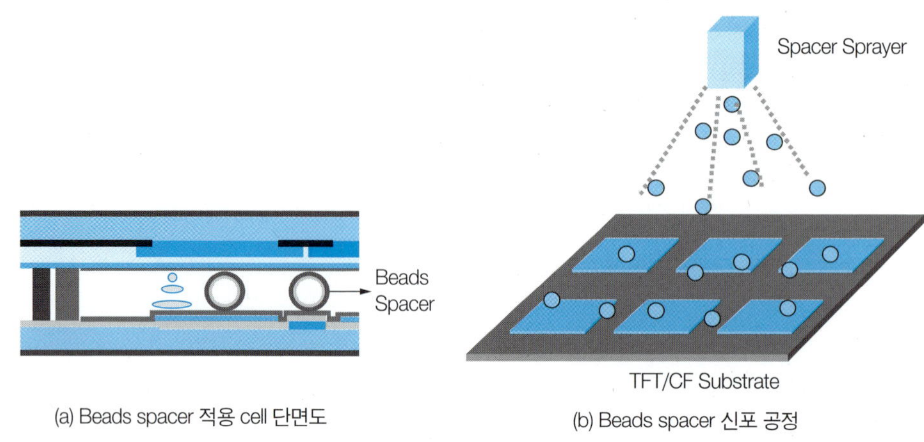

그림 10.13 Beads spacer 방식

판과의 높이 등의 공정 변수에 의해 seal 폭 및 균일도가 좌우되므로 단선이 발생하지 않도록 주의해야 한다.

Short 재료는 CF 기판의 공통 화소와 TFT 기판의 전압 단자를 전기적으로 연결하는 역할을 해야 하므로 도전성을 띤 gold spacer 또는 silver paste 등을 seal제와 혼합하여 사용한다. Short 패턴은 동일한 dispenser 장비를 이용해 seal제가 도포된 기판에서 그림 10.8과 같이 seal 패턴 외부에 설치한다.

Cell gap 유지를 위해 CF 공정에서 column spacer를 형성하는 것이 일반적인 추세이나, 일부 제조 라인에서는 LC공정에서 beads spacer 방식을 이용하기도 한다. 앞서 CF photolithography 공정에서 설명한 바와 같이 column 방식 대비 화소 영역에 random하게 형성된 beads로 인해 빛샘이 유발돼 black 표시 성능 및 명암비가 저하되는 단점이 있다. beads 재료는 구형의 유기 고분자이며 그림 10.13과 같이 LC 주입 전에 기판에 산포 후 소성 과정을 거쳐 고착화하게 된다. 일반적으로 seal/short 공정을 CF 기판에 할 경우 beads 형성은 TFT 기판 한쪽에서만 진행하며 spacer들이 뭉치지 않도록 밀도 관리가 필요하다.

10.4.3 LC 주입 공정

LC 주입 공정은 일반적으로 LC 방울을 기판에 적하시키는 적하 공정, TFT 및 CF 기판을 합착하는 assembly 공정, seal제 경화를 위한 UV 광경화 및 열경화 공정, LC cell

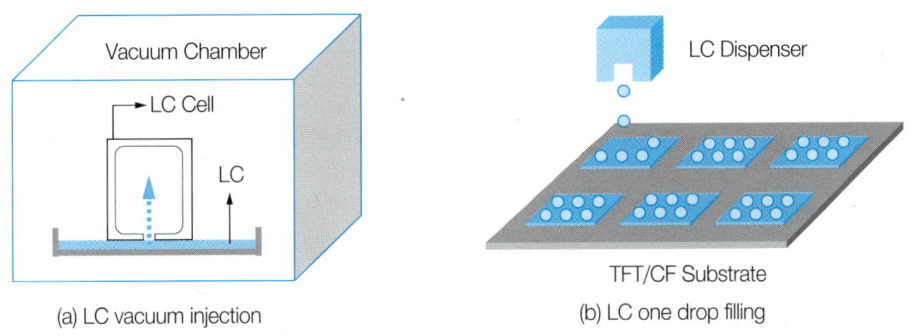

(a) LC vacuum injection
(b) LC one drop filling

그림 10.14 액정 주입 방식

열처리(annealing) 공정으로 구성된다. 4세대 이전의 제조 방식에서는 진공 주입법(vacuum injection)이 사용되어 왔으나, 액정 패널 대형화에 따라 액정 주입 시간이 길어져 제조 생산성이 떨어지는 문제로 현재 대부분의 제조 라인에서는 액정 적하 방식(ODF, One Drop Filling)을 적용하고 있으며 그림 10.14에 이 두 개의 액정 주입 방식에 대해 비교하여 나타내었다.

액정 ODF 방식은 seal/short 공정을 진행한 기판의 반대편 기판에서 액정 적하 전 deionized water 또는 IPA(Isopropyl Alcohol)로 기판 세정 후, LC dispenser를 이용해 액정 방울을 패널 외각의 seal 패턴 영역 안으로 적하하게 된다. 패널 전체 적하량은 cell gap과 패널 seal 패턴 안쪽의 면적으로 추정하며 적하 간격에 따라 한 방울의 적하량이 결정된다. 패널 내 액정량이 부족할 경우 bubble 형태의 빈 공간이 생기는 AUA(Active Unfilled Area) 불량이 발생하고 과도할 경우 패널 테두리부로 액정이 쏠리는 seal gap 불량이 유발되므로 column spacer 높이에 따른 최적 적하량 마진을 확보하는 것이 중요하다. 적하 방식의 가장 큰 문제점으로 적하 얼룩 불량이 있으며 이는 액정 내의 impurity, 액정에 의한 배향막 표면 손상, 액정 및 배향막 간 극성 상호작용 등의 원인으로 유발되며 액정 및 배향막 재료 개선, 한 방울 적하량 최소화, 적하 패턴 변경 등의 방법으로 극복 가능하다.

상하 기판을 합착하는 assembly 공정은 그림 10.15 (a)와 같이 진공 합착기(VAS, Vacuum Assembly System) 장비에서 진행되는데, 진공 상태에서 glass 기판을 잡기 위해 정전기 방식의 esc(electrostatic chuck)를 사용한다. TFT 및 CF 기판을 VAS 내부로 이동 후 진공 상태로 감압하고 상하 기판을 align한 후 최종적으로 VAS 내부를 상압으로 개방해 대기압으로 균일하게 가압하여 합착을 하게 된다. 일반적으로 assembly 시 상하

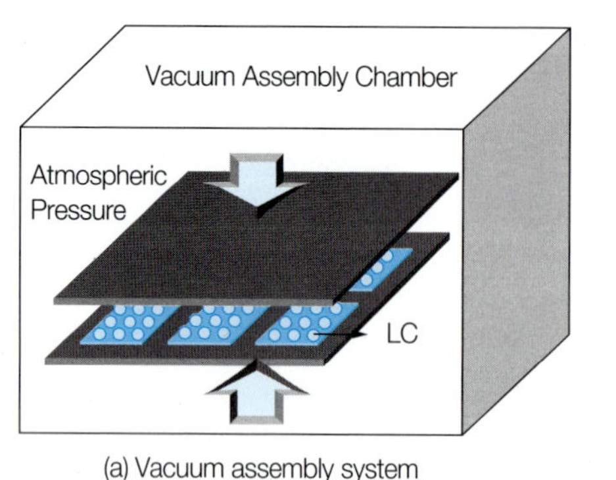

(a) Vacuum assembly system

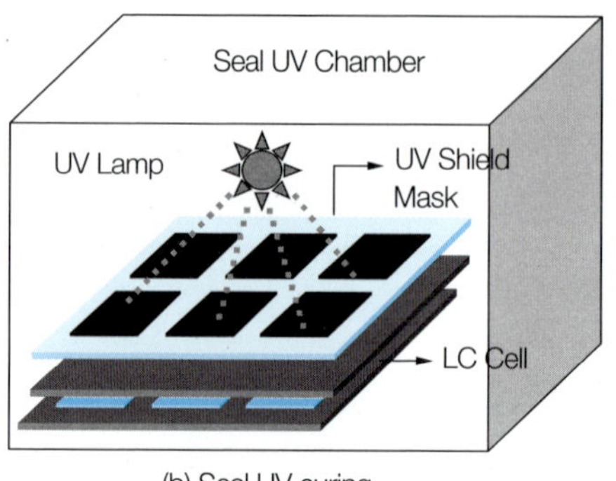

(b) Seal UV curing

그림 10.15 진공 합착 및 seal UV 경화 방식

기판 정렬 오차는 cell gap 수준인 5μm 이내로 한다.

적하 주입 방식에서 주로 사용되는 seal제는 UV 광경화 및 열경화 혼합 방식의 acrylate-epoxy 수지로 액정 적하 후 열경화되기 전까지 액정과 seal제의 접촉에 의한 액정 오염 및 상하 기판 mis-alignment를 방지하기 위해 UV 광경화 과정이 필수적이다. 그림 10.15 (b)와 같이 seal UV 노광 장치 내에 합착된 cell 기판을 stage 위에 이동하고 화면 영역의 액정을 보호하는 UV shield mask를 UV 램프와 기판 사이에 배치하여 노광을 진행한다. 일반적으로 액정 분자가 UV에 노출되면 약한 화학 결합이 깨져 액정의 VHR(Voltage Holding Ratio) 특성이 크게 감소하는 문제가 유발되기 때문에 seal 노광 시 shield mask는 반드시 필요하다. 광경화 진행 시 seal 재료 내의 acrylate 성분들이 반응하며 epoxy 성분까지 완전히 반응시키기 위해서는 열경화 공정이 필요하다. 열경화 온도가 높을수록, 시간이 길어질수록 seal제 경화 측면에서는 유리하나, 배향막 하부 impurity의 액정 내로의 확산이 일어날 수 있기 때문에 적정 조건을 확보할 필요가 있다.

LC cell annealing 공정은 액정의 nematic-isotropic 상전이 온도 이상으로 cell을 가열하여 액정 분자들의 비이상적 배열 상태를 제거하는 단계로 seal 열경화 공정 후 진행하게 된다. 보통 적하 얼룩 발생 시 cell 열처리를 통해 얼룩 완화가 가능하므로 장시간 annealing 공정을 진행하기도 한다.

일반적인 액정 모드는 액정 주입 후 annealing 공정까지만 진행하지만 최근 광반응성 물질(RM, Reactive Monomer)이 혼합된 액정 재료를 이용한 PS-VA(Polymer-Stabilized Vertical Alignment) 모드의 경우 추가적인 UV 조사 공정이 필요하다. 그림 10.16과 같이 패널 내 전압이 인가된 상태에서 RM 액정 혼합물이 존재하는 패널의 화소

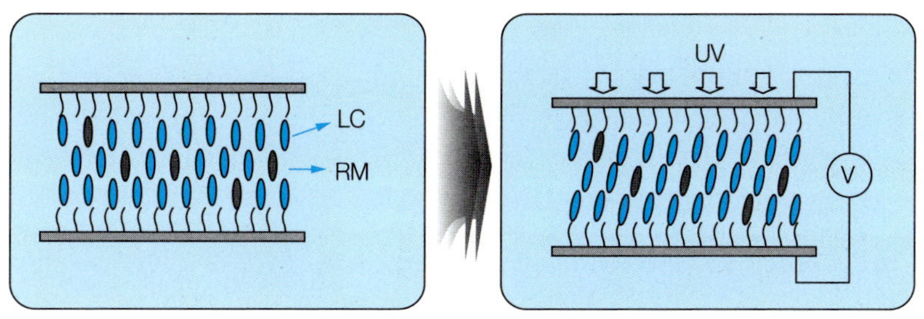

그림 10.16 PS-VA 모드의 UV 공정 모식도

영역을 UV로 조사하게 되면 RM 물질들의 광반응이 일어나 배향막 표면에서 RM bump들이 형성되게 되며 이 bump들은 패널 구동 시 액정 방향자 제어를 원활하게 하는 역할을 하게 돼 궁극적으로 패널의 응답 속도가 향상되는 효과를 가져오게 된다.

10.4.4 Scribe 공정

그림 10.17에 나타낸 바와 같이 액정 주입 후 상하 기판이 합착된 glass 원판은 원하는 화면 크기로 절단 분리되어 LCD 패널 단위로 나뉘게 된다. 다이아몬드 재질의 cutting wheel로 유리기판 표면에 cutting line을 먼저 만든 후 기판 위에 충격을 가하게 되면 cutting line을 따라 유리 표면에 발생된 수직 및 수평 crack에 의해 분리가 되게 된다. 패널 외각의 seal 패턴과 cutting line이 가까울 경우 cell 분리가 되지 않는 문제가 있어 seal line과 cutting line 간의 일정 거리가 필요하며 cutting 공차 관리 또한 중요하다. 최근에는 다이아몬드 cutting wheel 대신 laser로 cutting하는 방법이 일부 적용되고 있다.

제조 공정 진행 중 외부 정전기 유입에 의한 TFT 기판의 외곽 pad 배선부의 burnt 방

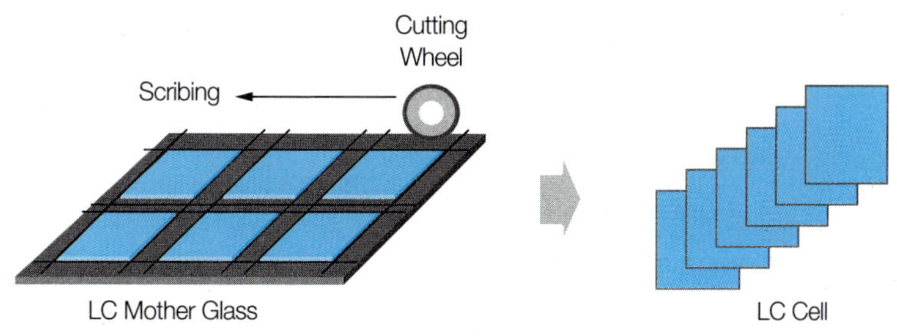

그림 10.17 원판 glass scribe 공정

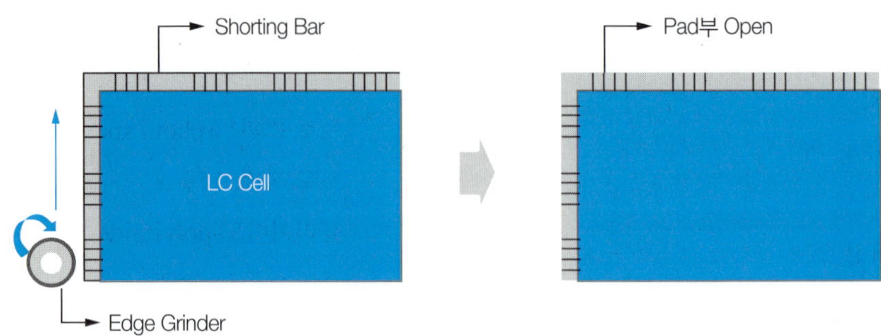

그림 10.18 원판 glass scribe 공정

지를 위해 일반적으로 pad 배선부를 연결해 놓은 shorting bar를 패널 edge 영역에 설치하게 되는데, 패널 화질 검사 및 구동을 위해서는 이 shorting bar를 제거하는 edge grinding 공정이 필요하다. 그림 10.18과 같이 패널 edge 부분을 grinding 장비로 제거하게 되면 TFT pad부 배선들이 독립적으로 분리되고 grinding 시 발생한 glass chip을 제거하기 위해 반드시 세정을 실시해 준다.

LCD 패널 제작 후 패널 상하 측에 검사용 편광판을 장착하고 gate 및 data pad부에 구동 신호를 인가해 화질 얼룩 및 결함을 검사하는 공정을 실시하게 되며 이 검사에서 양품을 선별하여 편광판을 부착하게 된다.

10.4.5 Polarizer 공정

편광판(polarizer)은 backlight 입사광을 편광시켜 특정한 축 방향의 빛만 투과하도록 만드는 LCD 패널의 핵심 재료로 편광판 내에 한쪽 방향으로 배열된 요오드 분자에 의해 동일 방향으로 입사된 빛은 흡수되고 수직 방향으로 입사된 빛만 투과되어 편광 성질을 갖게 된다. 일반적으로 편광 필름은 요오드 분자가 함유된 PVA(Polyvinyl Alcohol) 필름, PVA층을 보호 및 지지하는 TAC(Triacetyl Cellulose) 필름, 광시야각 필름, 보호 필름 및 점착제 등으로 구성되며 그 두께는 약 200μm 정도이다. 상하 편광판은 편광축이 서로 90°로 수직이 되도록 부착하게 된다.

그림 10.19에 나타낸 것과 같이 polarizer 공정은 기판의 이물을 제거하는 세정 공정, 패널과 편광판을 align한 후 보호 필름을 박리하면서 편광판을 부착하는 부착 공정, 편광판과 패널 사이의 기포 제거와 접착력 향상을 위한 autoclave 공정으로 구성된다. 패널 기판 위 이물의 경우 편광판 부착 후 얼룩 또는 빛샘 불량이 발생하기 때문에 깨끗이 제거해

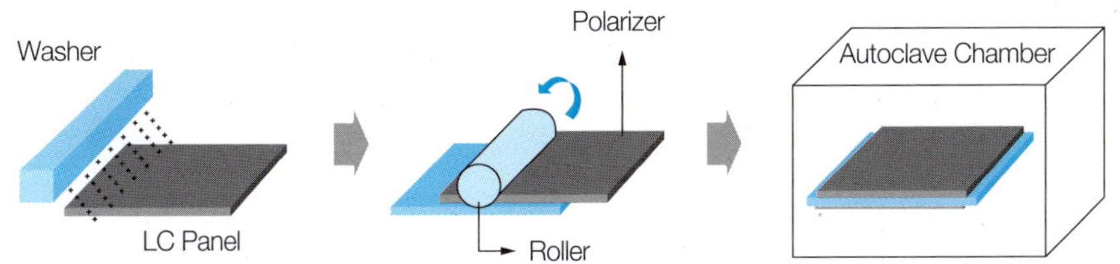

그림 10.19 Polarizer 부착 공정

야 하며, 보호 필름 박리 시 발생되는 정전기에 의해 패널 손상이 야기될 수 있기 때문에 정전기 제거를 위한 ionizer 장치를 편광판 부착 설비 내에 설치하거나 도전성 입자를 함유한 AS(Anti-Static) 필름을 편광판 필름 내에 추가하여 정전기 유입을 방지하기도 한다. 편광판 부착 후 패널과 편광판 사이에 발생될 수 있는 기포를 제거하기 위해 고온의 공기를 일정 압력으로 패널에 가하여 기포가 필름과 패널 계면 밖으로 배출될 수 있도록 한다.

편광판 부착 후 LCD 패널에 구동 신호를 인가해 패널 상태로는 최종적으로 화질 얼룩 및 결함을 검사하며 양품으로 선별된 패널들만 최종 module 공정으로 투입된다. 최근 module 공정을 LCD 패널 제조사에서 진행하지 않고 패널 cell 상태로 판매하는 open cell business가 증가하고 있는 추세이며 그로 인해 LC cell 제조 공정이 LCD 제조 공정으로 여겨지기도 한다.

10.5 Module 공정

LCD module 공정은 LCD 제조 공정의 최종 단계로 LC 기본 cell에 구동회로인 PCB(printed circuit board)와 backlight를 결합하여 LCD module 완제품을 생산하는 공정이다. 그림 10.20과 같이 module 공정은 IC chip이 실장된 TCP(Tape Carrier Package)를 패널에 부착하는 공정, 구동 회로 보드인 PCB를 패널에 부착하는 공정, backlight 및 패널 외곽 chassis를 조립하는 공정으로 구성된다. TCP는 polyimide계 고분자로 만들어진 필름 위에 gate 또는 data IC chip을 실장한 flexible한 package 제품으로 LCD 패널에서 보편적으로 많이 사용되는 재료이다. TCP를 LCD 패널의 TFT bonding pad 배선부에 연결하기 위해서 ACF(Anisotropic Conducting Film)라는 도전 필름을 사용하게 되는데, 그림 10.21과 같이 ACF 필름이 붙은 패널의 pad 배선부에

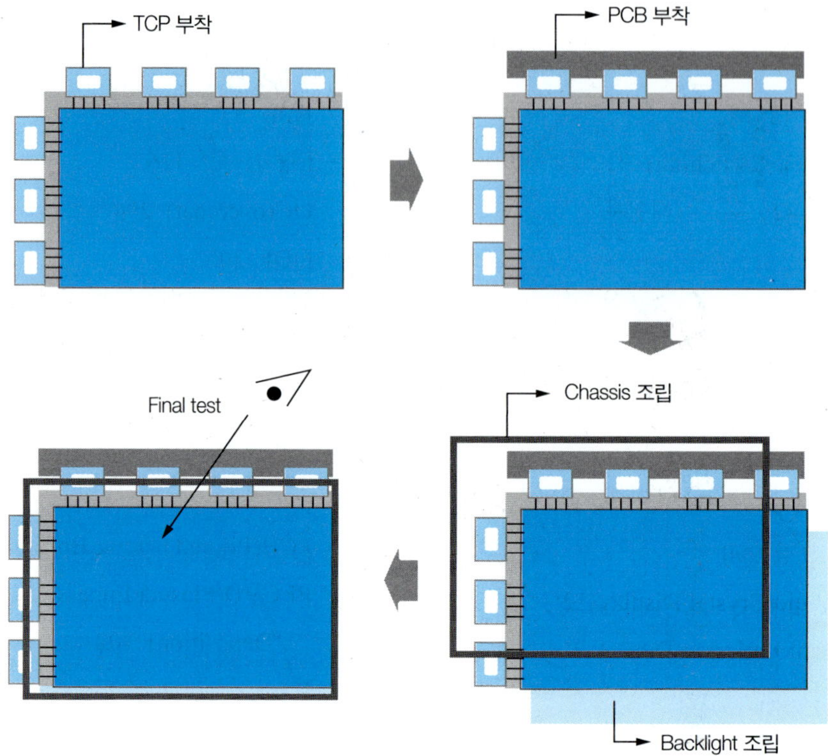

그림 10.20 LCD module 제조 공정도

TCP를 align하여 열압착을 할 경우 단차가 높은 pad 배선부 위에 있는 ACF 필름 내 도전성 입자들이 상하 방향 사이를 전기적으로 연결해 줌으로써 배선들이 연결되게 된다.

PCB 회로 보드를 TCP가 붙은 LCD 패널에 연결할 경우에도 동일하게 ACF 재료를 이용하면 된다. 최근 패널 제조 단가를 낮추기 위해 gate TCP 재료를 사용하지 않고 Gate IC를 TFT 기판에 직접 집적한 기술이 적용되고 있으며 이러한 경우 TCP 부착 공정이 매우 간소화되어 module 공정 시간을 단축할 수 있게 된다.

PCB가 부착된 패널에 구동 신호를 인가하여 얼룩 및 결함을 검사하고 양품을 선별하여 backlight와 외각 chassis를 조립하게 된다. 일반적으로 조립된 module 완제품은 flickering 수준이 최소가 되도록 공통 전압을 조절하게 되며 고온 chamber에서 일정 시간 동안 동작 aging 평가를 거친 후 최종적으로 전기 신호를 인가해 얼룩 및 결함 뿐만 아니라 순간 잔상, crosstalk 등의 화질을 평가하게 되며 이를 통과한 최종 양품들만이 출하

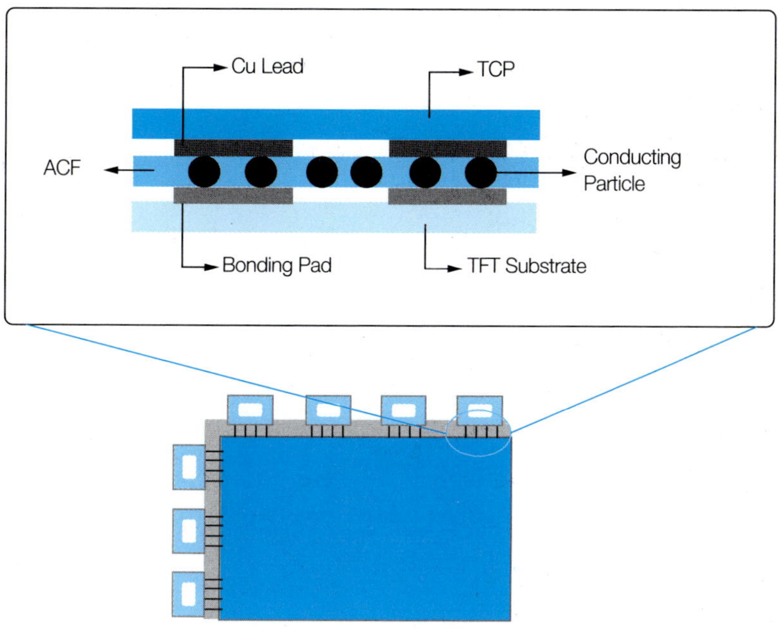

그림 10.21 ACF의 배선 연결 원리

되게 된다.

연습문제

1. Color filter 공정에서 사용되는 black matrix의 역할에 대해 설명하고 무기와 유기 BM 공정의 차이점을 기술하라.
2. 상판 ITO 공통 전극 공정에서 TN, PVA, IPS 액정 모드별 차이점에 대해 설명하라.
3. Color filter를 LCD 패널의 상판이 아닌 하판 TFT array 위에 배치할 경우 장점에 대해 설명하라.
4. 배향막의 기능에 대해 설명하고 액정 모드에 따른 액정분자의 초기 선경사각(pre-tilt angle) 및 배열 방향에 대해 서술하라.
5. 배향막 도포 공정에서 roll printing과 inkjet printing 방식의 장단점에 대해 설명하라.
6. 배향막 rubbing 방식과 광배향 방식의 액정 배향 원리에 대해 설명하라.

7. LC cell 공정에서 seal과 short 패턴의 역할에 대해 설명하고 이 두 공정을 통합할 수 있는 방법을 제시하라.

8. 32인치 LCD 패널을 액정 ODF 공정으로 제조하려고 한다. Cell gap이 4.0μm이고 액정 밀도가 1 g/ml라고 가정할 때 화면비율 4:3과 16:9 패널 각각에 대해 필요한 패널 전체 액정 적하량을 계산하라.

9. LC cell 공정 중 패널 edge grinding 공정이 필요한 이유를 설명하라.

10. TCP와 PCB를 LC 기본 cell에 연결할 때 필요한 ACF 필름의 도전 원리를 설명하라.

부록

참고문헌

해답

찾아보기

참고문헌

A. C. Adams et al., "Characterization of Plasma-Deposited Silicon Dioxide", J. Electrochem. Soc., 128 1545, 1981.

A. C. Adams, "Plasma-Assisted Deposition of Dielectric Films", in R.Reif and G.R.Srinavasan, Eds., Reduced Temperature Processing for VLSI, The Electrochemical Society, Pennington, New Jersey, 1986.

C. H. Gooch and H. A. Tarry, Electron. Lett. 10, 2, 1974.

C. W. Tang, SID Seminar Lecture Note, Society of Information Display, 2006.

D. A. Jones, "Principles and Prevention of Corrosion", Macmillan Publishing Co., New York, 1992.

D. W. Berremann, Phys. Rev. Lett., 28, 1683, 1972.

Displaysearch, Quarterly Worldwide Flat Panel Forecast Report, 2007.

Effect of nitric acid on wet etching behavior of Cu/Mo for TFT application, B.H. Seo, S.H. Lee, J. H. Jeon, H. Choe, and J. H. Seo, Current Applied Physics, in press, 2011.

H. Dun et al., "Mechanisms of Plasma-Enhanced Silicon Nitride Deposition Using SiH4/N2 Mixture", J. Electrochem. Soc., 128 1555, 1981.

Hari Singh Nalwa 외 1인, Organic Light Emitting Diodes, ASP, 2003.

J. C. Knights and G.Lukovsky, CRC Critical Reviews in Solid State and Materials Sciences, 21 211, 1980.

K. H. Kim, K. H. Lee, S. B. Park, J. K. Song, S. N. Kim and J. H. Seok, Asia Display '98, 383, 1998.

K. Ono, I. Mon, R. Olxe, Y. Tomioka and T. satou, IDW '04, 295, 2004.

K. Winer and R. A. Street, Phys. Rev. Lett. 63 880, 1989.

L. L. Shreir, R. A. Jarman, and G. T. Burstein, "Corrosion", Vol. I & II, Butterworth-Heineman Ltd., Oxford, 1994.

L. T. and A. R. Kmetz, Mol. Cryst. Liq. Cryst., 24, 59, 1973.

M. F. Schiekel and K. Fahrenscon, Appl. Phys. Lett. 19, 391, 1997.

M. Oh-e and K. Kondo, Appl. Phys. Lett. 67, 3895, 1995.

M. Ohring "Materials Science of Thin film", Academic press, New York, 2002.

M. Schadt and W. Helfrich, Appl. Phys. Lett. 18, 127, 1971.

M. Scholten and J.E.A.M. van den Meerakker, J. Electrochem. Soc., Vol. 140, p 471, 1993.

M. Stutzmann et al., Phys. Rev. Lett. B35 5666, 1987.

"Metals Handbook: Corrosion", Vol. 13, 9th Edition, ASM International, 1987.

N. F. Mott, Philos. Mag. 19 835, 1969,

P. G. de Gennes and J. Prost, The Physics of Liquid Crystals, Clarendon Press, New York, 1995.

P. Marcus, "Corrosion mechanism in theory and practice", Marcel Dekker, Inc., 1995.

R. A. Street, Hydrogenated Amorphous Silicon, Cambridge University Press, 2005.

R. A. Street, Phys. Rev. Lett. 49 1187, 1982.

S. H. Lee, S. L. Lee, and H. Y. Kim, Appl. Phys. Lett. 73, 2881, 1998.

S. M. Sze, VLSI Technology, 2nd Edition, Electronics and Electronic Circuits Series, McGraw Hill, 1988.

V. Freedericksz, V. Zolina, and Zh. Russ, Fiz. Khim. Obshch. 62, 457, 1930.

W. E. Spear and P. G. LeComber, Solid State Commun. 17 1193, 1975.

W. Kern and C. A. Deckert, "Chemical etching", Thin Film Processes, 401-496, New York: Academic Press, 1978.

Wet Patterning of Thin Films in Vertical Transfer Wet Station for TFT Manufacturing, S-H Lee, B-H Seo and J H Seo, SID10 Digest, pp.1176-1179, 2010.

Y. Koike, Nikkei Elctronics Asia, March, 75, 1997.

Yue Kuo, "Thin film transistors", Kluwer Academic Publishers., New York, 2004.

강정원 외 7인, 정보디스플레이공학, 청문각, 2005.

권오경 외 6인, 디스플레이공학 개론, 청범출판사, 2006.

김상수 외 "디스플레이 공학 I(LCD)", 청범출판사, 2005.

김상수 외 "디스플레이 공학 I(LCD)", 청범출판사, 2005.

박홍식, "Wet etch", 2010년 디스플레이 산업협회 공동교육훈련 강의 자료 내용,2010.

산업교육연구소, "차세대 조명 시장", 기술분석 및 개발사례세미나, 2007.

한국정보디스플레이학회, 제1회 OLED Winter School, 2006~2012.

해 답

1장

1. $d = \frac{\sqrt{3}}{2}\left(\frac{\lambda}{\Delta n}\right)$에서 $d = \frac{\sqrt{3}}{2}\left(\frac{550\text{nm}}{0.1}\right) = 4753\text{nm} = 4.76\mu\text{m}$에서 최대 투과율을 나타내는 cell gap이 된다.

2. TN 모드 계조 반전

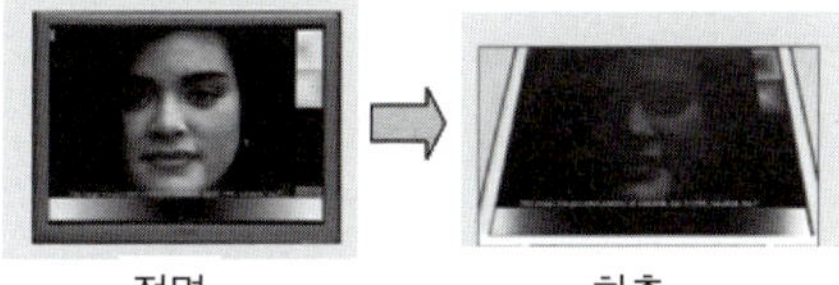

정면　　　하측

TN 모드 LCD의 경우 주시야를 정면에서 하측으로 이동 시 화상이 역상으로 반전, 표시품위의 저하를 초래한다.

원인: 러빙을 CF(45°) / TFT(315) 해주면 액정 director의 평균 배향방향이 수평을 기준으로 하측으로 대략 10~15° 기울어져 하측 계조반전 발생

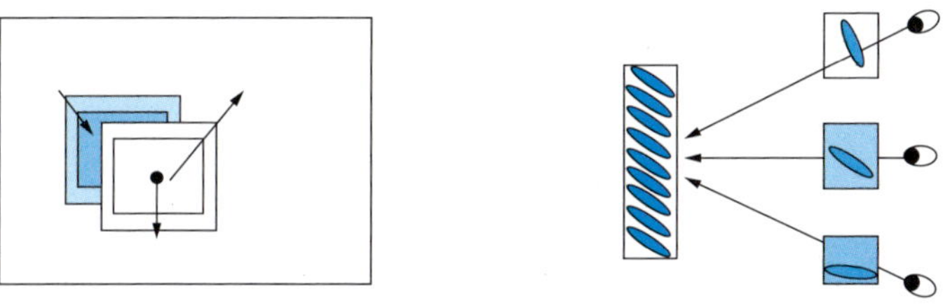

* 러빙을 CF(315°)/TFT(45°)로 해주면 액정 director가 상측으로 기울어져 상측 계조 반전 발생

3. $d = \lambda/2\,\Delta n$에서 $d = 550\text{nm}/2 \times 0.1 = 2750\text{nm} = 2.75\mu\text{m}$

4. $T = T_0 \sin^2 2\phi \sin^2(\pi\,\Delta n\,d/\lambda)$에서, $T_{\max} = T_0 \sin^2 2\phi$가 되기 위해서는 방위각 ϕ가 45° 일 때 $\sin^2\phi$가 최대값을 가지게 되어 최대 투과율을 나타내게 된다.

5. PVA 모드에 있어서 전극 pattern 간격(전극이 없는 폭)이 좁을수록 투과율은 높아지나, 응답속도는 증가한다. 경험적으로 23μm 이하가 되면 응답속도가 매우 느려진다.

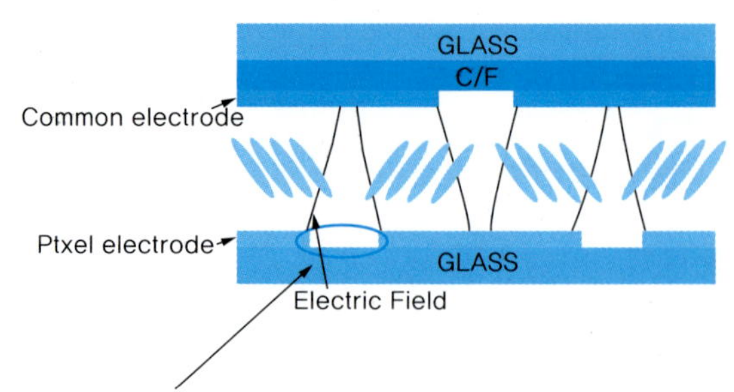

상/하판 전극의 Pattern간격 ∝ Fringe Field ∝ 응답속도 ∝ 1 / 투과율

6. 액정은 일반적으로 입사파장이 증가함에 따라 전자분극의 세기가 감소하게 되어 작은 굴절률 및 굴절률 이방성 값을 가지게 된다.

   일반적으로 위상차는 굴절률 이방성 (Δn) × 액정의 두께 (d)로 정의되기 때문에, 입사파장이 증가함에 따라 위상차가 감소하게 된다. 따라서 Red, Green, Blue 삼색광으로 이루어진 입사광이 액정을 통과할 때 서로 다른 위상차를 느끼게 되는데, 정면을 통과할 때는 굴절률 이방성이 "0"이므로 위상차는 모두 "0"이 되어 color shift가 발생하지 않으나, 측면으로 빛이 통과하게 되거나, 정면의 입사광을 측면에서 관측하게 되면, Red, Green, Blue 삼색광에 의해서 서론 다른 위상차가 발생하여, 시야각에 따른 color의 변화가 관측된다.

2장

1. 형광 OLED는 일중항 여기자에 의해 빛이 발생하며, 일중항 여기자의 생성 비율은 25%, 생성된 빛이 소자 밖으로 방출되는 비율은 20%이므로 최대 외부양자 효율은 25% X 20% = 5%가 된다.
2. 정공 주입 에너지 장벽 = 유기물의 HOMO 에너지 준위 − ITO의 일함수 = 5.1− 4.7eV = 0.4eV
3. 일함수가 작은 물질이 전자의 주입을 용이하게 한다. Pt의 일함수는 약 5.7eV, Mg의 일함수는 약 3.7eV이므로 Mg이 음극 물질로 적합하다.
4. 호스트-도판트 시스템의 형광 OLED에서 도판트에서의 발광은 에너지 전달 거리가 긴 포스터 에너지 전달에 의해 주로 일어나며, 인광 OLED에서는 에너지 전달 거리가 짧은 덱스터 에너지 전달에 의해 주로 발광이 일어난다. 따라서 인광 OLED에서는 도판트 농도가 형광 OLED에 비해 높아야 에너지 전달이 효율적으로 일어날 수

있다.

5. OLED를 연속적으로 동작할 때 초기 휘도의 50%로 휘도가 감소하는데 소요되는 시간.

3장

1. (가) TFT의 게이트 전극과 연결되어 있는 지점으로 답은 A
(나) C_{LC}가 형성되어 있는 지점 중 TFT와 연결된 지점의 반대 지점으로 답은 D
(다) TFT를 기준으로 데이터 배선의 반대쪽 지점으로 답은 C
2. (가) 중간 밝기는 액정층의 양쪽에 3V의 전압이 인가되어야 한다. 공통전극 전압이 7V로 인가되고 있으므로 답은 10V 또는 4V
(나) 액정층의 양쪽에 인가되는 전압의 절대값이 3V로 유지되어야 하므로 답은 4V((가)에서 10V로 답한 경우) 또는 10V ((가)에서 4V로 답한 경우)
(다) Kickback 전압만큼 화소 전압이 1.2V 낮아지므로 공통전극 전압도 1.2V 낮아져야 하므로, 답은 5.8V
(라) 60Hz 프레임 주파수의 경우 16.6msec가 프레임 주기가 되고, XGA 해상도는 게이트 배선의 선수가 768줄이므로 프레임 주기를 768로 나누면 답은 21.6μsec
3. TFT를 통해 흐르는 전류의 전압-전류 관계식은 아래와 같다.
패널이 이미 제작된 경우 전압을 제외한 모든 parameter들(문턱전압 포함)은 조정이 불가능한 상태이다. 전류의 크기를 증가시켜야 충전율 부족이 해소될 수 있으므로 TFT를 turn-on시키기 위해 인가하는 게이트 전압(V_G)를 증가시켜서 V_{GS} 항이 증가하도록 한다.
4. TFT가 turn-off된 후 다음 프레임에서 TFT가 turn-on되기까지의 시간은 16.6 msec-21.6μsec이고 이는 16.6msec로 근사가 가능하다. 이 시간동안 1μA의 전류가 지속적으로 흐르면 커패시터에서 방전으로 소실되는 전하량은 $1\mu A \times 16.6msec = 16.6 \times 10^{-9}$ C이 된다.
이로 인한 다이오드 양단 전압의 변화가 0.04V(4V의 10% 이하)이하여야 하므로 $\Delta V = \Delta Q/C$ 관계에 의해 $(16.6 \times 10^{-9})/Cs < 0.04$ 부등식이 만족이 되어야 하고, $C_s > 4.15 \times 10^{-7}$ 부등식이 만족이 되어야 한다.
따라서, C_s는 0.415μF 이상이 되어야 한다. 이는 AM-OLED에서는 구현이 불가능한 정도로 큰 커패시터 용량이다.

5. (가) 시간 구간 $t_1 - t_2$ 사이에 게이트 배선의 전압(V(2))는 M1을 turn-on시키는 전압이므로, 이때 데이터 배선의 전압(V(1))인 10.1V가 M2의 게이트에 인가된다. M2의 소오스 전압 즉 V_{DD}가 12V이므로 V_SG는 1.9V가 된다. 이때 M2를 통해 흐르는 전류는 그래프로부터 2.0A임을 알 수 있다. 이 전류가 OLED를 통해 흐르는 전류가 되므로 답은 2.0A

(나) 시간 구간 $t_2 - t_3$ 사이에 게이트 배선의 전압(V(2))는 M1을 turn-off시키는 전압이므로, 이때 데이터 배선의 전압(V(1))은 고려할 필요가 없다. M2의 V_{SG}(= 1.9V, (가)에서 결정된 값)가 C_s에 저장되어 있는 상태이므로 OLED 부하곡선과 V_{SG} = 1.9V일 때의 TFT 특성 곡선이 만나는 지점은 V_{SD} = 6.5V 지점이다. 따라서 V_{SD} = 6.5V이 된다.

(다) 시간 구간 $t_4 - t_5$ 사이에서도 M1은 여전히 turn-off된 상태이므로 M2 및 OLED의 동작상태는 시간 구간 $t_2 - t_3$ 사이와 변함이 없다. 따라서, OLED 양단 전압은 $V_{DD} - V_{SD}$ = 12-6.5 = 5.5V가 된다.

(라) 시간 구간 t_1–t_2 사이는 스위치로 작용하는 M1이 turn-on되는 1H 시간이 된다. 60Hz 프레임 주파수의 경우 16.6msec가 프레임 주기가 되고, XGA 해상도는 게이트 배선의 선수가 768줄이므로 프레임 주기를 768로 나누면 답은 21.6μsec

4장

1. $pn = n_i^2 \exp\left(\dfrac{E_i - E_F + E_F - E_i}{kT}\right) = n_i^2 \exp(0) = n_i^2$

2. ①영역에서는 hole이 n-type silicon으로 diffusion하여 acceptor 이온이 남게 되는데 이 acceptor 이온은 음(−) 극성을 나타냄.

   ②영역에서는 electron이 p-type silicon으로 diffusion하여 donor 이온이 남게 되는데 이 donor 이온은 양(+) 극성을 나타냄.

3. 답은 (2)의 경우이다.

   이유: MOS 커패시터의 상부 전극에 인가된 전압은 절연막에 배분되는 전압과 실리콘의 밴드 휨을 발생시키기 위해 배분되는 전압으로 나누어 지는데 (2)의 경우는 실리콘의 밴드 휨을 발생시키는데 (1)에 비해 더 많은 전압이 필요하여 절연막에 인가되는 전압은 그만큼 더 줄어들기 때문이다. 저장되는 전하량은 절연막에 인가되는 전압이 결정하기 때문에 (2)에 저장되는 전하량이 (1)보다 적게 된다.

4. 공핍영역의 깊이는 $W=\left[\frac{2\epsilon_s\phi_s}{qN_a}\right]^{\frac{1}{2}}$로 유도된다.

문턱전압에서는 $\phi_s=2\phi_F$ 가 되므로 $W_m=2\left[\frac{\epsilon_s\phi_F}{qN_a}\right]^{\frac{1}{2}}$ 가 된다.

이때 전자의 밀도는 무시가능하므로 단위면적당 알짜 음전하의 절대량은 다음과 같다.

$$Q_s\approx Q_d\approx qN_aW_m=2\sqrt{\epsilon_s qN_a\phi_F}$$

따라서

$$V_{th}=\frac{Q_s}{C_{ox}}+2\phi_F=\frac{2\sqrt{\epsilon_s qN_a\phi_F}}{C_{ox}}+2\phi_F$$

5. ①영역에서는 dangling bond의 전자를 방출하고 $+q$의 음이온 상태
②영역에서는 dangling bond에 전자 1개가 존재하여 중성 상태
③영역에서는 dangling bond에 전자를 추가로 1개 트랩하여 $-q$의 음이온 상태

6. 비정질 실리콘의 문턱 전압의 크기는 비정질 실리콘의 밴드갭 내의 deep trap의 밀도와 관계가 크다. 문턱 전압이 높아진 것은 deep trap밀도가 증가한 것으로 볼 수 있으며, 이는 비정질 실리콘 박막 내에 dangling bond의 밀도가 증가한 것으로 우선 추정할 수 있다. 따라서 비정질 실리콘을 증착하는 단계인 PECVD 공정의 공정 조건(파워, 챔버압력, 기판온도, 가스유량 등)에 문제가 있거나 장치에 결함이 발생한 것으로 추정할 수 있다.

7. 엑시머 레이저 어닐링에서는 비정질 실리콘을 용융시킨 후 용융층 하부 계면에서 핵이 형성되어 그레인이 수직성장을 하게 된다. 이때 그레인 하부보다는 상부의 그레인이 커지게 된다. 따라서 박막 하부의 그레인 경계의 밀도가 박막 상부보다 높아지게 된다. Bottom gate 구조로 제작하게 되면 채널이 그레인 경계의 밀도가 높은 박막 하부에 형성되어야 한다. 따라서, 채널이 형성되기 이전에 그레인 경계의 dangling bond에 트랩되는 전자의 수가 많아지기 때문에 문턱전압이 증가하게 된다. 또한 채널이 형성된 후에도 전자가 소오스로부터 드레인으로 이동함에 있어 이동을 방해하는 그레인 경계의 전위장벽의 수가 많아지기 때문에 전계효과이동도가 낮아지게 된다.

5장

1. (가) 변형값을 행렬식으로 표현하면 다음과 같다.

$$\begin{pmatrix}X_i\\Y_i\end{pmatrix}=\begin{pmatrix}1+\gamma_x & 0\\0 & 1+\gamma_y\end{pmatrix}\begin{pmatrix}\cos\theta & -\sin\theta\\\sin\theta & \cos\theta\end{pmatrix}\begin{pmatrix}1 & -\tan\omega\\0 & 1\end{pmatrix}\begin{pmatrix}x_i\\y_i\end{pmatrix}+\begin{pmatrix}S_x\\S_y\end{pmatrix}+\begin{pmatrix}\varepsilon x_i\\\varepsilon y_i\end{pmatrix}$$

γ: scale　θ: rotaion　ω: orthogonal　S: shift　ε: error

위 식을 간단히 정리하면,

$$\begin{aligned}&\begin{pmatrix}1+\gamma_x & 0\\ 0 & 1+\gamma_y\end{pmatrix}\begin{pmatrix}1 & -\theta\\ \theta & 1\end{pmatrix}\begin{pmatrix}1 & -\omega\\ 0 & 1\end{pmatrix}\\ &=\begin{pmatrix}1+\gamma_x & 0\\ 0 & 1+\gamma_y\end{pmatrix}\begin{pmatrix}1 & -(\theta+\omega)\\ \theta & 1-\theta\omega\end{pmatrix}\\ &=\begin{pmatrix}1+\gamma_x & 0\\ 0 & 1+\gamma_y\end{pmatrix}\begin{pmatrix}1 & -(\theta+\omega)\\ \theta & 1\end{pmatrix}\\ &=\begin{pmatrix}1+\gamma_x & -\gamma_x(\theta+\omega)-(\theta+\omega)\\ (1+\gamma_y)\theta & 1+\gamma_y\end{pmatrix}\\ &=\begin{pmatrix}1+\gamma_x & -(\theta+\omega)\\ \theta & 1+\gamma_y\end{pmatrix}\end{aligned}$$

$X = x + \Delta x$, $Y = y + \Delta y$이므로,

$$X = x+\Delta x, Y = y+\Delta y$$

Δx, Δy에 대해 정리하면 다음과 같다.

$$\begin{pmatrix}\Delta x_i\\ \Delta y_i\end{pmatrix}=\begin{pmatrix}\gamma_x & -(\theta+\omega)\\ \theta & \gamma_y\end{pmatrix}\begin{pmatrix}x_i\\ y_i\end{pmatrix}+\begin{pmatrix}S_x\\ S_y\end{pmatrix}+\begin{pmatrix}\varepsilon x_i\\ \varepsilon y_i\end{pmatrix}$$

(나) 측정 데이터를 이용하여 최소자승법으로 변형값을 구한다.

x	y	Δx	Δy
200000	300000	−0.55	0.15
−200000	300000	−0.15	−0.25
−200000	−300000	1.05	0.35
200000	−300000	0.65	0.75

위 데이터를 하기의 식에 대입하면,

$$\begin{aligned}\begin{pmatrix}\gamma_x & \theta\\ -(\theta+\omega) & \gamma_y\\ S_x & S_y\end{pmatrix}&=\begin{pmatrix}\sum x_i^2 & \sum x_u y_i & \sum x_i\\ \sum x_i y_i & \sum y_i^2 & \sum y_i\\ \sum x_i & \sum y_i & \sum 1\end{pmatrix}^{-1}\begin{pmatrix}\sum x_i\Delta x_i & \sum x_i\Delta y_i\\ \sum y_i\Delta x_i & \sum y_i\Delta y_i\\ \sum\Delta x_i & \sum\Delta y_i\end{pmatrix}\\ &=\begin{pmatrix}1.6e11 & 0 & 0\\ 0 & 3.6e11 & 0\\ 0 & 0 & 4\end{pmatrix}^{-1}\begin{pmatrix}-1.6e5 & 1.6e5\\ -7.2e5 & -3.6e5\\ 1 & 1\end{pmatrix}\\ &=\begin{pmatrix}6.25e-12 & 0 & 0\\ 0 & 2.78e-12 & 0\\ 0 & 0 & 0.25\end{pmatrix}\begin{pmatrix}-1.6e5 & 1.6e5\\ -7.2e5 & -3.6e5\\ 1 & 1\end{pmatrix}\\ &=\begin{pmatrix}-1.0e-6 & 1.0e-6\\ -2.0e-6 & -1.0e-6\\ 0.25 & 0.25\end{pmatrix}\end{aligned}$$

따라서, 변형값들은 다음과 같다(그림 5.22 참조).

Shift X (μm)	0.25
Shift Y (μm)	0.25
Ortho. (μ rad)	1.0
Rot. (μ rad)	1.0
Scale X (ppm)	-1.0
Scale Y (ppm)	-1.0

2. (가) 단일 슬릿의 보강, 상쇄 간섭

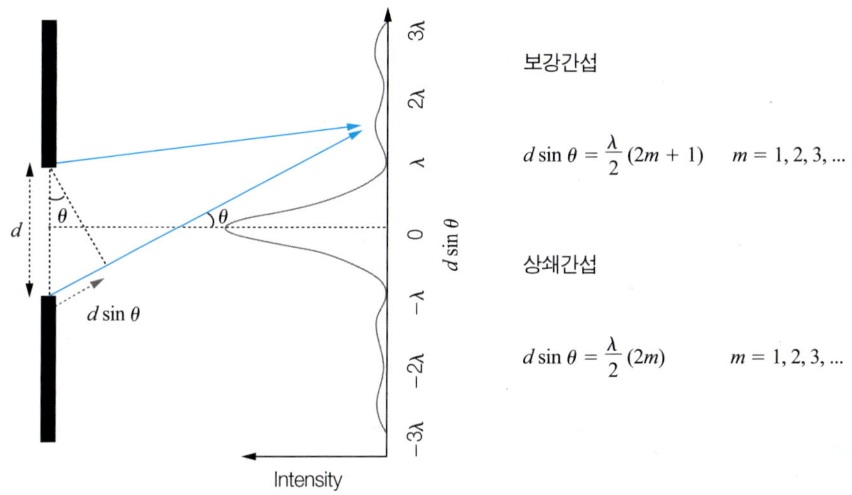

보강간섭

$$d \sin\theta = \frac{\lambda}{2}(2m+1) \qquad m = 1, 2, 3, \ldots$$

상쇄간섭

$$d \sin\theta = \frac{\lambda}{2}(2m) \qquad m = 1, 2, 3, \ldots$$

단일 슬릿의 경우, 호이겐스의 원리(Huygens principle)로부터 슬릿을 통과한 파동들은 모든 방향으로 퍼져나간다. 직진하는 빛들은 모두 같은 위상에 있으므로 스크린의 중앙에 밝은 점을 만든다. 상쇄간섭이 일어나기 위해서는 슬릿의 중심을 지나는 빛과 밑점을 떠나는 빛이 반파장의 정수배의 위상 차이가 나면 상쇄간섭을 일으키게 된다. 또한, 밑점에서 약간 위에 떨어진 점을 출발하는 빛과 중심에서 약간 위에 떨어진 점을 지나는 빛들도 마찬가지로 반파장의 정수배의 위상 차이가 발생하여 서로 상쇄간섭을 하게 된다. 따라서, 전체적으로 단일 슬릿의 상반부를 지나는 빛들과 하반부를 지나는 빛들은 서로 상쇄간섭을 일으키므로 전체적으로 상쇄 간섭이 나타난다. 즉, 상쇄간섭이 일어날 조건은 다음과 같다. 여기서, 중앙에서는 상쇄간섭이 일어나지 않으므로 $m = 1$부터 시작한다.

$$\text{상쇄간섭 조건} \qquad \frac{d}{2}\sin\theta = m\frac{\lambda}{2} \longrightarrow d\sin\theta = \frac{\lambda}{2}(2m) \qquad m = 1, 2, 3, \cdots$$

(나) 이중 슬릿의 보강, 상쇄 간섭

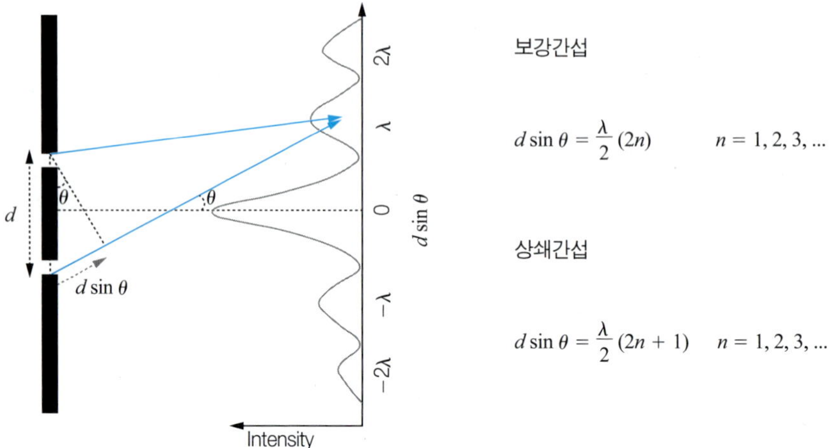

이중 슬릿의 경우, 각각의 슬릿을 통과한 빛의 광경로차가 파장의 정수배(반파장의 짝수배)일 때, 위상이 같아서 보강간섭이 일어난다. 반대로 광경로차가 반파장의 홀수배 일 때, 위상이 반대가 되어 상쇄간섭이 일어난다.

$$\text{상쇄간섭 조건} \qquad d\sin\theta = \frac{\lambda}{2}(2n+1) \qquad n = 0, 1, 2, \cdots$$

3. (가) 시간에 따른 파동의 모양과 진행 방향($+x$ 방향)은 다음과 같다.

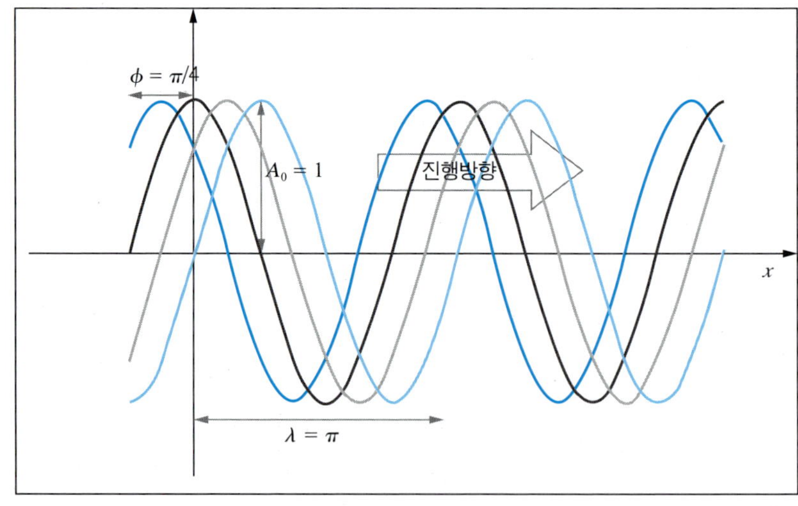

(나) 파동의 진폭, 파수, 각주파수, 위상을 구하라.

진폭(A_0) = 1

파수(k) = 2

각주파수(w) = 1

위상(Φ) = $\pi/4$

(다) 파동의 파장, 주파수, 주기, 속도를 구하라.

파장 = $2\pi/k = \pi$

주파수 = $w/2\pi = 1/2\pi$

주기 = 1/주파수 = 2π

속도 = $(1/2\pi) * \pi = 1/2$

4. (가) 마스크로부터 떨어진 거리(z), 파동의 파장(λ)과 마스크 패턴의 크기(W)에 영향을 받는다. $W^2/\lambda z > 1$인 영역은 Fresnel(또는 near field) 회절이 지배적이고, $W^2/\lambda z < 1$인 영역은 Fraunhofer(또는 far field) 회절이 지배적이다.

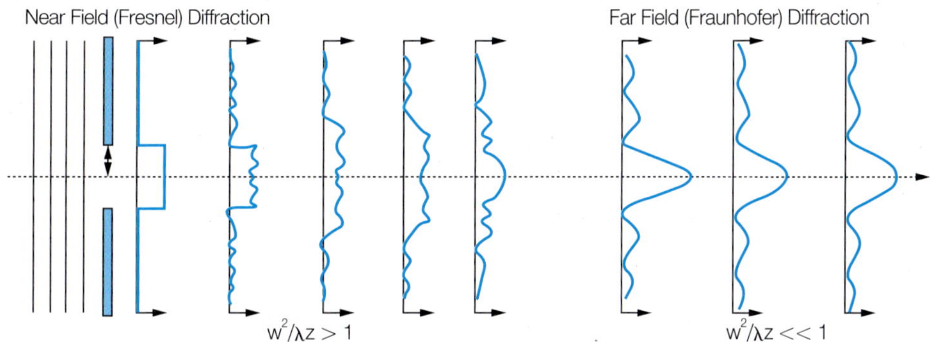

(나) Fresnel(또는 near field) 회절 영역

프록시미티(proximity) 방식: 광학계가 없는 방식으로 마스크와 기판을 수백에서 수십 마이크로미터까지 가까이 근접(proximity)시킨 후에 판넬 전체를 한 번에 일괄 노광하는 방식이다. 렌즈나 미러 같은 광학계를 사용하지 않기 때문에 해상도가 떨어지지만 한 번에 판넬 전체를 노광할 수 있기 때문에 공정 시간이 짧고, 장비 구성이 간단하며, 다른 방식의 장비에 비해 장비 가격도 낮다. 어레이 제조 공정에서는 3~4μm의 해상도가 요구되지만 프록시미티 방식의 해상도는 10μm 정도이므로 어레이 제조 공정에서는 사용하지 않으며, 주로 컬러필터(color filter) 제조의 노광 공정에 사용된다.

Fraunhofer(또는 far field) 회절 영역

프로젝션(projection) 방식으로 스텝퍼(stepper) 방식과 얼라이너(aligner)방식이 있다.

스텝퍼(stepper) 방식: 광학계가 렌즈(lens)로 구성되어 있는 방식이며, 렌즈 크기의 한계가 있기 때문에 한 번에 노광할 수 있는 면적에 제한이 있다. 일반적으로 한 번에 노광할 수 있는 면적은 Φ200mm 이하이며, 마스크는 6~7인치(inch) 크기를 사용한다. 스텝퍼 방식에서 사용하는 소형 마스크를 레티클(reticle)이라 부르기도 한다. 따라서, 마스크의 크기가 판넬의 크기보다 작기 때문에 판넬을 공간적으로 분할하여 각 위치에 해당하는 패턴을 가진 마스크를 사용해서 노광을 한다. 이 방식은 렌즈를 사용하기 때문에 다른 방식의 장비보다 해상도를 높이기가 용이하며, 판넬을 분할해서 노광하므로 위치별로 기판 변형에 대한 보정을 할 수 있고 위치별로 노광량을 조절할 수 있는 장점이 있다. 그러나, 판넬을 분할해서 노광하기 때문에 위치별로 Overlay가 달라질 수 있으며, 또한 한 레이어 내에서 Stitch가 발생하는 문제점이 있다. 4세대 이상 기판(730mm×920mm)에서는 분할하는 샷(shot) 수가 많아져서 공정 시간(tact time)이 길어지고 Stitch가 많아지는 단점이 있기 때문에 스텝퍼 방식은 사용이 제한적이다. 그러나, 고해상도(high resolution)를 구현하기에 용이하므로 저온 폴리 실리콘(low temperature polycrystalline silicon, LTPS) 공정과 같이 고해상도를 요구하는 노광에서는 계속해서 사용되고 있다.

얼라이너 방식: 광학계가 미러(mirror)로 구성되거나, 또는 렌즈 크기의 한계가 있기 때문에 여러 개의 렌즈 배열(lens array)로 구성되어 있는 방식이다. 광원으로부터 나오는 빛을 슬릿(slit) 모양으로 만들고, 광학계 상부에 있는 마스크와 하부에 있는 기판을 동시에 이동(scan)시키면서 노광을 한다. 그래서 스캐너(scanner)라고 부르기도 한다. 일반적으로 마스크의 크기가 판넬의 크기와 같거나 크기 때문에 판넬을 공간적으로 분할하여 노광하지 않아도 된다. 따라서 이 방식은 판넬을 분할하지 않고 노광하므로 판넬 내부에 Stitch가 존재하지 않는다. 그러나 위치별로 기판 변형에 대한 보정 능력이 낮으며, 위치별로 노광량을 조절하기가 어렵다. 4세대 이상 기판(730mm×920mm)에서는 공정 시간(tact time)이 짧고, Stitch가 없는 장점이 있어서 주로 얼라이너 방식을 사용한다. 마스크 사

이즈가 크기 때문에 마스크 제조 비용이 높고, 마스크 핸들링(handling)에 유의해야 한다.

(다) 각 영역에서의 해상도를 구하라.

Fresnel(또는 near field) 회절 영역 해상도: $W^2/\lambda z > 1$ 인 영역에 해당하고 광학계를 사용하지 않기 때문에, 최소 선폭에 해당하는 해상도는 파장과 거리의 함수가 된다.

$$해상도 = \sqrt{\lambda z}$$

Fraunhofer(또는 far field) 회절 영역 해상도: $W^2/\lambda z < 1$ 인 영역에 해당하고, 회절된 빛이 광학계를 통하여 모이고 재구성 되어야 하기 때문에, 최소 선폭에 해당하는 해상도는 파장과 렌즈 개구수(numerical aperture)의 함수가 된다.

$$해상도 = k_1 \frac{\lambda}{NA}$$

5. 기존의 포토리소그래피를 대체할 수 있는 자신만의 새로운 리소그래피 방법을 자유롭게 생각해 보라.

6장

1. $K = 1.8 \times 10^9 p \exp\left(-\frac{2eV}{kT}\right)$

$= 1.8 \times 10^9 \times 1 \times \exp\left(-\frac{2}{8.6173 \times 10^{-5} \times 300}\right)$

$= 4.535 \times 10^{-25}$

이므로,

$$K = 4.535 \times 10^{-25} = \frac{p_A p_B}{p_{AB}}$$

그런데, AB에서 A와 B가 동시에 형성되므로 $p_A = p_B$이고, 전체 압력이 1Torr로 유지되므로 $1 = p_{AB} + p_A + p_B = p_{AB} + p_A + p_A$ 이다.

따라서

$$4.535 \times 10^{-25} = \frac{p_A^2}{1 - 2p_A}$$

$$p_A^2 + 9.07 \times 10^{-25} p_A - 4.535 \times 10^{-25} = 0$$

$$\therefore p_A = p_B = 6.7542 \times 10^{-13} \quad \text{Torr} \ (\because p_A > 0)$$

2. 이상기체 상태 방정식에서

$$n = \frac{P}{kT} = \frac{1(\text{Torr})}{1.38 \times 10^{-23}(\text{J/K}) \times 300(\text{K})} = 3.22 \times 10^{22}/\text{m}^3$$

따라서

$$\lambda = \frac{1}{\sqrt{2}\,\pi(4 \times 10^{-10})^2 \times 3.22 \times 10^{22}} = 4.37 \times 10^{-5}(\text{m})$$

7장

1. 타게트에 충돌하는 이온에 의해 운동량이 전달되어 스퍼터링 현상이 일어나게 되는데, 타게트에 입사하는 이온의 에너지가 너무 크게되면 이온이 타게트 내부로 주입이 되어 표면에서의 스퍼터링 현상이 줄어들 경우도 생기기 때문이다.

2. $F \times 1.6 \times 10^{-19}(\text{C}) = 1.6(\text{mA/cm}^2) \Rightarrow F = 10^{16}(\text{cm}^{-2}\text{s}^{-1})$
   $D = \frac{1}{5 \times 10^{22}} 10^{16} \times 1 = 20\text{Å/s} = 1200\text{Å/min}$

8장

1. 가능하다. 알루미늄은 수소이온이 존재하면 산화될 수 있지만, 구리는 구리보다 환원전위가 높은 산화제가 있는 용액 내에서 산화될 수 있다. 일반적으로 구리보다 환원전위가 높은 산화제로는 표 8.1에서처럼 Cl^-, NO_3^-, O_2, Fe^{3+} 등이 존재한다. 그러므로 구리의 에칭액으로 알루미늄 에천트로 사용되는 인산, 질산, 초산 베이스 용액보다는 과산화수소, $FeCl_3$, $CuCl_2$ 등이 사용되고 있다.
2. (a) 양극 산화전류가 양의 방향으로 평행 이동(Tafel slope는 일정)하므로, 부식전위는 음의 방향으로 움직이고, 부식 속도는 증가한다.
   (b) 부식전위는 양의 방향으로 움직이고, 부식 속도는 증가한다.
   (c) pH가 낮아질수록 H^+/H 환원전위는 위(noble) 방향으로 올라간다. 따라서 부식전위는 양의 방향으로 움직이고, 부식 속도는 증가한다. (b)와의 차이점은 (b)의 경우 log I축(수평축) 방향으로 평행 이동하고 (c)는 수직 방향으로 평행 이동한다.
   (d) 양극 산화 반응의 tafel constant가 증가한다는 것은 전류밀도가 10배 변하는 데 필요한 전압이 커진다는 의미이다. 즉 양극 산화 곡선이 수직 방향에 가깝게 움직이므로 부식전위는 양의 방향으로 올라가고, 부식 속도는 감소한다.

3. Carbon steel에 일정한 양의 전압을 걸어줌으로써 carbon steel이 passivity 영역에 존재하게 만든다.
4. (a) 그림 8.8에서 알루미늄 대신 구리를 대입할 수 있으며, 에칭 속도가 알루미늄/몰리브데늄 시스템과는 반대이므로 이 경우 a의 위치가 c보다 더 오른쪽에 위치하게 된다. 몰리브데늄은 동일한 형태의 곡선을 예측할 수 있다.
   (b) 구리의 tafel slope는 1전자 transfer 부식 반응을 고려할 때 60mV/dec를 예측할 수 있다.
   (c) 갈바닉 전위는 0.24V와 0.4V 사이에서 존재하며, 구리의 에칭 속도가 100A/sec보다 커지게 된다.
   (d) 몰리브데늄이 cathode로 작용하므로 에칭 후 tail이 발생하게 된다

9장

1. 절연체의 정전용량(capacitance)은

$$C = \epsilon \frac{A}{d} = 5 \times 8.85 \times 10^{-12}[\mathrm{F/m}]\frac{4[\mathrm{m}^2]}{0.7 \times 10^{-3}[\mathrm{m}]} \simeq 2.53 \times 10^{-7}[\mathrm{F}]$$

이온에의한 전류의 값은

$$I = 10^{-3}\left[\frac{A}{\mathrm{cm}^3}\right] \times \frac{10^4[\mathrm{cm}^2]}{[\mathrm{m}^2]} = 10[A]$$

따라서 전하가 축적되는 시간 t는

$$t = \frac{CV}{I} = \frac{2.53 \times 10^{-7}[\mathrm{F}] \times 1000[V]}{10[A]} = 2.53 \times 10^{-5}[\mathrm{sec}]$$

따라서 방전을 유지하기 위해 인가하는 교류의 최소 주파수는

$$f = \frac{1}{t} = \frac{1}{2.53 \times 10^{-5}[\mathrm{sec}]} \simeq 39.5[\mathrm{kHz}]$$

2. $$\exp\left(-\frac{E_a}{kT}\right) = \exp\left(-\frac{0.29}{1.38 \times 10^{-23} \times \{50 + 273.15\} \times \frac{1}{1.6 \times 10^{-19}}}\right) \simeq 3.06 \times 10^{-5}$$

$$\Rightarrow (2.57 \times 10^{-14}) \times (3.06 \times 10^{-5}) \times Q \geq 50$$
$$\therefore Q \geq 6.36 \times 10^{19}[\mathrm{cm}^{-2}\mathrm{s}^{-1}]$$

3. 박막 A가 식각되어 소진되는데 필요한 시간 T는

$$T = \frac{4000(\text{Å})}{2000(\text{Å}/\text{min})} = 2(\text{min})$$

박막 A가 보호해주는 시간이 박막 B가 식각되는데 필요한 시간이므로, 식각에 필요한 시간은 최대 2분이된다.

$$ER \geqq \frac{500(\text{Å})}{2(\text{min})} = 250(\text{Å}/\text{min})$$

10장

1. Black matrix는 RGB 단위화소의 경계에 위치하여 color 간의 빛을 구분하고 액정이 제어되지 못하는 화소 전극 이외 영역의 빛을 차단하여 LCD 패널의 명암비(contrast ratio)를 증가시키는 기능을 한다. 또한 외부광에 의한 TFT의 직접적인 광 조사를 차단하여 광 누설(photo-leakage) 전류 발생을 방지하는 역할도 한다. 무기 BM 공정의 경우 외부광의 반사를 최소화하기 위해 CrOx와 Cr을 각각 약 0.05μm와 0.15μm 두께로 sputtering 방법으로 증착하고 photolithography 공정 후 wet etching 기술로 BM 패턴을 형성한다. 이에 비해 유기 BM 공정은 optical density가 4.0 이상인 carbon black 계열의 유기 재료를 약 1.0μm두께로 slit coating 방법으로 도포한 후 BM 패턴 mask 존재 하에서 노광하여 조사된 영역을 경화하고 etching 없이 현상 및 열경화 공정만을 진행하여 패턴을 형성하는 차이점이 있다.
2. TN 모드는 상하 ITO 전극 간의 vertical field를 이용해 black state를 구현하므로 상판 ITO 전극은 별도의 패턴 없이 전면에 걸쳐 증착되나, PVA 모드의 경우 상하 전극의 open부 간의 fringe-field를 이용해 액정 정렬 방향을 제어하므로 photolithography 방법을 이용한 패턴 형성이 반드시 필요하다. IPS 모드는 TFT 기판에 공통 전극과 화소 전극을 동일 층으로 설치하기 때문에 상판 CF 기판에는 ITO 전극 형성이 불필요하나 외부 기판 접촉에 의한 정전기 대전 방지를 위해 CF 기판 후면에 ITO를 패턴 없이 전면 증착하여 형성하기도 한다.
3. COA(color filter on array) 구조는 TFT 기판의 화소 전극과 data 배선 사이의 절연층으로 CF를 배치한 구조로 두 전극 간의 전기적 간섭이 약 3~4μm 두께의 CF층에 의해 최소화되므로 화소 전극을 데이터 배선 가까이 확장시킬 수 있는 고개구율 화소 설계가 가능해진다. 또한 TFT 기판에 RGB 층을 형성하기 때문에 기존 상판 CF 대비 상하 기판 mis-alignment에 의한 color mixing 불량이 발생하지 않기 때문에 상하 기

판의 정렬 공정마진이 우수한 장점이 있다.

4. 배향막은 LC cell의 전압 미인가 상태에서 액정분자의 초기 배열 방향을 결정해 주는 역할을 하며 액정과 직접적으로 접촉하고 있기 때문에 액정 내 존재하는 이온 불순물이 배향막 내로 trap되지 않도록 잔류 DC 및 VHR(voltage holding ratio) 등의 전기적 특성이 우수해야 한다. 이로 인해 배향막은 LCD 패널의 잔상 및 고온 장기 신뢰성을 결정짓는 중요한 재료로 여겨진다. 액정 광학 모드에 따라 초기 선경사각이 차이가 나는데, TN 모드의 경우 twisted nematic 배열의 특성상 액정분자가 상하 직교한 방향으로 기판에 4~8°의 선경사각으로 수평 배열되어 있으며 IPS 모드에서는 상하 평행한 방향으로 기판에 2° 이하의 낮은 선경사각으로 수평 배향된 특징을 가진다. 이에 비해 VA 모드는 액정분자가 기판에 거의 90° 의 선경사각으로 수직 배열하고 있어 별도의 rubbing 공정이 불필요한 장점이 있다.
5. Roll printing 방식은 roller에 장착된 수지판(resin printing plate)에 배향막 용액이 공급되고 이 배향막이 도포된 수지판이 이동하는 TFT 및 CF 기판과 접촉할 때 그 수지판의 패턴이 기판으로 전사되면서 printing되는 방식으로 전사 재현 능력이 우수하여 가장 많이 이용되는 방법이나 배향막 용액 소모량이 많고 기판 대형화 시 roller 및 수지판 대응이 어려운 단점이 있다. 이에 비해 Inkjet printing 방법은 piezo 방식의 inkjet 장비를 이용해 미세 nozzle을 통해 배향막 ink 용액을 수십 pico liter의 방울로 패널의 화면 영역에 분사하여 printing하는 방식으로 용액 사용량이 적고 수지판이 불필요하며 대형 기판에도 적용할 수 있는 장점이 있으나 nozzle 간의 토출 편차 및 미토출 등으로 인한 화소 얼룩 불량 등이 발생하기 쉬운 단점이 있다.
6. 배향막 rubbing 방식은 rayon 또는 cotton 섬유 재질의 rubbing roll을 이용해 배향막 표면을 마찰하게 되면 배향막 표면에 나노미터 깊이의 groove가 형성되고 이 groove 내의 배향막 고분자 사슬은 rubbing 방향으로 재배열되어 이 배열된 고분자 사슬과 액정 분자 간의 상호작용으로 액정분자가 배향되게 된다. 광배향 방식은 비접촉식 배향 방법으로 편광된 UV를 광배향막(photopolymer)에 일정 방향으로 조사하게 되면 배향막 내 광반응기들의 광반응에 의해 UV 조사 방향으로 고분자 사슬의 재정렬이 발생되어 이로 인해 액정분자 배열이 유도되는 방법이다. 광배향막의 광반응 종류에 따라 *cis-trans* 이성질화를 유도하는 광이성질화 방식, 고분자 사슬의 비등방적 분해를 일으키는 광분해 방식, 광반응기들의 결합 반응을 이용하는 광경화 방식 등이 있다.
7. Seal 패턴은 화면 영역의 외곽부에 형성되어 패널의 TFT와 CF 기판을 접합하여 상하 기판이 분리되지 않게 하는 역할을 하며 또한 seal 재료와 혼합된 glass fiber 또는 유

기 spacer를 통해 패널 테두리의 cell gap을 유지하는 기능도 한다. Short 패턴은 CF 기판의 공통 전극과 TFT 기판의 공통 전압 단자를 연결하여 상판 ITO 전극에 공통 전압을 공급하는 역할을 하며 일반적으로 도전성을 띤 gold spacer 또는 silver paste 등을 seal제와 혼합하여 패턴을 구성하게 된다. Seal과 short을 하나로 통합하기 위해서는 테두리 cell gap 및 도전성 기능을 동시에 부여할 수 있는 구형의 gold spacer를 seal 재료와 혼합하여 사용하고 이를 하판 short 패턴을 경유하게 seal 패턴을 패널 테두리 외곽에 형성하면 된다. 이때 도전성 seal 패턴 영역에서 TFT 기판의 공통 전압단자 패턴 이외의 영역에는 상하 기판에 ITO 패턴이 동시에 있지 않도록 open 설계가 필요한데 이는 도전성 ball에 의한 상하 ITO 공통 전극-화소 전극 간의 short을 방지하기 위함이다.

8. 32인치 패널의 4:3과 16:9 화면 비율 각각에 대한 가로와 세로 길이는 다음과 같다.

화면 크기 (인치)	4:3 화면 비율(인치)		16:9 화면 비율(인치)	
	가로	세로	가로	세로
32	25.6	19.2	27.9	15.7

패널 전체 액정 적하량은 cell gap과 화면 면적의 곱인 액정 체적에 액정밀도를 곱해 다음과 같이 계산될 수 있다.

$$4:3\text{ 패널 액정 적하량(g)} = (4.0 \times 10^{-4}\text{cm}) \times (25.6 \times 2.54\text{cm}) \times (19.2 \times 2.54\text{cm}) \times (1\text{ g/ml}) = 1.27\text{g}$$

$$16:9\text{ 패널 액정 적하량(g)} = (4.0 \times 10^{-4}\text{cm}) \times (27.9 \times 2.54\text{cm}) \times (15.7 \times 2.54\text{cm}) \times (1\text{g/ml}) = 1.13\text{g}$$

9. LC cell 제조 공정 진행 중 외부 정전기 유입에 의한 TFT 기판 외곽 pad 배선부의 burnt 방지를 위해 일반적으로 패널 edge 영역에 pad 배선부를 연결해 놓은 shorting bar를 설치하게 되는데, 패널 화질 검사 및 구동을 위해서는 TFT pad부 배선들이 독립적으로 분리되어야 하므로 이를 위해 shorting bar를 제거하는 edge grinding 공정이 필요하다.

10. TCP와 PCB를 LCD 패널의 TFT bonding pad 배선부에 연결하기 위해서는 ACF(anisotropic conducting film)라는 도전 필름이 필요하며 이 필름은 구형의 도전성 입자와 고분자 수지로 구성된다. ACF 필름이 붙은 패널의 pad 배선부에 TCP 또는 PCB를 align하여 열압착을 하면 단차가 높은 pad 배선부 위의 도전성 입자들은 상

하 배선들과 접촉되어 전기적으로 연결되나 pad 배선 사이 영역은 도전성 입자 크기보다 낮은 단차로 인해 상하 배선들과 연결되지 못해 전기적으로 분리된 상태를 유지하게 된다.

찾아보기

가

나

다

라

마

바

사

아

자

차

카

타

파

하

숫자

ABC

DEF

GHI

KLM

NOP

QRS

TV